科学出版社“十四五”普通高等教育本科规划教材

园艺植物栽培生理学

郭得平　张　波　主编

科 学 出 版 社

北 京

内 容 简 介

本书介绍了园艺植物栽培技术的生理基础、产品品质形成和器官发育规律，主要包括园艺植物生长发育特性、育苗及植株调整的生理，产品品质（色泽、香气、甜味、酸味、辣味和苦味等）和产品器官（肉质根、鳞茎、块茎、叶球、花球和果实等）形成的规律及影响因素，以及园艺植物无土栽培生理。

本书适合园艺专业的本科生和研究生使用，对园艺领域的种植人员、科研及推广人员也有重要的参考价值。

图书在版编目（CIP）数据

园艺植物栽培生理学/郭得平，张波主编. —北京：科学出版社，2023.11
科学出版社“十四五”普通高等教育本科规划教材
ISBN 978-7-03-075646-6
Ⅰ. ①园… Ⅱ. ①郭… ②张… Ⅲ. ①园林植物-栽培技术-高等学校-教材 ②园林植物-植物生理学-高等学校-教材 Ⅳ. ①S688
中国国家版本馆 CIP 数据核字（2023）第 097648 号

责任编辑：丛 楠 韩书云 / 责任校对：严 娜
责任印制：张 伟 / 封面设计：图阅社

科学出版社 出版
北京东黄城根北街 16 号
邮政编码：100717
http://www.sciencep.com

北京华宇信诺印刷有限公司印刷
科学出版社发行 各地新华书店经销
*
2023 年 11 月第 一 版 开本：787×1092 1/16
2024 年 11 月第二次印刷 印张：18 1/2
字数：439 000

定价：79.80 元

（如有印装质量问题，我社负责调换）

《园艺植物栽培生理学》编写委员会

主　　编　郭得平　张　波

副主编　汪李平　张　东

编　　委（按姓氏笔画排序）

田永强（中国农业大学）
李绍佳（浙江大学）
杨　静（华中农业大学）
杨文杰（华中农业大学）
汪李平（华中农业大学）
沈俊岭（云南大学）
张　东（西北农林科技大学）
张　波（浙江大学）
赵　强（青岛农业大学）
徐昌杰（浙江大学）
高丽红（中国农业大学）
郭得平（浙江大学）
席万鹏（西南大学）
陶书田（南京农业大学）
傅达奇（中国农业大学）

审　　稿　李式军（南京农业大学）

前　言

园艺植物一般是指供人类食用或观赏的植物，包括果树、蔬菜、花卉和茶树，甚至也包括芳香植物和药用植物等。园艺植物通常进行集约化栽培，且具有较高的经济价值。由于园艺植物的范围较广，本书主要涉及供食用的果树和蔬菜植物。

园艺植物生理是栽培技术的基础，是指导生产的基本理论。"果树栽培生理学"和"蔬菜栽培生理学"课程通常为果树专业和蔬菜专业本科生开设，对拓展学生的专业理论知识有重要作用。进入21世纪以来，由于学科改革和专业调整，园艺专业缺少相应的专业基础理论课程教材，因此我们编写了本书。

园艺植物栽培生理学是园艺科学的一个分支，主要介绍园艺植物栽培技术的生理基础。它是以植物生理学、植物学为理论基础，研究园艺植物生长发育、品质和产品器官形成规律的一门学科。

本书主要介绍具有园艺植物特色的栽培技术及其生理基础，包括园艺植物的生长发育、育苗及植株调整的生理基础、特色品质形成和产品器官形成的生理特点，以及外界因素的影响，旨在为园艺植物的高产优质栽培提供理论基础。

本书共7章。第一章由郭得平编写；第二章由赵强编写；第三章第一节由杨文杰、汪李平编写，第二节由张东编写；第四章由沈俊岭编写；第五章第一节由徐昌杰编写，第二节由张波编写，第三节由陶书田编写，第四节由李绍佳编写，第五节至第七节由郭得平编写；第六章第一节由傅达奇、席万鹏编写，第二节至第四节由杨静、汪李平编写，第五节至第七节由郭得平编写；第七章由田永强、高丽红编写。

本书在编写过程中得到了浙江大学和科学出版社的大力支持，也得到了编写人员所在单位的支持和帮助，在此一并表示衷心感谢！

由于编者水平有限，书中不足之处在所难免，希望读者提出宝贵意见，以便今后进一步修改补充。

编　者

2023年1月

目　　录

第一章　园艺植物生长发育

园艺植物的产品器官（如果实、种子、叶、嫩茎、根等）均是通过生长、分化和发育而形成的。因此，园艺植物的生长发育规律，以及对这一过程有重要影响的外界因子（温度、光照、矿质元素等）的作用，是园艺植物高产、优质和高效生产的理论基础。

第一节　生长、分化和发育

细胞经过生长、分化和发育形成复杂的组织和器官，这一系列过程贯穿于园艺植物整个生活史，既有遗传控制，又受到环境因子的影响。

一、生长

生长是植物体或其某一组织、器官的大小和质量的变化。对细胞而言，生长是其体积的不可逆增加；对组织和器官而言，生长通常反映的是细胞数量和细胞大小的增加。生长可通过测定鲜重或干重来估算。对园艺植物来说，大多数植物组织含有约 80%的水分，且水分含量变化很大。鲜重会随周围环境湿度及植物水分含量的变化而大幅波动，因此鲜重的测定有时不能准确反映生长的实际情况。相比于鲜重，干重是测定原生质体或干物质重量更常用的指标。对于快速生长的叶片，还可通过测定其叶长和叶宽来反映生长量。

细胞分裂和细胞增大是两个不同的过程：细胞分裂可以独立于细胞生长而进行，同样，细胞生长过程也可以在没有分裂时进行，但这两个过程通常是相伴的。生长是体积和重量的不可逆增加，这种增加与基因型和环境因素呈现特定的函数关系。

植物生长局限于细胞具有连续分裂能力的区域——分生组织，该区域是植物的生长中心。在植物中有两类顶端分生组织——根尖分生组织和茎尖分生组织，它们负责初级生长（根和茎长度的增加）。根尖分生组织是位于根顶端稍后于根冠部位的一簇活跃分裂的细胞（图 1-1）。当分生组织的一个细胞分裂为两个子细胞时，其中的一个子细胞保持继续分裂，另一个子细胞则进行伸长生长，因此增加了根长并使根尖插入土壤。根尖分生组织的中心有一个静止区，其中的细胞分裂较慢。对茎尖分生组织而言，其结构比根尖分生组织更复杂，因为其不但要产生新茎，还要形成叶片、分枝和花器官。双子叶植物的茎尖分生组织由两个区域构成（图 1-2），最外面的 2～4 层细胞称为原套（tunica），此处的细胞分裂只促进茎的表面生长，形成茎的外周组织。原套的下面是原体（corpus），该处细胞分裂为不同类型，构成茎的主要部分。

（一）生长速率及生长曲线

1. 生长速率　生长速率是指在一定的时间间隔内植物的量的增加量。植物生长常用相对生长速率（RGR）表示。相对生长速率是指单位时间内增加量占原有量的比值。若假定经过 t_2-t_1 的时间后，植物的量由 W_1 增加到 W_2，则相对生长速率可表示为

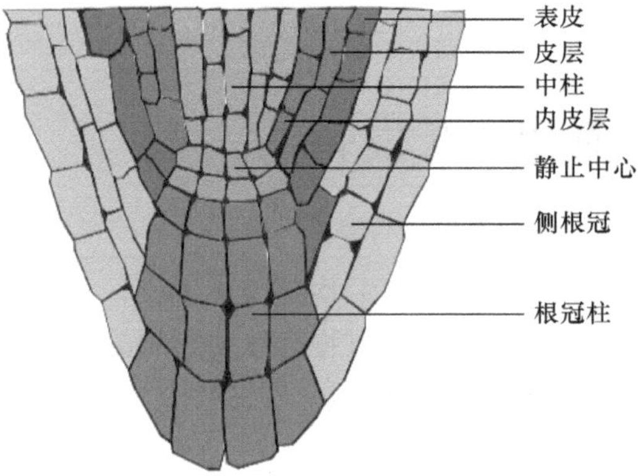

图 1-1　根尖分生组织示意图

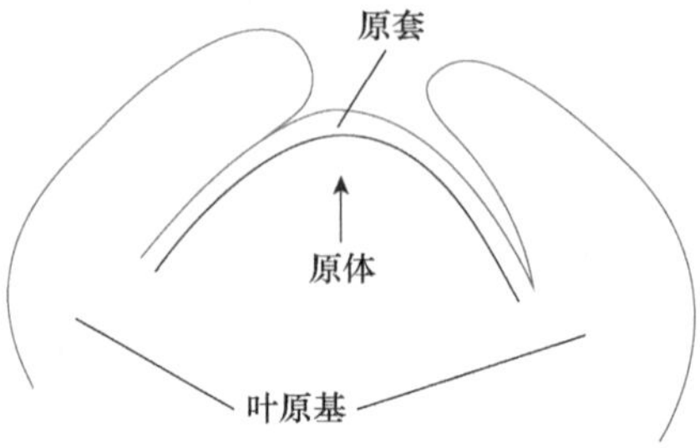

图 1-2　茎尖分生组织示意图

$$\mathrm{RGR}=\frac{1}{W}\cdot\frac{\mathrm{d}W}{\mathrm{d}t}$$

式中，W 为某个时间点的植物的量，可用重量（干重）、长度、体积、面积、直径或数目（根数、叶片数等）来表示；$\mathrm{d}W/\mathrm{d}t$ 为单位时间内增加的植物的量；t 为时间，可用秒（s）、分（min）、小时（h）、天（d）、周（w）等表示。

或者

$$\mathrm{RGR}=\frac{\ln W_2-\ln W_1}{t_2-t_1}$$

在实际应用中，相对生长速率的计量单位可根据需要进行确定。例如，毛竹（*Phyllostachys pubescens* Mazel ex J. Houz.）的笋在春季的相对生长速率约为 0.005mm/（cm · min）。

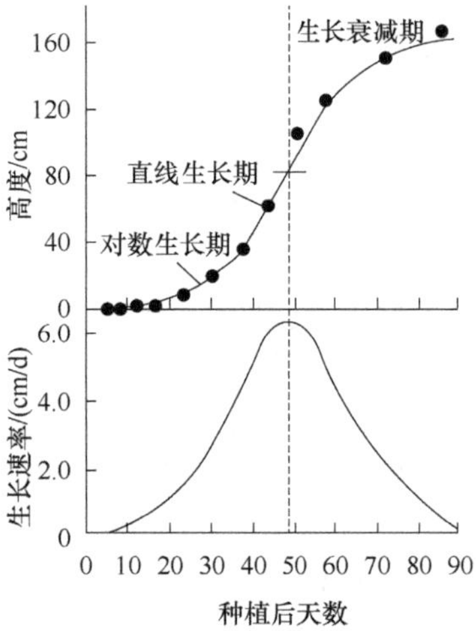

图 1-3　植物生长曲线示意图

2. "S" 形生长曲线　不论是整个植株的生长，还是器官、组织和细胞的生长，在不同的阶段，其生长速率是不同的，表现为初期生长较慢，中期生长逐渐加快，后期生长又缓慢下降直至停止。典型的生长过程可以用"S"形生长曲线来描述（图 1-3），它包括以下三个部分。

（1）对数生长期（生长缓慢期）　生长初期，生长速率缓慢，物质积累较少，此时生长速率处于一个持续加速时期，植株或某一部分大小的增加表现为对数形式。这一时期生长速率和有机体大小成比例，为进入下一个生长期打下基础。

对数生长期主要发生于植物幼小阶段，此时的干物质积累服从"复利法则"。如果某个个体或个体中的细胞的初始重量为 W_0，相对生长速率为 r，则经过一定的时间 t_1-t_0 之后，其总重量（W）可用简单的指数函数来描述：

$$W=W_0\cdot \mathrm{e}^{r(t_1-t_0)}\quad 或\quad \ln W=\ln W_0+r(t_1-t_0)$$

（2）线性（直线）生长期　该时期的生长随着时间表现为线性增加，也就是说单位时间内增长量相同，生长速率达到恒定且最大。但是在某些情况下，生长并不出现线性期，而直接从对数生长期转向生长衰减期。线性生长期的生长关系式可表示为

$$W_2=W_1+r\ (t_2-t_1)$$

（3）生长衰减期　这一时期的生长速率下降直至 0，大小维持其已达到的规模，不再增加。对于一年生植物来说，此时达到其生理成年期，接下去就是衰老和死亡；多年生植物则完成一个生长周期，之后进入休眠阶段。

以上是植物的典型生长曲线，但实际上植物的生长过程受许多因素的影响，如温度、水分、肥料等环境条件，以及生物体本身固有的遗传限制，这就使植株最后的大小与理想的预测不完全符合。

有研究表明，植物生长的“S”形曲线不受外界措施，如施肥、植株调整及外源调节剂的影响，这些措施不能改变“S”形曲线的基本特征（图 1-3）。

“S”形曲线可表示为逻辑斯谛（Logistic）方程：

$$W_t=W_0+W_{max}/\ (1+e^{b-c\cdot \ln t})$$

式中，W_t 为任意时间 t 的值；W_0 为初始值；W_{max} 为 W 的最大值；b、c 为相关系数；t 为时间；e 为自然常数。

（二）生长的相关性

植物体是由不同部分构成的，各个部分的有机协调形成了一个完整的个体。因此，植物各部分的生长并不是孤立的，而是相互制约、相互协调的，这种现象称为植物生长的相关性。植物生长虽然有相关性，但各部分之间也有生理上的独立性。

植物生长的相关性主要表现在地下部和地上部、营养生长和生殖生长及主茎和侧枝生长的相关。

1. 地下部和地上部的相关　植物的地下部（根和地下产品器官）和地上部（茎和叶）有密切的相互依赖关系，这种相对的生长关系通常用“根冠比”（*R/T*）表示，即根（包括地下产品器官）的重量与地上部重量之比。植物的根冠比是由遗传因素控制的，因此不同种类植物的根冠比不同。例如，萝卜（*Raphanus sativus* L.）和番茄（*Solanum lycopersicum* L.）根冠比的差别很大。即使同一植物，在不同的生长发育阶段，其根冠比也在发生变化。例如，生长早期大白菜（*Brassica rapa* L. ssp. *pekinensis*）根和叶的生长同时进行，中后期叶的生长速率加快，从整个营养生长周期来看，大白菜的根冠比逐渐下降。

对一种植物来说，根冠比有相对的恒定性，这为人们在生产上采取一些栽培技术措施提供了参考。但是根冠比并不是一成不变的，它会受环境条件、栽培措施的影响而发生变化，这个变化可反映体内的代谢状况，具有重要的生理意义。

地上部生长所需要的水分及矿质元素是由地下部的根系供应的，根系还产生一些含氮化合物（如氨基酸、生物碱等）及细胞分裂素（cytokinin，CTK）等；同时，根系生长需要的碳水化合物、维生素、激素（生长素等）是地上部供应的。所以，根系生长得健壮，地上部才能生长得好，同时，地上部生长良好可促进根系的生长。因此，生产上有“根深叶茂”“育秧先育根”的经验。有时，根系和地上部生长也会相互抑制。土壤干旱时，由于根生长在相对干燥的土壤中，而叶片的水分要靠根系供应，加上蒸腾作用，地上部的生长更易受到抑制。所以，土壤相对干旱时，根冠比增大；土壤水分相对充足时，根冠比变小。蔬菜栽培中的“蹲苗”利用的就是该原理。

上述的生理现象表明，植物的根冠比受到水分、肥料、光照、CO_2 及其他气候因子的影响，栽培措施通过调节植物接受外界因子的状况来改变根冠比。

（1）肥料　氮肥对地上部生长的促进作用比对根生长的促进作用大，而且地上部的氮素是由根供应的。另外，适当的高氮处理可使更多的光合产物分配至茎、叶中，高氮还可使叶片合成大量的生长素，这些生长素转移到根可能抑制根的生长。同时，缺氮会导致叶片脱落酸（abscisic acid，ABA）含量上升，根系 ABA 水平下降，引起叶片生长受阻而对根系生长的影响不大。因此，氮素多时，根冠比减小；氮素少时，根冠比增大。

充足的磷可以保证植物地上部生长旺盛。缺乏磷供应的大豆幼苗的地上部生长受抑制的程度大于根系，因此根冠比增大。

钾和镁对植物根冠比的影响和氮、磷不同。钾和镁缺乏，尤其是镁缺乏会抑制叶片的同化产物输出，不利于根系的生长，因此钾和镁少时，根冠比变小。

（2）温度和空气　通常，植物的根冠比会随着温度的上升而减小。例如，相比于夜温 9℃，24℃夜温下的番茄植株叶片向茎部和根系转运的同化物会减少，因此根系生长受到抑制。黄瓜、豆类植物的根冠比也有同样的变化趋势。

对大多数植物来说，茎、叶生长的最适温度要高于根系，而且气温变化比地温变化对植物产量的影响更大。在相对低的气温条件下，提高地温可以促进植物生长和产量提高，导致根冠比增大。

根系生长期间对矿质元素的吸收和运输，都需要充足的 O_2 供应。土壤中的高 CO_2 浓度（2%）可促进根系生长，但过高的 CO_2 浓度（8%）反而阻碍其生长。

（3）栽培（农艺）措施　栽培（农艺）措施主要是通过调节植物生长的环境因子，适当改变根冠比，使其向利于栽培目的的方向发展。在生产中，尤其是一些产品器官为地下肉质根［如萝卜、胡萝卜（*Daucus carota* L. var. *sativa* Hoffm）、根甜菜（*Beta vulgaris* L. var. *rapacea* Koch.）等］、地下贮藏器官［如马铃薯（*Solanum tuberosum* L.）、菊芋（*Helianthus tuberosus* L.）等］和根茎［如姜（*Zingiber officinale* Rosc.）等］的蔬菜作物，调节根冠比显得尤为重要，因其直接关系到产量的高低。蔬菜栽培中采用“蹲苗”技术，就是在苗期通过控制水分的供应，相对地促进根系生长。“中耕”主要是通过提高土温、改善通气状况来促进根系生长，为地上部生长打下基础。

根菜类和薯芋类蔬菜作物生长前期要采用施肥、浇水措施保证地上部茎、叶的生长，扩大光合面积，为后期产品器官形成奠定基础。产品器官开始形成时应采取控制水肥措施，避免茎、叶生长过旺而消耗大量的光合产物，相应地使光合产物大部分转移到地下部，促进产品器官的形成和迅速膨大。

2. 营养生长和生殖生长的相关　一方面，营养生长为生殖生长提供主要的同化产物，因此营养生长是生殖生长的基础，营养生长不良，生殖生长就会受到不利影响；另一方面，生殖生长过程中，受精期间子房会产生一些激素物质，这些激素物质对营养生长会产生刺激作用。

同时，营养生长和生殖生长之间还存在相互制约的作用。首先表现在营养器官生长过旺、消耗太多养分，便会抑制生殖器官生长的正常进行，如果树、一些果菜类蔬菜（茄果类、瓜类、豆类等），如果前期管理不善，造成茎、叶徒长，会与花或果实竞争养分，造成不能正常开花结果而引起落花、落果。同样，生殖器官生长也影响营养器官生长。蔬菜植物进入生殖生长即开始衰老，果实一旦开始快速生长，就会与营养生长竞争光合产物，光合产物会更易流向生殖器官，生殖生长会强烈地抑制营养生长，最后导致植株死亡。对于果树和果菜类蔬菜，花序生长会抑制顶端分生组织活性，结实将导致新叶和茎生长速率下降或停止，并引起早衰。对于二年生蔬菜，若其提前抽薹开花会影响产品器官的形成。

在栽培生理上，对于果树及果菜类蔬菜而言，采取的一些措施如疏花、疏果、去叶、整枝等，都是通过协调营养生长和生殖生长这一矛盾进而达到高产优质的目的。如一些果树、番茄，在栽培过程中若施用氮肥太多且水分供应充分，就可能发生徒长现象，导致光合产物大部分供应给嫩芽和生长点，造成结果减少或坐果困难。在这种情况下，可以通过栽培上采取控制肥、水或应用生长调节剂［如比久（B_9）、多效唑（PP_{333}）等］来控制营养生长。相反，当植株坐果太多时，会造成植株营养生长早衰，影响果实产量，此时可采用疏花、疏果措施，解决生殖生长和营养生长的矛盾，在果树生产上还可预防结果的“大小年”现象。据研究，开花和结果会明显降低番茄的生长速率，疏花、疏果则可恢复植株的生长速率。

3. 主茎和侧枝生长的相关　植株主茎和侧枝的生长关系主要表现为顶端优势，也就是主茎的顶端生长能够部分或完全抑制侧枝（分蘖）的生长。

植物顶端优势的强弱与遗传有关。不同种类的园艺植物表现出的顶端优势强弱有差异，如竹笋、甜玉米（*Zea mays* L. var. *rugosa* Bonaf.）等蔬菜的顶端优势较强，生长期间不易产生分枝；果树、茄果类、瓜类蔬菜一些种类的顶端优势较弱，容易产生分枝。甚至不同品种间顶端优势的强弱也有差异，如番茄、豌豆（*Pisum sativum* L.）的不同品种之间。

环境条件也会影响植株顶端优势的强弱，如矿质营养水平和光照。有研究表明，侧枝的生长可被充足的矿质营养促进，特别是氮肥，而氮肥缺乏的植株侧枝生长会明显减弱。另外，相比于强光照，弱光照条件下生长的植株的顶端优势会加强。光质对植株的顶端优势也有影响。例如，远红光（FR）明显不利于番茄植株侧枝的生长。

环境条件对顶端优势的影响很可能是通过调节植物激素的浓度和活性来实现的。生长素在顶端优势中发挥中心作用，细胞分裂素也参与这一调节过程。顶芽合成的生长素会抑制侧芽的生长，去顶后由于生长素合成水平下降，生长素对侧芽生长的抑制作用减弱或消失。去除顶芽，也利于细胞分裂素合成，促进侧芽生长。总之，生长素与细胞分裂素的比值决定着顶端优势的强弱，侧芽中的生长素与细胞分裂素的比值高，顶端优势就明显，反之顶端优势就弱。

顶端优势原理在园艺植物生产上被广泛应用。例如，果树的修剪整形、瓜类等蔬菜的摘心（打顶）是为了促进侧枝生长，茄果类蔬菜的打杈、整枝等则是为了促进主茎的生长。这些措施的目的就是调节主茎和分枝的生长关系，破坏或加强顶端优势，达到植株养分的合理分配，提高产量。生产上也可用植物生长调节剂来调节顶端优势。例如，生长抑制剂三碘苯甲酸（TIBA）可以解除菜用大豆的顶端优势，增加其分枝，提高结荚率。园艺植物育苗移栽时切除其主根，是为了破坏根系的顶端优势，切断主根以促进侧根的分化形成。

（三）生长的周期性

植物的生长并非以一个稳定的速率进行，而是其生长速率随着昼夜或季节的变化而有规律地变化，这种现象称为生长的周期性。植物生长的周期性是个体发育过程中与外界环境相适应的结果，同时也受到本身内部近似昼夜节律（生物钟）的调节。

1. 生长的昼夜周期性　很多植物器官的生长速率，特别是茎的生长速率均表现出昼夜的变化，这种现象称为生长的昼夜周期性。影响植物昼夜生长的因素主要是温度、光照和植物体内的水分状况。因为植物生长速率和温度的关系最密切，所以植物在凉爽的夜晚较炎热的白天生长快。倘若夜间温度太低，白天的生长速率会高于夜晚。过高的温度（＞35℃）会抑制植株生长。例如，在温带栽培的番茄植株，其茎的生长仅在夜晚进行，白天几乎不生长。

许多植物，特别是一些起源于温带的植物，其生长速率的昼夜变化与温度变化（温度变化是温带地区的主要环境改变因素）基本呈现同步性，故又把植物的这一生长特点称为温周期。

2. 生长的季节周期性　温带地区多年生植物在一年的不同季节中的生长速率不同，随着季节的变化表现为秋季生长停止，进入休眠，次年春季恢复生长。年复一年，具有一定的周期性。这种随季节变化的生长规律就是生长的季节周期性。

季节周期性是多年生植物生长的普遍现象，主要是植物受到不同季节温度、日照及水分等环境条件变化的影响时，体内产生一系列生理反应而适应的结果。

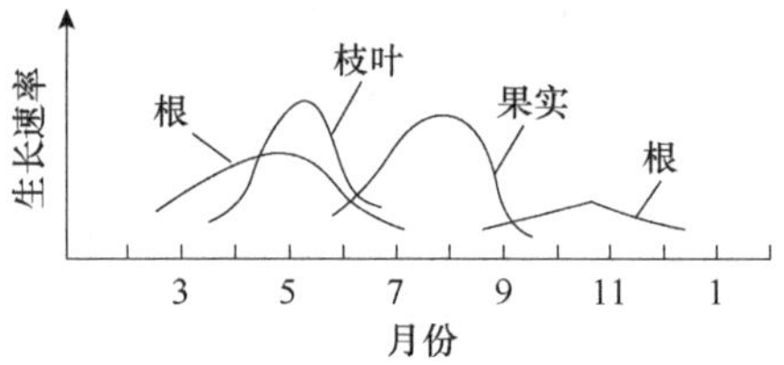

图 1-4　梨（*Pyrus* spp.）周期性生长示意图

温带落叶果树的生长表现为明显的季节差异，其根、茎、叶、花和果实的生长不是同时进行的，而是交互进行，呈现季节周期性（图 1-4）。

多年生的园艺植物，如果树、多年生蔬菜[石刁柏（*Asparagus officinalis* L.）、黄花菜（*Hemerocallis citrina* Baroni）等]都广泛存在着休眠现象。

果树的休眠器官为芽或种子，而一年生蔬菜植物的休眠器官为种子，多年生蔬菜植物的休眠器官则为芽。甚至一些营养繁殖器官也可进行芽休眠，如马铃薯的块茎、大蒜（*Allium sativum* L.）的鳞茎及莲（*Nelumbo nucifera* Gaertn）的根状茎等。

二、分化

分化是以细胞产生异质变化开始的，如出现不同解剖特性、不同功能。分化是发育的最早阶段，如合子分裂后产生了形成根和茎的细胞，之后非特异性的薄壁细胞可能分化形成更特异性的具有不同形态和独特功能的木质部导管和韧皮部筛管细胞。分化可被描述为质变而非量变过程。

发育是一个双向通道，更加受到细胞位置而非细胞系的决定性影响。因此，有些已经高度分化或专一化的植物细胞，通常可以通过刺激重新返回到胚性状态。例如，取自茎或叶片的细胞在人工培养基上可以被刺激重新启动细胞分裂，成为未分化的愈伤组织，最后产生一棵新植株。该过程中细胞好像在遗传基础上被重编程，使得它们逆转已有分化过程并沿着新的不同路径重新分化。

已分化的细胞没有经过生殖阶段重新返回到胚性状态并形成新个体的能力称为细胞全能性。并不是所有的细胞都具有全能性，如高度专性的细胞（特别厚的、僵硬的次生细胞壁，严重修饰的原生质体）。另外，可能所有组织都含有一些潜在的全能性细胞。因为这种全能性被精巧地限制，植物发育进程才会以一种有序的方式进行，当这种限制被去除后，全能性细胞会轻易返回原有状态并重新开启发育过程。大量证据表明，细胞所处的位置决定了其与邻近细胞及养分和激素浓度梯度的联系，进而表达其遗传信息并表现出全能性。

分化可以在器官、组织和细胞水平上表现出来。例如，植株上有根、茎、叶和花原基的分化；器官中有输导组织、保护组织、薄壁组织、机械组织等的分化：由苗端分生组织细胞分裂产生的薄壁细胞，因在植株上所处位置和分工不同，而分化出形成层细胞、输导细胞、贮藏细胞、纤维细胞、表皮细胞、保卫细胞等。此外，细胞结构物质及细胞内含物化学成分的变化也属于分化。

分化贯穿于植物生长发育的全过程，它是以细胞分化为基础的，没有分化就不可能进行形态建成。细胞分化与下面几个现象有关。

（一）极性

极性是指植物向两极发育的趋向性，如根向下、茎向上。极性是分化的基础，没有极性，生物体就很难进行分化。高等植物的受精卵有很强的极性，受精卵的第一次分裂就出现两个形态和生理功能有差异的细胞，后来经过多次分裂之后，两个细胞分别形成了不同的结构，如胚、胚柄等。植物的根、茎、叶等器官仍表现出极性。了解和认识极性现象的存在，对园艺植物生产有实际意义，如进行嫁接和扦插时，要充分考虑枝条的极性，以提高其成活率。

（二）不均等分裂

不均等分裂是分化的开始。通过不均等分裂，一个细胞分裂成两个异质的细胞，两个细胞向不同的方向发展，最后形成不同的组织或器官。事实上，受精卵的第一次分裂就是不均等分裂，从而形成了具有不同生理作用的胚根和胚芽。

植物根表皮细胞通过不均等分裂形成一个大细胞和一个小细胞，大细胞形成正常表皮细胞，而小细胞形成根毛。

（三）植物细胞全能性

一个植物细胞含有所有的遗传信息，并具有产生小植株的能力，这就是细胞的全能性。例如，通过组织培养，很多植物的不同器官均可以再生分化形成完整的植株个体。

（四）细胞的代谢

细胞的全能性说明了在分化中遗传物质的完整性，但在细胞培养时，往往只分化形成根或分化形成茎。那么，具有同样遗传基础的细胞是怎样分化成具有不同功能细胞的呢？目前认为，细胞在生长发育期间受到基因调节，引起其中所含的蛋白质和酶的种类、数量或活性出现差异，导致这些细胞向不同方向发展。

三、发育

植物的发育是指细胞、组织、器官或个体在其生活史中经历的所有变化的总和，也就是生长和分化的总和。发育可表现在器官或个体形态的可见变化上，如胚向幼苗转变、营养器官向生殖器官转变等。

发育是一个质变过程，该过程要求有特定的诱导因素，如温度（低温）诱导生长锥发生感应，光周期诱导叶片产生开花素类物质而促进花器官发生。例如，蔬菜植物大白菜、甘蓝（*Brassica oleracea* L. var. *capitata* L.）、萝卜等需要通过低温春化、长日照条件诱导开花，如果在生长过程中这些条件不满足，发育过程就不能进行，植株就不能正常开花、结实。

一二年生植物的整个发育过程，由各个不同阶段构成，每一阶段对环境条件的要求不同，具有顺序性。

生长点的分生组织细胞一旦通过质变过程，就具有分化出生殖器官（花薹、花朵等）的潜能。但生殖器官完成形态建成需要通过生长，这就是生殖生长。没有生长过程，生殖器官（花、果）的形态建成就不能实现。

总之，园艺植物的生长、分化和发育，首先取决于其遗传基础，不同种类的园艺植物有不同的生长发育和分化方式。另外，生长发育和分化的进程在很大程度上受到环境因子的影响。因此，同一种类，甚至同一品种的园艺植物在不同环境中种植，其生长发育也会表现出差异。

植物生长的生态环境通过影响植物的生理特性而影响其生产力。这些因素包括气候（光照、温度、水分、风、CO_2、空气污染）、土壤（结构特性、化学组分、营养物质、水分、空气含量）、生物因素（人类活动、微生物、杂草、害虫等）。它们通过独自作用或与其他因子互作，影响园艺植物的生长发育，其中温度和光照是两个最主要的环境因素，施肥和水分供应也是重要因子。

第二节　温度与生长发育

一、温度的作用

（一）对温度的要求

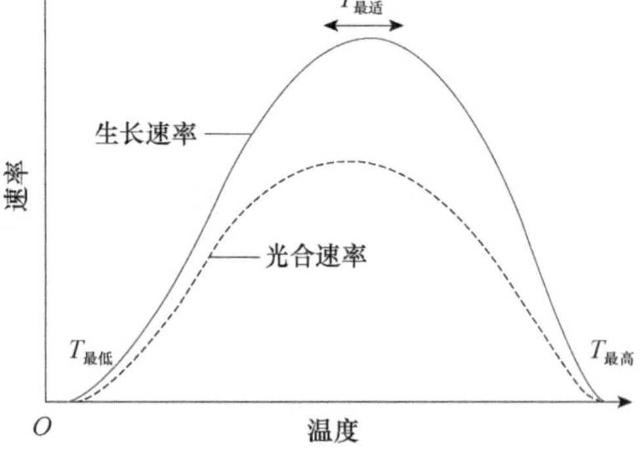

图 1-5　三基点温度和植物生长

生长曲线模式反映了温度对净光合作用的影响

园艺植物的生长受温度的影响很大，温度的变化常常导致生长速率的明显变化（图 1-5）。每种（或变种）园艺植物在其生活史的任一时期，其生长对温度都有一定的要求，即生长的三个基点温度：最低温度、最适温度和最高温度。植物必须在这个温度范围内才能进行生长，否则植物就不能正常生长，甚至死亡。

认识每一种园艺植物生长发育对温度的要

求，对于安排生长季节、实现高产优质有重要意义。

首先，不同种类园艺植物生长的三基点温度不同。园艺植物生长对温度的要求与它们起源地的自然环境有关。起源于温带的园艺植物如苹果（*Malus pumila* Mill.）、甘蓝、大白菜、洋葱（*Allium cepa* L.）等的生长温度，相对起源于热带的园艺植物如香蕉（*Musa nana* Lour.）、芒果（*Mangifera indica* L.）、茄子（*Solanum melongena* L.）、丝瓜［*Luffa cylindrica*（L.）Roem.］等的要明显低一些。起源于高原地区的园艺植物的生长温度相对较低。

北极或高山植物可在0℃以下的环境中生长，最适生长温度一般也在10℃以下；而对于大部分原产于温带的植物而言，当环境温度低于5℃或10℃以下时，基本不会有明显的生长，其最适生长温度通常为25～30℃，最高生长温度可达35～40℃；起源于热带或亚热带的植物，它们生长的三基点温度更高一些，最低温度约为10℃，最适温度为30～35℃，最高温度为45℃左右。

其次，同一种园艺植物在不同的生长发育时期需要不同的温度。对大多数蔬菜而言，种子发芽要求较高的温度，营养生长时期的温度可以稍低，而开花结果期需要的温度较高。

最后，对园艺植物来说，即使是同一种植物在同一生长阶段，其不同部位的最适生长温度也有差别。根、茎、叶、花等器官在同一生育期对温度的要求不完全一致。一般来说，根生长的三基点温度较芽高一些。

温度并不是一个孤立的环境因子，它和其他因子诸如光照、水分、土壤等一起影响植物的发育过程，它们之间的相互作用是复杂和多方面的，在生产上要十分注意。气温依据每天的时间、云量、季节及其他因子会呈现快速和大幅度变化，而土温也随土壤结构、有机质含量、其他物理特性及坡度和朝向而变化，但相对稳定。气温和土温均可影响植物的生长发育：气温会影响叶片的生长、光合速率、呼吸作用及其他代谢过程，而土温会影响萌发、根生长及矿质元素吸收。

在生产上，为了创造利于植物生长的适宜温度条件，采取了许多措施。在冬季和初春，为了提高温度，利用塑料薄膜覆盖、温室、大棚等设施进行栽培，让园艺生产达到了反季节栽培和供应。夏季，尤其是在7～8月，温度太高不利于植物生长，可以采用遮阳网、搭凉棚等措施，给园艺植物栽培创造一个相对适宜的温度条件。

（二）温周期

植物生长发育会受到昼夜温度变化的影响，这种现象称为温周期。一天中，一般是白天的温度比夜晚的高一些，白天高温、夜晚低温的温度日变化对植物的生长发育是有利的，其生长速率较快。许多园艺植物的生长发育都表现出温周期现象，如萝卜、马铃薯、大白菜等。

昼夜温差并非越大越好，而应有一定的范围。一般而言，热带植物的昼夜温差在5～7℃、沙漠植物的昼夜温差在10℃以上时，生长发育较好。正如日温不能太高一样，夜温也不能过低，过低的夜温对植物的生长反而不好。例如，番茄幼苗生长的最适日温为25℃，而夜温则在18～20℃。一般来说，夜温较高有利于生长，夜温较低有利于分化。

温度对生长的影响与光照条件也有关系。当白天光照弱时，夜间的低温更有利于生长。白天光照强，夜温可适当提高。例如，番茄茎的生长，当光照强度为1.4×10^5lx时，最适夜温为 17℃；当光照强度为 1.7×10^{4}lx 时，最适夜温降为 8℃。

关于低夜温对植物生长发育有利的生理原因，一般的解释为：白天较高的温度利于光合速率的提高，叶片合成较多的有机产物，夜晚的低温使呼吸速率降低，有机产物消耗减少，利于物质的积累。另外，较低的夜温使地上部生长缓慢，使得更多的同化产物运输到根系，利于根系生长，以便吸收更多的矿质元素和水分供应植株生长。同时，较低的夜温还有利于细胞分裂素类激素的合成，以调节生长发育过程。

（三）温度与贮藏器官的生长

在很多情况下，温度对诱导鳞茎、球茎或块茎等贮藏器官的形成起到重要作用。

马铃薯块茎形成的温度比植株生长温度要低，块茎形成的适宜平均气温为 16～18℃。夜温对块茎形成的影响较大，12℃是块茎形成的最适夜温。一定范围的昼夜变温，可促进块茎形成。环境温度每高于最适温度 5～9℃，块茎产量将下降 4%。同样，其他薯芋类蔬菜像菊芋、山药（*Dioscorea batatas* Decne.）等产品器官的形成与生长相比也要求相对较低的温度。

大白菜和甘蓝叶球的形成也与环境温度有很大关系。与莲座叶的生长相比，结球期的温度要求低一些。大白菜叶球形成的平均适宜温度为 14～15℃，最好是昼夜要有一定的温差，以白天 20～22℃，夜间 10～12℃为宜。

低温为什么有利于这些贮藏器官的形成呢？据研究，植物的呼吸作用在高温条件下较强，会消耗很多光合产物。温度降低，特别是夜温降低，可以降低地上部的生长速率及呼吸速率，积累更多的同化产物。

我国南方的苹果、马铃薯、大白菜等植物的产量和品质不如北方的高，这和栽培地区的气候因素，特别是温度有很大关系。北方的温度较低、昼夜温差大，是其高产优质的一个重要因素。

洋葱鳞茎的形成对温度的要求比叶片生长要高。幼苗生长的最适宜温度为 20～25℃，温度超过 27℃时，生长速率下降。鳞茎的形成在高温下比低温下要快，但过高的温度（>40℃）对鳞茎形成有阻碍作用。同时其与当时的光照条件也有重要关系。在低于 25℃的范围内，温度升高，大蒜鳞茎的形成受到促进作用。另外，种蒜贮藏温度和苗期生长温度直接关系到鳞茎的形成。种蒜和幼苗在 0～10℃条件下贮藏或生长 1～2 个月，有利于鳞茎的形成，如果种蒜贮藏温度或幼苗生长温度超过 25℃，可能不形成鳞茎。

二、春化作用

（一）低温与春化作用

适宜的温度对植物的生长发育非常重要。但有一些植物的开花却依赖于低温处理，这种低温对植物开花的促进作用称为春化作用。

春化作用是 20 世纪 20 年代由苏联生物学家李森科（Трофи́м Дени́сович Лысе́нко）（1898—1976）提出的。试验表明，对于许多一年生冬性作物［如小麦（*Triticum aestivum* L.）、大麦（*Hordeum vulgare* L.）等］和一些二年生植物如芹菜（*Apium graveolens* L.）、胡萝卜、白菜、芥菜（*Brassica juncea* Coss.）、根甜菜、甘蓝等，它们必须经历一定天数的低温诱导才能开花。如果不经过低温处理，植株就一直保持营养生长状态，不能抽薹开花。

根据植物开花对低温要求的不同，可把它们分为两类：一类对低温的要求是绝对的（质量上的），包括一年生冬性植物、二年生植物和许多多年生植物。一年生冬性植物和二年生植物在第一个生长季节进行营养生长，形成莲座状的营养体，在冬季只要经过一定时间略高于 0℃的低温处理，在次年的春季或夏初就会开花。已经证实的要求低温才能开花的二年生园艺植物包括根甜菜、芹菜、甘蓝、根菜类、白菜类等。试验表明，若不给予低温处理，甘蓝可永远保持营养生长而不开花。很多二年生植物的开花可被低温处理之后的长日照促进。实际上，低温处理使植物对长日照促进开花更加敏感。另一类植物，其开花对低温的要求是相对的（数量上的），它们的开花受到低温的促进：经过一定的低温处理，开花时间较早，未经低温处理时开花相对较迟，但仍可以开花，如莴苣（*Lactuca sativa* L.）、菠菜（*Spinacia oleracea* L.）和豌豆（*Pisum sativum* L.）的一些迟熟品种等。

（二）影响春化作用的因素

1. 温度　温度的春化效果依园艺植物种类和低温处理时间而变化。低温的范围和处理时间的长短与植物的种类及品种有关，有的种类及品种要求严格，有的要求不严格。植物春化的温度一般为 0～15℃，不同种类植物对春化要求的低温不同。同时，低温处理还要经过一定时间才能表现出效果。处理时间的长短因植物种类而不同，通常为 4d～8 周。对于大多数二年生的蔬菜植物来说，温度要求为 0～10℃，处理时间通常为 10～30d。此外，低温处理时间的长短还与植株的年龄有关。

白菜类和芥菜类的很多品种，在 0～8℃条件下处理 20d 就可通过春化。其中，芥蓝（*Brassica alboglabra* Bailey）及白菜的一些品种如长江流域的不结球白菜（*Brassica campestris* L. ssp. *chinensis* Makino）、广东的菜薹（*Brassica campestris* L. ssp. *chinensis* var. *utilis* Tsen et Lee）等，对春化的要求不严格，春化 5d 就能诱导开花。萝卜的春化，以 0～5℃的低温处理 10～20d 最合适，而秋播的萝卜，在幼苗期间低温处理 3d，就有促进抽薹的作用。

正在进行低温春化处理的植株，如果立即放在高温条件下，春化作用可以被逆转，这种现象称为脱春化作用。脱春化的植株通常不会开花。脱春化的温度依植物种类和品种的不同而不同，通常为 25～30℃。脱春化之后，大多数植物可通过给予另一次低温处理而再度被春化。一般情况下，春化时间越长，脱春化越困难，一旦植株完成了春化过程，即使放在高温条件下，也不会引起脱春化作用。

大多数植物都有一个既不春化也不脱春化的“中性”温度。

2. 植株发育阶段　低温春化处理仅对生长中的植株有效果，对干种子没有作用。不同种类二年生园艺植物对通过春化的低温的响应时期有差别，据此可把它们分为以下两类。

（1）种子春化　有些园艺植物在种子萌动时期就能感受低温诱导而通过春化，称为种子春化，如白菜、萝卜、芥菜、菠菜、莴苣、根甜菜等。对种子春化类型植物的种子进行低温处理时，只有种子处在生理活动状态——萌芽时期才可进行，如果种子是干燥的，处于休眠状态，对低温处理就没有感应。据研究，萌动的种子之所以可以通过春化，实际上是胚在感受低温诱导，胚通过了春化处理后就会促进开花。应当注意的是，所谓“种子春化”，并不是只有在种子萌动时才能对低温有感应，而往往是幼苗长到一定大小时对低温的反应更为敏感，如大白菜。

在人工春化处理时，为了使种子处于萌动状态，而又控制芽的长度，可控制种子的吸水量。一般白菜、萝卜种子萌发所需要的吸水量为种子干重的 50%～60%。例如，将白菜类蔬菜种子用水浸泡后放在 20～25℃条件下 24～36h，约 50%的种子露出胚根时，放入低温下处理。

有报道称，种子在植株上成熟过程中，遇到低温也有春化的效果。实际上，对许多植物来说并不一定有效果，因为未成熟的种子没有积累足够的营养物质，而胚也并不处于萌动状态。

（2）绿体春化　有些园艺植物，特别是二年生植物，不能在萌动的种子时期，而只能在幼苗长到一定大小的植株时才能由茎尖感受低温诱导而通过春化，称为绿体春化。甘蓝、洋葱、大蒜、葱（*Allium fistulosum* L.）、胡萝卜、芹菜等都是绿体春化植物。不同的蔬菜种类绿体春化时要求的植株大小是有差异的，如果植株没有达到一定大小，即使遇到低温也不能通过春化。这个所谓“一定大小”的植株，可以用植株日历年龄、茎直径、叶数或叶面积等来表示。试验表明，甘蓝幼苗只有茎粗达 0.6cm、叶宽 5cm 以上时才能通过春化。洋葱幼苗假茎的直径在 1.0cm 以上时才能感受低温的诱导。

绿体春化植株感受低温的部位是茎尖生长点。应当说明，在绿体春化时须保持植株的完整性，除具有茎尖生长点外，还要求植株带有根或叶，否则会影响春化的效果。

绿体春化时，植株通过低温的反应形式是多种多样的。有些对植株的日历年龄要求较严，有些则主要以植株的大小为标准。芹菜在低温处理时的日历年龄比植株大小对开花的影响更为重要：若在苗期遇到低温，则植株的年龄越大，低温处理（8℃，4 周）对开花的促进作用越大；如果植株年龄相同，即使低温处理时植株大小不同，其抽薹开花的时间也基本相同。在另外一些蔬菜中，植株的年龄相同，而低温处理时植株的大小不同，则抽薹开花与否及时期相差很大。在实际生产中，许多能够以萌动的种子通过春化的蔬菜种类，如白菜、萝卜等，在自然条件下大都是在苗期，甚至植株很大时才通过春化。

3. 其他因素　春化过程还需要其他条件，水分的存在利于一些与春化过程有关的生化代谢的进行。据研究，植物通过春化过程需要适量的水分，如小麦种子若萌动后再失水干燥，使其含水量低于 40%时，低温春化则没有效果。

氧气供应也是春化的一个重要条件。在缺氧条件下（如真空或氮气中）萌动的小麦种子即使含水量充足，也不能完成春化作用。这可能与春化作用依靠呼吸作用提供能量有关。也有报道表明春化之后立即给予缺氧条件，即使温度合适，也可引起脱春化作用。

营养物质供应也是春化通过的条件之一，因为春化时期需要进行有氧呼吸作用。

三、春化作用的机制

德国学者梅尔歇斯（Melchers）通过试验证明把已春化的天仙子（*Hyoscyamus niger* L.）叶片嫁接到没有春化的植株上时，二者在长日照条件下均可开花。进一步研究表明，这种春化效果不仅在同一种植物中传递，甚至可以在某些不同属植物间传递。基于上述发现，Melchers（1939）提出假说认为，植物春化形成了一种可经过嫁接传递的物质，该物质可以诱导植物开花，这种物质就是春化素。但之后很多试图从春化植物中分离春化素的试验都未成功。

朗（Lang）于1957年报道，用赤霉素（gibberellin，GA）处理天仙子等某些二年生植物的茎尖，其可以不经过低温春化而在短日照下开花。于是，人们推测春化素可能是GA，后来发现GA诱导和低温诱导的植物发育在茎生长方式上显著不同：用GA处理植物时，茎伸长首先形成营养茎，然后才抽薹形成花芽；用GA处理茎已伸长的长日植物几乎不能促进开花。而春化植株的花芽形成和茎伸长是同时进行的。由此可见，春化作用和GA是通过不同途径调节开花的。

第三节　光照与生长发育

一、光周期现象

人们很早就知道许多植物的开花都有明显的季节性，但直到20世纪20年代，美国的加纳（Garner）和阿拉德（Allard）才发现日照长度是控制植物开花的一个主要因子。昼夜长短对植物开花的调节作用称为光周期现象。不同种类植物的开花对自然日照长短的要求不同。

（一）植物对光周期的反应

根据植物开花对光周期的要求，可把植物分为以下三种基本类型。

1. 长日植物　在一昼夜的周期中，植物在日照长度长于临界日长时才能开花。这种开花受到长日照促进的植物称为长日植物。长日植物在较短的日照条件下，不能开花或开花延迟。

属于长日植物的园艺植物有白菜、甘蓝、萝卜、胡萝卜、芹菜、菠菜、蚕豆（*Vicia faba* L.）、莴苣、豌豆（迟熟种）、葱、大蒜、甜瓜（*Cucumis melo* L.）、芜菁（*Brassica campestris* L. ssp. *rapifera* Matzg.）、花椰菜（*Brassica oleracea* L. var. *botrytis* L.）、根甜菜、菊苣（*Cichorium intybus* L.）等。这类园艺植物大都在春季长日照条件下开花。

2. 短日植物　在一昼夜的周期中，植物在日照长度短于临界日长时才能开花或开花提早。这种开花受到短日照促进的植物称为短日植物。短日植物在较长的日照条件下，不能开花或开花延迟。

属于短日植物的园艺植物有大豆（尤其是迟熟种）[*Glycine max*（L.）Merr.]、豇豆[*Vigna unguiculata*（L.）Walp.]、扁豆［*Lablab purpureus*（L.）Sweet］、刀豆［*Canavalia gladiata*（Jacq.）DC.］、茼蒿（*Chrysanthemum coronarium* L.）、苋（*Amaranthus tricolor* L.）、菊花［*Dendranthema morifolium*（Ramat.）Tzvelev］、蕹菜（*Ipomoea aquatica* Forsk.）、紫苏［*Perilla frutescens*（L.）Britt. var. *arguta*（Benth.）Hand.-Mazz.］、草莓（*Fragaria*×*ananassa* Duch.）等。这类植物一般在秋季较短的日照条件下开花。

3. 日中性植物　这类植物的开花对日照长短的反应不敏感，它们在任何长度的光照下均可开花，这些日照长短对其开花没有明显影响的植物称为日中性植物。

属于日中性植物的园艺植物有大多数果树、黄瓜（*Cucumis sativus* L.）、菜豆

(*Phaseolus vulgaris* L.)、番茄、茄子、辣椒(*Capsicum* spp.)、菊芋(*Helianthus tuberosus* L.)、豌豆、草莓(欧洲种)、玉米、洋葱、胡萝卜(野生种)、马铃薯、西瓜[*Citrullus lanatus* (Thunb.) Matsum. et Nakai]及大豆的一些早熟种等。它们的开花受温度的影响较大，只要温度适宜，一年四季均可开花。但某些种类的开花还要求低温春化或受其促进，如洋葱及胡萝卜的野生种。

除以上三种基本的光周期反应类型的植物之外，还有少数种类的植物要求双重日照才能开花。其包括两种：一种是长-短日植物，先需要长日照，然后在短日照条件下才能开花；另一种是短-长日植物，先需要短日照，然后在长日照下才能开花。如果把这类植物一直放在长日照或短日照条件下，则只能进行营养生长。

另有少数植物只能在一定长度的日照条件下才能开花，日照长度太长或太短都不开花，这类植物称为中日性植物。例如，野生菜豆只能在日照长度 12～16h 时才能开花。

植物开花对光周期的要求是其系统发育过程对光周期长期适应的结果。了解植物开花与光周期的关系，对于品种选育、引种栽培、高产优质都有重要意义。

(二)临界日长

短日植物和长日植物并不是基于绝对日长来定义的，而是依赖于其相对于临界日长的开花行为。

临界日长是指植物开花所需要的极限日照长度。促进长日植物开花的最短日长或促进短日植物开花的最长日长就是临界日长。对于长日植物来说，其开花所需的日照长度应当长于临界日长，光照时间越长对开花越有利。这类植物的开花并不需要暗期，可以在连续的光照条件下很好地开花。如果光照时数短于临界日长，开花反应会显著减弱。例如，菠菜为长日植物，当一天中光照时数短于 13h 时，其开花反应就会停止。只有光照时数在 13h 以上时，其才能很好地开花。13h 就是菠菜开花的临界日长。

短日植物的开花要求日照长度短于临界日长，当日照长度长于临界日长时，则不能开花。例如，大豆为短日植物，大豆晚熟品种在日照长度长于 13.5～14h 时，就不能开花。只有当日照长度小于这个值时，才能开花。事实上，暗期长短对开花的影响更为重要，是否开花取决于暗期长短，暗期越长对开花越有利。据研究，当日照长度短至 2h 以下时，短日植物也不会开花，因为光照时间太短，除影响光合作用外，其他的生理过程也受影响。

所以，在区别长日植物和短日植物时，不应当只看其对日照长短绝对数值的要求，关键在于它们对临界日长的反应。显然，日中性植物没有临界日长。

实际上，只有少数植物的开花对日照长度有严格要求，它们开花有明显的临界日长，必须在日照长度长于(对长日植物而言)或短于(对短日植物而言)临界日长的条件下才能开花，否则不能开花。这种植物的开花表现出质的光周期反应，称为绝对长日植物或绝对短日植物。例如，蔬菜植物中的菠菜、根甜菜、萝卜为绝对长日植物，而大豆、紫苏为绝对短日植物。但大多数长日或短日园艺植物对光周期的反应并不是绝对的，它们开花可被长日(对长日植物而言)或短日(对短日植物而言)条件促进，但在不适宜的日照长度条件下最后也会开花。这类植物的开花没有明确的临界日长，对日照长度表现出累积反应，称为相对长日植物或相对短日植物。例如，白菜、芥菜等蔬菜在长日照条件下可以很快开花，而在较短的日照条件下(8～10h)也可以开花，只不过开花时间推迟。

紫花扁豆及红叶苋在短日照条件下开花较快，但在长日照条件下（14h）也能开花。

利用光周期反应的这一特性，可以通过选育对光周期要求严格及不严格的早、中、晚熟品种，使园艺植物生产达到周年供应。

二、影响光周期反应的因素

（一）叶片

从营养生长转化为生殖生长发生于顶端分生组织。而实际上感受光周期信号的部位是叶片，而非茎顶端。顶端生长点是光周期反应效果的发生部位。植物叶片接收到光周期信号后产生了某种可扩散的开花刺激物质，然后通过叶柄、茎传输到茎尖分生组织，促使花芽分化。试验证明，去除全部叶片的植株，即使放在适宜开花的日照条件下也不能开花，而整个植株只要有一个叶片处于诱导的日照条件下，就能开花。

叶片感受光周期的敏感性与其发育程度有关。例如，在一些种类的植物中，叶片刚刚完全展开时，对光周期的反应最敏感，幼小叶片和衰老叶片对光周期反应的敏感性较差。

（二）植株年龄

植株年龄与光周期反应也有关系。一般而言，大多数植物必须达到一定的年龄才对光周期有反应。植株年龄越大，对光周期的反应越敏感。例如，苍耳（*Xanthium sibiricum* Patrin ex Widder）4～5片叶完全展开时才能对光周期有反应；竹类植物需要几十年才能开花。有些植物在幼苗期，甚至子叶期就可感受到光周期，如白菜、萝卜、榨菜（*Brassica juncea* var. *tumida* Tsen et Lee）在2片真叶期就可感受到光周期而抽薹开花，大豆甚至在子叶期就对短日照有反应。

（三）植物的种类及品种

不同种的植物和同一种植物的不同品种，其开花对光周期的反应不尽相同。

（四）温度

温度也会影响植物对光周期的反应。研究显示，一些植物开花对长日照或短日照条件的要求可部分地被温度替代。例如，低温春化可以部分取代菠菜对长日照条件的要求，低温也能促进某些豌豆迟熟品种在长日照条件下、洋葱的一些品种在短日照条件下开花。而在高温条件下绝对短日植物草莓的某些品种，在低温条件下对日照表现为量的反应。根甜菜在低温条件下是绝对长日植物，高温时却成为相对长日植物。而在高温条件下为长日植物的莴苣、栽培菊苣（*Cichorium endivia* L.），在低温条件下却成为日中性植物。

植物对光周期的反应需要在一定的温度条件下完成。当温度很高时，许多长日的蔬菜植物如白菜、萝卜、菠菜和芹菜等即使在长日照条件下也不会开花，或者开花期大为延迟。例如，长江流域夏季栽培的小白菜、夏萝卜，它们在4月播种后，自然日照时数不少于14h，但并不抽薹开花，主要是因为高温（尤其是过高的夜间温度）抑制了光周期反应，从而抑制了花芽分化。相反，如果温度太低，即使光周期适合，由于植物生长缓慢，也很难抽薹开花。

（五）光照强度及光质

植物通过光周期诱导所需要的光照强度大大低于光合作用所需的光照强度。一般情况下，光周期诱导的有效光照强度为50～100lx。在自然条件下，日照长度的计算是以太阳处于地平线下6°时为准，而不是以太阳直射光的有无为准。

光质对光周期效应也有很大影响。以长日植物为例，红光处理可以促进开花，而远红光或蓝光处理不能开花。在暗期中利用红光照射进行间断处理，短日植物的开花会被抑制，而长日植物则会开花；若在红光照射之后，立即用远红光照射，暗期间断作用消失，即远红光可以抵消红光的间断效应，而且这个反应可以反复逆转多次。总之，暗期间断对长日植物而言，红光促进其开花，而远红光抑制其开花；对短日植物来说，红光抑制其开花，远红光促进其开花。研究表明，这种红光/远红光是通过光敏色素和隐花色素参与的过程发挥生理作用的。

三、光周期调控开花的机制

（一）开花素

感受光周期信号的叶片和开花部位（茎尖分生组织）之间存在空间距离，因此需要一种传输信号把叶片信息传输到茎顶端。尽管人们对开花机制提出了各种假说，但开花激素假说似乎更有说服力。1936年，俄罗斯植物生理学家柴拉轩（Chailakhyan）提出了“开花素”的概念，认为开花素可能是一种植物激素，并可通过嫁接转移。但遗憾的是，尽管有许多尝试，目前为止一直没有分离出开花素物质。

植物激素中只有赤霉素（GA）具有促进开花的效果。GA几乎只促进长日植物开花，如二年生植物大白菜、胡萝卜等，需要低温春化、第二年春天在长日照条件下开花，但如果这些植物没有经过低温春化，在长日照条件下用GA处理也能促进茎伸长并开花。但GA不能引起短日植物在长日照条件下开花，说明GA并不能替代开花素的作用。

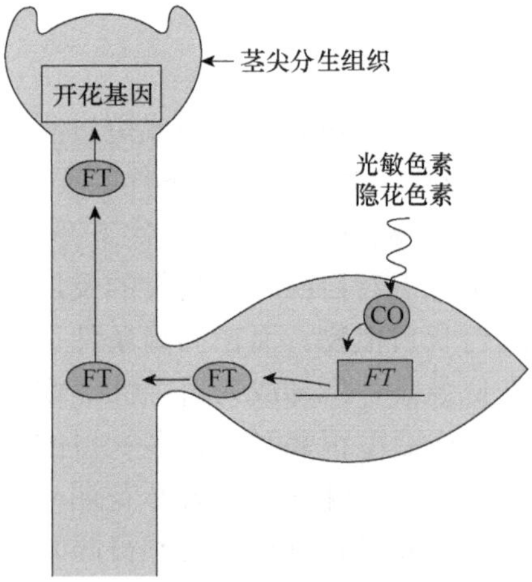

图1-6　开花刺激物长距离运输示意图（Hopkins and Hüner，2012）

叶片是感受光周期信号的部位

（二）开花基因

对长日植物拟南芥［*Arabidopsis thaliana*（L.）Heynh］的分子遗传研究为了解开花素的本质提供了新证据。经过多年研究发现，CONSTANS（*CO*）基因在开花过程中起主要作用，它可能通过介导形成可在韧皮部运转的开花信号——FLOWERING LOCUS T（*FT*）调节开花。FT是一种小分子蛋白质（约20kDa），其促进开花的效果和使用的剂量成正比。在诱导的光周期条件下，*CO*基因激活叶片中FT mRNA转录因子，其表达后使FT蛋白在叶片韧皮部薄壁细胞中合成，然后通过筛管细胞转移到茎尖分生组织，诱导开花基因（花器官形成基因）表达，从而引起花器官产生（图1-6）。

（三）光受体

为了感受光信息，植物产生了高度复杂的光感受系统，包括对光敏感的光受体和信号转导途径。光受体通过选择性接收不同波长的光来反映光所包含的信息，经过一系列过程最终导致发育反应。光受体均为色素蛋白，它们是含有吸光基团及催化特性的蛋白质。

植物含有 4 类光受体，即光敏色素（phytochrome，PHY）、隐花色素（cryptochrome，Cry）和向光素（phototropin），以及紫外线 B 受体（UV-B 受体）。光敏色素吸收红光（R，波长约为 660nm）和远红光（FR，波长约为 730nm），且在植物从种子萌发到开花的每一个发育阶段发挥作用；隐花色素感受蓝光（400～450nm），主要在幼苗发育、开花和重调生物钟方面起作用；向光素感受紫外线 A（UV-A）（320～400nm），介导向光性反应或不同光照梯度下的差异生长。UV-B 受体感受低水平 UV-B（280～320nm）。

光敏色素是 1959 年由美国科学家巴特勒（Butler）等发现的，这是植物生理学在 20 世纪取得的主要成就之一。光敏色素广泛存在于几乎所有植物中，包括藻类、苔藓、裸子植物和被子植物。高等植物的根、茎、叶、花、果实和种子中均存在光敏色素。光敏色素在植物组织中的含量很低，一般为 10^{-8}～10^{-7}mol/L。黄化苗中的光敏色素含量比绿色组织高 30～100 倍。

一个光敏色素单体分子由两部分组成：线型四吡咯发色团和脱辅基蛋白质分子。发色团以硫醚键与蛋白质多肽链上的半胱氨酸相连。在拟南芥中已发现 5 种光敏色素，包括 PHYA～PHYE，它们的区别主要是蛋白质部分的差异。不同的光敏色素在不同组织和不同发育时间产生进而介导不同的光反应。尽管 PHYA 和 PHYB 是主要的光敏色素，但不同光敏色素之间或光敏色素和其他光受体之间可以通过互作来调节植物发育过程。

光敏色素有两种存在形式：Pr（红光吸收型）和 Pfr（远红光吸收型）。Pr 的吸收峰在 660nm，而 Pfr 的吸收峰在 730nm。在植物体中，只有 Pfr 具有活性，Pr 为钝化态。Pr 在植物体内稳定，而 Pfr 则不稳定。目前发现只有 PHYA 在黄化组织中积累很高的水平，并且在光照条件下快速降解，其他的光敏色素（PHYB～PHYE）不论光照条件如何，其含量均很低且恒定。

Pr 和 Pfr 之间可以进行光转化，即 Pr 在 660nm 红光下转化为 Pfr，Pfr 在 730nm 远红光下转化为 Pr（图 1-7）。

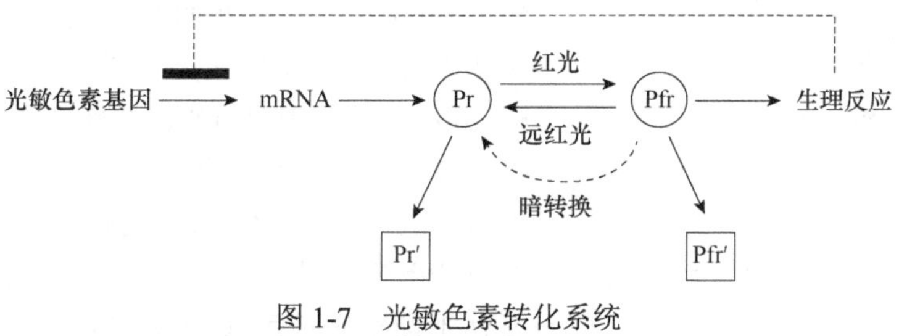

图 1-7　光敏色素转化系统

光敏色素合成钝化型 Pr，其在黑暗条件下积累。光敏色素 Pr 在红光（660nm）下可转换为 Pfr，而 Pfr 在远红光（730nm）下可转换为 Pr，在黑暗下则缓慢地转换为 Pr（依赖于温度）。Pr 和 Pfr 自身可降解为 Pr′和 Pfr′。Pfr 抑制其自身合成相比于光转换效应和黑暗条件下的缓慢转换，PHYB 的合成和降解在其生化特性中的作用要居于次要地位。

光感受器对不同光吸收存在的两种状态使得植物能够鉴别光谱特性，R/FR 值对植物细胞的 Pfr 起到关键作用，进一步形成细胞信号。植物个体整个生长发育过程离不开光敏色素的作用。不论是宏观上的种子萌发、中胚轴生长、幼叶展开、根的生长、开花及叶片衰老等，还是微观上蛋白质和核酸的合成、光合活性的调控、淀粉及脂肪的降解、硝酸盐的还原等，都有光敏色素的作用。

四、光形态建成

植物不能通过改变位置来改变周围环境或规避不利环境，其需充分利用周围资源才能成活和生长。植物的许多形态发生过程都与光有关。光形态建成是指光对植物发育的调节，是植物发育的主要现象之一。

光敏色素在自然条件下是一个光信号转导的受体，使植物感受环境中光的刺激后，其细胞内产生一系列变化，并发生一定的生理效应。

（一）自然光与光敏色素的“高辐照反应”

自然界中与植物发育进程有关的光有三种：日光（太阳高度位于地平线 10°以上）、暮光（太阳高度位于地平线下 0°～6°）和遮阴光（植物群落下的光）。这三种光的光质不同，它们的 R/FR 值分别为：日光 1.05～1.25，曙光/黄昏光（暮光）0.65～1.15，遮阴光 0.05～1.15。

我们知道，光敏色素具有光转化性，且在很弱的红光照射下就产生反应，又可被远红光照射所逆转。实际上，植物在自然条件下长期暴露在白天日光的连续高强度照射（由红光、远红光、蓝光等组成）之下，光形态建成进程得到最大表达，叶片扩大、茎伸长等反应明显，这种光依赖反应称为“高辐照反应”。高辐照反应表现出以下特性：延长强光照时间（尤其是高比例远红光的光照）才能使反应充分显现，反应随照射效率和时间呈规律性放大，反应不随 R/FR 变化而逆转。

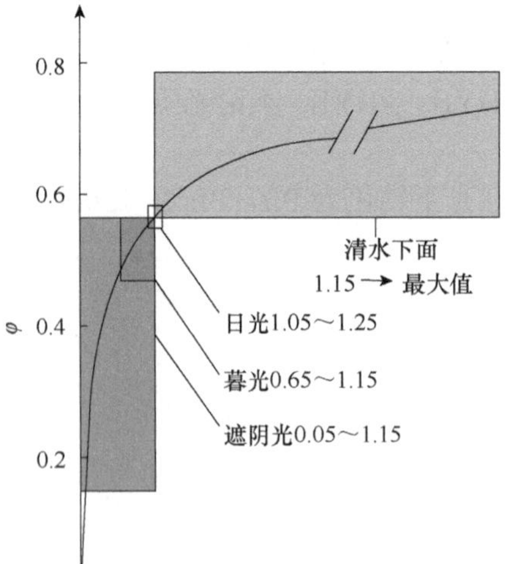

图 1-8　光敏色素动态光平衡（φ）与 R/FR 值的关系（Hopkins and Hüner，2012）

光敏色素 Pr 和 Pfr 的吸收光谱都较宽，且二者有重叠的吸收光谱。例如，Pfr 也可以吸收少量的 660nm 红光，Pr 也吸收少量的远红光。因此，即使在纯红光（660nm）条件下，光敏色素也不可能 100%全部转化为 Pfr。同样，由于 Pr 也吸收少量的远红光，因此在纯远红光（730nm）条件下，仍有一些 Pr 转化为 Pfr。也就是说，不论光源如何，Pr 和 Pfr 的光转化会达到一个“动态光平衡”（φ），这种平衡状态被定义为 φ=Pfr/（Pr+Pfr）。

光质对植物光敏色素 φ 的影响很大，φ 与光谱中 R/FR 的关系如图 1-8 所示。可以看出，在自然条件下，φ 对在 0～1 的光谱变化（R/FR）最敏感。也就是说，植物光敏色素的平衡状态 φ 对于叶冠层和自然植被中的光谱变化有最大的反应。

据测算，在自然光照下，植物的 φ 约为 0.6。黄化组织在红光（660nm）条件下的 φ 约为 0.8，而在远红光（730nm）条件下的 φ 为 0.03。

（二）隐花色素介导植物对蓝光和 UV-A 的反应

光谱中的蓝光和 UV-A 部分可以调节植物生长发育的很多过程，如去黄化（抑制下胚轴伸长，刺激子叶扩张，调节气孔开闭、基因表达、开花时间、内源生物钟等），茎生长的光梯度反应及向光性等。

光敏色素和隐花色素可以共同或单独调节许多植物的发育反应。

（三）光调节种子萌发

人类很早就意识到了光对种子萌发的影响。就园艺植物而言，大多数种子的萌发对光照没有特别的要求，在有光和黑暗条件下均可萌发，如白菜、甘蓝、萝卜及豆类等。有些种子如莴苣、胡萝卜、紫苏等，萌发时则需要光，称为“光促进萌发种子”。另外一些种子的萌发会受到光的抑制，在黑暗中萌发得较好，称为“光抑制萌发种子”，如番茄、茄子、南瓜（*Cucurbita moschata* Duch.）、洋葱、韭菜（*Allium tuberosum* Rottl. ex Spr.）、西瓜、甜瓜、苋等。光对种子萌发的影响受光敏色素的调控。

可被光促进萌发的种子通常比较小（较小的胚及胚乳），其萌发需要贴近地面，最好仅仅覆盖 1mm 土层以便萌发的种子尽快接触阳光。但有一些种子，如新疆白芥（*Sinapis arvensis* L.），要求极少的 Pfr（φ=0.05）促进萌发，因此需覆盖 8mm 土壤才萌发。光抑制萌发的种子通常要求长时间的强光照才表现出抑制效果，远红光和蓝光的效果更好，尽管有些种子红光也有效果。

促进不同植物种子萌发的 Pfr 水平不一样，即光促进萌发种子要求较高的 Pfr 水平，而光抑制种子萌发需要低的 Pfr 水平。种子萌发过程中，吸收水分和适宜的温度主要是促进 Pr 转化为 Pfr，因为干种子的 Pr 很稳定，形成足够的 Pfr 后，种子就会萌发。而种子萌发是否需要光则取决于在种子成熟期间形成的 Pfr 的多少，形成的 Pfr 多，就不需要光，反之则需要光。

种子萌发需光与否有重要的生物学意义。阳光经过植物叶冠层后，光谱性质发生了变化，大部分红光被吸收，透射光主要由远红光组成。种子成熟后都散落到叶片之下，使种子中的 Pfr 转化为 Pr，因此不会立即萌发。只有当叶片脱落，红光照射时，散落到地面的种子才可萌发，这有利于种子的传播和抵抗不良环境。当然，种子是否能够萌发还与温度、水分等因素有关。

（四）去黄化作用

植株生长在黑暗条件下表现出与光照条件下明显不同的形态。双子叶植物（如大豆）从土壤中萌发的幼芽在出土前由于没有接受过阳光的照射，表现为下胚轴伸长、细弱，生长点有弯曲钩，幼苗叶片小且紧抱、不含叶绿素、呈白色或黄色。黑暗条件下，单子叶植物萌发时第一节间极度伸长，胚芽鞘生长缓慢。上述黑暗条件下生长的幼苗出现的现象称为“黄化作用”。黄化现象还表现为叶绿体发育受抑制，酶活性低等。但黄化幼苗一旦暴露在光照条件下，会表现出“去黄化作用”：下胚轴生长受抑制，生长点弯曲钩慢慢伸直，上胚轴伸长加速，叶片展开、扩大、完全发育，叶绿体发育开始进行、叶绿素积累、叶片变绿，叶片具备光合能力。

黄化和去黄化是由光敏色素和隐花色素共同调节的，这种生长方式有重要的发育意义。一粒种子储备的能量是有限的，仅能满足下胚轴的伸长生长以便在贮藏物质消耗殆尽之前获得光照而进行光合作用。

图 1-9　菜豆（*Phaseolus vulgaris* L.）幼苗（7d 苗龄）的去黄化作用

A. 幼苗生长在正常白色光照条件下；B、C. 幼苗生长在黑暗条件下

黄化作用可以使幼苗快速生长以接受阳光照射，不在黑暗条件下形成没有光合能力的叶片。幼苗出土后，光敏色素会转化为 Pfr，叶片扩大、变绿，茎伸长速度减慢。光对叶片生长的促进作用和“强光反应”有关，幼苗在阳光照射下 φ 降低，抑制了下胚轴的伸长生长（图 1-9）。

在蔬菜生产上，利用光对生长影响的这一特性，可以进行黄化栽培和生产豆芽。例如，用培土、布或塑料薄膜覆盖遮光，可使韭菜、大蒜的幼苗黄化，生产出纤维素含量较低的优质韭黄、蒜黄。

（五）避阴性

植物的光合作用需要光照，当植物生长在相邻植物或高大冠层的阴影环境中时，其生长发育便会受到影响。植物可能通过两种途径应对邻近植被造成的弱光照：首先，通过提高比叶面积、叶绿素 a（Chla）和叶绿素 b（Chlb）光捕获复合物的数量，以及相应的生理代谢的变化来调整自身的光捕获能力，以适应有限可利用的资源，从而进化出了耐阴性，但一般伴随着生长速率减慢。其次，通过调整自身生长方式、形态以使叶片处于阴影之外，向接受阳光照射的冠层顶端生长，表现为避阴性。植物对遮阴光的典型反应类似于茎过度伸长现象，如下胚轴和叶柄伸长、叶片更加直立、减少分枝、减少分蘖等，最终导致开花和结籽提前。

冠层和冠层下的辐射光由于叶绿素的大量吸收而明显缺少红光和蓝光。相比而言，叶绿素可部分透过远红光，但由于反射作用，远红光的减少十分有限。因此，植物利用光敏色素（特别是 PHYB、PHYD、PHYE）和隐花色素来感应遮阴光和自然光的光质差异。

植物冠层的遮阴效应可以根据 R/FR 值来描述（图 1-8）。自然光（日光）的 R/FR 值为 1.05～1.25，而冠层下遮阴光的 R/FR 值依植物群落和冠层密度而变化，如小麦为 0.5、玉米为 0.20、热带雨林为 0.22～0.30。从图 1-8 可以看出，R/FR 值的较小改变就可以引起 Pfr 占比的相当大的变化。这种效应被认为是由于植物光敏色素和隐花色素感受了自然光的光质变化（遮阴光中的远红光）之后，φ 降低。遮阴信号（光质变化）可被 PHYB 和 PHYA 感知，且两种光敏色素对茎产生起到拮抗作用：当 R/FR 值降低时，PHYB 失活并促进茎伸长，而PHYA被活化（R/FR值极低）并控制幼苗过度伸长。避阴性响应还与光敏色素和转录因子的光敏色素互作因子（phytochrome interacting factor，PIF）的相互作用有关。PIF可以正调节遮阴触发的下胚轴伸长，而活性PHYB与PIF相互作用并抑制其转录活性。在遮阴条件下，活性PHYB的比例降低而PIF活性增加，PIF可以促进生长素合成基因的表达、促进游离吲哚乙酸（IAA）快速增加，从而促进下胚轴伸长。而耐阴策略与避阴性不同，植株通常在遮阴区域生长，其茎伸长对遮阴无反应，可在弱光下生存。PHYA是在遮阴下抑制茎伸长的主要因素，这主要是因为该类植物的PHYA活性更强。PHYA活性的增强和其他因素一起使阴暗处的植株茎伸长对遮阴无反应。

在园艺植物栽培上，可以用人工或化学方法去除侧芽，或者通过改变栽培密度来调节光供应，进而控制分枝或分蘖的发生。生产上常看到生长在群体外部的植株往往比生长在里面的植株分枝多，过密群体的侧枝生长会被抑制。通过调节合适的栽植密度，使植物群体的侧枝数量、大小及空间位置都比较合理，对获得群体的较高生产力有重要意义。

另外，光周期对茎伸长的影响也很明显，许多蔬菜植物如白菜、萝卜等，其茎伸长生长—抽薹可被长光照促进。番茄在长日条件和短日条件下虽然都可开花，但其茎的长度在长日条件下较短日条件下长。同样，长日照会抑制分枝的发生，而短日照则促进分枝的发生。例如，短日照的豆类蔬菜豇豆、刀豆等，在缩短的日照条件下，蔓性的可以变为矮生性，且分枝增多。

（六）地下贮藏器官的形成

一些蔬菜植物食用贮藏器官的形成都需要一定的光周期条件。例如，马铃薯和菊芋的块茎，洋葱及大蒜的鳞茎，木薯（*Manihot esculenta* Crantz）、甘薯［*Pomoea batatas*（L.）Lam.］的块根，荸荠［*Eleocharis dulcis*（Burm. f.）Trin.］、慈姑［*Sagittaria trifolia* L. var. *sinensis*（Sims.）Makino］、芋［*Colocasia esculenta*（L.）Schott］的球茎，姜、莲的根状茎，以及萝卜和胡萝卜的肉质根等，它们的形成均受到光周期的调节。

一般而言，鳞茎类蔬菜如洋葱、大蒜鳞茎的形成受到长日照促进，一般要求日照长度在12h以上，但不同品种对日照长度要求的差异较大。大蒜鳞茎的形成也要求长日照条件，且0～10℃的低温处理30～60d可加速长日照条件下鳞茎的形成。

马铃薯、菊芋、木薯等贮藏器官的形成需要短日照。品种之间也有差异，一些早熟种对光周期的要求较不严格。光照条件下对块茎的诱导也受到温度的影响，有些品种在温度低于20℃的长日照条件下也能形成块茎。

光照条件对这些贮藏器官生长的影响，将在有关章节作详细介绍。

第四节 矿质元素与生长发育

除了温度和光照，矿质元素和水分对园艺植物的生长发育也有重要影响。

一、矿质元素的生理作用

矿质元素是植物维持正常生理活动所必需的元素。对高等植物而言，通常认为至少有 16 种必需矿质元素：碳、氢、氧、氮、磷、钾、钙、镁、硫、氯、铁、硼、锰、锌、铜、钼。矿质元素一般是植物从土壤中吸收的，植物地上部也可吸收矿质元素。必需矿质元素根据其在植物组织中的相对含量或植物正常生长对其的需要量，可简单地分为大量元素和微量元素（表 1-1）。

表 1-1　高等植物必需矿质元素及其植物生长所需的浓度

元素	化学符号	植物的利用形式	植物组织含量/（μmol/g 干重）
大量元素			
氢	H	H_2O	60 000
碳	C	CO_2	40 000
氧	O	O_2、CO_2	30 000
氮	N	NO_3^-、NH_4^+	1 000
钾	K	K^+	250
钙	Ca	Ca^{2+}	125
镁	Mg	Mg^{2+}	80
磷	P	$H_2PO_4^-$、HPO_4^{2-}	60
硫	S	SO_4^{2-}	30
微量元素			
氯	Cl	Cl^-	3.0
硼	B	BO_3^{3-}	2.0
铁	Fe	Fe^{2+}、Fe^{3+}	2.0
锰	Mn	Mn^{2+}	1.0
锌	Zn	Zn^{2+}	0.3
铜	Cu	Cu^{2+}	0.1
钼	Mo	MoO_4^{2-}	0.001

矿质元素在植物体内的生理作用主要体现在以下几个方面：组成细胞结构；参与酶的活动；起电化学作用（离子浓度平衡、氧化还原、电子传递等）；细胞信号转导的第二信使。植物对矿质元素的吸收通过扩散，细胞膜上的离子通道、载体、离子泵及胞饮作用等途径进行。

植物对矿质元素的吸收与作物生产力密切相关。园艺植物栽培中的施肥是提高产量和改善品质的重要措施。尽管矿质元素对植物的生命活动有重要作用，但不同矿质元素的生理作用是不同的。

（一）氮

氮是植物中许多重要分子的组成成分，如蛋白质、核酸、一些激素、叶绿素、维生素等，也是组成植物体许多基本结构物质的成分，因此氮在植物生命活动中具有非常重要的作用。

植株获得足够的氮时，枝叶繁茂、植株高大、分蘖能力强。当植株缺氮时，表现为生长缓慢、植株矮小、叶片失绿；缺氮还会使许多植物积累花青素，引起茎、叶柄及下部叶片呈紫色；缺氮不利于茎生长，但刺激开花；缺氮时通常老叶先变黄，幼叶可保持一定时间的绿色，因为氮在植物体内可以移动，老叶中的氮会以胺或酰胺的形式向幼叶移动。

氮过量时，通常刺激植株茎秆徒长、导致根冠比（*R/T*）下降，推迟开花。对园艺植物而言，尤其是叶菜类蔬菜，早期植株生长期间要注意施用氮肥，促进植株叶片生长；植株进入开花期，要注意控制氮肥用量，以利于开花结果。

（二）磷

磷是核苷酸和膜脂的组成成分。存在于 ATP、ADP 中的磷及无机磷（Pi）参与细胞的能量代谢，磷也参与光合作用，可以促进碳水化合物的合成和转运，因此磷对植物生长、分蘖、分枝及根系生长有利。

植物缺磷时的一个明显特征是叶色深绿，严重时叶片甚至变形，并出现坏死斑点，有时叶片会积累花青素而变为深紫绿色。和氮一样，磷在植物体内也是可移动的，缺磷导致老叶更快衰老和死亡。缺磷植株的茎秆通常短而纤细，果实和种子产量大幅度下降。

磷过量施用会更易促进根系生长，使 *R/T* 增加，因此，植物移栽时多施磷肥有利于幼苗形成强壮根系；在果树、根菜类、薯芋类蔬菜等园艺植物栽培过程中，施用磷肥可明显提高其产量。

（三）钾

钾离子是植物组织中含量最丰富的离子，因为大多数植物生长发育需要大量的钾。钾是一些酶的活化剂，特别是参与光合作用和呼吸作用的酶。淀粉和蛋白质合成也需要钾元素。钾还在渗透势调节方面有重要功能，影响植物的运动（如气孔开闭、叶片运动）。不像其他的大量矿质元素，钾不是植物结构物质的组成成分。

因为钾在植物体内也是可移动的，植物缺钾症状首先出现在老叶，表现为斑点或失绿，之后叶缘出现坏死斑点；植株茎秆矮小，长势弱，对病害的抵抗力下降。

在园艺植物生产上，施用钾肥可以提高淀粉和糖含量，对果树、果菜类蔬菜果实产量提高和品质改善、根菜类和薯芋类蔬菜产品器官形成十分有利；还可使植株茎秆粗壮，提高抗逆能力。

（四）硫

硫是蛋白质和维生素（如硫胺素、生物素、辅酶 A）等重要化合物的组成成分，参与呼吸作用、脂肪酸代谢、光合作用、固氮作用等过程。硫是芸薹属蔬菜｛芥菜、甘蓝、芜菁、辣根［*Armoracia rusticana*（Lam.）Gaertn.］等｝芥子油、葱蒜类蔬菜风味物质的构成成分。

植物缺硫通常表现为叶片失绿，包括维管束周围组织。因为缺硫减少了蛋白质合成而不是直接破坏了叶绿素合成。由于硫在很多植物体内不易流动，缺硫症状多发生在幼叶上。

农业生产中很少出现缺硫的情况，因为土壤和大气中含有较多的硫元素。但在芸薹属、葱蒜类蔬菜栽培中施用硫肥可改善其品质。

（五）钙

钙在调节细胞分裂上发挥作用。钙参与维持细胞膜的完整性和正常功能，还是影响细胞活动的第二信使，参与调节酶的活性（如钙调蛋白）。

由于钙在植物体内不易移动，加之其对细胞分裂的功能，因此缺钙会出现在植物分生区域，表现为幼叶畸形、坏死，甚至接下来分生组织会死亡。缺钙会导致根系生长不良，颜色变淡，缺钙植株生长受抑制。在园艺植物栽培上，缺钙会引起许多植物的生理病害，表现为果实发育不良、开裂等现象，如番茄果实脐腐病、结球叶菜［大白菜、甘蓝、结球莴苣（*Lactuca sativa* var. *capitata* L.）等］干烧心。

（六）镁

镁在植物体内有多种重要功能。镁是叶绿素分子的成分，对稳定核糖体结构有作用，也是许多重要酶的活化剂［如 ATP 酶、光合作用中的核酮糖-1,5-双磷酸（RuBP）羧化酶、磷酸烯醇式丙酮酸（PEP）羧化酶］。

植物缺镁最早出现的明显症状是由叶绿素降解导致的叶脉之间失绿，但叶脉可以保持较长时间的绿色。镁在植物体内也是可移动的，可以从老叶转移到生长旺盛的幼叶。因此，缺镁引起的叶片失绿在老叶中更明显。

（七）铁

铁在植物体中主要有两个重要功能：一是作为很多氧化还原酶的构成成分，二是调节叶绿素及叶绿体合成。铁是参与呼吸作用、固氮作用和光合作用的氧化还原酶的成分，如细胞色素血红蛋白、铁硫蛋白［铁氧还蛋白（Fd）、光系统Ⅱ蛋白（photosystem Ⅱ complex，PSⅡ）］。铁还是一些氧化酶的成分，如过氧化氢酶、过氧化物酶。铁虽然不是叶绿素的成分，但叶绿素合成中的一些酶需要铁参与。

植物缺铁总是会导致叶绿素丢失和叶绿体结构降解，幼叶叶脉之间首先表现失绿症状，然后可能发展到叶脉，严重时小叶片会变白。因为铁在植物体中的移动性很低，很难从老叶移动到幼叶。

植株也易出现缺铁现象，因为在植物组织的 pH 环境中，Fe^{3+}会形成不溶性的 $Fe_2O_3 \cdot 3H_2O$，尤其是在中性或碱性土壤中。缺铁可诱导植物根系发生一些形态和生化变化，如形成专门的转移细胞、提高根系周围 H^+释放等，有利于植物吸收铁。

我国华北地区果树的“黄叶病”与缺铁有关。南方地区土壤较酸，植物不易发生缺铁症状。

（八）硼

植物体中的硼可能与细胞壁结构的完整性有关，因为植物细胞中的大量硼位于细胞壁，而且硼和细胞壁多糖——甘露糖及其衍生物（含有顺式二醇）形成酯类，起稳定细胞壁的作用。硼在细胞的分裂和伸长中起作用。硼还可以促进花粉管萌发和伸长。

缺硼植物的细胞壁失常。根系表现为短而粗，呈簇生状。茎尖和幼叶细胞分裂被抑制，之后分生组织出现坏死。缺硼植株表现为节间短缩，植株呈灌木状或莲座状，茎膨大。芹菜的“茎裂病”、根甜菜的“心腐病”都与缺硼有关。缺硼时，植物会出现“花而不实”现象，会影响果树、果菜类蔬菜的产量和品质。

（九）铜

植物体中的铜可能主要具有一些氧化酶辅因子的功能，如光合电子载体质体蓝素、呼吸作用的细胞色素氧化酶、抗坏血酸氧化酶、多酚氧化酶、超氧化物歧化酶（SOD）等。

由于植物仅需很微量的铜，通常不会出现缺铜症状。植物缺铜时，表现为植株矮化，幼叶卷皱、畸形，严重时叶片脱落，如柑橘（*Citrus reticulata* Blanco）树的“夏季顶梢枯死”（summer dieback）。

（十）锌

锌是植物体中许多酶的活化剂，如乙醇脱氢酶、碳酸酐酶、超氧化物歧化酶。锌参与调节植物激素吲哚乙酸（IAA）前体物质——色氨酸的合成，缺锌会导致IAA合成受阻。

植物缺锌的典型症状是节间短缩，叶片变小。在我国北方，苹果、梨、桃（*Prunus persica* L.）等果树缺锌时，会发生“小叶病”。

（十一）锰

锰是植物很多酶的辅因子，特别是呼吸过程中的脱羧酶和脱氢酶。锰常常可以取代镁参与有关反应，如ATP代谢。锰是光合作用过程中PSⅡ的放氧复合体的构成成分之一，参与水的氧化过程。

植物缺锰与土壤有很大关系。土壤有机质含量高、酸性（pH＜6）更易使植物发生缺锰现象。缺锰会导致植株幼叶基部出现绿灰色胚状斑点，谷类种子产生“灰斑”，严重时豆类植株叶片叶脉之间失绿，种子变白、畸形。

（十二）钼

钼主要与植物的氮代谢有关。固氮过程的固氮酶由铁蛋白和钼铁蛋白组成，钼也是硝酸还原酶的成分。

植物缺钼时会表现出缺氮的症状。当土壤供氮充足时，缺钼的典型表现为“鞭尾病”，即幼叶弯曲、变形，老叶则沿叶脉出现脉间失绿、坏死。

园艺植物中的豆类、芸薹属蔬菜会发生缺钼现象。由于酸性土壤容易吸附钼，种植在酸性土壤上的植物更易出现缺钼症状。

（十三）氯

氯在植物体内参与光合作用中的放氧反应。氯离子移动迅速，是重要的扩散离子，维持细胞膜的中性，也是液泡中渗透调节的活跃溶质。氯也参与叶片和茎细胞分裂。

一般情况下，植物体很容易吸收氯并大量积累在组织中，不会出现缺氯症状。植物一旦缺氯会表现出生长速率下降、叶尖萎蔫、叶片失绿症状。

（十四）镍

镍在植物体内的功能还不是很清楚。镍可能与种子萌发时的氮移动有关。镍是脲酶和氢化酶的组成成分：脲酶能催化尿素水解为 CO_2 和 NH_4^+；氢化酶在生物固氮过程中把 H_2 转化为 H^+，为固氮所用。

植物缺镍时，种子萌发率大幅度下降，幼苗活力弱，叶片出现失绿和坏死斑点。大豆缺镍会导致叶片脲酶活性下降，尿素积累，毒害叶片，也会引起根瘤中氢化酶活性下降，固氮效率下降。因此，为了提高豆类蔬菜产量，要注意施用镍肥。

二、有益元素与有害元素

（一）有益元素

除 16 种必要矿质元素外，有些植物的生长还需要其他的元素，这些元素被称为有益元素。目前发现的有益元素有钠、硅、钴和硒。

钠是一些植物，特别是 C_4 植物生长所必需的微量元素。这些植物缺钠时会表现为生长量下降、叶片失绿或坏死症状。一些苋科盐生植物，以及园艺植物中的甜菜、芜菁、芹菜、胡萝卜、番茄等蔬菜，如果有钠的存在，即使在缺钾的情况下仍可正常生长。

硅对一些植物的生长发育表现出有益作用，特别是一些杂草。硅积累在细胞壁，对植物防御真菌侵染及抗倒伏起作用。

钴对一些豆类植物的生长是必需的。因为固氮细菌生长需要钴元素，这些植物本身是否需要钴还没有证实。在大豆、蚕豆等栽培过程中施用钴肥对其生长及产量形成有利。

尽管硒对大多数植物的生长有害，但一些豆类作物，如黄耆属（*Astragalus*），可耐土壤中高浓度的硒。

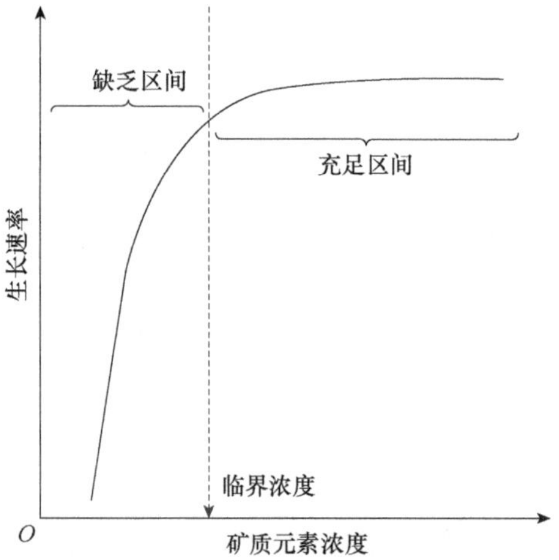

图 1-10　生长速率和植物组织中矿质元素浓度的函数关系（Hopkins and Hüner，2012）

植物组织中矿质元素浓度低于临界浓度时被称作缺乏，高于临界浓度时被称作充足

（二）有害元素

有害元素对植物的生长发育有毒害作用，如汞、镉、铅等重金属。铝对植物生长也不利，因为其可以抑制铁和钙的吸收，阻碍磷的吸收和运输。

许多工厂的污水中含有大量有害元素，如果这些污水用于灌溉，不仅会影响园艺植物生长，还会造成有害元素在产品器官中积累，危害人体健康。

三、植物对矿质元素的需求——临界浓度

通常，当某一必需矿质元素的供应缺乏时，植物的生长速率会下降。植物组织中仅仅低于促进生长的最大矿质元素浓度称为“临界浓度”（图 1-10）。超过临界浓度时，矿质元素增加对植物生长的有益效果不再显现，矿质元素含量充足；低于临界

浓度的矿质元素含量缺乏，植物生长速率大幅度下降。也就是说，当植物组织中矿质元素水平低于临界浓度时，将限制植物生长。由于不同元素都有特定的功能和作用，因此当植物缺少某一元素时，总是表现出特定的形态和生化症状。

当植物组织中矿质元素水平超过临界浓度时，该矿质元素不再限制植物生长。植物组织中矿质元素浓度并非越高越好，而是有限量的，如果植物组织中矿质元素含量足够高时，就会表现出对植物组织的毒害。通常情况下，大量元素很难达到有害水平，但微量元素很容易达到。例如，铜在植物组织中的正常浓度为4～15μg/g干重，低于4μg/g干重表现为缺乏，高于20μg/g干重时大多数植物表现为严重伤害。硼在75μg/g干重以上、锌在200μg/g干重以上也表现出毒害效果。

由于氮、磷、钾三元素在植物生长代谢活动中的重要作用，植物对它们的需求量更大，而土壤中含量却较少，要用肥料补充，因此，通常把氮、磷、钾称为“肥料三要素”。

四、影响矿质元素吸收的因素

尽管植物地上部叶片可以吸收矿质元素，但根系是吸收矿质元素的主要部位。影响根系吸收矿质元素的因素主要有温度、通气状况、土壤溶液浓度及pH。

（一）温度

在一定范围内，根部吸收矿质元素的速率随土壤温度的增高而加快，因为温度影响了根部代谢速率，尤其是酶活性，因而影响主动吸收过程。但温度过高（>40℃），一般作物吸收矿质元素的速率下降，这可能是由于高温使酶钝化，影响根部代谢活性；高温也使细胞透性增大，矿质元素被动外流到外部环境中，所以根部净吸收矿质元素的量减少。

（二）通气状况

土壤通气状况直接影响根吸收矿质元素。试验证明，在一定范围内，氧气供应得越好，根系吸收矿质元素的速率越快。缺氧会影响根系的生命活动，降低对矿质元素的吸收。在栽培措施上，可以通过中耕松土、改善土壤结构、增施有机肥，以提高土壤通气性，促进根吸收矿质元素。

（三）土壤溶液浓度

在土壤溶液浓度较低的情况下，随着溶液浓度的增高，根系吸收矿质元素离子的数量也增多，但是当土壤溶液达到某一浓度时，根系对离子的吸收速率不再增加。通常认为这是离子载体和通道数量饱和所致。园艺植物生产上如果一次施用化肥过多，造成溶液浓度过高，可能导致“烧苗”。同时根系也不能全部吸收，造成浪费。

（四）土壤溶液pH

一般而言，阳离子的吸收速率随pH的升高而增加，阴离子的吸收速率随pH的升高而下降。

通常，作物生长的最适pH为6～7，但有些作物｛如马铃薯、茶［*Camellia sinensis*（L.）O. Ktze.］｝适宜较酸性的环境，有些作物（如甜菜）适宜较碱性的环境。

第五节　水分与生长发育

一、水分的作用

水分是大多数生命个体最主要的成分。通常，非木本植物的含水量都在70%以上。尽管有些耐干旱植物的含水量仅有20%，干燥种子只有5%的水分，但它们的生命活动是停滞的，只有恢复了正常的含水量，生命活动才能恢复。

水分在植物生命活动中有一些重要功能。首先，水分的热力学特性使其能够保证在大多数生物反应发生的温度范围内保持液态。这一特性很重要，既可以让大多数仅在液态介质才能发生的生化反应进行下去，还可以参与植物的温度调节，不让植物体的温度快速下降或上升。其次，水分也是植物对物质吸收和运输的溶剂。一般来说，植物生长所需的矿质元素和其他溶质只有溶解在水中才能被植物吸收和在植物体内运输。最后，水分是生化反应的介质或参与者。生命活动的重要生化反应，如氧化、还原、缩合、水解等反应均需在水存在的条件下进行，或者水分子本身就参与反应，代谢产物也会产生水。水分能够保持植物的固有姿态。细胞中的大量水分可维持细胞的膨压，使植物保持直立，充分接受光照并利于交换气体。

水分在植物体的流动具有重要的生物学意义。植物细胞吸收水分也是细胞膨大的驱动力。植物的光合作用会消耗大量水分，同时，也必须从土壤中吸收同样的水分以补充叶片蒸发引起的水分亏缺。

二、影响植物组织水分的因素

植物组织内水分状况受叶片蒸腾速率和根系吸收水分的共同影响。

（一）蒸腾速率

叶片的蒸腾作用是植物散失水分的主要方式。蒸腾作用与叶片结构有关，角质层的多少和气孔的密度直接影响蒸腾速率。叶片中90%～95%的水分蒸发是通过气孔完成的，角质层的蒸发量只占5%～10%。

在自然环境中，蒸腾速率受到环境湿度、温度和风速的影响。空气相对湿度小，蒸腾速率较大，空气相对湿度大，蒸腾速率变小。在相对湿度相同的情况下，温度越高，蒸腾速率越大。微风对蒸腾速率的促进作用要大于强风。

（二）根系吸收水分

植物叶片蒸腾丢失的水分需要通过根系吸收得以补充，因此根系从土壤中吸收水分的多少对植株正常生长发育至关重要。

土壤性质对根系吸水有直接影响。植物只能利用土壤中的可用水分。土壤的一些有机胶体和无机胶体能吸附一定量的水分，土壤颗粒表面也吸附一些水分，因此土壤有保水的能力。土壤可用水分的多少与土粒粗细及土壤胶体数量有密切关系，黏土的可用水分数量较少，砂壤土的可用水分数量较多。

根系要从土壤中吸水，根部细胞的水势必须低于土壤溶液的水势。土壤溶液浓度（土壤溶液中所含盐分）的高低直接影响其水势大小。一般情况下，土壤溶液的盐分浓度较低，水势较高，利于根系吸水；盐碱地的土壤溶液的盐分浓度高，水势低，植物吸水困难。园艺生产中施用化肥过量时，特别是在砂质土中，会导致根系吸水困难，甚至产生“烧苗”现象。

土壤通气状况会影响植物对水分的吸收。土壤通气不良，会导致土壤缺氧和CO_2浓度过高，短期内可使细胞呼吸减弱，会阻碍吸水，时间较长时可形成无氧呼吸，产生和累积较多乙醇，根系中毒受伤，吸水更少。植物长时间淹水，会导致土壤空气不足，也不利于植物吸水。园艺栽培中采取的中耕耘田、排水晒田等措施，目的就是改善土壤的通气状况。

土壤温度过高或过低均不利于根系吸水。土壤温度过高会加速根系老化过程，使根的木质化部位几乎达到尖端，造成吸收面积减少，吸收速率下降。温度过高会使酶钝化，也影响根系吸水。土壤温度过低，植物根系生长缓慢，吸水表面积增加较慢，同时呼吸作用减弱，影响根系吸收水分。温度过低，水分本身的黏性增大，扩散速率降低，细胞质黏性增大，水分不易通过细胞质，也不利于吸收水分。

第二章　根　　系

植物按照整体性主要分为地上部和地下部。地上部主要是叶片进行光合作用，产生各种碳水化合物。地下部的根系是植物的重要器官之一，也是“根本”。根系是植物与土壤相互作用的桥梁，从土壤中获取植物生长发育所需要的水分、养分及其他活性物质，也是提高园艺植物产量和品质的潜力所在。此外，根系也能够参与植物抵抗不良环境的胁迫，病菌、害虫侵害等。尤其对于多年生园艺植物来讲，其常年生长在固定的地方，根系生长发育和对环境的适应能力对园艺植物的栽培和产品的提质增效、绿色可持续发展等具有更重要的意义。

第一节　根系的形态及功能

一、根系的类型和形态结构

（一）根系的类型

园艺植物的枝叶和花果容易观测，而地下部的根系生长在土壤里，人们不易直接观察。按照传统分类方法，园艺植物的根系通常由骨干根和须根组成（图 2-1）。

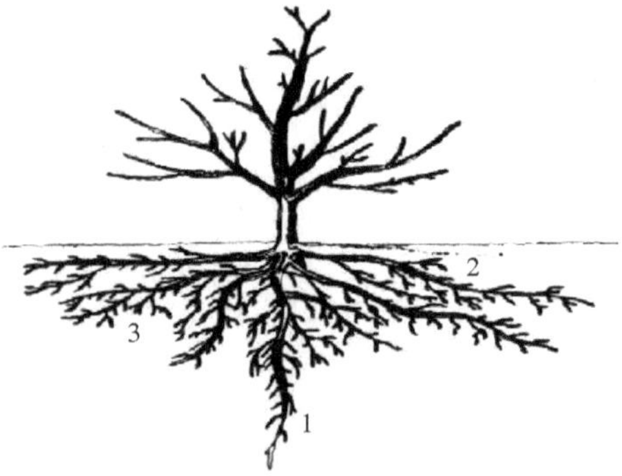

图 2-1　果树根系结构（郗荣庭，2009）
1．主根；2．侧根；3．须根

1．骨干根　骨干根由生长粗大的主根和各级侧根构成。

（1）主根　主根是指种子萌发时，胚根最先突破种皮、向下生长而形成的根。主根一般最早出现且垂直向下生长，比较发达，能够伸入土壤较深，根系活力和适应能力强，具有向地性、避光性、趋肥性等特点。大多数园艺植物的主根发达。

（2）侧根　侧根是待主根发育到一定长度后，从主根上分化出来的各种大小分枝，与主根成一定的夹角且向四周生长。侧根在生长过程中，可能再形成分枝，即第二级侧根、第三级侧根、第四级侧根……主根及各级侧根统称为直根系，其显著的特点是主次分明，包括大部分裸子植物和双子叶植物的根系。

2．须根　主根和各级侧根上着生的细小根（直径小于 2.5mm）统称须根。一些园艺植物的主根生长到一定阶段就停止生长或死亡，然后由胚轴或者茎基部上长出来的许多不定根组成，其显著的特点是主根很早退化且所有的根粗细相近，即基本上没有主侧根的区别。大部分单子叶植物的根系都是须根系。其按形态、功能和生理特性等可分为生长根、吸收根、过渡根和输导根（图 2-2）。

（1）生长根　又称为延长根，白色，长度为2～25cm，直径 0.3～2.1mm，寿命较长，主要行使扩大根系分布范围和产生各级侧根的功能，同时具有吸收和合成能力。其根据生长强度，可分为迅速生长根、缓慢生长根和吸收生长根。

（2）吸收根　具有初生结构，白色，长度一般为0.1～5.0cm，直径为 0.3～1.0mm，长势弱，寿命较短（一般为15～25d），很快由白色变为灰褐色，一般不能发育为次生结构，但能够不断更新。其主要行使吸收和合成的功能，同时还能够同化养分和与菌根共生。

（3）过渡根　吸收根或生长根经过一定时间的生长后，白色变为淡黄色或黄褐、棕黄色，已无生长能力，转变为过渡根。

（4）输导根　生长根木栓化后形成的次生根。其主要行使输导水分、矿质营养和有机养分等物质，以及贮藏营养等功能。按发育年龄，其可分为当年生根和多年生根。

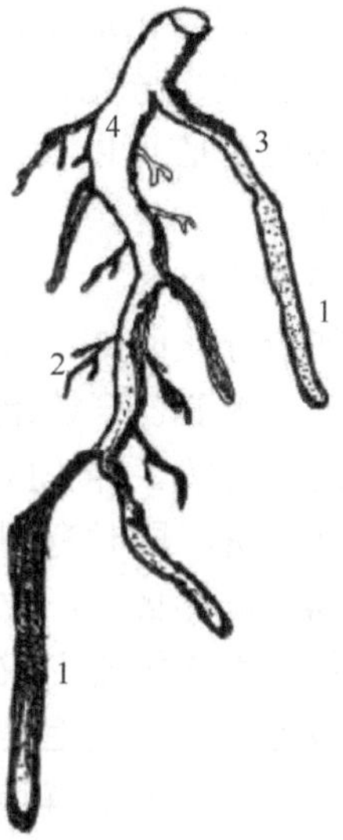

图 2-2　苹果（*Malus pumila* Mill.）的根系（郗荣庭，2009）

1．生长根；2．吸收根；3．过渡根；4．输导根

（二）根系的形态结构

不同植物的根系类型差别很大，但是根系的形态结构却有一定的共性。园艺植物的根系从外观形态来划分，一般可分为根尖（root tip）、根体（root body）和根基（root base）等。

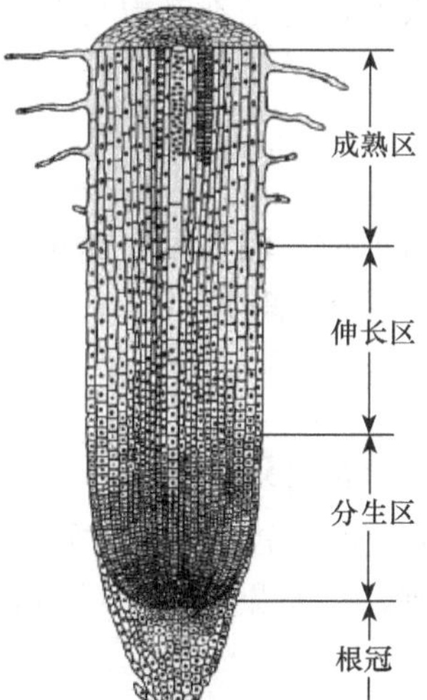

图 2-3　主根根尖纵向的形态结构（周云龙，1999）

1．根尖　根尖是指从根毛着生部位到根的顶端，长度达数厘米。无论何种类型的根都具有根尖，是根生长和活动最活跃的部分。根系的伸长生长、对土壤中水分和养分的吸收等主要都是在根尖进行的。根尖可分为4部分：根冠、分生区、伸长区和成熟区，除根冠与分生区之间有明显的界线外，其他各区的细胞并无严格的界线（图 2-3）。

（1）根冠　位于根尖的顶端，是由许多薄壁细胞组成的冠状结构。其主要特点是外层细胞排列疏松、很不规则；外壁有黏液，原生质体内含有淀粉和黏胶性物质；外观半透明。根冠的主要功能是分泌黏液，使其表面光滑，减少根尖与土壤所发生的摩擦，使得根尖更易于在土壤中沿水平或垂直方向伸展；同时易形成吸收表面，促进离子的吸收与交换及物质的溶解；此外，根冠细胞的原生质内还有淀粉体，且多集中于细胞的下侧，可能有重力感应作用，控制根向地心的方向生长。

（2）分生区　位于根冠之后，又称生长点，长度为1～3mm，是分裂产生新细胞的主要部位。分生区是典型的顶端分生组织，细胞形状为多面体，细胞较小，排列紧密，细胞壁薄，细胞核大，细胞质浓，液泡小，具有很强的分裂能力。这些细胞不断进行分裂，小部分形成根冠细胞（即补偿根冠因受损伤而脱落的细胞），大部分经过细胞的生长、分化形成根的各种组织结构。在分生区中心靠近根冠处有一些原始细胞，既不分裂也不分化，基础代谢活动很弱，被称为静止中心；在根受到损伤或去除根冠后，静止中心可以再次进行分裂形成新的根冠。另外，分生区还是一些植物激素合成的场所。

（3）伸长区　位于分生区之后，长度为 2～5mm，又称过渡区，一般由分生区的细胞初步分化而来。该区域细胞分裂愈来愈弱至停止分裂，而细胞显著伸长。同时在后端的部分细胞已开始组织分化，形成了早期的各种组织，如原生木质部的导管和原生韧皮部的筛管等。伸长区细胞的延伸，是根能沿地伸长的主要动力，促进根系在土壤中不断向前推进，同时有利于根系吸收土壤中的养分。

（4）成熟区　位于伸长区之后，由于表皮细胞上有密集根毛，又称根毛区。其主要特征为表皮细胞形成纤细根毛，细胞停止了分裂活动，细胞分化已趋成熟且分化成为各种成熟组织。根毛是根系吸收水分和无机盐的主要部位，同时还能分泌有机酸，促进难溶的矿物养分溶解和被吸收，没有长成根毛的部分则主要起输导和支持作用。此外，根毛伸长到一定位置便会死亡，故根毛区一直在移动，以便吸收水肥。

2. 根体　根体是根的主体部分，位于根尖成熟区到根基的区段，是物质运输和呼吸等活动的主要场所。根体区域细胞已趋于老化，活力明显低于根尖。根体一方面进行次生化生长，形成木质化组织，组成根系的基本骨架，起着固定和支撑作用；另一方面，根体上长有密集根毛和侧根，对于吸收水肥起着重要作用。

3. 根基　根基是根的基部，是连接根与茎或者母根的枢纽，可调节物质的运输。根据根系类型的不同，其所处的位置也不同。例如，主根的根基是地上部和地下部交接的部位，侧根的根基是侧根与母根或主根的交接部位，不定根的根基是不定根与茎、老根等部位的交界处。

二、根系的生长

根系的生长直接影响园艺植物的整个生长发育过程和产量形成。因物种、品种、树龄和土壤环境的变化，根系的生长发育具有集中性、季节性、周期性等差别。

（一）根系发生

根据发生来源，根系分为实生根系、茎源根系和根蘖根系三种类型。

1. 实生根系　实生根系由种子的胚根发育而来。其主根一般比较发达，分布较深，活力强，但个体差异性较大。绝大多数蔬菜和种子繁殖的花卉，以及果树上使用的砧木多为种子繁殖的实生苗，根系也为实生根系。

2. 茎源根系　利用园艺植物营养器官的再生能力，采用枝条（扦插或压条）进行繁殖时，根系起源于茎上的不定根。茎源根系一般主根不发达，分布较浅，活力较弱，对环境的适应力较差，个体间差异小。例如，月季等利用茎扦插繁殖，苹果、樱桃等果树砧木用扦插、压条等繁殖时产生的根系。

3. 根蘖根系　根蘖根系由源于母株根上的不定芽或不定根发育而成。其具有主根不发达，分布较浅，对外界环境的适应能力较差等特点。例如，果树中的枣、山楂和部分宿根花卉等植物分株繁殖时产生的根系。

（二）根系的生长节律

与地上部的叶和芽不同，园艺植物根系的生长本身没有自然休眠，只要条件合适，一年四季均可生长。因受外界环境的影响，多年生园艺植物根的生长表现出明显的周期性，即有明显的生命周期和年生长周期。

1．根系的生命周期　　根系的生命周期是指根系从种子开始到衰亡的生长发育过程。与其他物种的生命过程一样，根系的生长也经历发生、发展、衰老、更新和死亡的过程。苗期是根系形成的初期，各种根系开始发生；随着植株生长，一批根活性降低后自疏死亡，另有新生根取而代之。到了结果后期或衰老期，根系表现出种种衰弱迹象。一年生草本植物的根系当年衰老死亡，也是由细到粗，垂直根最后死亡。

2．根系的年生长周期　　根系的年生长周期是指根系在一年内的生长发育变化过程。在一年中，季节的更替导致土壤微环境发生变化，因此根的生长一般会表现出2～3个生长高峰期（图2-4）：第一个高峰期出现在3月初～5月中旬，这期间植株的营养状况较好，光合产物向根系大量转移。一年生植物如番茄、月季等的根系在这个时期生长最旺盛。第二个高峰期始于6月初，7月上旬达到高峰，这个时期发根数量最多，随着果实的快速生长和花芽分化而逐渐减弱。其后，进入炎热的夏季，土温较高，根系生长逐渐减缓。进入秋季，温度适宜，加上果实已经收获，地上部营养向地下部转移。对于多年生园艺植物的根系生长来说会出现第三个高峰期。此时施入基肥（以有机肥为主），可使根更多地吸收养分，增加根重，为来年春季生长做准备。而一年生植物的根系在秋季已进入衰老期，一般无第二高峰或第三高峰的出现。

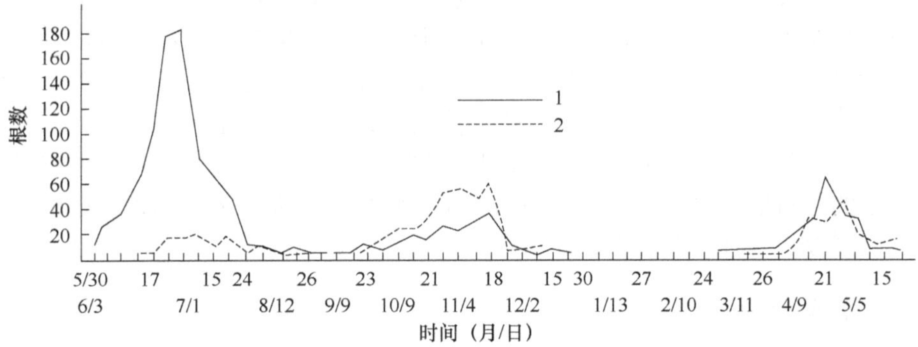

图2-4　金冠苹果（*Malus pumila* Mill. cv. Golden Delicious）根系周年生长动态（郗荣庭，2009）

1．土深0～50cm的新根生长动态；2．土深50～100cm的新根生长动态

（三）影响根系生长的因素

园艺植物各级根的发生、生长、衰亡和更新构成整个根系的基础，受到内部和外部等多个因素的影响。

1．内部因素　　根系的建立，实际上是各种不同类型根的不断形成和增大的结果，在这个过程中受到很多内部因素的影响，如遗传因素、内源激素水平和体内有机营养情况等。

2．外部因素　　根系的发生、生长及地下肉质根的形成，都受环境条件的影响。首先，不同园艺植物根系的生长发育所需要的土壤类型有一定差异，其中砂土中的根系分布较广，根系小，侧根数量少，毛细根多且密。其次，温度对根系的生长有重要影响，一般根系生长的最适土壤温度是20～25℃，温度过低或过高都会抑制根系的生长。同时，土壤通透性会影响根系呼吸作用，呼吸作用为根系的生长和吸收活动提供所需要的能量。多数园艺植物根系生长的最适土壤相对含水量为60%～80%，既有利于吸收根的发生，又有利于生长根的发生；不同园艺植物对土壤酸碱度的要求不同，一般最适pH为5.5～8.0，过酸或过碱都会影响根系的生长和吸收活动。除上述因素外，影响根系发生和生长的因素还包括土壤中的微生物、含盐量等。在日常管理工作中，要结合果园的实际情况，综合考虑各方面因素，并采取与之相对应的措施，从而确保管理的最佳工作成效。

三、根系的分布

根系的分布主要包括沿垂直方向伸长的垂直根和沿水平方向延伸的水平根。对于园艺植物而言，其根系在土壤中的分布有明显的层次，且较为集中，一般为2～3层，包括水平分布和垂直分布。

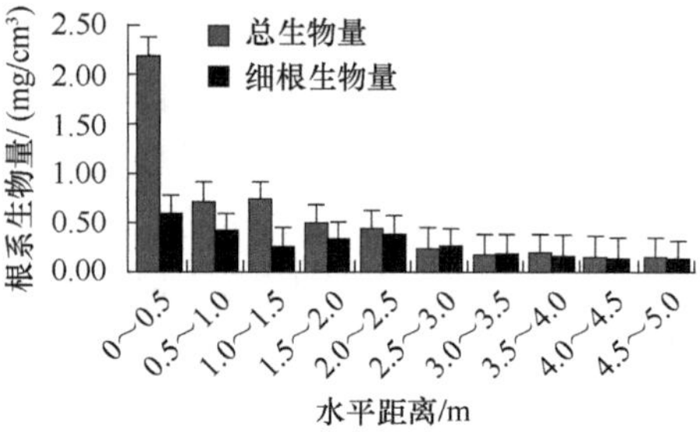

图2-5　‘库尔勒香梨’（*Pyrus bretschneideri* Rehd. cv. Korla’s Xiangli）根系的水平分布（李楠等，2012）

（一）水平分布

根系近乎沿着土面水平方向生长，主要是侧根部分，是构成土壤中根系分布的主要部分。其主要分布在距离地面10～40cm的土层中，分布范围一般为树冠冠幅的2～3倍，有的甚至达到6～10倍，向外延伸的根系生物量呈递减趋势（图2-5）。但其在土壤中分布的深度和范围依土壤环境、树种和相应的品种等不同而各异。例如，香蕉、菠萝等的根系大多数分布在土壤表层，桃、李等的根系多在40cm左右的土层内，而苹果、梨的根系则要深些。一般而言，在土壤肥沃、黏土中，水平根的分布范围比较小，该区域内的须根特别多；而在瘠薄山地或砂地中，水平根的分布范围较广，且须根较少。

（二）垂直分布

根系与土面大体呈垂直方向向下生长，多是直立性强、生长势旺的主根和假主根，一般沿着土壤中的缝隙或者蚯蚓等动物的爬行通道伸展。根系主要分布在10～40cm的土层，深的可达到8m以上（图2-6）。例如，柑橘根系的垂直深度可达2～4m，而苹果和梨等根系的垂直深度可达4～5m。根系分布深度主要受树种、品种、土层厚度及其理化性状等方面的影响。例如，核桃、银杏、柿等果树的根系最深，苹果、梨、葡萄、柑橘等果树的根系次之，桃、李、香蕉、菠萝等果树的根系则较浅。垂直根在根系总

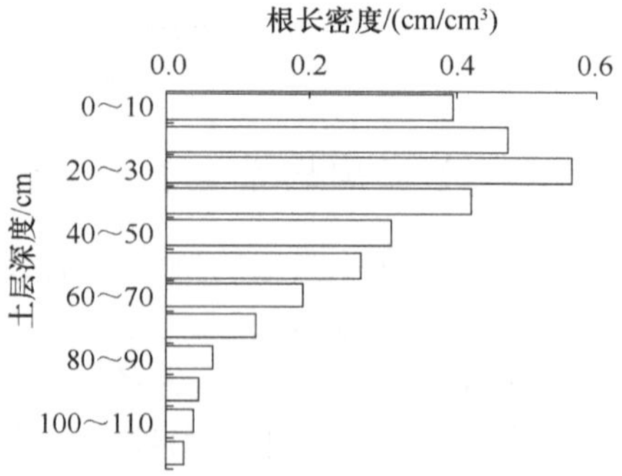

图2-6　果树根长垂直分布（张劲松等，2002）

量中所占比例较小，但它能够深入土壤深层固定树体和吸收水肥，对适应不良环境有重要意义。因此，在生产过程中适度地加深土壤耕作层，使根系向深层生长，可以缓解干旱、土壤肥力差等不良条件对果树的损伤程度。

四、根系的功能

根系是园艺植物适地生长的重要组成部分，不仅具有固着和支撑、吸收、输导、分泌和合成、贮藏等基本功能，同时还具有识别和感知的功能。

（一）固着和支撑

在自然界中，根系的主要功能之一就是固定植株。随着根系的生长，根系深入土壤中，支撑起整个植株，使得地上部的枝、茎和叶等能够正常生长，同时能够抵挡恶劣天气所带来的大风、大雨、冰雪等及其他外力的冲击。

（二）吸收

根的主要功能是吸收土壤中的水分和矿质营养等。其主要的吸收部位是根尖部位的根毛区，也是根系吸收活动最活跃的部位。

园艺植物主要依靠根系从土壤中吸收水分，供给地上部的生长等生理活动。一般认为，根系有两种吸水机制：一种是主动吸水，即由根压引起的根系吸水方式；另一种是被动吸水，即由蒸腾作用产生的水势差而使根系吸水。根系吸收水分有三条途径，即质外体途径（apoplast pathway）、跨膜途径（transmembrane pathway）和共质体途径（symplast pathway）。质外体途径是指水分通过细胞壁、细胞间隙等没有细胞质部分移动，阻力小，速度快；跨膜途径是指水分从一个细胞移动到另一个细胞，只跨过膜系统，不经过胞间连丝；共质体途径是指水分从一个细胞的细胞质经过胞间连丝，移动到另一个细胞的细胞质。影响根系吸收水分的因素有很多，主要分为内部因素和外部因素。内部因素主要是根系类型、根系长度及其分布、根系呼吸速率和根系对水分的透性或阻力等；外部因素主要是指根系周围环境因素，如土壤中可利用的水分状况、土壤通气状况、土壤温度、土壤溶液浓度等。

园艺植物体内所需要的养分，除一部分由叶和幼嫩的茎从空气中吸收外，绝大部分都是由根系自土壤中获得的。因此，根系可在其生命周期内，持续吸收和利用土壤中的养分，少部分用于根系自身生长，大部分用于地上部的枝、叶、花、果实等的生长和发育。园艺植物因季节、树龄、发育时期等的不同，所要吸收养分的种类和数量也不尽相同，分配的方式也有一定的差异。根系吸收土壤中的养分主要分为三个过程：养分向根表的迁移、养分吸附在根部细胞膜表面和养分跨膜运输进入根细胞内部。根系分布在土壤中的空间是有限的，仅仅依靠根系主动吸收其周围的养分不能满足树体生长的需求，所以养分向根表的迁移是植物获取养分的重要途径。养分向根表迁移主要有三种形式：主动截获、质流、扩散。主动截获是依靠根系通过新根在土壤中不断地发生和延伸生长进而直接吸收养分，该方式获取的养分只占极少一部分。质流是指根系利用植物蒸腾作用形成的“拉力”，使得溶解在土壤中的养分随水分迁移到植物的根表部位。根系长时间从根系周围吸收养分，导致根区土壤的养分浓度降低，养分会通过自由流动方式从相对较高的土壤向低浓度区域扩散，进而到达根表，这个过程称为扩散。养分通过各种途径汇集在根系周围和根表，然后通过质外体途径到达根细胞膜上，并且与根细胞表面的离子发生交换，吸附在细胞膜上的吸附位点。吸附在细胞膜上的各种养分需要通过跨膜运输的方式进入细胞质内，再经其他途径到达植物体内各个器官中。养分跨膜运输主要有三种类型：简单扩散、协助扩散和主动运输。简单扩散是指利用细胞膜内外溶液中存在的浓度差，使得养分从高浓度土壤区域进入低浓度的细胞内，此过程不需要任何载体和能量；协助扩散类似于简单扩散，此过程需要载体协助，但不需要能量；主动运输是指养分利用细胞膜上的“载体”大分子，将其逆梯度从低浓度区运输到高浓度区，是根系吸收养分的主要方式，进行此过程同时还需要载体和能量。

（三）输导

根系通过根尖部位的根毛和表皮细胞吸收水分与养分，通过根部的维管组织输送到地上部的茎和叶等器官，也可以将地上部光合作用产生的营养物质运送到根部。

（四）分泌和合成

根系不仅是吸收和输导水分与养分的重要器官，同时也是活跃的合成器官和分泌器官。根系从土壤中吸收的无机盐类物质，并不是一成不变地全部通过维管束组织运送到地上部的各个器官，而是有一部分合成、转化为有机物质。例如，根系吸收的硝态氮（NO_3^-）或铵态氮（NH_4^+）转化为氨基酸、多肽和生物碱等有机物后，再运输到地上部；将吸收的一部分无机磷转化为核苷酸和磷脂等有机磷化合物。同时根系也是合成细胞分裂素（CTK）、赤霉素（GA）、生长素、脱落酸（ABA）等具有调节作用的生理活性物质的重要场所之一，并能向地上部输导，用于各个器官的生长和分化等。

根系除了具有较强的合成功能，同时还能够分泌很多物质，如 H^+、糖类物质（葡萄糖和果糖等）、有机酸（苹果酸、柠檬酸和乙酸等）、氨基酸（各种天然氨基酸）、植物生长调节剂等。根系的外泌物质不仅能够改善土壤的营养条件，还能够调节植物与植物、植物与微生物等之间的生存关系。例如，根系不同时期分泌的有机酸和 H^+ 不仅可以改善土壤的 pH，还可以活化一些不易溶解的矿质元素，促进植物的吸收利用；分泌的糖类、氨基酸、酶类物质等，能够改变根系周围的土壤微环境，进而抑制其他物种的植物和有害病原菌的生长，也可以促进有益微生物的生长。

（五）贮藏

根系还是园艺植物重要的贮藏器官。在植物生长过程中，园艺植物的根系可以从土壤中吸收养分，供地上部生长发育所需，同时还能贮藏水分和养分。同时地上部光合作用产生的养分也会运送到根部，进行再加工和暂时地贮藏，当地上部养分不足时，则会从根部调取养分来保持其正常的生长。对于多年生木本果树和根菜类蔬菜尤为重要，随着气候变化，秋季地上部的叶片逐渐变黄和脱落，在落叶前植株会将大量的养分运输到根部和茎部，并存储起来，以供植株安全越冬，来年春季萌芽、生长所需要的营养相当一部分来自根系的贮藏营养。如果贮藏营养不足，不仅影响园艺植物早春的一系列生命活动，还影响其生长发育和后期产量、品质等的形成。

（六）识别和感知

动物识别和感知周围环境或其他生物，对于其躲避危险非常普遍且重要。植物尽管生长在固定位置，也存在识别的现象。例如，花粉管能够识别花粉的来源形成自交亲和与（或）自交不亲和；地上部枝条和叶等部位能够感知环境变化或病虫害的侵染，进而启动抗性进程。实际上，根系在长期的进化过程中也形成了感知自我或非自我、同种或非同种的能力，并通过空间错位、调控根系的生长发育等方法以增加其分布范围或回避邻近根系等。

第二节　水分和矿质元素与根系生长

一、水分与根系生长

（一）根系的生长状态和形态特征

园艺植物根系的生长既需要良好的通透性，又要求充足的水分。因为植物根系生长是通过细胞的形成和膨大而实现的，水分能够为植物细胞膨大提供足够的膨压，从而克服细胞壁的限制。多数园艺植物根系生长的最适土壤相对含水量为60%～80%，其既有利于吸收根的发生，又有利于生长根的发生。土壤含水量降低时，根系的生长逐渐减慢；轻微干旱能够促进根系的生长，形成网状根，以便扩大根系在土壤中的分布范围以吸收更多的水分；当土壤水分低于40%时，根的生长完全停止，木栓化加快，这时植物地上部会汲取根系中原有水分，使得根系受损加快，并且开始死亡。但是，水分过多（雨水多或大水漫灌等）对根系的生长也不利：水分过多导致土壤中可溶性养分流失严重，从而缺乏根系生长发育所需要的营养；水多造成土壤中含氧量不足，影响根系的正常呼吸作用，严重时根系生长和吸收活动完全停止；此外，较长时间水涝，土壤中的化学反应以还原过程为主，会产生大量的硫化氢、甲烷等有害物质而毒害园艺植物的根系，严重时会导致树体死亡。

水分胁迫不仅影响根系的生长发育状态，还会改变根系的形态特征，包括根系的伸长方向、总长度、表面积、总体积和根尖数等。轻度干旱胁迫可显著提高红宝石海棠（*Malus micromalus* cv. Ruby）根系的总长度、表面积、总体积和根尖数，持续增加胁迫强度则显著降低这些形态指标值；并且随着胁迫程度的增加，根系受到的影响越来越严重。这是因为轻度胁迫有利于营养物质向根部分配和转运，不同程度地提高园艺植物根系的总长度、表面积、总体积和根尖数等，同时还能够促进根系的垂直分布，增加根冠比等，根系越发达，分布越深，以缓解干旱胁迫的危害（表2-1）。

表2-1　干旱胁迫对红宝石海棠根系形态特征的影响（郑淼等，2020）

处理	总长度/cm	表面积/cm^2	总体积/cm^3	根尖数
CK	1740.45±56.00C	378.19±28.49C	7.09±0.79BC	2030.00±62.75C
T1	1844.90±37.71BC	452.35±11.95B	8.72±0.60C	2563.00±79.90B
T2	1953.73±76.35B	429.13±9.90B	9.51±0.88B	3052.67±82.92A
T3	2211.74±40.48A	646.03±6.98A	11.42±0.82A	2052.00±54.67C
T4	1718.00±31.91C	319.59±11.98D	5.91±0.37D	1483.67±77.01D

注：同列不同大写字母表示不同处理间差异在$P<0.01$水平具有统计学意义。CK. 85%±5%；T1. 70%±5%；T2. 55%±5%；T3. 40%±5%；T4. 25%±5%，以上处理均为土壤含水量的百分比

（二）根系分布

根系吸收水分的能力取决于其分布的范围和密度等。园艺植物根系的分布由物种本身决定，但也受土壤环境条件的影响。水分胁迫除了影响根系的生长和结构，还能够影响根系在土壤中的分布情况。在正常的果园中，根系主要分布在表层土壤下 10～40cm 深度；而在 80cm 以下，各种类型根的数量均显著减少。

在水分胁迫初期，上层根系的活力降低，下层根系的活力逐渐增强，从而补偿上层根系的吸水能力；同时根系有“逐水性”，根系会快速生长、延伸，使其分布范围更宽、更广，以便可以吸收大量水分，深层有水区域的根密度是自然条件下根密度的 4～5 倍。不同的灌溉方式是影响土壤水分分布状况的主要手段，一般采用常规滴灌、固定滴灌和交替滴灌等方式，且不同方式对园艺植物根系分布的影响极大。在干旱、半干旱地区采用滴灌技术能够促进园艺植物根系向滴灌湿润区伸展，随着水分不断渗入土层，无论水平方向还是垂直方向的根系均增多，且向灌水侧聚集（表 2-2）。

表 2-2　不同灌溉方式对苹果幼树根系的影响（杨启良等，2012）

滴灌模式	东侧（非灌水侧）根干重/g	西侧（灌水侧）根干重/g	根冠比
ADI_{10}	3.05dcA	3.01cA	0.16efd
FDI_{10}	2.19dB	3.31cA	0.12f
CDI_{20}	5.58bA	5.31bA	0.14ef
ADI_{20}	5.22bA	5.91abA	0.22ba
FDI_{20}	4.01cB	5.25bA	0.14ef
CDI_{30}	7.01aA	6.42abA	0.19bcd
ADI_{30}	7.06aA	6.71abA	0.25a
FDI_{30}	5.42bB	6.26abA	0.17ecd
CDI_{40}	6.86aA	6.85aA	0.20bc

注：同列不同小写字母表示处理间差异显著，不同大写字母表示同一处理不同指标间差异显著（$P<0.05$）。ADI. 交替滴灌；FDI. 固定滴灌；CDI. 常规滴灌；下标 10、20、30、40 分别表示灌水定额为 10mm、20mm、30mm 和 40mm

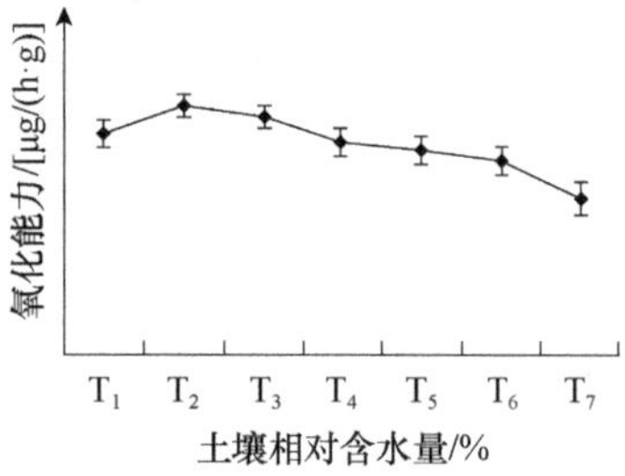

图 2-7　水分胁迫对香蕉（*Musa nana* Lour.）幼苗根系活力的影响（黄鹤丽等，2009）

T_1. 91%～100%；T_2. 81%～90%；T_3. 71%～80%；T_4. 61%～70%；T_5. 51%～60%；T_6. 41%～50%；T_7. 0～40%

（三）根系活力

根系活力泛指根系的吸收、氧化和还原能力等，其强弱不仅影响植物个体的生长发育情况，还能够反映根系吸收水分的能力。在水分胁迫条件下，植物体内代谢活动会发生明显的变化，尤其是根系中活细胞的数量和代谢强度；随着胁迫不断加剧，死亡细胞不断增加，根系活力也随之下降。水分胁迫能够不同程度地降低苹果、梨和香蕉等的根系活力，而灌溉能够提高它们的根系活力，显著增加其根系水分传导率等（图 2-7）。随着干旱处理时间的延长，根系的活力逐渐下降，进一步证明是胁迫导致根系细胞程序性死亡，进而导致细胞的死亡和活细胞的代谢能力下降。

（四）根系激素含量

根系是多种植物激素的合成器官，也是植物适应土壤环境的调节和控制中心。在正常条件下，根系能够产生多种内源激素，以调控其生长、延伸和分布。然而水分胁迫下，根系中激素的含量、种类等也会发生明显的变化，这是植物在长期进化过程中形成的一种适应调控机制。在轻度干旱胁迫下，根系的根尖部位会产生脱落酸（ABA），低浓度 ABA 能够明显促进生长根的生长，并且促进吸收根数量增加；ABA 可以通过维管束被运送到地上部，调控叶片上气孔的开闭，进而减少蒸腾；低浓度的 ABA 还可以作为信号物质，促进地上部和地下部产生各种调节物质如活性氧清除类的酶、脯氨酸、可溶性糖等，以防止细胞失水，从而实现对水分胁迫的早期应答；随着 ABA 浓度的不断增加，根的生长及分布会被抑制。同时，生长素、赤霉素（GA）、细胞分裂素（CTK）、玉米素核苷（ZR）和乙烯（ethylene，ET）等也会随水分供应状况的不同而发生改变，以共同调节根系和地上部的生长发育（图 2-8）。

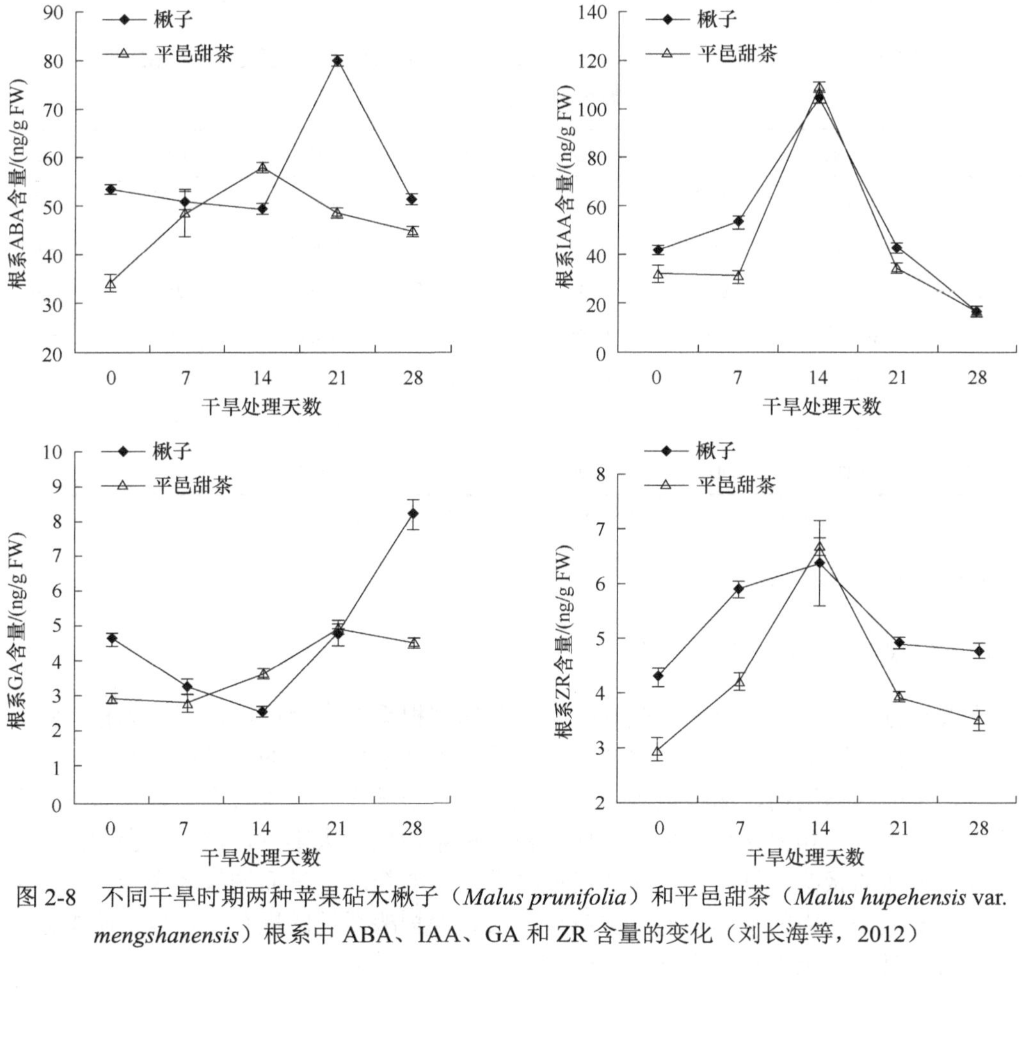

图 2-8　不同干旱时期两种苹果砧木楸子（*Malus prunifolia*）和平邑甜茶（*Malus hupehensis* var. *mengshanensis*）根系中 ABA、IAA、GA 和 ZR 含量的变化（刘长海等，2012）

（五）根系代谢产物

根系响应水分胁迫的生理代谢物质包括脯氨酸、多胺、保护酶系统和可溶性糖等。脯氨酸和多胺是维持植物正常生长发育的一种渗透调节物质，自然条件下的含量相对较低。水分胁迫下，随着处理时间的不断增加，根系中脯氨酸和多胺的含量会上升。

根系作为与土壤直接接触的器官，对于土壤水分胁迫十分敏感。正常情况下，根系会不断产生活性氧（超氧根离子、过氧化氢、羟自由基）等产物，参与根系的伸长、细胞膜脂过氧化等过程，同时在活性氧清除酶的作用下被分解，从而维持其动态平衡。但水分胁迫会破坏根系细胞内活性氧产生和分解间的动态平衡，活性氧迅速积累导致细胞膜系统被破坏，从而引起膜脂的过氧化、离子外渗等，对细胞结构和功能等产生伤害，严重时会致使根系死亡。为了减轻活性氧过度积累对根系的伤害，细胞会通过多种多样的方式将其清除，主要包括非酶促和酶促两类活性氧清除系统（表 2-3）。此外，可溶性糖（主要是蔗糖、葡萄糖和果糖等）也可作为一种重要的渗透调节物质，干旱胁迫下，根系中可溶性糖的含量均呈增加趋势，以增加细胞的渗透调节能力。

表 2-3　干旱胁迫下甘蔗（*Saccharum officinarum* L.）幼苗根系生理生化指标相关系数矩阵（郭元元等，2012）

	胁迫时间	可溶蛋白质	MDA	H_2O_2	SOD	POD	CAT
胁迫时间	1	0.961**	0.949**	0.913**	0.801**	0.439*	0.230
可溶蛋白质	0.961**	1	0.891**	0.949**	0.900**	0.587**	0.412*
MDA	0.949**	0.891**	1	0.798**	0.663**	0.257	0.001
H_2O_2	0.913**	0.949**	0.798**	1	0.824**	0.691**	0.538**
SOD	0.801**	0.900**	0.663**	0.824**	1	0.665**	0.607**
POD	0.439*	0.587**	0.257	0.691**	0.665**	1	0.863**
CAT	0.230	0.412*	0.001	0.538**	0.607**	0.863**	1

注：MDA．丙二醛；SOD．超氧化物歧化酶；POD．过氧化物酶；CAT．过氧化氢酶

** 0.01（双侧）水平显著相关

* 0.05（双侧）水平显著相关

（六）根系响应水淹的变化

土壤水分过多，引起土壤中空气缺乏，会抑制根系的呼吸作用，不能为根系活动提供所需的能量，降低其吸水和导水的能力，从而不利于地上部的生长；同时水分过多还会影响根系的形态结构、侧根数等，阻碍根系的生长发育，严重时会导致根系细胞衰老和死亡（表 2-4）。虽然水分过多会对园艺植物根系造成较大影响，但根系会通过自身调节来适应水淹的状况。例如，水淹会促使根系乙烯的合成，进而诱导地表处不定根的形成，以代替失去活力的根的功能；水淹导致根系保护酶活性的提高，可以清除根系产生的过量活性氧，防止根系细胞衰老和死亡。

表 2-4　土壤淹水条件下平邑甜茶根系构型参数的影响（魏国芹等，2017）

处理	根系总长度/cm	根系表面积/cm^2	根系体积/cm^3	根系直径/mm	根尖数	分形维数	一级侧根数量
CK	14.61±1.29a	2.12±0.14a	0.048±0.002ab	0.48±0.03a	106.50±4.80a	1.27±0.06a	12.5±0.6a
YS	11.91±1.27c	1.84±0.08c	0.033±0.002d	0.37±0.02b	85.00±4.83c	1.13±0.04c	8.0±0.8c

注：同列不同小写字母表示差异显著（$P<0.05$）。CK. 对照；YS. 水淹条件

二、矿质元素与根系生长

矿质元素是园艺植物生长发育及产量形成的基本保障，参与了植株的光合作用、呼吸代谢、能量转化和生物大分子合成等生理过程。

矿质元素对园艺植物有特定的生理和生化功能，任何一种元素的缺乏或过量达到一定的阈值都会引起植物生长发育的异常，从而导致植物生产力和经济效益的下降（图 2-9）。高等植物所需要的营养元素除少部分通过地上部吸收以外，绝大部分都是通过根系从土壤中吸收获得的。而养分胁迫对地上部枝干、叶部及根系的形态和结构都有影响，如养分胁迫条件下根系变长、变细，侧根及根毛数量增多，地上部总生物量下降，使根冠比增加等。养分胁迫会导致植物叶片的叶绿素含量降低、光合速率变弱和根系活力下降，会诱导部分基因表达的升高或降低，进而影响植株生长或产品品质的形成。

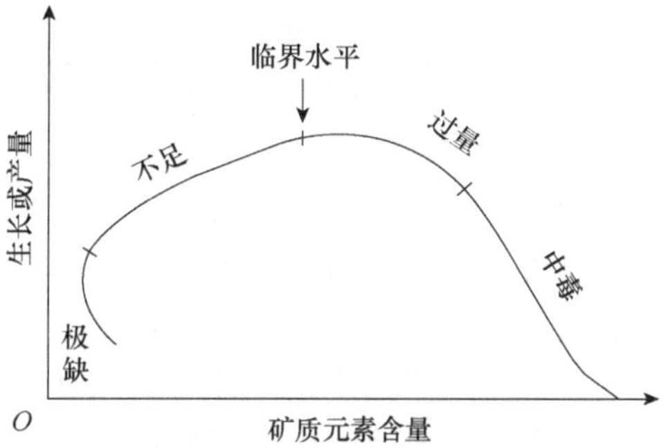

图 2-9　土壤矿质元素含量与植物生长的关系（章镇和王秀峰，2003）

（一）氮

氮素是核酸和蛋白质的主要成分，是生命活动的重要物质基础，也是植物生长必需的大量营养元素之一，对园艺植物的树体构建、物质代谢、果实产量及品质的形成等都有不可替代的作用。不同物种、不同发育期等所需要的氮肥差异较大。例如，植株在早春的萌芽到新梢生长期为需氮期，此时稳定供应氮素有利于果树根、枝、叶和花芽等发育；在苹果、柑橘和葡萄等树种中增施氮肥还能够提高坐果率和促进果实的膨大，进而提高产量。

根系对土壤中氮素浓度十分敏感，供氮状况直接影响根系的形态、伸长状况和功能等。硝态氮（NO_3^-）和铵态氮（NH_4^+）是植物吸收和利用的两种主要无机氮素形态。多数情况下，在两种氮素营养共存条件下，园艺植物会生长得更好，且主根长度、侧根数目和根系活力等均有不同程度的提高（表 2-5）。低氮胁迫会导致果树根系的形态和结构发生改变。例如，在低氮条件下，苹果、梨、柑橘和猕猴桃等果树的根系总长度和总表面积均增大，根系吸收和产生的物质分配到地上部的物质量相应地减少，增大了根冠比，从而提高对氮素的吸收能力。在实际生产中，种植者为了追求经济效益的最大化，常常过量施用氮肥，这样会导致苹果、柑橘和桃等果树的地上部枝多叶茂、叶片宽大而浓绿、

坐果率低、果实着色差和成熟延迟等。氮肥过量还会造成地上部分配到根系中的生物量减少，导致总根尖数和根的总表面积减小。

表 2-5　不同氮素形态处理对枳橙（*Poncirus trifoliata* cv. Citrange）幼苗根系形态的影响（孙敏红等，2015）

编号	配方	主根长/cm	侧根数	根系活力/［mg/（g•h）］
1	NO_3^-：NH_4^+=10：0	19.10b	15b	89.54b
2	NO_3^-：NH_4^+=7：3	22.70ab	30a	94.08a
3	NO_3^-：NH_4^+=5：5	29.80a	29a	88.47b
4	NO_3^-：NH_4^+=3：7	27.90a	19b	69.15c
5	NO_3^-：NH_4^+=0：10	20.80b	15b	51.7d

注：表中数据为 3 次重复的均值，采用最小显著性差异（LSD）法多重比较，在 5%水平上做显著性检测，字母不同表示有显著差异

此外，供氮量对内源激素的合成和运输有一定的影响，进而直接或间接参与根系形态的建成。例如，随着氮浓度升高，苹果根系中生长素和赤霉素（GA）含量逐渐增加，而脱落酸（ABA）含量逐渐降低；在梨根中，生长素和细胞分裂素（CTK）含量均明显增加；但是随着氮浓度的升高和处理时间的延长，根系产生的内源激素过多，也会抑制主根的伸长、侧根的形成和伸长。

不同供氮水平除影响根系的形态结构外，还能够调控根系有机酸的分泌、相关酶的活性及根系活力等。氮浓度会影响根系中分泌的有机酸的种类和含量。根系还可以通过调节相关酶的活性及根系活力等生理特性以提高对氮胁迫的适应性。例如，适宜的氮浓度能增强猕猴桃、葡萄和桃等果树根系中硝酸还原酶（NR）和谷氨酰胺合成酶（GS）的活性，氮供应水平过低或过高均能降低根系中 NR 和 GS 的活性，进而影响园艺植物根中氮素的同化能力。供氮水平的高低还能够影响园艺植物根系活力的大小，根系活力随着供氮水平的提高而逐渐增大，但过高的供氮水平会减弱根系活力。

（二）磷

磷是植物体内许多重要有机物的组分之一，以多种方式参与植物体内各种新陈代谢过程。然而磷在土壤中易被有机物或离子等所固定，致使大部分土壤有效磷含量较低，难以满足植株生长的正常需求，是限制产量和品质的重要因素之一。

磷元素过少或过多，都会引起不同症状。缺磷表现为叶片稀而少，分枝少且长势细弱，严重时叶片变红，果实小而品质差等。缺磷对根部的影响也很大。根系作为吸收磷的主要场所，可以通过改变根系一系列生理和生化机制以扩大根系与土壤的接触面积，最大限度地获取养分，以提高自身对低磷胁迫的适应性。低磷胁迫能促使番茄、苹果、脐橙等园艺植物根系的类型、长度和数量等发生明显变化，进而增强对磷的吸收，同时调整地上部和根中同化物的分配比例，增大根冠比，优先保证根系的生长，这也是植物应对低磷胁迫的典型机制之一（表 2-6）。随着不断施入含磷肥料，缺磷症状得到缓解，

根冠比下降。而土壤中磷浓度过高，会导致核桃、油梨等植物的侧根数量降低，根系平均直径、总根长、总根表面积和总根体积减小。

表 2-6 不同番茄品种根系对低磷胁迫的响应（李荣坦等，2016）

品种	施肥处理	总根长/cm	总根表面积/cm^2	总根体积/cm^3	根尖数	根冠比
金玉 11	NK	775.0±41.8b	127.3±8.5b	1.82±0.13b	1 572±29b	0.175 9±0.001 4a
	NPK	2 222.4±71.6a	338.4±9.4a	4.12±0.17a	10 888±438a	0.148 9±0.001 8b
美国红冠	NK	1 299.7±63.7b	241.6±6.6b	3.33±0.19b	3 402±245b	0.178 2±0.005 8a
	NPK	2 491.9±75.3a	354.7±10.2a	4.15±0.09a	10 236±328a	0.139 8±0.001 0b
红宝石 1 号	NK	989.6±73.2b	228.9±12.2b	3.16±0.34b	2 695±143b	0.171 4±0.002 6a
	NPK	2 961.9±102.6a	402.4±18.0a	4.49±0.32a	14 997±1 161a	0.135 7±0.001 1b

注：同列中同一品种不同小写字母表示在 0.05 水平上差异显著。N. N 120mg/kg；P. P_2O_5 110mg/kg；K. K_2O 230mg/kg

磷对根中内源激素含量也有一定的影响。低磷胁迫能够诱导幼叶和顶端合成生长素并运输到根部，进而抑制主根生长和促进侧根形成，同时还可以降低根中赤霉素（GA）的含量，影响根毛的发育。因此，在根系的生长发育过程中，供磷水平对根系形态的调控作用是不同激素信号途径之间相互作用的结果。在低磷胁迫下，苹果、柑橘和梨等果树还会通过根系分泌 H^+和苹果酸、柠檬酸等小分子有机酸，通过其酸化或螯合土壤中难溶性的磷化物等，以促进根系对于磷的吸收。此外，低磷或高磷均能使凤梨、樱桃等果树根系吸收能力下降、生长受阻，进而造成根系活力下降。

（三）钾

钾也是植物重要的大量元素之一。钾是多种酶的活化剂，参与许多酶促反应过程；参与淀粉和糖等各种物质的合成与转运过程；促进光合作用和光合产物的运输，提高光合效率；提高植物的抗逆性，促进果实成熟，提高果实品质。园艺植物经常面临缺钾现象，因为钾在土壤中多以矿物钾的形式存在，根系极难吸收；土壤速效性钾含量普遍不足，而种植者又很少施钾。缺钾时，植物根系和枝条的生长受阻，叶出现褐色枯斑，严重时卷曲枯焦，并造成产量和品质降低。但钾过多时会影响植物对其他元素的吸收，特别是抑制根系对钙或镁的吸收，诱发一些生理性病症。

园艺植物是喜钾作物，钾除调控其产量和品质外，对根系的生长也有一定的影响。适量供钾可以促进根系生长，增强根系活力；当土壤钾含量过低时，根系的鲜重、体积、总吸收面积和比表面积等均有不同程度的降低，严重时还会出现根系腐烂等现象（表 2-7）；若钾肥施用过多，也易导致植物体内营养元素失调，影响根系的功能，并造成环境污染。研究表明，无钾、低钾或高钾处理均能够不同程度地抑制植株的株高、茎粗、叶片数，以及叶、茎和根的长度；同时显著降低根系中生长素、赤霉素（GA）、油菜素内酯（BR）和玉米素核苷（ZR）的含量，但会提高根系中脱落酸（ABA）含量。因此，根系感受钾胁迫时，通过改变根系中内源激素物质的含量，从而调控根系的生长发育和地上部的生长，帮助树体抵御营养胁迫。

表 2-7　不同供钾水平下香蕉幼苗根系形态特征的差异（饶宝蓉等，2010）

处理/（mmol/L）	品种	根鲜重/（g/株）	根体积/（cm^3/株）	活跃吸收面积/m^2	总吸收面积/m^2	比表面积/（m^2/cm^3）
2.5	Pisang ceylan	4.260aA	5.000aA	1.090aA	2.450aA	0.656aA
	巴西蕉	3.550aA	3.867aA	0.584bB	1.659bAB	0.425aA
	孟加拉粉大蕉	3.103aA	3.833aA	0.546bB	1.626bAB	0.431aA
	三亚粉蕉	2.807aA	3.033aA	0.368bB	0.955bB	0.338aA
0.25	Pisang ceylan	2.913aA	3.667aA	0.332aA	1.143aA	0.223aA
	巴西蕉	3.000aA	3.500aA	0.288aA	0.873aA	0.349aA
	孟加拉粉大蕉	2.307aA	3.433aA	0.167aA	0.666aA	0.168aA
	三亚粉蕉	2.580aA	3.167aA	0.104aA	0.359aA	0.120aA

注：表中相同供钾水平下同列数据后不同小写、大写字母分别表示差异达到显著水平（$P<0.05$）、极显著水平（$P<0.01$）

此外，低钾胁迫还能够改变根系氨基酸、可溶性糖、H^+、有机物等成分的类型和含量，既可以活化根系周围钾的状态，还能影响根际土壤微生物的种类和数量，直接或者间接地促进植株吸收钾元素。

（四）微量元素

园艺植物的生长除需要氮、磷、钾等大量元素外，铁、锌、硼等微量元素也起着重要的作用。但在多数情况下，土壤并不能为植株提供最佳的营养条件，加上土壤管理不科学等问题，致使植物体或多或少都面临缺素的危害。例如，缺硼叶片变黄并卷缩，花器官发育不良，落花落果严重，易得缩果病，影响产量和品质；缺锌往往会出现“小叶病”，即叶片狭小、质脆、簇生；轻度缺铁会造成叶绿素减少、光合作用降低等，严重时会造成叶绿素合成停止、新叶变黄、生物量降低，甚至导致植株死亡。

根系具有向肥性，当土壤养分不足或分布不均匀时，根系会通过调整其形态结构等来适应根际环境的变化。在缺铁条件下，植物主根和侧根长度变化的差异不明显，侧根数目明显增多，但根系活力明显下降。缺锌胁迫前期显著提高了园艺植物幼苗根系长度、根尖数、根系表面积、根系总体积，根系活力也明显高于正常处理；随着胁迫时间的延长，根系构型各项参数逐渐受到抑制，根系活力明显下降。缺硼处理后，豌豆根系变粗、缩短，侧根仅呈钝状突起，总根长、总根表面积和总根体积显著低于正常条件。缺钙往往表现在果实上，但对根部也有一定的影响，缺钙使得园艺植物幼苗根系主根和侧根的伸长变得缓慢，侧根发生数量也降低。研究表明，根系形态、结构等方面的改变往往是通过改变激素种类、含量及各种激素之间相互作用的结果。土壤中缺失硼、钙、镁和铁等元素，均能够改变园艺植物根系中的 IAA、乙烯（ET）、GA 和 ABA 等激素的含量，一方面调控主根和侧根的发生与伸长，以吸收更多的养分和限制根系的过多生长；另一方面还可以作为信号物质，启动一系列基因和蛋白质的表达，进而促使植株提高应对胁迫的能力。此外，土壤中微量元素的缺乏还能调控根系外泌的有机物或 H^+的含量，进而改变根际周围的 pH，影响土壤中离子的状态；另外，还可以改变根际周围微生物的种类和数量，从而影响根际周围离子的形式及根系的发生和生长。

高浓度的微量元素对根系会产生一定的毒害作用，轻则根系生长受阻，严重时根系死亡。这主要是根系内活性氧（ROS）等物质的过多积累，导致膜脂过氧化，破坏细胞膜的完整性和透性，引起代谢紊乱等，致使根系受到伤害。例如，缺硼引起 H_2O_2 短时间内大量累积，根系伸长受抑制，严重时会造成根尖坏死。

第三章　育 苗 生 理

苗木是园艺植物的生产基础，会直接影响园艺产品的产量和品质。育苗是生产实践中一个关键的环节，涉及苗木本身特性的利用和对外界环境调控等方面。进入21世纪以来，人们对园艺植物数量和品质的要求越来越高，园艺植物育苗业已随农业生产不断分工和细化，形成了一个新产业。育苗环境控制的自动化和智能化、操作的机械化和育苗的标准化程度不断提高。

第一节　蔬 菜 育 苗

一、幼苗的形态

蔬菜作物幼苗大多为实生苗。实生苗幼苗的外部形态、内部解剖结构等方面都有一定的特点，幼苗与其前期的种子（更具体地说是胚）和其后期的成年植株既有联系又有区别，既有某些相似的地方，又有其独特的性状。

（一）幼苗的形态特征

一般种子植物的胚包括胚根、胚轴、胚芽和子叶4部分。当种子萌发成幼苗时，胚根发育成为幼苗的主根，胚轴发育成为幼苗的下胚轴，胚芽发育成为幼苗的茎、叶系统，子叶就是幼苗的子叶。

1. 下胚轴　幼苗的子叶和根茎之间的部分称为下胚轴。根据下胚轴在种子发育成幼苗的过程中是否伸长，可以把种子的萌发分为出土萌发型和留土萌发型。如果下胚轴伸长，把子叶从土中带出，则称为出土萌发或子叶出土；如果下胚轴不伸长，子叶仍留在土中，则称为留土萌发或子叶留土。

胚轴是根和茎（或子叶）之间的过渡区。出土萌发的幼苗，其下胚轴长，留土萌发的幼苗，其下胚轴短。种子萌发时，其下胚轴伸长，将胚根推出种皮，下胚轴继续伸长突出土面，将子叶和胚芽举出土面。

2. 根　绝大多数的双子叶植物和少数单子叶植物的胚根，在种子萌发时伸入土中形成幼苗的主根。由于种子萌发的类型不同，胚根萌发的过程也不一样。出土萌发型的胚根突出种皮的动力主要是下胚轴的伸长，其将胚根推出种皮，伸入土中。留土萌发型的胚根突出种皮的动力是胚根自身的顶端生长；主根伸入土中后，把幼苗牢牢地固定住，接着就长出侧根，形成幼苗的主根系。

侧根的位置和行数在不同的萌发类型中通常是稳定的，侧根的行数常和主根的木质束同数。

根毛在根的顶端发生，其寿命很短，一般只有2～3周，上面老的根毛死亡后，下面新的根毛继续发生。

3. 子叶 子叶的多样性，是子叶功能和形态统一的体现。吸收功能和贮藏功能的子叶分别执行吸收胚乳营养物质和贮藏养分的作用。

（1）具光合功能的子叶 萌发时子叶出土、片状、能进行居间生长变大、绿色、能进行光合作用，如十字花科（Brassicaceae）、菊科（Asteraceae）、茄科（Solanaceae）、葫芦科（Cucurbitaceae）的蔬菜。

（2）具贮藏功能的子叶 种子无胚乳且留土萌发的植物子叶属于这一类，如豌豆和蚕豆。

（3）具贮藏兼光合功能的子叶 这一类子叶可以看作由光合功能转变为贮藏功能的过渡类型。例如，大豆属植物的种子无胚乳，胚的子叶稍肥大，贮藏有营养物质。种子萌发时，下胚轴伸长把子叶带出土面，种皮脱落，子叶张开、变绿，有一定的光合功能。子叶中的营养物质用完后变皱脱落。

4. 茎、叶系统 绝大部分的种子植物胚的胚芽伸出土面后，就形成幼苗的茎、叶系统，植物幼苗的茎几乎都是直立的。子叶节至幼茎上第1叶节之间称为上胚轴，与幼茎的其他节间只有位置上的区别而没有形态学上的差异。

出土萌发且子叶能脱出种皮、伸展、能进行光合功能的种类（如葫芦科、茄科蔬菜），当下胚轴把子叶和胚芽举出土面，子叶伸展后，幼茎就逐节生长。

也有些种类（如十字花科和多数单子叶植物幼苗），其幼茎节间并不伸长，只是幼叶生长，于是整个幼苗形成莲座状。

（二）幼苗的生长发育时期与苗龄

1. 幼苗的生长发育时期 在培育早熟的长龄大苗的情况下，秧苗的生育最终临界标准大致与生育周期的幼苗期相似。以茄果类蔬菜为例，其秧苗生育阶段可分为发芽期、基本营养生长期和秧苗迅速生长发育期三个时期。

（1）发芽期 包括种子萌动后的露根、露心、子叶展开至第一片真叶露心的全过程。此期内，幼苗干重呈“V”形变化。其中以出苗时为最低点，即种子萌发出土以前完全依靠内部贮存的养分降解而得到能量，种子干重逐渐降低；当幼苗子叶展开并转绿以后，向独立生活的自养阶段过渡，出土后小苗的干重逐渐增加；至第一片真叶开始出现时，其干重接近于原来种子的干重水平。

子叶期的小苗基本上处于种子内养分即将耗尽，而子叶同化量仍有限的过渡阶段。在此阶段中，子叶的正常生长将为培育壮苗打下良好的基础，也为花芽的分化准备充分的物质条件。所以，子叶期的幼苗管理，是培育壮苗的基础。在这个阶段如果根系吸收不良，或苗床中的温度过高，幼苗呼吸作用过旺，都易使幼苗生长不良、子叶生长缓慢或引起徒长，并影响以后幼苗的正常生长发育。

（2）基本营养生长期 是指果菜类蔬菜第一片真叶露心至花芽开始分化的阶段。在这一阶段，地上部生产量不大，根系重量逐渐增长。真叶展开后，茎高生长速度不快，茎粗生长比较明显，光合产物有所积累。随着真叶的陆续展开与叶片的生长，叶面积不断增大，只有当叶面积发展到一定程度时，种苗才开始花芽分化。

幼苗期的生长基本上属于指数生长。幼苗生长呈指数曲线规律说明，有机体越大，生产量越大；或者是叶面积越大，产生的同化物质越多，从而产生更多的叶片及更大的叶面积。因此，为了促进幼苗的生长，应该抓住育苗的每个环节（包括生产量很小的幼苗生长初期），使生产量逐步积累，迅速上升。

幼苗期相对生长速率的变化与育苗条件有关。用肥水条件较好的营养液育苗时，幼苗期相对生长速率可保持在较高的水平。在幼苗生长过程中，不同器官的生长与发育是相互联系和相互作用的。在正常生长的情况下，多表现为相互促进的关系。

（3）秧苗迅速生长发育期　是指果菜类蔬菜花芽开始分化至第一花现蕾的阶段。在这一阶段，无论生长量还是生长速率都在上升，秧苗重量的 90%～95%都在这一阶段形成，是决定秧苗大小和质量的关键时期；应创造良好的环境条件促进秧苗正常生长而不能过于抑制，以防止相对生产率急剧下降及老化苗的形成。在秧苗生长过程中，叶面积的扩大（叶片数的增加和叶面积的增大）不仅关系到干物质的积累，也关系到果菜类蔬菜的花芽分化。保证秧苗正常健壮地生长，是花芽分化、花器官发育及提高花芽分化质量的基础。

生产上，通常将穴盘苗的发育划分为 5 个阶段：催芽期（播种至出苗），子叶平展期（出苗至子叶平展），第一片真叶发生期（子叶平展至第一片真叶展开），真叶发育期（第一片真叶展开至成苗标准规定的所有真叶展开），以及驯化期（培养幼苗适应种植环境的能力）。

2．幼苗苗龄　苗龄是表示幼苗生育阶段和达到该生育阶段所需时间的统称。蔬菜秧苗苗龄的大小往往依生产需要而定，并没有明确、固定的生物学时期。

苗龄通常有生理苗龄与日历苗龄两种表示方法。前者能准确反映幼苗所处生育阶段，可用叶数、叶龄或生殖器官的发育程度表示，如子叶苗、四叶苗、现大蕾苗等；后者能准确反映幼苗达到某一生育阶段（生理年龄）所需的天数，用播种后所经过的育苗天数来表示。一般来说，日历苗龄越大，生长量也越大，但由于育苗环境与方法的不同，同样生理苗龄的秧苗，其日历苗龄可以相差很大。为正确表示苗龄，最好同时应用这两种方法。

（三）幼苗的形态建成

1．形态建成过程

（1）果菜类蔬菜　果菜类蔬菜（包括茄果类、瓜类和豆类）的幼苗基本营养体的建成历时短。种子发芽后生根长叶成为幼苗，不同种类蔬菜所需的时间不同。例如，茄果类蔬菜需 20～30d，瓜类需 15～18d。此期以营养体建成为主，同时伴随花器官分化发育的形态建成期。

1）地上部的生长过程：子叶是从种子时期作为营养体而生成的。子叶出土型蔬菜（如茄果类、瓜类）的子叶随着胚轴伸长而生长，到发芽结束时已完全展开并承担了光合自养的任务。子叶不出土蔬菜的子叶自身不具备光合能力，只作为幼苗发育最初的营养物质供给源。在子叶生长的同时，幼芽生长点细胞分裂出现了茎原基，茎生长点的细胞分裂又不断形成叶原基。叶原基也不断生长形成真叶。番茄和黄瓜在子叶展开时，叶原基已经分化出 3～4 个幼叶。在环境适宜时，茎与幼叶不断生长，真叶陆续展开并进行光合作用。

茎、叶和花是按顺序由顶芽的生长点分化出来的。种子时期在子叶和子叶之间的生长点（即胚芽细胞处）进行分裂，首先形成茎的部分，然后又在若干细胞分裂之后，再进行作为第一片真叶的细胞分裂，然后才进行茎部的细胞分裂和真叶的细胞分裂；如此交互地进行分化，使植株不断生长。在发芽时已可看出两片叶的分化，当子叶完全展开时，能看出 4 片叶的分化。实际上，胚芽的细胞分裂是在种子开始吸水活动不久之后开始的。

由生长点分生的部分细胞，在生长过程中依次肥大起来，并展现为茎的伸长、叶的生长和展开。这期间，在进行光合作用的同时，从根吸收的无机养分也进行各种有机合成，使植物体的营养器官愈益增大。

当真叶分化至 7～8 片时（其中展开的 2～3 片叶蓄积营养和成花物质），形成茎、叶生长点的细胞分裂转变为形成花原基的细胞分裂，即进行花原基的分化。此后，形成茎或叶的原基和形成花芽的细胞分裂呈周期性进行。

以有限生长型番茄为例，当主茎的生长点变成花芽时，主茎顶端的花序就开始了腋芽的分化和发育，成为代替主茎的营养茎。以后顶端分生组织又分化出叶片，然后在顶端成为花芽，形成第二花序。它最上边的花序腋芽又成为营养茎发育起来，于是又形成了第三花序。植株经历了从营养生长到生殖生长的过程，两种生长方式同时并进。

2）地下部的生长过程：以番茄为例，在发芽之后，主根垂直向地下伸长。随着主根的伸长，从其基部分生出第二次生根，随后再分生出第三、第四次生根……即形成了以主根为中心的根系。此外，从胚轴基部也可发生不定根。当分苗（假植）时，由于下胚轴基部被埋入土中，或由于向胚轴基部培土，这部分就可以生出很多不定根。在播种床里，如果下胚轴过分伸长成徒长状态的话，可在分苗时把这部分胚轴埋入土中。

在发芽后 30d 内的发育初期，根群强力向下伸长，主根大多数稍有屈曲，最深根长达 38cm。与此相反，水平分布可从植株根部向四周伸长 20～24cm。但是，以后水平生长远超过垂直生长。细根的分布范围还很狭小，数目也少，除 2～3 次生根稍大外，大部分细根分布于表土中。

发芽后 60d，主根最深可达地下 86cm，但在地表以下 40cm 的下层土中，根呈屈曲状，细根数目也少，侧根发育强大。与 30d 时的根相比，水平伸长很旺盛，分别分布到根际周围 51～65cm。有时，旧的细根根毛虽有一部分枯死，但先端部位又生出新的根毛来。

对发芽后 100d 的植株进行观察，其主根最深已达到 106cm，而侧根的深度仅为 0～50cm，也不再继续往下伸长。细根的分布在主根或侧根上都发育良好，直到 50cm 左右处才形成细根网。在侧根上生成的细根，从基部到尖端几乎形成根群网。

（2）叶菜类和根茎类蔬菜　叶菜类和根茎类蔬菜幼苗的形态建成与果菜类蔬菜幼苗形态建成基本相同。从种子萌发开始，陆续生长出子叶、真叶。子叶数因单子叶和双子叶植物的不同而异，幼苗的真叶数也因蔬菜种类或品种而异。蔬菜叶片都是在生长点部位分化，然后逐渐发育并长大。其生长特性可分为“向基性生长”和“向顶性生长”两类。向基性生长的蔬菜如芹菜、洋葱、韭菜和葱等，其生长特点是从叶尖起向基部分化并开始生长，这样往往出现先端组织老化而基部组织仍然幼嫩的状态。向顶性生长的蔬菜如甘蓝、莴苣等，其生长特点是叶片由基部向先端生长。不论何种生长方式，它们在育苗期间叶片分化及生长速率都比较缓慢。芹菜在生长初期（发芽后 75d 内），约每 4d 分化一个叶片，每 3d 伸长 2cm 左右。75d 以后，叶片生长速率加倍进入生育中期。

与果菜类幼苗形态建成不同的是，叶菜类和根茎类蔬菜幼苗的形态建成一般不经历（或应避免）花芽分化，以防止生产中出现“未熟抽薹”现象。

2．幼苗花芽分化生理

（1）果菜类蔬菜　不同蔬菜花芽分化的部位和时期不同。茄果类为顶芽分化花芽类型，一般在2～3片真叶后开始花芽分化。瓜类为腋芽分化花芽类型，从子叶期或第一片真叶期就开始花芽分化。黄瓜幼苗在分化真叶的同时，在叶腋处进行花芽分化。

黄瓜幼苗在3～4片真叶展开时，茎端已分化至20余节，花芽已分化到第15～16节，且第11节位以下的花芽性别已确定。苗床中黄瓜幼苗的生长是以营养生长为主的营养生长与生殖生长并进的过程。黄瓜的花芽分化首先发生在叶腋处，分化出花原基后，开始在外缘发生5个萼片原基突起，同时在其内侧又形成花瓣突起。这些突起再往顶端互相抱合，花萼片突起向外侧展开。在花瓣突起形成前后于其内侧花托的表面生成两个大的雄蕊突起。这样按照花萼、花瓣、雄蕊、雌蕊发生的顺序，从外侧向内各自稍晚一点的时间，逐次出现。每个花里最初都在形成雌性和雄性的繁殖器官，即在花芽发育的最初阶段有着两性特点。当以后的环境条件有利于雌蕊发育时，则雄蕊的发育停止而雌蕊迅速发育；柱头与花柱进行分化，子房膨大且内部形成胚珠；在花被与花柱的基部之间形成蜜腺，形成只有子房发育的雌花。而环境条件有利于雄蕊的发育时，则雌蕊停止发育，形成只有雄蕊的雄花。在育苗期间，当床内温度过高、湿度过大时，或塑料大棚受到急剧的高温影响，也有可能促进花芽中雌蕊和雄蕊同时发育，从而出现两性花。

茄果类的花芽分化与黄瓜稍有不同。番茄在2片子叶展开时开始积累花芽分化所需物质，当幼苗分化出一定叶片（5～12片）原基（大致在株高3cm，2片真叶展开）时，生长点顶部呈圆球形的生长锥逐渐伸长，变平变宽，四周形成5～6个小突起，即花萼原基。花萼原基基部结合，发育成萼筒，上部发育成5或6个花筒裂片；在花萼原基的内侧基部，形成5或6个与花萼裂片相间排列的小突起，即花冠原基；下部发育成较短的冠筒，原基上部分化成5或6个花冠裂片，呈覆瓦状排列。在花冠原基的内侧基部，分化出5或6个雄蕊原基。雄蕊原基形成后，在花芽的中央，生长锥顶端不等速分离，形成2或3个小突起，即心皮原基。合心皮原基向两侧扩张生长，形成隔膜，将子房分成3室，形成中轴胎座。子房出现6～9室。一般几个心皮的中轴胎座，其子房室数与心皮数相同。三心皮原基的上端，相邻边缘批次愈合，伸长生长成花柱，花柱顶端膨大成柱头。番茄的数朵花组成花序，花芽分化时陆续分化出花序上的每一朵原基和花器官，形成第一花穗。花序上的每一朵花的分化，都是从花器外部向内部逐渐分化的，即首先分化出萼片，接着依次分化出花瓣、雄蕊和雌蕊。单个花芽的分化过程与黄瓜相似，也是由外依次分化出萼片、花瓣、雄蕊和雌蕊。与黄瓜不同，番茄是完全花，雌蕊和雄蕊都发育良好。番茄花序上各个花的分化在时间上也有交叉，即第一朵花分化尚未完成时，第二朵花的分化可能已经开始。花穗上相邻的两朵花的花芽分化一般有2～3d的时间间隔，在前一朵花的萼片形成时期就可以看到下一朵花的分化。当顶芽分化为花芽后，植株顶叶腋芽的生长点代替原顶芽生长点地位，分化生长形成叶片；当分化出1～3片叶时，该生长点开始花芽分化，并形成第二花穗。各花穗的分化时间也是交叉进行的，在花穗数目增多的同时，各花穗上的花芽数也在增多。辣椒和茄子的花芽分化规律基本上与番茄相似。

（2）叶菜类和根茎类蔬菜　叶菜类和根茎类蔬菜在经过低温春化及光周期诱导之后，最初的形态变化为生长点的伸长生长和表面积增大，表面的一层或数层细胞分裂加快，而生长锥的内部细胞分裂较慢并逐渐停止。由于表面和内部细胞分化速度不同，生长锥表面出现皱褶。原来分化叶原基的生长点开始形成花原基，再由花原基逐步分化出花器官的各个部分。

对于种子春化型的蔬菜（如白菜、萝卜、芥菜等），当外界条件具备时，很容易在幼苗期发生花芽分化和“未熟抽薹”现象，进而改变幼苗的形态建成；而对于绿体春化型的蔬菜（如甘蓝、洋葱、芹菜、胡萝卜等），幼苗必须长到一定大小（茎粗 0.7cm 以上，6～7 片叶）后，在适宜的低温（0～10℃）条件下经历一定时间（20～30d），才能开始花芽分化，继而在长日照和较高温度条件下抽薹开花。在秋季栽培条件下，幼苗处于高温环境中，不易发生低温春化现象；但春季栽培时，幼苗可能遭遇早春的低温影响而通过春化，继而发生花芽分化和“未熟抽薹”现象。

叶用莴苣前期低温处理不会使其提前开花，后期高温能明显促进其抽薹开花，可看作非低温春化型植物。不同品种间在不同温度处理下完成阶段发育所需的有效积温不同。莴苣的开花时间受多基因控制，在高温下参与赤霉素代谢的 *lsga3ox1* 基因表达明显上调。

（3）植物花芽分化的分子机制　植物开花是植物由营养生长向生殖生长转变的重要过程，严格受植物内部基因网络和外部环境因素协同调控。随着分子遗传学及分子生物学的迅速发展，在拟南芥、水稻等模式植物中，大量开花相关基因被分离鉴定。目前的研究证明至少有 6 条信号途径参与调控开花，分别为光周期途径、春化途径、自主途径、赤霉素途径、年龄途径及温度途径。这些途径综合影响了植物的花芽分化。已发现的在春化调控植物开花过程中发挥作用的相关基因主要有 *FT*、*FLC*（FLOWER LOCUS C）、*FRI*、*VRN1*、*VRN2*、*VRN3*、*VRN4*、*VRN5*、*VIN3* 和 *VIN5* 等。在拟南芥中相继克隆了 *ELF7*（EARLY FLOWERING 7）、*ELF8*、*VIP4*（VERNALIZATION INDEPENDENCE 4）、*FCA*（FLOWERING LOCUS CA）、*EFS*（EARLY FLOWERING IN SHORT DAYS）、*EARLI 1*（EARLY ARABIDOPSIS ALUMINUM-INDUCED GENE 1/EARLY FLOWERING 1）、*FRI*（FRIGIDA）等与春化密切相关的基因。其中 *FT* 是调控植物开花的重要基因，是 6 条成花途径中最重要的参与者。

1）光周期途径：参与拟南芥成花过程光周期途径的调控基因有 *CO*、*FT*、*Cry2/FHA*、*GI*（GIGANTEA）和 *FWA* 等。FT 蛋白由 *FT* 基因编码，是光周期途径关键的整合因子。植物通过光敏色素基因 *PHYB*、隐花色素基因 *Cry1* 和 *Cry2* 及向光素基因 *PHOT* 感受光信号，调节重要基因 *CO* 启动光周期途径。

2）春化途径：模式植物拟南芥的春化作用主要由 *FRI* 和 *FLC* 两个显性位点共同控制。*FLC* 是春化作用途径中重要的整合基因。经过春化作用，植株中 *FLC* 基因的表达下降，使得 *FT* 在叶片中的表达得以上升，*FT* 所调控的途径活动更为活跃，顶芽由营养生长转变为生殖生长。春化相关基因 *VRN1*、*VRN2* 受低温环境诱导。

3）自主途径：拟南芥自主途径中，*FLC* 也在调控途径中占据了重要的位置。目前，拟南芥中已知的调控自主途径的基因有 8 个：*LD*（luminidependens）、*FCA*、*FY*、*FPA*、*FLD*（FLOWERING LOCUS D）、*FVE*、*FLK*（flowering locus KH domain）和 *REF6*（relative of early flowering 6），*FLC* 的乙酰化水平能够被 *FLD*、*FVE* 和 *REF6* 通过染色质重塑影

响，所以 *FLC* 基因的表达水平会受到它们的调控，而 *FLC* 的 mRNA 表达水平会因为 *FCA*、*FPA*、*FY* 和 *FLK* 对其前体 mRNA 的加工而受到影响，最终对成花时间进行调控。

4）赤霉素途径：GA 可通过多种机制调节 *FT* 基因的表达水平进而实现成花调控。其中，GA 通过与其受体蛋白 GID1 结合发挥作用，DELLA 在开花途径中主要是抑制 *FT* 的激活因子 SPL3（squamosa promoter binding protein-like 3）的表达，而 DELLA 蛋白则抑制 GA 的作用。除了 *LFY* 基因在赤霉素控制成花途径中发挥信号整合的作用，*SOC1* 基因也在赤霉素途径中发挥作用。

5）年龄途径：主要参与年龄途径调控成花的组分主要有 microRNA 和 SPL 转录因子。microRNA156（miR156）是年龄分子标记。miR156 及其靶基因 *SPL* 不仅在 *FT/FD* 下游发挥作用，还以独立的途径影响成花。miR156 在幼苗中的高水平积累会阻止植物早期的成花进程，在顶芽中，*FT/FD* 和 *SPL* 共同作用于靶基因，*SPL* 也可以通过直接作用促进成花。*SPL9* 和 miR156 还能够激活花分生组织决定基因 *SOC1*，使其参与到年龄途径的调控中。

6）温度途径：*FT* 基因在温度途径调控成花时间中起整合作用。响应环境温度的多个基因都是通过影响 *FT* 的表达从而调控成花的。*FLM*（FLOWERING LOCUS M）是 *FLC* 的同源基因，可以感知温度变化情况，高温条件下 *FLM* 选择性剪接，减弱了对 *FT* 转录的抑制程度。

这些途径将不同环境（光周期、温度等）中植物体内各种因子产生的一系列响应信号转导给开花信号整合因子，从而启动花分生组织特异基因的表达，最终诱导植物花的形成。植物在花芽分化过程中涉及生理生化代谢的变化及众多基因的表达和相互影响，具有复杂的作用关系。

二、嫁接育苗

嫁接具有减少病虫危害、提高接穗抗逆性、促进生长发育、提早成熟、提高产量的作用。随着蔬菜生产的规模化和专业化，特别是设施栽培的快速发展，蔬菜嫁接苗的需求量不断扩大。

嫁接使砧木和接穗形成一个整体。嫁接成活后，砧木根系吸收的水分、矿质营养及合成的物质可以通过输导组织运送到地上部，接穗光合产物也可以通过输导组织运送到地下部，满足植株生长的需要。植物嫁接愈合成活过程的细胞学变化分为 5 个阶段：①切断面形成坏死层；②细胞质活化导致高尔基体累积与砧穗间密接；③愈伤组织形成，坏死层消失；④砧穗间维管束分化；⑤嫁接愈合和成活（Moore and Walker，1981）。事实上，嫁接接合部从愈伤组织发生到成活是一个连续的过程，组织结构的演变特征交织显现。

植株嫁接能否成活，受多方面因素的影响，其中包括外部因素和内部因素。外部因素是指温度、水分、光照、病虫害、嫁接方法，以及是否熟练掌握嫁接技术等；内部因素是指嫁接的亲和性、接穗的适应性及其生物学特性等。

亲和力是指砧木和接穗嫁接后正常愈合与生长发育的能力，是嫁接成活与否的决定性因素。亲和力高，嫁接成活率高，反之则成活率低或不成活。亲和力高低反映了砧木、接穗在细胞组织结构、生理和遗传上的差异性。

遗传因素是影响嫁接亲和性的重要因素。接穗和砧木在分类学上关系越近，就越易嫁接成功。反之，在分类学上关系越远，排斥现象就越强烈，嫁接越不容易成功。瓜类蔬菜的嫁接亲和性分为嫁接亲和力和共生亲和力。前者指的是嫁接后砧木和接穗的成活能力，一般由嫁接组合的成活率表现出来。后者则指的是嫁接组合成活后共同生长的能力，一般通过生长表现、产量、果实品质表现。嫁接亲和力与共生亲和力有一定的关系，但并非完全一致。用南瓜嫁接西瓜的亲和性不稳定，主要表现为共生亲和力较差。

砧穗生活力是影响嫁接成活的直接因素。选择和培育生活力旺盛的砧木与接穗对提高嫁接成活率十分重要。愈伤组织的形成和分化需要一定的物质和能量。砧穗生长健壮，生活力强，体内贮藏的营养物质多，嫁接后容易成活，成活后生育状况也好；病弱苗、徒长苗的生活力弱，嫁接后不易成活。一般在生长旺盛期，形成层细胞分裂活跃，嫁接容易成活。用作接穗的枝条失水过多，或在高温高湿条件下贮藏芽萌发，皮色变褐，嫁接后不易成活。相同条件下，用蔬菜徒长苗嫁接的成活率比壮苗要低 20%～30%。

砧木和接穗的生长习性也影响嫁接成活率。砧、穗物候期相同或相近，嫁接容易成活；反之不易成活。当砧木的萌动期较接穗早，根压较接穗高时往往成活率较高。这是因为接穗萌动需要的水分、养分由砧木供给。松类植物富含树脂，柿、核桃富含单宁，南瓜下胚轴髓腔过大，这些都影响接口的愈合。有些树种伤流过多，会影响砧穗间树液交流，窒息伤口细胞呼吸，妨碍愈伤组织的形成。

嫁接成活过程受嫁接时期、方法和操作熟练程度的影响。嫁接时期会影响形成层的活动，适时嫁接可促进形成层活动和愈伤组织形成。瓜类蔬菜嫁接要求苗龄适宜。苗龄过大，胚轴中空；苗龄过小，操作不便，均不利于嫁接和成活。在适宜嫁接期内，苗龄越小，可塑性越大，越有利于伤口愈合。不同嫁接方法的接口方式、切口位置和切面大小不同，也会影响嫁接成活率。瓜类插接的嫁接部位紧靠砧木子叶节，细胞分裂旺盛，维管束集中，愈合能力强，成活速度比劈接和靠接要快。嫁接操作过程中，要求刀口锋利，动作快速、准确，切面平直、干净。砧穗接合面宽大且两者形成层密接，有利于愈伤组织形成和嫁接成活。

温度、湿度、空气和光照均是影响嫁接成活的重要因素。嫁接及其以后的管理过程中温度太低、湿度太小、遮光太重均会影响愈伤组织形成和嫁接愈合，降低成活率。

（1）光照　接口愈合过程中，前期应尽量避免阳光直射，防止高温低湿条件下接穗失水萎蔫。嫁接完成后，一般需遮光 8～10d。前 3d 全天遮光，但最好保持一定强度的散射光（5000lx 左右），避免因光饥饿而黄化；3d 后早晚不再遮光，让幼苗见弱光；以后逐渐延长见光时间；7d 后只在中午强光下临时遮阴；待接穗新叶长出后彻底去除覆盖物，进行常规管理。根据天气状况决定是否遮光，阴雨天不用遮光。遮光时间不能过长，密度不能过大，否则会影响嫁接苗生长。光照不仅为植物光合作用提供能量，而且能够调节吲哚乙酸（indole-3-acetic acid，IAA）、赤霉素（gibberellin，GA）、脱落酸（abscisic acid，ABA）等植物激素信号。

红光、黄光的波长范围与光受体敏感范围接近，因此可促进愈伤组织分化形成新的植物细胞，利于植株嫁接愈合。但红光也存在不利于植株进行光合作用与干质量积累等缺点。蓝光对嫁接植株愈伤组织形成与生长的作用大于黑暗条件和传统白光。红光和红蓝混合光源均能有效提高番茄、辣椒、西瓜和黄瓜等蔬菜嫁接苗的嫁接成活率。

（2）温度　嫁接后保持较常规育苗稍高的温度可以促进愈伤组织形成，加快接口愈合。嫁接苗愈合的适宜温度：瓜类蔬菜白天 25～28℃，夜间 18～22℃；茄果类蔬菜白天 25～26℃，夜间 20～22℃。低于 15℃或高于 30℃均不利于切口愈合和成活。嫁接后 3～4d 内，温度应控制在适宜的范围内，8～10d 幼苗成活后进行正常管理。较高的温度会延迟愈伤组织形成和分化，在 17～23℃内番茄嫁接苗成活率随温度的升高而增加，而在 26℃时成活率有所下降。

（3）湿度　除靠接外，嫁接苗在愈伤组织形成之前，接穗的供水全靠砧穗间细胞的渗透。这种渗透水量甚少，若环境低湿会因接穗蒸腾强烈而萎蔫，影响成活。因此，愈合成活期应保持较高的空气湿度，将接穗水分蒸腾减少到最低限度。

（4）气体　愈伤组织代谢活跃，呼吸旺盛，氧气供应不足将影响其正常代谢和生长。因此，嫁接成活过程中要处理好保温保湿和通风的关系。前 3d 一般不通风，保温保湿；3d 后视作物种类和幼苗生长状况决定。选择温暖且空气湿度较高的傍晚和清晨每天通风 1～2 次，通风量逐渐加大；10d 左右幼苗成活后撤除或移出驯化设施。提高空气中 CO_2 浓度可促进嫁接苗的光合作用，增加营养积累，加速接口愈合和嫁接苗成活。高 CO_2 浓度下气孔部分关闭还能抑制叶片的蒸腾作用，防止接穗萎蔫。据研究，在 1000μL/L O_2 浓度下嫁接成活率比在 300μL/L 浓度下提高了 15%。

三、壮苗的生理特征

（一）壮苗的定义

在蔬菜栽培中，育苗是蔬菜生产的重要环节，也是栽培成功与否的关键。农谚有“苗好三成收”的说法，说明培育健壮的秧苗是丰产、稳产的基础。陆帼一等（1984）指出，壮苗应当是具有早熟、丰产及抗病潜力的幼苗。

生产实践中，培育壮苗应充分考虑苗龄与壮苗的关系。例如，冬春茄果类蔬菜育苗，主要以获得早熟、增加早期产量的幼苗为主要目标。传统的育苗方法多利用冷床或棚室进行。最早在 10 月下旬至 11 月上旬就开始播种辣椒、茄子，一直培育到第二年 3 月才定植，苗龄长达 4～5 个月，育成带花蕾大苗。整个育苗过程表现为低温低湿，以控为主。这种苗虽然早熟高产，但早期畸形果多，营养生长弱，总产量不高；且费工费时、能耗大、占地面积大、时间长，育苗成本高，不能适应现代农业的要求。随着设施栽培和现代穴盘育苗技术的发展，这种长龄大苗的育苗方式逐渐被苗龄较短的适龄壮苗育苗方式所取代。

（二）育苗的质量标准

目前，工厂化育苗已在生产中广泛应用。对于幼苗群体而言，壮苗应包括无病虫害、生长整齐、株体健壮三个方面的特征。质量标准既是给商品的一个定位，也是对技术的一个要求。一般来说，幼苗质量标准可分为三个部分，即成苗标准、幼苗质量标准、幼苗贮运质量保持标准。

1. 成苗标准　成苗标准不是技术标准，但它是所有技术标准的综合而集中的反映。成苗标准应按照作物种类及不同的品种、不同栽培型、不同栽培期的要求制定。主要蔬菜的成苗标准和苗龄可参考表 3-1。

表 3-1　主要蔬菜的成苗标准和苗龄（司亚平和何伟明，1999）

蔬菜种类	苗龄/d	成苗标准（真叶数）/片
黄瓜	12～25	2～3
甜瓜	30～35	3～4
辣椒（甜椒）	30～45	8～9
茄子	30～50	5～6
番茄	30～45	4～5
石刁柏	40～45	3～5（分蘖数）
花椰菜、结球甘蓝、抱子甘蓝	25～30	5～6
大白菜	15～20	3～4
芹菜	50～55	5～6
结球莴苣	35～40	4～5

2. 幼苗质量标准　达到了成苗标准的幼苗，质量也可能会存在差异。幼苗的质量标准侧重于反映幼苗的生产潜力，即幼苗的增产潜力大小。幼苗的主要质量衡量指标有外观、形态指标和生理生化指标等。对于嫁接苗，种苗的质量评价不仅需要考虑接穗的质量，还需要考虑砧木部位的质量。

3. 幼苗贮运质量保持标准　在工厂化育苗条件下，大量的幼苗用于异地栽培，贮运是生产中不可避免的环节。因此，幼苗质量的保持必须有一个明确的标准。

幼苗贮运质量保持标准粗略地可按质量评价标准分级。

优级贮运苗：叶片发育正常，无黄化，无萎蔫。

1 级贮运苗：叶片发育正常，有部分叶片发黄、萎蔫，但不脱落。

2 级贮运苗：叶片变黄，少量脱落。

3 级贮运苗：叶片全部发黄，大部分叶片脱落。

3 级苗以外视为等外苗。

但现代工厂化育苗要尽可能用量化指标来衡量幼苗贮运质量保持标准。常用的指标有幼苗质量保持率和叶片退变指数（或叶片健全指数）。

（三）壮苗指标

1. 形态指标　在幼苗的生理生态研究中，国内外都采用一些数量性状从不同角度作为衡量幼苗生长速率、发育进程及其质量的指标，如茎高、茎粗、叶片数、叶色、叶面积、各器官的鲜重与干重、根体积、果菜类蔬菜的花芽分化节位及花芽数、叶菜类和根茎类蔬菜的株型等，以及由它们组成的一些相对指标，如茎粗/茎高、根重/冠重、叶面积/根体积、冠鲜重或冠干重/叶片数、苗幅/苗高等。

蔬菜种苗的苗龄标准常受育苗条件、移植条件等因素的影响。传统育苗由于营养面积较大，一般育大苗销售。工厂化育苗由于采用穴盘育苗，营养面积相对较小，苗龄过长会降低苗的生理活性，国外多采用小苗定植。保护地栽培中，由于设施内环境相对优越，也一般采用小苗定植。

蔬菜穴盘苗良好的株型应子叶健全，具有一定的真叶数，叶色浓绿，叶面积中等大小，胚轴、节间和叶柄长度适当（1～2cm），叶柄与茎的夹角为45°左右，从孔穴中取出幼苗可以看到根系白色、发达，根表面密布根毛，整株幼苗无病虫侵染斑点，幼苗之间整齐一致。这样的株型抗性强、耐贮藏、易运输、适于机械化移栽、定植后长势好，是蔬菜种植者喜欢的株型。

2. 生理生化指标　优质壮苗的形态解剖学观察结果表明，壮苗体内的厚角组织和木质部都较发达。茎和叶的表皮细胞中，细胞膜的角质化程度较高，因而幼苗生长健壮，水分的蒸发量较少，且不易被病菌侵入。从植物生理学角度分析，壮苗的生理活性较强，代谢作用正常，吸收力和再生力强，细胞内糖的含量高，原生质的黏性较大，幼苗的抗逆性，特别是耐寒性较强。

（1）根系形态和活力　根系吸收水分和养分的能力在很大程度上取决于根系活力的强弱。育苗期间可根据秧苗形态表现来诊断环境条件是否适宜及生理障碍发生的原因等。根系的发生和伸长是根尖细胞感知外界环境信号不断分裂、分化、膨大的结果；存在遗传差异性，也受根际环境因素的调节。番茄茎基部很容易形成不定根。洋葱、胡萝卜几乎没有根毛发生。这些性状受遗传因素的控制。在育苗基质的 pH 呈中性或偏酸性（5.5～6.8）、温度适宜（20～25℃）、水分和养分适量、通气良好的条件下，根尖细胞代谢旺盛，呼吸排放的CO_2等有毒物质不容易积累，促进生长的植物激素如吲哚乙酸、细胞分裂素等快速合成，根系迅速伸长；表现出生长量大、侧根和根毛多、色泽白嫩等外观性状。反之，基质干燥或电导率（EC）过高，供根系吸收利用的有效水分较少，严重抑制细胞分裂或扩展，根系生长量明显下降；基质紧实或水分几近饱和时，根尖伸长的机械阻力增大，根际微环境中容易积累 CO_2、NH_4^+、对羟基苯甲酸等酚类有毒物质，根系生长速度减缓，侧根和根毛密度降低，根系颜色表现为黄褐色。

（2）碳水化合物与含氮化合物含量　幼苗体内的碳水化合物与含氮化合物含量及两者的比值可影响到幼苗营养器官的生长及生殖器官的分化和发育。许多研究者认为在碳水化合物稍多于氮化合物的前提下（如茄果类幼苗定植前 C/N 为 1～1.2），两大类物质的含量越多，幼苗生长就越健壮。细胞内还原性糖含量的高低直接关系到幼苗的抗寒性与耐旱性。还原性糖含量高，可使细胞内自由水减少，束缚水增加，水势下降。一方面使细胞保水能力增强，提高幼苗的耐干旱能力；另一方面也使细胞冰点降低以提高幼苗抗低温的能力。因此，幼苗还原性糖含量的高低常作为衡量其抗逆性的重要指标。

（3）茎、叶颜色　叶绿素含量的高低直接关系到叶片的光合能力。较强的光合能力和较高的净同化率，可使幼苗体内积累较多的干物质，为营养器官的生长及生殖器官的分化和发育做好充足的物质准备。要求壮苗的叶片“大而色绿”正是基于这一原理。正常育苗条件下，由于茎、叶薄壁细胞所含大量叶绿素对绿色光具有反射作用，茎、叶外观显绿色。高等植物细胞中主要含叶绿素 a 和叶绿素 b，叶绿素 a 呈蓝绿色，而叶绿素 b 呈黄绿色。叶绿素的合成与分解代谢处于一个动态平衡，打破这一平衡就会使幼苗茎、叶的颜色异常。叶绿素合成从谷氨酰-tRNA 开始到叶绿素 b 的合成结束，包括 16 个步骤，涉及 20 多个基因编码的 16 种酶。叶绿素的分解则包括 4 个酶学步骤（叶绿素酶、镁-去螯合酶、脱镁叶绿酸 a 加氧酶、红色叶绿素代谢产物还原酶）和一个非酶学异构反应。叶绿素最后在液泡中转化形成单吡咯降解产物。任何叶绿素代谢的调节因素均可以影响茎、叶绿色的形成。在不良环境条件下，如养分缺乏、干旱、高温、低温、重金属毒害、大气污染等，会抑制叶绿素的合成，促进叶绿素的降解，导致茎、叶绿色减退。除叶绿素外，高等植物还含有类胡萝卜素、花色素等，当这些色素积累到一定程度，并取代叶绿素成为主导色素时，茎、叶呈现黄色、紫色等其他颜色。例如，番茄穴盘苗遭遇低温逆境，根系对磷的吸收减弱，光合产物运转受阻并在叶片中积累，不断转化为花色素苷，使叶片特别是叶背面呈现紫红色。

为了适应生产的需要，由多项数量性状及定性标准组成的综合成苗标准被普遍应用于生产。一个完整的壮苗指标体系应当包括形态、生理生化指标。形态指标具有更大的实践意义。已有一些计算壮苗指数的方法。例如，番茄壮苗指数的计算可参考“茎粗/株高×全株干重”的方式。壮苗指数对于前期产量具有可靠的预测性。有些生理生化指标虽然可靠性较强，但由于测试烦琐，只可供实验室或特殊场合应用。

（四）秧苗生长异常

在中国北部地区，特别是在春季育苗期间，自然光照强度可以满足幼苗生长发育的需要；而在中部或南部地区，春季多阴雨天气，光照强度较弱，不利于幼苗的生长。在设施内进行育苗，由于保护地设备的遮阴及透明覆盖物的污染或老化，透光率会有不同程度的下降。同时冬春季的低温寡日照、梅雨季节的高温寡日照等逆境不利于秧苗的生长和发育，加之不正确的管理措施，秧苗会出现一些异常现象。此外，穴盘育苗条件下，幼苗根系发育空间小，株间距小，根际水分和养分稳定供应能力差，不利于良好株型的形成，如株间距小，幼苗植株下层光照弱，子叶和下位叶很容易黄化。异常秧苗表现有徒长苗、老化苗等。

1. 徒长苗

（1）形态特征　　徒长苗是质量较差的异常秧苗。尽管对徒长苗形态和生理特征有诸多描述，但缺少徒长的确切概念。徒长苗的形态特征主要表现为株高过高、茎细弱、节间长、叶片薄且稀少、叶色淡、根系不发达、根量少，植株外观呈现高瘦型，形成高脚苗。由于根系发育差、活力弱，徒长苗定植后缓苗期长，成活率低；即使成活，植株的生长也较差。由于前期徒长，植株的营养生长过旺，必然影响生殖生长，使其花芽分化迟缓，花芽质量差，落花落果严重，果实成熟延迟，进而影响产量和品质。对番茄徒长苗产量的研究结果表明：徒长苗前期产量明显降低，后期产量也受到影响，表现出早期落花严重及早衰的现象，与健壮苗相比，总产量降低 1/3 左右（葛晓光，1992）。

（2）生理特征　　徒长苗的生理特征表现为植株干物质积累少，细胞液浓度低，组织柔嫩，表皮组织中细胞排列疏松。徒长苗的根系长度、侧根数量下降，根系活力受到抑制，导致植物水分代谢及以水分代谢为载体的矿质营养代谢能力降低。与正常苗相比，徒长苗气孔开度降低，导致蒸腾速率下降，水分流失受到抑制，组织含水量增加。徒长苗的叶绿素和类胡萝卜素含量显著下降，捕光能力降低，细胞色素质体醌（PQ）、细胞色素蛋白（Cyt）和铁氧还蛋白（Fd）等电子传递链组分含量显著下降，光反应受到抑制。此外，Rubisco 羧化酶活性降低，导致叶肉细胞对 CO_2 的利用能力下降，暗反应受影响，碳水化合物合成量降低，植株干物质积累量减少。徒长苗叶面积、下胚轴长度显著增加，细胞膨大，细胞壁厚度降低，导致植物组织韧性降低。蔬菜徒长苗可溶性固形物、可溶性糖、可溶性蛋白质含量降低，渗透调节能力下降，不利于植物抵御高渗、低温等非生物胁迫。此外，徒长苗体内花青素、芥子油苷、酚类物质等次级代谢产物含量显著降低。花青素可以释放 H^+，清除氧自由基，避免光抑制、膜脂过氧化等现象出现，从而保护膜系统的完整性，提高对高温、低温、干旱、强光等非生物胁迫的适应能力。因此，徒长苗对生物和非生物逆境的适应能力差，是质量较差的异常秧苗。

2. 老化苗 植株矮小，茎、叶生长缓慢，茎秆硬化且纤细，幼苗节间短；叶片肥厚，叶色过深，叶片小而无光泽。根系衰弱，呈黄褐色，不易发新根。花芽分化异常，易落花落果。定植后缓苗慢，节间不能正常伸长，后期容易早衰。前两个果实生长缓慢，一般很难成熟，会形成僵果。

（五）幼苗生长和花芽分化的影响因素

1. 幼苗生长 幼苗生长尤其是下胚轴伸长的实质是细胞的延伸生长和分裂。其中细胞的延伸生长对下胚轴长度起着决定作用。持续膨压（即细胞壁可塑性）的增加提供了延伸生长所需要的动力。对细胞壁可塑性起限制作用的是纤维素-半纤维素网络结构。细胞的延伸生长还受到微管的限制。因此，任何能够改变细胞壁可塑性或微管排布方式的因子，都能通过影响细胞的延伸生长从而影响下胚轴伸长。而细胞壁松弛因子和微管的排布受激素调控。膨压的变化与液泡内渗透调节物质含量相关。蔗糖、葡萄糖和果糖是细胞内主要的渗透调节物质。在下胚轴细胞伸长过程中，液泡内贮藏的蔗糖在酸性转化酶的作用下，分解成葡萄糖和果糖，导致渗透调节物质含量增加，渗透势增大，细胞吸水膨胀，推动纤维多糖蠕动，从而促进细胞生长。

细胞壁的延展性受两大蛋白家族——膨胀素（expansin）和木葡聚糖内糖基转移酶（xyloglucan endotransglycosylase/hydrolase，XET/XTH）的调控。*XET/XTH* 过表达植株的下胚轴和茎尖细胞生长速率显著加快。

植物内源激素（plant endogenous hormone）参与植物的整个生命过程，通过在植物体内构建复杂完整的信号网络，传递外源或内源信号来调控植物的生长发育。内源激素包括生长素、赤霉素（GA）、细胞分裂素（CTK）、脱落酸（ABA）、乙烯（ET）和油菜素内酯（BR）在内的植物激素均与下胚轴和茎伸长生长有关。

IAA 能促进质子分泌到细胞壁，促使细胞松弛，延长加快；同时又能促进蛋白质的合成，使细胞生长加速。生长素响应因子（auxin response factor，ARF）是一类转录因子，通过激活或抑制靶基因的表达而影响下胚轴细胞伸长。TIR1（transport inhibitor response 1）是 IAA 的核受体，TIR1 与 ASK1（*Arabidopsis* Skp1-like 1）、ASK2（*Arabidopsis* Skp1-like 2）及 Cullin 形成 SCFTIR1 复合体，参与生长素应答反应。植物体内 IAA 含量较高时，其侧链羧基端与 TIR1 结合，进而促进 AUX/IAA 蛋白结合到 SCFTIR1-auxin 复合体中的 IAA 上，形成 SCFTIR1-auxin- AUX/IAA 复合体，导致 AUX/IAA 蛋白的泛素化降解，解除其对转录因子 ARF 的转录抑制作用。*GH3*（gretchen hagen 3）是另一类生长素早期响应基因，其编码蛋白具有生长素氨基酸化合成酶活性。当植物体内 IAA 浓度增加时，GH3 蛋白能够促进游离态 IAA 与氨基酸结合，然后经降解途径降解，以维持 IAA 的动态平衡，实现其对下胚轴细胞生长的调控。此外，生长素可以影响细胞壁的延展性和膨压。生长素促使 H^+-ATPase C 端倒数第二个苏氨酸磷酸化，活化 H^+-ATPase，向外泵出质子，酸化细胞壁，增强细胞壁的可塑性。此外，细胞壁中膨胀素蛋白的作用在酸性条件下增强。

IAA 对 H^+-ATPase 活性的调控不受 TIR1 介导的信号转导影响，也不引起 H^+-ATPase 编码基因 *AHA1* 与 *AHA2* 表达量的变化。液泡膜上 H^+-ATPase 活化，将胞质内 H^+泵入液泡内，激活酸性转化酶，将蔗糖分解成葡萄糖和果糖，胞内渗透势大于外界渗透势，水分内流，膨压增大。同时，TIR1 介导的生长素信号转导能促使质膜上的 K^+通道蛋白基因 *KAT1*（K^+ transporter of *Arabidopsis thaliana* 1）的表达量升高，导致细胞对 K^+的吸收量增加，渗透势增加，细胞吸水，膨压增大，进而推动细胞膨大。

赤霉素（GA）可以促进生长素的合成，进而调控细胞延长、细胞分裂等。通过调控 DELLA 蛋白含量影响下胚轴细胞伸长。DELLA 蛋白是 GA 信号传递的关键作用元件，能与 PIF（phytochrome interacting factor）结合，导致 PIF 的转录激活作用受到阻遏。PIF 属于 bHLH 类转录因子。PIF 通过促使生长素合成关键酶基因 *YUC8/9* 的表达上调而影响下胚轴伸长，从而抑制光形态建成。植物体内 GA 含量增加后，与受体 GID1（GA insensitive dwarf 1）结合并识别与 PIF 结合的 DELLA 蛋白，诱导 DELLA 蛋白泛素化降解，解除其对 PIF3/4/5 的抑制作用。

油菜素内酯（BR）与膜受体激酶 BRI1（brassinosteroid insensitive 1）结合，通过一系列磷酸化与去磷酸化反应，激活细胞核内的转录因子 BZR1/BZR2。活化的转录因子能调控靶基因的表达，影响植物的生长发育。BZR1（brassinozale-resistant 1）与 PIF4 直接互作形成异源二聚体，调控基因表达，其中包括编码 HLH 蛋白的 *PRE*（paclobutrazol resistance factor）基因家族成员。当 *PRE1*、*PRE2*、*PRE5* 和 *PRE6* 表达量降低时，植株表现出矮小、叶片深绿及育性降低等性状；过表达 *PRE1* 能抑制 *pifq* 突变体矮化表型的出现，促进植株下胚轴伸长。此外，BR 与可溶性碳水化合物协同上调 *BZR1* 与 *BES1*（BRI1-EMS-suppressor 1）两个转录因子的表达，进而促进下胚轴伸长。

脱落酸（ABA）是植物生长抑制型激素。叶面喷施 ABA 可显著抑制番茄黄化苗下胚轴的伸长，增加下胚轴粗度。脱落酸（ABA）对细胞伸长的调控作用与生长素相拮抗。一方面，脱落酸能促使 H^+-ATPase C 端倒数第二个苏氨酸去磷酸化，抑制 H^+-ATPase 活性。细胞酸性生长受到抑制，膨胀素和酸性转化酶活性降低，细胞壁延展性和渗透势降低，不利于细胞生长。ABA 对 H^+-ATPase 活性的抑制作用主要依赖于生长素早期响应基因 *SAUR*（small auxin up-RNA）。SAUR 能够与 PP2C-D 磷酸酶直接互作并抑制其活性，从而促使 H^+-ATPase 活性提高。另一方面，脱落酸信号转导蛋白 ABI1（ABA-insensitive 1）能抑制 K^+内流通道蛋白基因 *KAT1* 的表达。作为植物细胞内的主要渗透调节物质之一，K^+的内流量降低，细胞渗透势和吸水能力随之降低，不利于细胞膨大。

独脚金内酯（strigolactone，SL）是一类萜酯化合物。作为一种新型植物激素，SL 对植物分枝生长、侧根的形成及下胚轴伸长等生长发育过程均具有重要的调控作用。SL 对下胚轴伸长的抑制作用主要依赖于蓝光及红光/远红光受体介导的信号转导过程。SL 通过信号转导蛋白 MAX2（more axillary growth 2）促使光信号转导关键因子 HY5（long hypocotyl 5）表达上调。HY5 蛋白积累能促使植物光形态建成，抑制下胚轴伸长。

乙烯（ET）在黑暗条件下可抑制下胚轴伸长，而在光照条件下可促进下胚轴伸长。在光照条件下，拟南芥下胚轴细胞的伸长是部分依赖 ET 的。但外施抑制剂硝酸银（$AgNO_3$）可以抑制野生型拟南芥下胚轴细胞的伸长。

根际渗透势通过影响内源激素含量变化对植物下胚轴的伸长产生影响。大量研究表明：低渗胁迫下，植物内源激素水平发生变化。例如，ABA 含量升高，而 IAA 和 GA_3 含量下降，从而抑制了植物各部位的生长。下胚轴伸长生长与内源 ABA 水平呈显著负相关。而内源 IAA 在下胚轴伸长调控方面则无显著作用。

生产中可通过机械刺激调控植株的生长。例如，拨动法、阻压法及增加空气流动法等，可促进幼苗乙烯、脱落酸合成，抑制细胞分裂素合成，从而控制徒长苗的发生。施用矮壮素（CCC）、烯效唑、多效唑（PP_{333}）、缩节胺（DPC）、乙烯利（CEPA）、比久（B_9）等植物生长调节剂控制植株的高度属于化学调控措施。其原理是植物生长调节剂通过抑制幼苗体内赤霉素的合成和分生组织细胞伸长，从而控制植株的高度。

2．花芽分化

（1）碳水化合物与含氮化合物　　碳水化合物既是植物体内各种化学物质碳架的提供者，又是物质变化所需能量的携带者。在花芽分化前，首先是碳水化合物的积累。研究者通过大量实验证明，植物体内碳水化合物的积累达到一定水平才能引起植物开花，并提出 C/N 假说，即植物由营养生长过渡到生殖生长是受体内碳水化合物（C）与含氮化合物（N）间的比例（C/N）控制的。当 C/N 较小时，趋向营养生长。在子叶和展开的真叶上可产生成花激素，然后运输到生长点诱导花芽的分化。摘除子叶和展开的真叶能延迟花芽分化，并使花芽数减少。其原因为：摘除子叶和展开叶导致成花激素减少。相反，摘除未展开真叶或生长点能够促进花芽分化，并使花芽数增加。对不结球白菜、春甘蓝、当归、叶用莴苣等植物的研究表明：可溶性蛋白质含量呈先上升后下降，可溶性糖含量呈先下降后上升的趋势。

也有一些试验资料表明，幼苗体内的碳氮比与花芽分化之间没有直接的关系；但在碳氮比接近一定比率的条件下，两种成分共同增加得越多，则花芽就越多；如果其中有一种成分偏多，则花芽数就减少。茎的粗细与花芽分化有相当密切的关系，不但影响花芽分化的时期，而且影响花芽分化的质量。花芽分化时茎的粗细在一定程度上随幼苗的发育状态和环境条件变化而有所不同。在适宜条件下所育成的苗，即使其茎较细也能分化花芽；在不良条件下所育成的苗，其茎的粗细达不到某种程度花芽就不能分化。由此可见，保证幼苗一定的营养生长基础，为获得较早且优质的花芽创造条件，是这一阶段培养壮苗的任务。

（2）内源激素　　花芽分化受内源激素的调控。就果菜类蔬菜幼苗而言，GA 抑制花芽分化，CTK、ABA 和 ET 则促进花芽分化。IAA 低浓度时促进花芽分化，高浓度时则抑制花芽分化。GA 可提高淀粉酶活性促进淀粉水解，而 ABA 和 GA 有拮抗作用，ABA 有利于淀粉积累。当植物体内淀粉、蛋白质等营养物质含量丰富，CTK 和 ABA 含量高，而 GA 含量低时，有利于花芽分化。

Luckwill（1974）提出了激素平衡假说，即用 GA/CTK 或 CTK/GA 的平衡来解释植物的花芽分化。正是这种激素平衡状态，控制着各种营养物质（核酸、蛋白质及可溶性糖）的代谢而综合影响着植物的花芽分化。较高的 CTK/GA、CTK/IAA、ABA/GA、ABA/IAA 有利于花芽的形成、分化和完成。

激素信号对于成花的影响非常重要。在特定的条件下，激素信号的调控往往是将不同激素信号汇集后通过改变关键成花基因的表达水平来实现的。GA 在成花过程中必然发挥着关键性作用，其他激素如脱落酸（abscisic acid，ABA）、生长素（auxin）、细胞分裂素

（cytokinin，CTK）、水杨酸（salicylic acid，SA）、茉莉酸（jasmonic acid，JA）和乙烯（ethylene，ET）等，也是参与激素调控网络不可缺少的部分。例如，IAA 可能通过 GA 途径调控开花。IAA 可以通过调节 GA 含量和促进 DELLA 降解的方式促进成花。ABA 信号可能参与激活 CO 转录或增强 CO 蛋白功能的过程。ET 可通过调控 DELLA 和 HAD19 蛋白来实现对花期的调控。SA 参与成花调控网络的串联点可能位于 CO 下游和 SOC1 上游区域。外源 CTK（BAP）处理可以上调 *TSF*、*FD* 和 *SOC1* 基因的表达，促进短日照（short day，SD）条件下拟南芥开花。这种促进作用依赖于 *TSF* 和 *SOC1*，但不需要 *FT*，说明 CTK 调控拟南芥开花主要是通过 *TSF* 而非 *FT* 激活其下游基因 *SOC1*（D'Aloia et al.，2011）。

多胺作为第二信使物质，对成花基因启动、信使 RNA 转录、特异蛋白质翻译有着重要作用。多胺与植物的性成熟、花芽形成、花器分化和性别分化等生长发育过程有关。多胺在植物体内的生物合成，受到各类植物激素的调节。当各激素之间达到一种有利于成花的平衡状态时，这种状态将促使植物体内多胺的大量合成，上调开花基因表达；并向成花部位调配营养物质，导致特异蛋白质的合成，形成花原基。

（3）磷　磷酸在参与各部位生长的同时，在花芽分化之前就已向叶部移动并积聚，成为核酸的构成成分，从而影响子叶的生理机能，与顶端的分化有着相当直接的关系。

（4）酶　花芽分化还需要一系列酶参与调控。对棉花、苹果、梨、青花菜、碗莲的研究结果均显示，过氧化物酶（POD）活性的升高有利于花芽分化。过氧化物酶、苯丙氨酸解氨酶（PAL）和多酚氧化酶（PPO）是与呼吸有关的酶。酶活性越高呼吸越旺盛，三种酶的高活性有利于木质素的积累，有利于植物从营养生长向生殖生长的转变。

四、壮苗培育与环境条件

环境条件包括广义的营养条件，即营养面积和气象及栽培因子（包括温度、光照、水分、育苗基质、气体等）。幼苗期的环境条件是决定种苗质量的重要因素。幼苗对环境条件的要求既严格又敏感。因此，正确认识和掌握幼苗的各种环境生理，制订环境调控措施，对壮苗培育具有十分重要的意义。

（一）营养面积

苗期的营养面积对秧苗生育和质量的影响很大。苗期的秧苗密度与苗的发育及秧苗营养状态有关，它明显影响花芽的分化和发育。苗期几乎所有的营养问题都是围绕营养面积直接或间接起作用的。

较大的营养面积可促进幼苗健壮发育，植株体内全 N、全 C，特别是非还原糖含量增加；营养面积小时秧苗变得高而细，花芽级数降低，根系发育不良。根的活跃吸收面积小，根系活力降低，是导致秧苗不能健壮发育的主要原因之一。实际生产中，营养面积和苗龄都是影响秧苗素质和最终产量的重要决定因素。多位学者的研究表明：营养面积对生长发育的限制作用随着苗龄的增加而增强，所以育苗苗龄的长短应随着育苗营养面积的不同而作相应的调整。

（二）温度

温度是培育壮苗的关键性因素。苗期生长量虽小，但生长速率很快，对温度很敏感。

同时，许多蔬菜在苗期就开始花芽分化，温度又是影响花芽分化的主要因素。温度影响的构成要素比较复杂，如温度的上下限值、积温值、温周期或昼夜温差、气温和地温等。并且温度的效果是通过影响秧苗的一系列生理活动来实现的。

1. 温度与幼苗生长　在一定范围内提高日均温可加速幼苗生长及增大一定期间的生长量。但达到一定温度后再继续提高温度，虽然幼苗生长量仍然增大，但逐渐表现出叶薄、色淡、*R*/*T* 减小、茎高和茎粗增大等徒长症状，秧苗质量下降。此时幼苗在生理上的反应为消耗型，即积累少，消耗多。如果降低日均温，幼苗形态为矮壮苗，其生理反应为迟缓型，生长较缓慢，消耗不太多，积累也较少。积温值尤其是有效积温值对秧苗生长发育的影响比较明显。培育一定大小（花芽分化和发育到一定程度大小的植株）秧苗所需的积温值大致相同。若日均温不同，则育苗天数就要有差异。土壤温度会影响幼苗根系的发育及吸收能力。以黄瓜为例，土温为25℃以下时，幼苗的重量增加；超过26℃时，增加量很小或重量下降；当土温超过32℃时，虽然重量仍有所增加，但 *R*/*T* 显著减小，幼苗表现徒长型。

昼夜温差或温周期对幼苗生长发育的影响是一个比较复杂的问题。生产实践表明：自然状态下，昼温较高而夜温较低，在白天光照较强的情况下，较高的温度条件有利于营养物质的转运和积累，同时又可减少呼吸作用对能量的消耗，有利于苗的发育。从营养生长及生长量的角度来看，变温管理有利于促进光合作用，保证营养物质的正常转运，减少养分的消耗。以番茄育苗为例，上午适温为20～25℃，下午适温为15～20℃，前半夜适温为13～16℃，后半夜适温为10～12℃。如果从生殖生长的角度看，为了降低番茄第一花序的节位，昼夜温差反而不是第一位的决定因素，较低夜温的作用更为明显，降低日均温起第二位作用。

2. 幼苗对胁迫温度的反应

（1）低温胁迫　在 5～15℃的持续低温条件下，黄瓜幼苗的生长受到抑制。随温度降低，黄瓜幼苗的株高、茎粗及地上部重量和地下部重量皆显著降低；可溶性蛋白质含量显著降低，脯氨酸（Pro）、相对电导率、丙二醛（MDA）含量显著提高；超氧化物歧化酶（SOD）和过氧化物酶（POD）的活性升高，过氧化氢酶（CAT）活性呈下降趋势。持续低温导致活性氧清除系统平衡被打破，清除能力下降，渗透调节物质显著增加，膜脂过氧化严重（周青等，2010）。

低地温会阻碍叶片生长和根系伸长，并通过叶片中叶绿素含量、气孔阻力、内部酶活性改变，以及导致光合产物和毒物的积累等多种方式影响光合作用。同时低地温也影响根系对水分和矿质营养的吸收及根系向地上部输送激素的能力。低地温条件下黄瓜根系活力先下降后升高；细胞的膜脂过氧化程度明显加剧，表现在丙二醛含量增加；细胞膜透性逐渐增大，离子外渗明显；叶绿素含量先下降后升高；作物发生适应性变化，可溶性蛋白质含量提高。此外，温度的降低在一定程度上抑制了植株对水分、矿质营养的吸收和有机物质合成有关酶的活性与含量。低温还明显阻抑铵态氮向硝态氮的转化，易造成根际铵的积累和幼苗铵中毒。育苗时基质温度达不到秧苗生长时所需的适宜温度，使根系发育缓慢，吸收能力弱，导致地上部茎、叶生长缓慢，形成老化苗。

（2）高温胁迫　高温处理下黄瓜茎节间变长，幼苗表现出明显的徒长，主根变长、变细，侧根数增多，根系趋于须根化。长期35℃昼间亚高温处理，番茄植株徒长，叶片净光合速率下降，植株生长受到抑制，并出现早衰现象；昼夜亚高温条件下，黄瓜幼苗株高、下胚轴长度增加，下胚轴直径、鲜重、干重和根冠比均降低，叶色变淡，表现出徒长症状。昼夜温差是影响植株茎生长的主要因素。昼温较高，伴以光照，有利于光合效率的提高；夜温降低，减少呼吸消耗，有利于秧苗干物质积累。反之，温度过高，引起根系细胞蛋白质变性，根分生组织得不到碳水化合物的充足供应，使根迅速老化。因此，高温也不利于根系生长。

高温胁迫后黄瓜幼苗叶片净光合速率（P_n）降低，气孔导度（G_s）、胞间 CO_2 浓度（C_i）、蒸腾速率（T_r）增大。初始荧光（F_o）、原初光能转化效率（F_w/F_m）、PS Ⅰ潜在活性（F_v/F_o）、PS Ⅱ反应中心电子传递速率（ETR）、PS Ⅱ电子传递量子产量（ΦPS Ⅱ）、光化学猝灭系数（q_P）、Chla 含量及 Chla/Chlb 明显下降是引起 P_n 下降的主要原因。高温胁迫后，黄瓜幼苗叶片过氧化氢和丙二醛含量比胁迫前明显增加；随高温胁迫时间的延长，还原型抗坏血酸（AsA）和还原型谷胱甘肽（GSH）含量持续下降，脱氢抗坏血酸（DHA）和氧化型谷胱甘肽（GSSG）含量逐渐升高，致使 AsA/DHA 和 GSH/GSSG 值大幅下降；抗坏血酸过氧化物酶（APx）、单脱氢抗坏血酸还原酶（MDHAR）、脱氢抗坏血酸还原酶（DHAR）和谷胱甘肽还原酶（GR）活性明显升高。

高温调控下胚轴伸长的机制与光信号相同，主要依赖于光受体 PHY。高温促使细胞核中 PHYB 由生理活跃型 Pfr 向生理失活型 Pr 转变，并向细胞质中迁移，从而解除其对 PIF 及 COP1-SPA 的抑制作用。一方面，PIF 促使生长素合成酶基因表达上调，诱导下胚轴细胞伸长；另一方面，COP1-SPA 复合物的 E3 泛素连接酶活性升高，导致 bZIP 转录因子 HY5 降解，从而抑制光形态建成基因的表达，同时解除其对 PIF 转录抑制作用。PIF4/5 是生长素合成关键酶基因 *YUC8/9* 及 *TAA1* 的转录激活因子，*YUC8/9* 及 *TAA1* 的表达上调促使 IAA 合成量增加，下胚轴伸长速率显著加快。

3．温度与幼苗花芽分化　植物所处环境温度通过影响光合作用同化物质的积累、运输、分配和植物体内激素水平，直接或间接地影响其花芽分化和开花。

果菜类蔬菜在低温下不能发生花原基。在适宜的温度下育苗，温度越高，花芽分化越早。不同果菜类蔬菜花芽分化的适温不同，黄瓜为 15～25℃，番茄为 15～20℃，辣椒为 15～25℃，菜豆为 15～25℃。夜温越高，花芽分化越慢，花芽数越少，花芽节位上升。植物处于高温逆境时，光合色素合成量减少，库源能量合成减少；而叶绿素酶活性增强，最终使光合作用能力下降，能量储备减少，生殖器官中同化物分配量减少。植物发育关键阶段的可利用碳水化合物短缺，致使生殖生长处于饥饿状态，最终导致花芽数、坐果数及产量相关的其他参数均减小。在一定温度范围内提高温度可使花芽分化提前，花芽数增多，达到一定积温所需的日数减少，开花期提前。但是，适当降低温度，特别是降低夜温有利于花芽素质的提高。

对于叶菜类和根茎类蔬菜，一般通过了春化作用的植株，在一定温度范围内，随温度升高而花芽分化加快。当植物处于高温胁迫时，内源赤霉素水平增加，花芽分化进程加快、花芽数量降低、花芽变小。

（三）光照

光照强度、光周期和光质均对秧苗素质有很大的影响。目前，蔬菜育苗多在设施内进行，光照管理往往是育苗成败的关键。

1. 光照与幼苗生长

（1）光照强度　在光饱和点以下，植物光合强度随光照强度的增加而增强。除西瓜和番茄的光饱和点分别为 80 000lx 和 70 000lx 外，果菜类蔬菜的光饱和点一般多在 40 000～50 000lx。20 000～30 000lx 的光照强度可基本满足果菜类蔬菜幼苗培育壮苗的要求。叶菜类蔬菜幼苗对光照强度的要求可以更低一些。

光照强度对秧苗的生长发育有不同的影响。例如，甘蓝、芹菜等蔬菜在光照减弱的情况下，叶面积增长速度下降，叶重及叶数增长缓慢。较强的光照条件有利于秧苗的充分生长。此外，光照强度对叶菜类蔬菜株型也有一定的影响。例如，弱光促进芹菜的纵向生长，株型趋向直立型。强光下芹菜伸长被抑制而转向横向扩展，株型趋向横展型，开展度大。由此可见，弱光会使蔬菜秧苗瘦弱，强光条件下秧苗才能长得健壮。

光照对叶绿体发育及叶绿素合成、分解代谢起主导性作用。在暗形态发生期间（种子在基质中的萌发过程），萌发的种子利用体内贮存的营养建立捕获光信号的条件，下胚轴显著伸长并露出基质，前质体也分化成白色体，并在白色体片层结构中大量合成原脱植基叶绿素。一旦接受光照，原脱植基叶绿素还原成脱植基叶绿素，从而引起幼苗胚轴、子叶快速绿化。

光照强度不足不仅引起植物个体大小的变化，也会引起植株形态上的重新构建。弱光处理会造成植株株高增加，茎秆变细，株高/茎粗值增大，叶片变大变薄、展开数减少，植株生长量降低。光照强度与幼苗徒长程度呈负相关。光照越弱，徒长程度越严重。弱光处理使植物功能叶片的净光合速率下降，叶绿素含量、叶绿素 a/叶绿素 b 值、类胡萝卜素含量都降低，捕光色素蛋白（LHCP）含量升高，光合细胞器受损。此外，弱光处理使不耐弱光不结球白菜品种叶绿体内部出现裂缝和孔洞，多数基质片层断裂，基粒片层解体；线粒体出现内含物减少、发生空洞的现象。而耐弱光品种的叶绿体结构良好，线粒体发育正常。光照强度可调控植物内源赤霉素含量。在强光下，植物体内赤霉素含量降低；相反，在弱光或黑暗下赤霉素含量升高。Liu 等（2021）发现赤霉素代谢关键酶——赤霉素 2β 氧化酶 8（gibberellin 2-beta-dioxygenase 8，CsGA2ox8）的基因具有两个转录本，分别命名为 *CsGA2ox8.1* 和 *CsGA2ox8.2*。与 *CsGA2ox8.1* 相比，*CsGA2ox8.2* 的第二个内含子在转录过程中被保留了下来，该内含子含有的终止密码子 TGA 造成翻译提前终止，导致 CsGA2ox8.2 成为“无功能”转录本。随着光照强度的增加，*CsGA2ox8.1* 表达量逐渐升高，*CsGA2ox8.1* 的高表达显著降低了活性赤霉素的含量，可能导致幼苗没有足够的赤霉素维持正常生长。为了缓解这一现象，当光照强度高于 400μmol/（m^2·s）时，黄瓜幼苗会加速表达“无功能”转录本 *CsGA2ox8.2*，使 *CsGA2ox8.1* 的表达不再加剧升高，进而维持幼苗生长所必需的内源赤霉素浓度。

我国大部分地区，冬季光照强度往往不足 20 000～30 000lx。夏季光照强度在南方地区往往超过 100 000lx。强光照直射到作物幼苗上，加上高温，往往抑制光合作用，破坏叶绿体，抑制秧苗生长。因此，不同季节育苗期间的补光和遮光是生产中应重视的问题。

（2）光周期　光照时数对幼苗生长也具有重要作用，但光照时数的实际效果首先取决于照度。如照度低于补偿点，光照时数较长，由于光呼吸加盛而延迟生育。若光照强度合适（＞3000lx），照明时间愈长（4～16h），对生育的促进作用愈明显；尤其在高光照强度下（25 000lx）的效果更加显著。高光照强度下延长光照对生育的促进作用主要表现在幼苗生长的前、中期。在幼苗生长后期，照明时间越长，下位叶的叶脉黄化越显著，出现叶片凋萎、下垂，以致最后下位叶枯死，幼苗发育延缓。

昼夜节律作为重要的光信号因子，对植物的生长发育起着重要的调控作用。徒长苗下胚轴长度随黑暗时间的延长而增加。极夜条件下徒长苗下胚轴长度为极昼条件下的 6 倍。光信号的感知与传递主要依赖光受体，包括红光/远红光受体光敏色素（phytochrome，PHY）及蓝光受体隐花色素（cryptochrome，Cry）等。目前已发现 5 种红光/远红光受体 PHYA～PHYE。PHY 受光激发后，由生理失活型 Pr 转化为生理活跃型 Pfr，同时由细胞质向细胞核迁移并在细胞核中发挥作用，促进光形态建成。PHYA 的 Pfr 态不稳定，转化后迅速降解。PHYB～PHYE 的 Pfr 态能在光下稳定存在。拟南芥体内存在两种蓝光受体，即 Cry1 和 Cry2。Cry1 在蓝光下稳定存在，Cry2 遇光（蓝光、绿光和紫外线）迅速降解，但二者在光信号转导过程中功能相似。受远红光/红光激发，PHYA/B 转化为生理活跃型 Pfr，在细胞核中与光敏色素互作蛋白 PIF 结合，诱导 PIF 磷酸化降解。PIF 是一类 bHLH 转录因子，PIF 磷酸化降解导致生长素合成限速酶基因 *TAA1* 和 *YUC8/9* 的表达下降，IAA 的合成量减少，对下胚轴伸长的促进作用减弱。此外，PHYA 和 PHYB 生理激活型向细胞核中迁移后，与 SPA1（suppressor of phytochrome A1）结合，抑制 COP1（constitutive photomor phogenic 1）/SPA1 复合体的 E3 泛素连接酶活性，从而导致 COP1/SPA1 的靶蛋白 HY5 在细胞核中积累。HY5 是光形态建成的正调控因子，能抑制下胚轴细胞的伸长。蓝光对下胚轴伸长的调控机制与红光相同。一方面，Cry1 和 Cry2 与 PIF4 和 PIF5 直接作用，阻遏 PIF 对下游基因的转录激活作用，抑制下胚轴细胞伸长；另一方面，Cry1 与 COP1/SPA1 复合体中的 SPA1 直接结合，导致复合体中的 E3 泛素连接酶活性降低，HY5 转录因子积累，从而促进光形态建成。

光周期对下胚轴细胞生长的调控，主要依赖于 ELF4（EARLY FLOWERING 4）-ELF3-LUX（LUX arrhythmo）复合体（evening complex，EC）。EC 能与 PIF4/5 的启动子直接结合，导致其转录表达受到抑制。植物对光周期的感知主要依赖于光受体 PHYA/B 和 Cry1/2，并通过光受体活性影响细胞中 COP1 的活性。COP1 能抑制 EC 的形成，解除其对下游转录因子 PIF3/4/5 的抑制作用，促使 PIF 表达量升高，从而促进下胚轴细胞伸长。植物表皮细胞率先感知外界的光周期信号，并通过 CBF（C-repeat binding factor）等受体传递给叶肉和脉管组织细胞，实现不同组织细胞的协同生长。

（3）光质　光质对蔬菜幼苗的生长和干物质积累有重要影响。已有大量的研究表明不同波长的光对蔬菜幼苗生长和发育的作用效果不同。

红光与远红光对幼苗徒长的调控作用相反，红光抑制徒长，远红光促进徒长。在 R/FR 值较低的条件下，幼苗徒长。有研究表明，补充红光可使黄瓜和番茄的株高显著增加，这可能与红光下植物具有较高的碳水化合物含量和光合速率有关。红光显著促进番茄幼苗株高增加，比叶面积增大，胞间 CO_2 浓度提高，但 PSⅡ最大光化学效率（F_v/F_m）、PSⅡ实际光化学效率（ΦPSⅡ）降低，根系生长受阻，根系活力下降，壮苗指数降低。

蓝光能明显缩短蔬菜的节间距，促进蔬菜的横向伸展及缩小叶面积，促进与花芽分化和成花相关的营养物质的合成。蓝光还能刺激叶片中叶肉组织的形成，促进叶肉细胞的生长和代谢，从而可以增加叶片的厚度。蓝光是光合系统活性和光合电子传递能力的重要影响因子，能减轻红光对黄瓜叶片光合系统活性及光合电子传递能力的抑制。蓝光可促进叶片气孔开放，增加胞间 CO_2 浓度。

绿光一直是颇受争议的光质。部分学者认为绿光会抑制植株的生长，导致植株矮小并使蔬菜减产。绿光不是光合作用的高效吸收光谱，但补充绿光可与红蓝光协同增益色素的合成，能显著提高番茄幼苗的株高和茎粗。

紫外线更多地表现为减少植物叶面积、抑制下胚轴伸长、促进角质层发达及花青素形成等作用。UV-B 辐射导致矮小的植物表型及根冠比的变化，表现出小而厚的叶片、短叶柄、腋生的分枝增加等。

此外，组合光对植物幼苗有不同程度的影响。红橙光有利于茎的生长，并促进植物的开花和叶绿素的形成，缩短生长周期，提高可溶性糖含量和产量。远红光可以增加植株的干鲜重、茎长、叶长和叶宽；但在许多情况下会抵消红光效应，降低花色素苷、类胡萝卜素和叶绿素的含量。利用发光二极管（light-emitting diode，LED）红蓝光为光源，可有效促进豇豆、苦瓜、结球莴苣和辣椒幼苗的形态建成，并且随着 LED 红蓝光的增强，幼苗形态指标逐渐提高，叶绿素合成逐渐增加，根系活力逐渐增强。红光和蓝光可提高番茄幼苗的茎粗、全株鲜（干）重、真叶面积、叶绿素含量、净光合速率等，显著地提高了番茄幼苗的根长和根表面积；在一定程度上能降低株高，促进幼苗干物质积累。红蓝光组合可以提高番茄幼苗潜在的光化学活性和最大光能转化效率。该组合光处理能促进幼苗生长发育，且光合特性、生物量、壮苗指数、根系活力等明显提高；当组合光中红光比例较高时，幼苗生长量增加明显。

2．光照与花芽分化

（1）光周期　根据成花转变对光周期的反应可将植物分为长日植物、短日植物和日中性植物三类。茄果类、大部分瓜类和豆类蔬菜基本上属于日中性植物，一般对光周期的要求不严格。但短日照条件下，花芽分化所需时间越短，花芽数越多。此外，光照时数对黄瓜秧苗花芽分化的影响较大。高温长日照有利于黄瓜秧苗的花芽向雄花转化；而低温短日照则促进其向雌花分化。白菜类蔬菜通过春化后，抽薹开花的迟早与日照长短有关，更取决于当时的温度；甘蓝花芽分化基本上不受光照时间的影响，长日照仅对花芽分化后的抽薹开花稍有促进作用；日照长短是芹菜花芽分化和抽薹的重要影响因素之一。低温长日照处理比低温短日照处理容易形成花芽；至于花芽分化后的抽薹，日照越长，抽薹越早，温度越高，抽薹越快；菠菜是典型的长日照植物，花芽分化与抽薹的温度及日长范围都很广，但长日照有促进菠菜花芽分化及抽薹的作用。

植物接受光照的临界暗期对短日植物更为重要。叶片是植物接受光周期信号的部位。叶片在接受光周期诱导之后产生某种信号物质传递到茎的顶端，这种物质与赤霉素有关。长日照植物拟南芥开花相关基因 *CO* 是长日照应答基因；其 mRNA 在长日照下增多，其产物可能是一种 DNA 结合蛋白。它的功能之一是激活心皮基因 *agamous*（*AG*）的表达。

（2）光照强度和光质　番茄在强光下生长发育快，生长量增大，花芽分化期提前，从花芽分化到开花的时间缩短，花器官也大；在弱光下则相反。茄子存在相似的反应，光照强度不够，花芽发育延迟，花器官发育不良，花器官小，短花柱花增多。辣椒对光照强度的要求和反应不如番茄、茄子明显，但如光照强度过低，同化量下降，幼苗的营养状态恶化，也会影响幼苗的正常生长及花芽的质量。光照强度对花数的影响与温度有关，高温下几乎观察不出光照强度的影响；但在低温下，随着光照强度的增强，花数明显增加，如光照强度低，着花数显著减少。

光照强度和光质影响着植物的光周期反应。光照强度减弱会使同化率降低，苗的营养状况不良，花芽分化延迟，花芽数减少。红光有利于植物碳水化合物的合成和加速长日植物发育；蓝紫光则加速短日植物发育，并促进蛋白质和有机酸的合成；而短波的蓝紫光和紫外线能抑制茎节间伸长，促进多发侧枝和芽的分化。在紫光下，IAA 会钝化和分解，从而抑制营养生长，有利于花芽分化。整个发育过程中，高 CO_2 浓度可促进果菜类蔬菜的生长发育，使花芽分化提前，花芽数增加，花芽质量提高。栽培密度越高，群体光照条件越差，花芽分化越迟，着花节位上升，花芽数减少。

（四）水分

适于蔬菜育苗的床土含水量一般为土壤最大持水量的 60%～80%。在温光适宜的条件下，水分充足可使幼苗生长强健，缩短育苗时间。不同蔬菜幼苗的生长对土壤水分的要求有所差别。黄瓜根系发育较弱，叶片蒸发量较大，对床土水分的要求比较严格。茄子幼苗生长对床土水分的要求较高，只有在保水性能较好的床土中育苗，才能为茄子壮苗的培育创造良好的条件。番茄和辣椒对床土水分的要求不太严格。在短期内缺水后再供给水分，一些种类蔬菜幼苗的生长很快得到恢复。但由于某一阶段缺水，幼苗体内氮、磷等营养物质含量降低的“后遗症”将不易恢复，这对培育壮苗是非常不利的。除土壤湿度外，空气湿度也有影响。空气湿度升高，番茄的茎生长量较大，特别是在黑暗时期升高空气湿度更加显著。但只要土壤水分适当，空气湿度对秧苗生长的影响就不大。

干旱胁迫下，秧苗的形态特点表现为：叶片变小、变厚，栅栏组织发达，叶肉细胞及表皮细胞小而排列紧密，海绵细胞变小，叶片有茸毛等；最大叶面积、叶面积的生长率及叶片的数量会显著降低；根系生长速率降低，根长、根数和重量明显减少，根系有效吸水面积减小。其生理生化特点表现为吸水速度减慢，总吸水量降低，无机盐类的吸收也受到抑制。土壤水势降低，植物的光合速率会显著下降，正常的膜双层结构被破坏，氮代谢异常。干旱胁迫下，自由水/束缚水的变化较大。自由水参与植物体内的各种代谢，它的强度制约着植物的代谢强度，其所占比例越大，植物的代谢就越旺盛。束缚水不参与代谢，其含量同植物的抗性密切相关。随着水分胁迫的增加，尤其是在干旱处理时，叶片自由水含量下降，束缚水含量增加，使幼苗抗性增强。

水分胁迫（干旱和湿涝）都明显抑制了植株的光合特性。光合速率降低是由于光合系统遭到不同程度的破坏。水分胁迫（尤其是干旱胁迫）严重抑制了光合保护色素类胡萝卜素的合成，从而间接影响了光合色素的含量，使得叶绿素（尤其是主要光合色素叶绿素 a）含量、叶绿素 a/叶绿素 b 值的显著下降，进而影响光合系统Ⅱ效能的发挥，使 CO_2 作用中可利用的“库”减少，从而导致植株光合作用下降，干物质积累减少。

水分不直接使花芽分化的生理条件改变，其对花芽形成的影响是通过对幼苗发育影响而产生的间接作用，因而水分对着花节位一般无明显影响。土壤湿度高会促进苗的发育，也会促进番茄的花芽发育，但对花芽分化期、着花节位、着花数几乎没有影响。土壤湿度过大，花芽分化稍微受一些影响，但如果花芽分化后接受一般灌水量，则表现的发育程度几乎相同，即到开花的日数及花器官发育程度与正常灌水量无大的差异。灌水量极端减少，土壤湿度过低，叶面积扩展受到限制，花芽分化推迟，着花数减少；在这种情况下，已经分化而正在发育的花芽也受到抑制，即在推迟开花期的同时，花器官也发育不良，萼片、花瓣、花药、子房变小，花芽素质降低。

水分胁迫主要通过减小叶面积、关闭气孔、降低 CO_2 固定速率等来影响光合作用，从而使得 CO_2 固定被抑制；水分胁迫也导致蛋白质合成受阻，蛋白质含量下降，从而影响到花芽分化的物质和能量基础，进而抑制花芽分化。花原基和花药原基形成期，水分胁迫对生殖器官分化的影响更大。处于雌雄蕊分化期和花粉母细胞、胚囊细胞减数分裂期的植物对水分也特别敏感。水分胁迫对物质运输也产生一定的影响，使得运输量减小。

（五）育苗基质

幼苗生长发育所需的水分和各种无机盐都是从土壤（或基质）中吸收的。土壤（或基质）还要供给根吸收的氧气。根吸水、吸肥、吸氧和土壤（或基质）的理化性质、温度、湿度等有密切的关系。

穴盘育苗基质的物理性状包括容重、总孔隙度、持水孔隙度、通气孔隙度等。穴盘育苗基质的化学性状包括矿质营养元素含量、酸碱度、电导率、阳离子交换量等。而矿质营养元素含量又包括大量元素含量、微量元素含量和有机质含量等。这些理化性状对蔬菜幼苗生长和壮苗培育具有重要的影响。

基质容重增加，其紧实程度会随之增加，进而造成根伸长速率放缓，根系越来越短、越来越粗。根表面积和根体积密度决定根系吸收水分和营养的能力，从而会影响作物生长。孔隙度会影响育苗基质对水和营养元素的吸收。

适宜幼苗的基质环境应该是中性或者稍偏酸性，pH 一般为 6.5～7.0 为好。育苗基质 pH 是影响基质中营养元素有效性的重要因素。在 pH 低的基质（酸性基质）中，Fe、Mn、Zn、Cu、B 等元素的溶解度较大，有效性较高；但在中性或碱性基质中，则因易发生沉淀或吸附作用而使其有效性降低。P 在中性（pH 为 6.5～7.5）基质中的有效性较高，但在酸性基质中，易与 Fe、Al 或 Ca 发生化学反应而形成沉淀，有效性明显下降。通常是生长在偏酸性或偏碱性基质中的幼苗较易发生缺素症。一般适宜作物生长的 EC 值应低于 0.6～2.0mS/cm。若高于 3.5mS/cm，则会导致植株不能正常生长。若基质的 EC 值高于理想范围，则需要对其进行淋洗或者与其他无机基质进行混配，使得 EC 值在理想的范围内。阳离子交换量可用来表示基质对营养元素的吸附和保肥能力，也代表了在肥料施用后其被“缓存”在基质里从而防止被水淋溶，从而在后续缓慢释放出来的能力。较高的阳离子交换量对提高基质的保肥性有较好的促进作用；但过高的阳离子交换量会导致蔬菜秧苗质量下降。

果菜育苗中，在一定浓度范围内，氮、磷、钾浓度越高，越能促进生长，提前花芽分化，降低花着生节位，增加花数，增大花器官，提高花的素质。与温度、日长相比，矿质营养对花芽分化时间、节位、花数、花质的影响更为显著。所以，也有人称果菜类蔬菜为营养感应型植物。以番茄为例，氮浓度在 120～240mg/kg 时，缺氮可使叶片内过氧化氢含量和超氧阴离子产生速率显著上升，丙二醛不断积累，植物抗氧化酶系统中的三种抗氧化酶（SOD、POD 和 CAT）的活性显著上升，这三种抗氧化酶的相关编码基因表达上调。在磷浓度为 80～160mg/kg 时，番茄生育初期就表现旺盛，株高、茎粗、基叶重、叶数等最好。磷胁迫下，植物根系对生长环境中难溶性磷的活化、有效吸收、转运、分配及再利用等均会发生适应性的改变。低磷胁迫导致同化物在地上部和根系的分配发生显著变化，即低磷胁迫使植株的根冠比显著增加，叶绿素 a、叶绿素 b 及叶绿素总量显著下降。磷胁迫能导致植物细胞膜的完整性受到损害，使细胞内物质大量渗出。渗出液的电导率增加，丙二醛含量显著上升，同时抗氧化酶活性显著上升。钾除了参与蒸腾作用和光合作用的气孔调节，也参与光合磷酸化、同化物通过韧皮部从源组织运输到库组织、酶的活化、细胞膨压、抗逆性和细胞中基本的离子平衡。营养元素之间普遍存在协同或拮抗作用。例如，大量施用氮肥会使幼苗的生长量急剧增加，对其他营养元素的需要量也相应提高。若不能同时提高其他营养元素的供应量，就会导致营养元素比例失调，发生生理障碍。基质中由某种营养元素的过量存在而引起的元素间拮抗作用，也会促使另一种元素的吸收、利用被抑制而促发缺素症。例如，大量施用钾肥会诱发缺镁症，大量施用磷肥会诱发缺锌症等。

（六）气体

CO_2 作为植物生长的碳源，它既是光合作用的底物，又是初级代谢过程、光合产物分配和植株生长的调节者，参与一系列生化反应。空气中 CO_2 浓度高，可使蔬菜光合速率明显上升，对光合速率有较大影响。高 CO_2 浓度下光合速率上升的原因在于增加 Rubisco 羧化酶活性、降低加氧酶活性，加速碳同化过程。CO_2 浓度的提高降低了光补偿点，增加光合量子产额，提高了蔬菜利用弱光的能力。

作物的光呼吸始于 RuBP 的加氧反应，其活性的大小与叶绿体中 CO_2/O_2 值有关。增施 CO_2 使进入单位叶面积的 CO_2 增多，CO_2/O_2 值增大，提高了光合作用的光能吸收、传递和转化效率，从而减少了光呼吸消耗，抑制了不必要的能量损耗。有资料表明，高浓度 CO_2 下生长的植物，其补偿点和光呼吸速率较低；随着 CO_2 的增加，与光合速率的增加相比，呼吸速率消耗量比光合积累量要小。

环境中 CO_2 浓度升高会导致植物气孔的关闭，从而导致气孔导度降低。其机制可能是气孔对胞间 CO_2 浓度变化非常敏感。随着环境中 CO_2 含量升高，胞间 CO_2 含量增大，为了保持胞间 CO_2 分压高于大气 CO_2 分压，植物需要通过增大气孔阻力来调节。当 CO_2 浓度升高时，气孔会部分关闭。气孔阻力增加至一定值时，蒸腾速率将会降低。

然而，CO_2 施肥使作物体内的矿质元素含量呈降低趋势。体内 N、P、K、Ca、Mg 含量降低，其中 N、Ca 显著降低。升高 CO_2 浓度降低了气孔开度和蒸腾速率，减少了矿质吸收。对黄瓜进行 CO_2 施肥，发现 CO_2 使黄瓜叶片全氮含量、叶片中 Ca 和 N 的含量较对照下降。其原因可能是碳代谢增强促进了碳水化合物的合成，加快了作物的生长，进而相应增加了氮素的需求。因此，在 CO_2 施肥时注重增加矿质肥料的施用是很有必要的。

增施 CO_2 可促进光合作用，使有机物（主要是碳水化合物）合成加速，促进生长发育，进而使得花芽分化提前，花芽数增加，乃至早日开花。在温室条件下，使用 CO_2 气肥对花芽分化有促进作用。

（七）复合环境因子

光照、温度及水分作为植物赖以生存的环境条件，既能单独发挥作用，又能协同作用，调控下胚轴伸长；但不同环境因子的作用机制不尽相同。光照强度与温度作为最重要的环境因子，能协同调控植物生长发育。红光受体 PHYB 对光照强度的信号感知有重要作用，红光辐照度越大，对下胚轴细胞伸长的抑制作用越明显。高温能解除 PHYB 对下胚轴伸长的抑制作用，促进下胚轴伸长，但这种促进作用仅在光信号存在的条件下才能表现出来。在 17℃低温条件下，光照强度在 0～100μmol/（m^2·s）内增加时，能显著抑制拟南芥下胚轴伸长；当温度升高至 27℃时，光照强度在 0～1μmol/（m^2·s）内增加时能显著抑制下胚轴伸长，而在 1～100μmol/（m^2·s）内增加时反而能促进下胚轴伸长。高温、高湿、弱光是幼苗徒长的主要环境因素，尤其是三者叠加时作用更大。而当基质中水分过多、温度低时，植株根系通气不畅，致使缺氧烂根，使根系吸收能力下降。育苗时如空气湿度过低，幼苗水分蒸发量过大，则幼苗较易出现体内水分平衡失调或短时间的生理机能下降，并影响其正常生长发育，甚至会出现一些明显的生理障碍，秧苗生长缓慢，形成老化苗。生产中则可通过环境调控措施包括补充紫外线（UV）照射、创造良好的温度环境控制系统、CO_2 施肥、适当控制灌水量和灌水频率来防止秧苗生长异常现象发生。

第二节　果 树 育 苗

一、果树苗木类型

（一）砧木苗

1．实生砧木苗　用种子播种培育的砧木苗称为实生砧木苗。其主要特点：根系发达，对外界环境的适应能力强；有明显的童性，进入结果期较迟；有明显的分离现象等。此外，隔离条件下实生砧木不带毒或者带毒风险极低。因此，利用实生苗繁殖脱毒苗木是防止感染病毒病的途径之一。

果树种子一般来源于有性生殖过程，苗木类型杂，群体变异大，整齐度差，对嫁接苗木、成龄果园的整齐度、果品的商品性均有影响。实生砧木繁育过程包括砧木种子采集、贮藏、打破休眠处理、活力鉴定、播种和实生苗管理等，每个环节均对实生砧木苗的质量具有重要影响。

2．自根砧木苗　自根砧木苗又称无性系砧木苗，一般是指用扦插、压条或组织培养等方法培育的苗木。矮化自根砧木苗变异小，能保持母株的优良性状和特性；发育程度高，开花结果早；根系分布浅，控冠能力强，树体矮化，适用于矮化密植建园。矮化自根砧的这些优良特性，与其根系构型特征密切相关。不同类型的苹果砧木根系形态特征见图 3-1，砧木直径＜2mm 的细根根系数量、根长密度、根表面积密度、根体积密度与株高、干径、冠径等树体生长指标均呈负相关关系，而与分枝数、短枝比例、花芽数等指标均呈正相关关系（张东等，2016）。以乔化实生砧木嫁接树体大小为标准，苹果砧木致矮性可依次定义为乔化、半乔化、半矮化、矮化和极矮化（图 3-2）。

自根砧木在生产实践中应用广泛，是世界果树苗木产业的发展方向。其中以苹果、梨和樱桃发展较快。以苹果为例，欧美等苹果产业发达国家，主要以 M 系、G 系和 B 系为主。90%以上砧木采用自根砧木，而我国矮化自根砧木的利用刚刚起步，又因我国苹

图 3-1 不同类型的苹果砧木根系形态特征（张东等，2016）

A.‘青森富士’/M_{26}；B.‘青森富士’/T_{337}；C.‘烟富 6 号’/青砧 1 号；D.‘青森富士’/山定子；E.‘礼富 1 号’/M_{26}/新疆野苹果；F.‘青森富士’/SH_6；G.‘烟富 3 号’/M_{26}/八棱海棠；H.‘烟富 3 号’/SH_{38}/八棱海棠。其中，山定子、新疆野苹果和八棱海棠为实生砧木；M_{26}、T_{337}、SH_6 和 SH_{38} 为营养系砧木

果产业多分布于山区、丘陵等瘠薄地，气候类型多样，缺乏优良生态适应性矮化砧木，目前占比不足 5%。梨自根砧木主要有榅桲，适用于西洋梨，但与我国主栽的东方梨嫁接亲和力差。吉塞拉系列砧木是目前生产中被广泛采用的樱桃自根砧矮化砧木。

（二）采穗圃

采穗圃一般是指以优良果树品种（砧木）无性系作材料，为生产品质优良的插穗或接穗而建立的良种接穗繁育圃。采穗圃是果树苗木生产中接穗的主要来源，直接关系到苗木的质量。为确保采穗圃高效安全地生产，采穗圃需要采用健康无病毒的接穗。生产中必须做好采穗圃病毒和有害生物的防护与定期检测工作。采穗圃选址时应选择近年内没有栽植过果树及其他木本苗木的地块；要远离常规果树和苗木栽植区；要求园址所在地无检疫性病虫害、交通便利、地势平坦、有灌溉条件、排水良好、土质肥沃。采穗圃的品种和砧木选择、栽植密度、整形修剪、土肥水管理和病虫草害防治等均对接穗质量

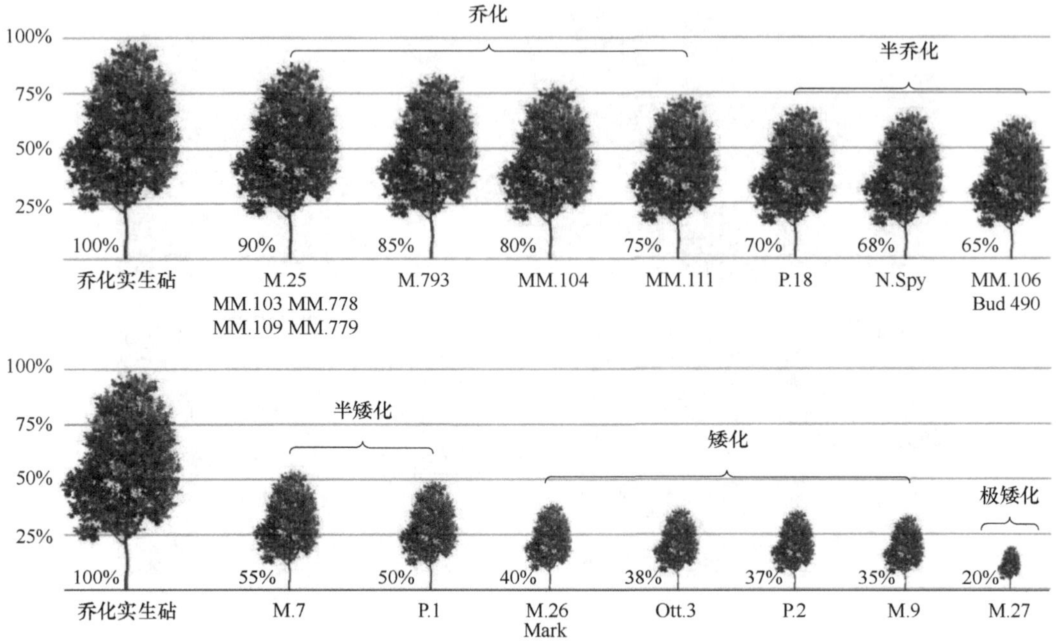

图 3-2　苹果砧木致矮性分类示意图

M.、MM.、P.、Ott. 等均为致矮程度不同的苹果矮化砧木，其中 M. 是指由英国东茂林试验站（East Malling Experimental Station）育成的系列砧木；MM. 由英国东茂林试验站与 Menton 合作育成；P. 由英国东茂林试验站与波兰合作育成；Ott. 3 为由加拿大渥太华农业试验场培育成的砧木。Mark 为 MAC9 苹果矮化砧木。N.Spy 为‘君袖’苹果。Bud 490 为苏联米丘林大学选育的苹果品种

有重要影响。生产中需要因地制宜地研究优化。在世界果树苗木生产发达国家，无病毒采穗圃已成为规模化果树苗木繁育的必备条件。而我国果树苗木生产中，果树苗木的接穗多来源于商业化果园，接穗品种混杂且感染病毒比率极高，接穗质量难以保证，给果树优质高效生产带来了巨大隐患（韩明玉，2015）。

（三）嫁接苗

嫁接是指将植物的枝段或芽等器官，按照某种方式接到另一植株的枝、干、根等部位，利用植物组织再生能力愈合在一起而形成一个新植株的一种无性繁殖方法。由此产生的苗木称为嫁接苗。嫁接苗由砧木和接穗两部分组成。用作嫁接的部分（枝、芽等）称为接穗，承受接穗的部分称为砧木。嫁接繁殖利用接穗品种稳定的优良性状，可以保持其固有的生物学特性和果实经济性状；可利用砧木的矮化、抗旱、抗寒、耐涝、耐盐碱和抗病等特性，控制树体的大小，增强树体的适应性和抗逆性。利用砧木的优良性状有利于扩大栽培范围和适应不同的栽培模式。对于扦插、压条、分株方法不易生根的树种和无核或少核树种，可通过嫁接繁殖大量苗木。因此，嫁接繁殖是果树苗木最主要的繁殖方法。此外，果树育种中利用嫁接方法，可以保存和繁殖芽变或枝变等无性变异。嫁接繁殖比实生繁殖的植株提早结果，在果树育种中利用嫁接可以缩短育种周期，实现良种快速繁育。近年来，嫁接技术在微体嫁接、脱毒苗检测等方面被广泛应用。

1. 嫁接愈合过程　果树嫁接能否成活，在于砧木和接穗削面形成层产生的愈伤组织能否相互接合并进一步分化产生新的输导组织将两者连接成有机整体。因此，整个嫁

接愈合过程，实质上包含砧穗间愈伤组织产生、愈合和输导组织形成、连接两个阶段。

嫁接时，首先由切口接合面死细胞内含物及细胞残壁的氧化和木栓化，形成一层褐色隔膜，封闭和保护伤口。然后，受伤细胞产生创伤相关激素，使砧木和接穗双方伤口附近的形成层和薄壁细胞开始分裂，形成愈伤组织。随后，双方形成的愈伤组织不断生长，填充砧木和接穗的切口缝隙，并冲破各自隔离层。同时，愈伤组织薄壁细胞的细胞壁逐渐形成壁孔，作为胞间连丝的孔道。最后，通过胞间连丝，使愈伤组织的薄壁细胞间相互连接成为一体。砧、穗双方愈伤组织的薄壁细胞逐渐靠近并互相联结。其中的薄壁细胞进一步分化，形成过渡导管和筛管，将砧穗的临时输导系统相连；外部细胞木栓化，形成木栓层，与砧穗的栓皮层连接。砧穗切口处的形成层继续进行细胞分裂，在产生新的木质部和韧皮部的同时，形成新的输导系统，并与砧穗新形成的输导系统连接。至此，接穗枝段与砧木从形态到内部组织完全成为一体，砧木与接穗全面愈合，成为新的独立植株（图 3-3）。

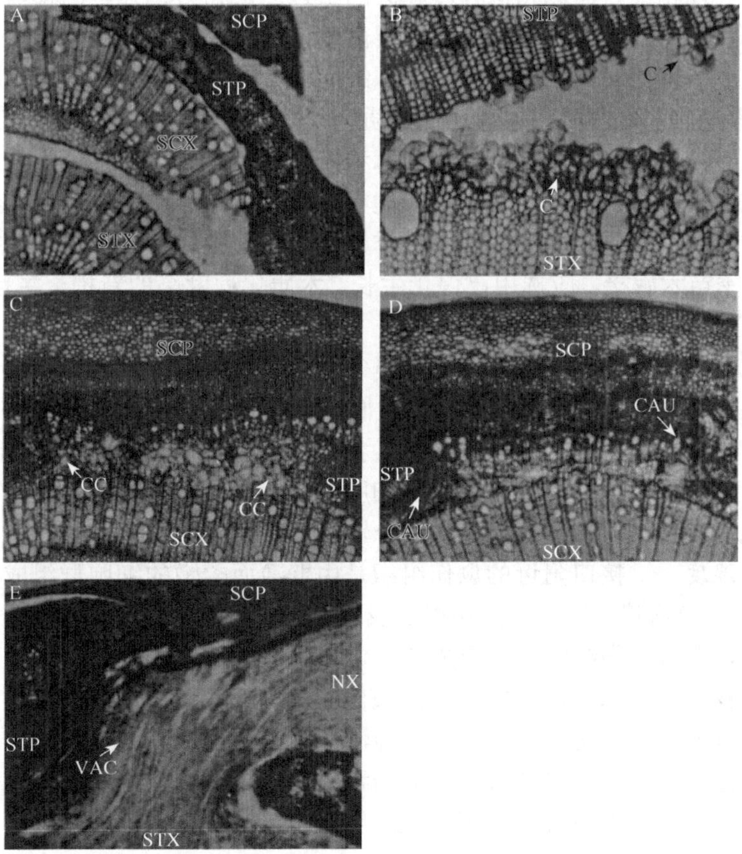

图 3-3　核桃枝接愈合过程（丁平海和郗荣庭，1991）

A. 未形成愈伤组织；B. 开始形成愈伤组织；C. 砧、穗愈伤组织联结；D. 形成层分化与联结；E. 输导组织的分化与联结。STX. 砧木木质部；STP. 砧木韧皮部；SCX. 接穗木质部；SCP. 接穗韧皮部；VAC. 导管联结；C. 愈伤组织；CC. 双方愈伤组织联结；CAU. 双方导管联结；NX. 新分化木质部

2. 影响嫁接成活的因素　影响嫁接成活的因素中，最主要的是砧木类型与接穗品种的嫁接亲和力，其次是砧木和接穗的质量，嫁接时环境条件、接口湿度和嫁接技术及

病毒感染状况等（张玉星，2011）。

（1）砧穗亲和力　砧穗亲和力是指砧木和接穗嫁接后能否良好愈合成活，且正常生长结果的能力，是嫁接成活的关键因子和基本条件。砧穗亲和力强的树种之间嫁接后容易愈合成活，嫁接树的生长发育正常。反之，砧穗不亲和的树种或亲和力差的树种相嫁接，不易成活，或即便成活，树体也生长发育不良。嫁接亲和力的强弱主要与砧木和接穗双方的亲缘关系、遗传特性、组织结构、生理生化特性和病毒感染状况等有关。

一般来说，亲缘关系越近的砧穗组合嫁接亲和力越强。反之，亲缘关系越远，砧穗亲和力越弱，甚至无亲和力。因此，同属、同种、同品种间的亲和力最强。例如，栽培苹果接于八棱海棠、山定子或新疆野苹果砧木上；白梨接于杜梨砧木上；甜橙接在酸橘砧木上等。同科异属间的亲和力则比较弱。例如，苹果接在山楂砧木上。因此，生产中一定要注意选择经过检验并认为亲和力良好的砧穗组合。

亲和力也与砧木、接穗之间内部组织构造、生长速率、生理代谢及遗传特性等方面的相似性和差异性相关。彼此相似程度越大的组合，亲和力越强。砧穗内部组织结构包括双方韧皮部和木质部大小、比例，形成层薄壁细胞的大小、结构，输导系统大小和密度的相似程度。生理代谢包括砧穗分生组织细胞的分裂、生长速率，细胞渗透压，细胞原生质 pH、等电点、蛋白质和生理活性物质等，以及合成物质利用等的相似程度。

（2）砧木和接穗的质量　高质量砧木和接穗对嫁接成活和接后生长有良好作用，是提高嫁接成活率的重要保证。砧木生长健壮、粗度达标；接穗枝条充实、芽饱满、组织器官无异常表现，即质量好的砧穗。春季嫁接，宜选用成熟度好、无冻害的一年生枝条作接穗。夏季苗木嫁接，应选用已停止生长、木质化程度高的新梢，并且要随剪随用，以减少水分散失。

（3）环境条件　影响嫁接成活的环境条件主要是温度和水分。温度与砧穗形成层活动和愈伤组织形成密切相关。早春温度较低，形成层活动较弱，细胞分裂活动受抑制，愈伤组织发育缓慢而微弱。气温过高，接穗芽萌发消耗营养，不利于嫁接苗木愈合成活。土壤水分含量与砧木生长势和形成层分生细胞活跃状态有关。当水分含量充足时，砧穗形成层分生能力较强，愈伤组织形成和结合较好，砧穗输导组织容易连通。

（4）接口湿度　接口附近的愈伤组织是由壁薄而柔嫩的细胞群组成的。其形成需要 95%～100%空气湿度，以便在愈伤组织表面形成一层水膜，保护新生的薄壁细胞免受高温干旱伤害，促进愈伤组织大量形成和分化。

（5）嫁接技术　嫁接过程中，嫁接操作的熟练度、切口是否平滑、芽片大小与砧木处理的相似程度，以及两者是否紧密接合，都会影响嫁接成活率。

（6）病毒感染状况　接穗或砧木的病毒病害感染会影响嫁接部位愈伤组织形成，导致接穗与砧木间不能形成维管组织，从而导致嫁接苗死亡。不同的病毒株系也会影响嫁接的成活率。

3. 嫁接苗繁育　长期以来，我国果树产业发展方略为“上山下滩，不与粮棉争地”，2020 年 11 月，又出台了《国务院办公厅关于防止耕地“非粮化” 稳定粮食生产的意见》。这意味着，我国果树苗木繁育必须通过嫁接抗逆性强的砧木，以适应瘠薄地栽培的需要。柑橘、苹果等果树大多采用嫁接苗。根据砧木繁育方式和嫁接方式不同，可将嫁接苗分为乔化砧苗木、矮化中间砧苗木和矮化自根砧苗木。

（1）乔化砧苗木　乔化砧苗木是由实生乔化砧木直接嫁接品种育成的。其繁育过程主要包括实生乔化砧木的繁育和品种接穗的繁育，再选择适宜的嫁接技术即可。乔化砧苗木的优点在于抗逆性强、根系发达、建园不需要支架，这对于我国在山区和丘陵等瘠薄地发展果树产业具有重要意义。但其缺点是树体乔化且差异大，果园前期结果晚，后期树冠大且易郁闭，不适宜进行标准化矮化密植栽培，机械化率低，管理费时费工等。乔化砧苗木的繁育技术门槛低，在我国繁育乔化砧苗木多为零散育苗户，导致苗木质量参差不齐等问题。

（2）矮化中间砧苗木　矮化中间砧苗木由基砧、中间砧和接穗品种三部分组成。通常基砧采用实生乔化砧木，中间砧使用无性系矮化砧木，再嫁接优良品种。利用中间砧的优点在于不仅可以解决矮化无性系砧木自根繁育困难，不利于大规模生产利用的问题，适当的嫁接搭配还能克服基砧与接穗品种嫁接不亲和障碍。由于中间砧苗木保持了矮化砧木的部分效应，同时兼具乔化砧木抗逆性强、适应性广、易于大量繁殖等特点，因此在一定时期内得到广泛应用。例如，我国现有矮化苹果园90%左右采用矮化中间砧苗木。但随着苹果矮化自根砧苗木的繁育技术日趋成熟，我国中间砧苗木的占比呈逐年下降趋势。

（3）矮化自根砧苗木　矮化自根砧苗木是把自身具备某些优良性状，且在生产中表现优异的矮化砧通过压条、扦插、组织培养等无性繁育方式培育为砧木，在其上嫁接所需要的品种，培育成的苗木（图3-4）。把品种直接嫁接在无性繁殖的砧木上，能够直接对砧木根系进行利用，且只需要嫁接一次。这类苗木的主要特点有：一是保持母株的优良性状。自根砧苗木的矮化砧为无性繁殖获得，遗传稳定。因此，形成新个体的特性与其母株特性完全一样，仍保持着母株固有的遗传特性，且可以长期保持。二是整齐度高。自根砧树的高度基本稳定一致，变化显著小于中间砧树，果园整体较为整齐。三是须根发达。自根砧的茎段或根系属于茎源根或分蘖根，再生能力强，且没有明显的主根，须根比较发达。四是早果、优质、丰产。新株的个体发育建立在母株发育的基础上，因此可以快速生长，提前开花、结果，建园成形较快，经济系数高，树体光合作用产物更多地运输到果实中去，一般2～3年即可形成产量。

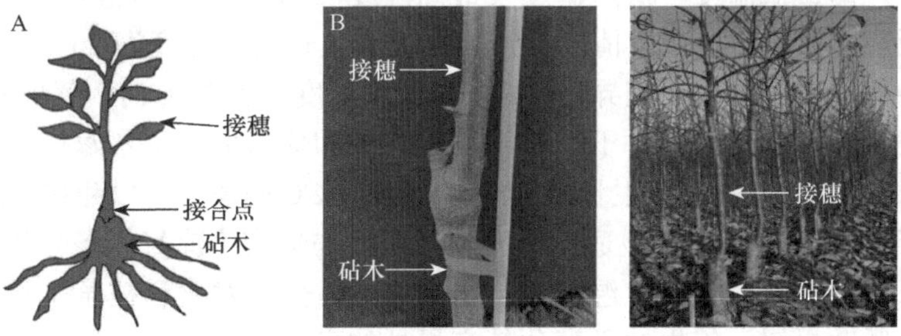

图3-4　果树嫁接苗木图

A．嫁接示意图；B．苹果苗木嫁接口；C．苹果自根砧嫁接苗

自根砧果园的主要缺点在于苗木根系一般较浅，建园时需要通过架材等设施扶直中央主干，这导致建园成本增高。此外，目前已育成苹果矮化砧木的抗寒、抗旱和耐盐碱等抗逆性或矮化性还有待提高。矮化自根砧苗木繁育成为未来果树苗木繁育的发展方向。

例如，在苹果矮化自根砧苗木繁育技术的突破助推下，我国苹果苗木繁育正在经历由传统零散户实生乔化苗木向现代企业规模化矮化自根砧苗木的转变。

二、影响苗木质量的因素

影响苗木质量的因素主要包括品种和砧木类型与质量、环境条件和育苗技术。

（一）品种和砧木类型与质量

用于嫁接苗繁育的砧木和接穗首先应做到品种纯正。通过芽变选种获得的新品种，首先要避免使用嵌合体，进而引起主要经济性状的退化；其次是不携带病毒病和危险性病虫害。不同类型果树的生长特性存在较大差异，苹果、梨和樱桃等干性相对较强，柑橘等果树干性弱。同类果树的不同品种和砧木生长势也存在显著差异，短枝型品种的生长势弱，普通型品种的生长势强；矮化砧木的生长势弱，乔化砧木的生长势强。果树砧木的繁育方式对苗木生长具有重要影响。实生砧木根系发达，苗木生长较快。无性繁殖砧木常为茎源根系，根系分布浅，对肥水条件的要求高。嫁接砧木和接穗质量也对苗木质量具有重要影响。砧木健壮根系发达，栽植后缓苗时间短，生长迅速，接穗芽体饱满，利于嫁接后生长。不同的品种和砧木类型与质量，培育成苗的时间均存在差异，生产中需要根据培育目标，因地制宜地合理规划。

（二）环境条件

果树苗木的生长发育和年周期的正常通过完成，都是在一定的环境条件下进行的。气候条件、土壤条件和地势条件等生态环境条件均对苗木的生长发育具有重要影响。适宜的生态环境条件是果树优质壮苗培育的前提和基础。与蔬菜和花卉等其他园艺植物常采用保护地育苗不同，因果树苗木体积相对较大、生长周期长，一般多采用露地育苗，生产中多选择环境适宜、肥水条件优越的地区进行育苗。获得成苗后，经过贮藏，运输至异地栽植建园。

1. 温度　温度是影响果树苗木生长发育的重要因子之一。各类果树苗木对温度都有一定的要求，即最低温度、最适温度及最高温度，称为三基点温度。苗木根系对土壤温度变化的反应非常剧烈。通常情况下，果树根系生长最适温度为20～25℃，但各树种间和同一树种不同砧木间存在差异。例如，当土壤温度高于30℃时，苹果矮化砧木M系压条圃停止发生新根。水培条件下，以枳、粗柠檬和葡萄柚为砧木嫁接尤力克柠檬嫁接苗为例，根部24℃处理的苗木生长量大于18℃或32℃处理。而以甜橙作砧木的苗木生长量则以32℃处理为最高。一般适应温暖气候条件与适应冷凉气候条件的果树相比，其根系停止生长所需的温度较高。温度对苗木的萌芽、分枝发生和枝条生长均具有重要影响。例如，成龄苹果树一年生枝条春秋梢交界处的盲节即夏季高温枝条生长缓慢或停止生长所致。一般情况下，苹果苗木枝条中虽没有盲节形成，但其枝条生长受温度调控的模式与成龄树相似。温度会影响苗木的光合作用和呼吸作用从而影响其营养生长。一般果树植株的光合作用最适温度为20～30℃，最高温度为45～50℃，最低温度为5～15℃；而呼吸作用的最适温度为30～40℃，最高温度为45～50℃，最低温度为0℃。在一定的温度范围内，温度每提高10℃，其生命活动强度增加1～2倍。但是超过最适温度，呼吸作用旺盛，消耗物质多，光合产物的积累会出现负值。相反，当温度为 5～15℃时，营养物质的生产和积累就会停止，但呼吸作用仍在进行从而消耗树体内的养分，直到温度降为 0℃才会停止生命活动。总之，温度过高或过低，对苗木的生长均有不利影响。在选择果树苗圃地时，需综合考量当地无霜期的长短、生长期中日平均温度的高低、变温出现的时期及幅度的大小、积温量、最热月和最冷月的月平均温度及极端温度值和持续期长短，再进行规划。

2. 光照　光照是果树的生存因素之一，是果树光合作用的能量来源。光照不足，苗木表现出更强的顶端优势。例如，喜光树种在光照不足时易徒长，表现为加长生长明显，节间变长，枝条的干物质重量却降低，根的生长及发根量减少；而光照过强时削弱顶端芽向上生长，增强苗木侧芽生长；强光还可能引起日灼。因为叶和枝经强光照射后，叶片温度可提高 5～10℃，树皮提高 10～15℃。光照强的地区，新定植果树苗木尤其要注意嫁接口的保护，防止日灼。不同种果树或同一树种不同品种的需光程度有所差异。例如，温州蜜柑较甜橙需光，而甜橙又比柚类需光。不同果树的需光程度可根据测定其光补偿点和光饱和点两个参数来判断。除光照强度外，光质也是影响苗木生长发育的关键因素。一般，紫外线会抑制苗木茎的伸长，使苗木矮小；远红光则能促进营养生长，使枝梢节间伸长。

3. 水分　砧木种子萌芽、扦插及压条生根和苗木生长，都需要适度的水分供应。水分对果树苗木的影响非常广泛，主要表现在两个方面：一方面是水分参与树体各种生理活动；另一方面是土壤中的水分与矿质元素的溶解、吸收、运输及微生物活动有密切关系。水分不足或过多，均会对苗木生长造成不利影响。水分状态会通过调控果树苗木的渗透调节、光合和呼吸代谢、蒸腾作用、氮代谢、气孔反应、活性氧代谢、核酸代谢和内源激素分泌等多种生理生化过程而影响果树的生长发育。不同果树的需水量不同，且同一果树不同时期的需水量也存在很大差异。幼苗生长期间根系浅，耐旱力弱，对水分的要求较为突出。如果不能保证水分及时供应，会造成苗木停止生长，甚至枯死。一般认为，当土壤含水量介于田间持水量和永久萎蔫含水量之间时是适宜根系生长的水分条件。水分过多对苗木也会造成胁迫，苗木受涝害较轻时表现出叶片萎蔫、落叶、根系腐烂死亡；随水涝时间延长则可能会死亡。完善的灌溉排水设施是果树苗圃地建立的必要条件。水源是果树苗圃规划的重要内容之一。

4. 土壤条件

（1）*土层厚度*　多年生木本果树多为深根性植物。果树苗木根系相对较浅，土层厚度直接影响其根系垂直分布的深度，从而影响其吸收养分和水分的有效容积与吸收量。土层深厚，根系分布深，吸收养分与水分的有效容积大，有利于苗木生长；土层较浅时方便控制土壤肥水供应并且能够促进苗木水平根的延伸。

（2）*土壤质地*　不同果树对土壤质地和结构的要求不同。一般，壤质土是繁育苗木较为理想的土壤，特别适用于苹果、香蕉、荔枝等果树的苗木生长；砂质土栽培果树，其根系分布深而广，苗木生长快且高大，但养分瘠薄，苗木生产时要强化肥水管理。桃、枣等适宜砂质土栽培；黏土中苗木根系生长易受环境胁迫，苗木生产管理中需加强改良，如深耕、增施有机质和掺砂土等。

（3）*土壤理化性质*　土壤温度、水分、通气性及 pH 会直接影响苗木根系的生长及其吸收利用水分、养分。通常果树根系生长最适的温度为20～25℃，各树种和品种间存在一定的差异，根系生长适宜的田间持水量为60%～80%。若土壤含水量过低，根系吸收水分和养分的能力则降低，易造成干旱胁迫和营养胁迫。苗木生长要求良好的土壤通透性，不同果树对土壤含氧量的要求不同。桃树对低氧最敏感；苹果、梨的反应适中；柑橘对缺氧反应不敏感。土壤pH会影响矿质元素的有效性，当pH为6.5～7.5时，B、Cu、Fe、Mn、Mo、Zn的有效性最高；当pH低于6.5或大于7.5时，其有效性降低。苗圃建立时应依据果树对土壤酸碱度的要求进行选址，对于土壤理化性质达不到要求的，需要针对育苗对象进行专门的土壤改良。

5. 地势　海拔的变化会影响温度、光照、降水量和空气温度的变化。海拔每升高100m，温度会下降0.5℃，直射光增加4.5%，紫外线强度增加3%～4%，散射光减少。随海拔升高，树体的树干生长量呈减小趋势。坡度会影响土壤冲刷和土壤含水量。坡向会影响温度，南坡向温度最高，物候期早，但日灼严重，易受干旱威胁；北坡向温度最低，枝条成熟度差，不抗寒；东西坡向光温差差异不大，但西坡易日灼。因此，栽培果树苗木以东南坡向最好。实际生产中，为保证足够的生长量和便于机械化作业，一般应选在低海拔和土地平坦的立地建立果树苗圃。尽量避免使用坡地，苗木出圃后可以通过贮藏和调运来解决异地育苗带来的问题。

（三）育苗技术

1. 嫁接方式与时期　果树育苗嫁接方式和时期多种多样，往往依据砧木繁育方式、砧木和接穗状态等来确定。因果树芽的异质性特点，芽接方式往往较枝接方式育苗苗木的生长变异大。芽接苗木的生长量也较枝接小。离体嫁接和露地嫁接对果树苗木的生长也具有重要影响。离体嫁接便于对砧木和接穗进行分级；露地嫁接砧木一致性差异往往较大。因此，离体嫁接较露地嫁接苗木一致性高，为苗圃后续管理带来便利。目前，在苹果压条繁育的自根砧苗木生产中，普遍采用冬季室内离体嫁接。离体嫁接苗木可在春节采用种植机械栽植，栽植工作效率可提高数十倍。嫁接时期对苗木生长具有重要影响，秋季嫁接的嫁接口较春季嫁接愈合更早，苗木生长量也更大。接穗芽体质量也显著影响苗木生长。芽体充实，嫁接后利于苗木生长；如同期嫁接情况下，采用贮藏后的苹果冬芽较夏芽苗木生长量大。生产中应根据育苗条件和育苗目标，因地制宜，选择合适的嫁接策略。

2. 栽植密度　苗木的栽植密度需根据气候和肥水条件、品种和砧木特性、整形方法和管理水平等条件来确定。栽植密度对苗木生长的光照、温度、湿度、水分和养分等微环境均具有一定的影响。栽植密度与苗木高度、粗度、分枝、植株养分含量等均显著相关。例如，在陕西杨凌6月中旬至9月中旬是苹果苗木生长的关键时期，在该时期内，不同密度苹果苗木之间的生长指标的差异被显示出来。随着密度的降低，植株高度、粗度、叶片干重、腋芽质量、单叶面积、株总叶面积、株干物质重等均呈不断增长的趋势。在每株苹果苗木都获得等量肥料的情况下，随着密度的降低，植株非结构性碳水化合物含量表现为先降低后升高的趋势（Zhang et al.，2015）。苹果播种苗床一般行距为8～25cm，大田育苗一般为50～90cm。行距太小不利于通风透光，也不便于管理；行距太大则会浪费土地。例如，苹果带分枝大苗培育需要较大的株行距，一般约为3000株/亩[①]。

3. 苗木定植 苗圃地应选择无检疫性病虫害，无环境污染，交通便利，向阳，地势平坦，有灌溉条件，排水良好，土质肥沃的砂壤土、壤土或轻黏壤土地作为建园用地；保证选择建园的土地10年之内没有种植过果树及其他木本苗木；需要设置隔离区，园区至少远离果园500m。苗木定植前，还需要做如下准备：清除地表覆盖物和障碍物，使土地平整，便于机械作业；将土壤深翻并旋耕，达到平、松、匀、细的效果，以利于果树根系生长；规划园区整体形状时要考虑便于机械化操作。

定植时期一般在秋季或春季最佳。对于落叶果树定植期一般为当地同类果树萌芽前后，地下温度适宜根系生长发育，同时地上温度不过高，以减少蒸发量。定植前，对有明显机械损伤、病害（根部病害、烂根、根癌病等）、失水、过大、过小等不一致的苗木，进行针对性处理和集中定植。对苗木进行分级，保证同一区域苗木大小一致，以便于后续管理。为提高苗木栽植成活率，确保苗木定植后生长健壮，定植时还需要让苗木吸足水分，对根系采用保护措施和诱导生根措施。主要措施包括苗木浸泡、杀虫杀菌剂处理根系、根系蘸生根粉、覆土踏实、浇足定植水，以便为根系生长创造相对稳定的温度和湿度等环境条件。

4. 植株管理 果树苗木植株管理的主要目的是确保嫁接苗快速有效生长，主要包括剪砧、除萌、绑竹竿、促分枝和促落叶等。不同果树和苗木类型的植株管理方式存在一定差异，要根据育苗目标采用适当的植株管理技术。

剪砧作业主要针对芽接苗。要在发芽前对砧木进行剪砧，剪砧高度在芽眼（嫁接口）上方1cm处。剪砧可消除原砧木的顶端优势，促进接芽萌发。剪砧时注意剪口平整，剪砧后要在剪口处涂油漆，避免水分散失。

针对所有嫁接苗进行抹芽作业。4～5月新梢开始生长，当芽生长到30～40cm时，可以抹掉砧木上面的萌蘖。抹芽不宜过早，否则会影响植株整体生长。枝接苗还要抹去多余的品种芽，只留一个长势好的品种芽，通常是最上部位芽长势较好。若嫁接时掺杂了花芽，应及时减去花蕾，以减少养分消耗。

因新定植苗木根系浅，固定性差，当苗木达到一定高度时需要进行固定。例如，苹果苗木生产中，当苗木高度达50～60cm时需插竹竿固定。插竹竿前先要浇充足的水。插竹竿深度必须大于20cm。竹竿一定要紧贴苗木竖直插入，并及时进行绑缚。竹竿可用专用玻璃纤维杆代替。绑竹竿有利于固定苗木，为苗木生长创造稳定的环境。

用分枝大苗建园，有挂果早、树形培养简单、园貌整齐、便于管理等优点。苗木自然生长过程中存在分枝难、分枝空间分布不均匀等问题，因此生产中需进行人为干预，以获得适宜的分枝数量、角度和空间分布。苗木促分枝技术分为人工促分枝技术和化学促分枝技术。促分枝技术在苹果、梨和樱桃等落叶果树上应用较多。人工促分枝技术有摘心、摘叶、短截和刻芽等。化学促分枝技术主要是通过施用外源激素和生长调节剂，如普洛马林［主要成分是赤霉素GA_{4+7}与6-苄基腺嘌呤（6-BA）的复配剂］。不同树种、不同品种、不同枝龄的苗木促分枝效果均存在差异。需要研究特定苗木适宜的化学试剂类型和配比、施用方式、施用浓度、施用时间等。生产中将人工促分枝技术与化学促分

①1亩≈666.7m^2

枝技术相结合效果更佳。苹果矮化自根砧苗木一般在高度达 80cm 左右时开始进行促分枝作业。前期主要以化学促分枝为主，后期可采用掐尖结合使用化学药剂的方法进行促分枝。促分枝作业要在苗木生长最旺盛的时期进行，各地要根据物候期和苗木长势来确定。

5. 肥水管理　果树苗木的生长需要充足的肥水供应。肥水管理是果树快速成苗的关键。果树苗圃肥水管理的原则是按需供应，前促后控。前期保证充足的肥水供应，肥料以氮肥为主，以确保苗木足够的生长量，其间可采用叶面喷施的方式适量补充微量元素肥（铁、镁、锰、锌等）2～3 次；后期则需要控制肥水，肥料以磷钾肥为主，避免徒长。苗木浇水视旱情而定，一般情况下一周无雨必须浇一次水，每次浇水 4～5h。高温天气浇水量需加大。水肥一体化技术是解决肥料精量化供应的有效手段。该项技术将灌溉与施肥融合为一体，优点主要是提高灌溉施肥的肥效，提高养分利用率；还可以大幅度降低由过量施肥造成的水体污染问题。由于水肥一体化技术主要通过人为定量控制，能够满足果苗生长发育过程中的各类营养需要，目前已在现代化果树苗圃被广泛应用。

6. 草害防控　果树苗圃面临的一大难题就是清除杂草。清除杂草也是苗圃用工最多的环节之一。杂草对苗木的生长有抑制作用，尤其是幼苗阶段，危害作用更大。果树苗圃杂草控制方法主要包括人工除草、化学除草和物理除草等方法。

苗圃面积较小的情况下一般可使用人工除草。但人工除草存在耗时耗力、效率低、不能大面积及时防除等问题。目前常采用化学除草的方法。化学除草即利用化学药剂除去杂草但不伤害作物的除草方式。化学除草的优势在于把控严格，技术性强，持效时间长，可与其他农药和化肥混用，起到同时除草追肥的作用，使用也比较方便，效果好。几种常用的苗圃除草剂有圃草封、萘丙酰草胺、氟乐灵、甲草胺、乙氧氟草醚、丁草胺和草枯醚等。药剂需要合理地使用，不然极容易造成土壤和河流的污染。物理除草应用较多的有采用覆黑色地膜的方法，抑制杂草生长的效果显著。此外，该方法还具有提高地温和促进苗木生长的作用。但该方法也存在给苗圃的其他农事作业带来不便和农膜废弃物带来污染等问题。随着近年来绿色生态农业理念深入人心，绿色环保的除草技术亟待开发。因此，除草机逐渐被用于苗圃除草。除草机在清除杂草的过程中可浅层翻动土壤，将粉碎的杂草与土壤混合腐熟成为绿色肥料，达到既除草又改良土壤的目的。但除草机只能部分替代人工和化学除草，且除草时带来的伤口会增加有害病原菌的传播风险。

7. 容器使用　容器育苗技术又称控根快速育苗技术，是指在装有营养土的容器里培育苗木，是一种以调控根系生长为核心的新型快速育苗技术。容器育苗技术由控根快速育苗容器、控根快速育苗专用栽培基质、控根培育与管理技术三部分组成。容器育苗主要适用于裸根苗栽植不易成活的地区和树种，或者为达到某种特定目的如重茬建园、科学试验等时采用。

容器苗与露地苗相比具有很多明显的优势：一是苗木生产快，育苗时间短，可提早半年出圃；二是苗木生长健壮，分枝多，根系发达，质量好；三是容器苗移栽时可带原土，减少定植时根系的损伤，保持生长的连续性，移栽不受季节的限制，移栽后成活率高，可提早 1 年成园和结果；四是在育苗时相对于外界隔离，病虫危害少，可防止病毒感染与真菌、线虫的侵染，可克服大田育苗需要轮作倒茬等问题，节约土地资源。

育苗容器种类很多，根据栽植特点分为可回收容器和不可回收容器两类。可回收容器不与苗木一起栽入土中，移苗时去掉容器，然后栽植；不可回收容器则与苗木一起栽入土中，容器可以分解。根据用途可以分为穴盘、营养钵、育苗袋、控根快速育苗容器等。

随着容器育苗技术的不断发展，针对容器类型、规格、形状、质地、水肥管理及苗木生产规律等系列研究，建立了果树容器育苗技术方案。柑橘容器苗与传统定植露地裸根苗相比质量好、根系发达、带土定植不受季节限制、成活率高、定植后不缓苗、生长快、能够实现早结丰产，定植 2 年始花挂果，3 年投产，5 年进入盛产期。容器育苗已成为我国柑橘育苗市场的主流育苗方式。

8. 冷库贮藏 苗木生产基地和果树生产基地可能存在一定的物候期差异。苗木出圃定植前需要进行保护性的贮藏工作。传统小型苗圃常进行简易冷藏。随着现代苗木产业的发展，普通的贮藏方式难以保证苗木的质量与贮藏周期。使用冷库贮藏能够解决苗木失水和变质等问题，保证苗木质量，延长栽植时间，同时大幅度提高苗木定植的成活率。建设果树苗木专用冷库时应考虑以下因素：一是交通便利，邻近生产基地库房，便于运输。二是冷库控温控湿等基础设施完善。一般果树苗木适宜低温高湿的环境，贮藏温度为 0～1℃，相对湿度在 95℃以上。三是库体、库门大小适宜，风机口方向不影响苗木摆放，排水系统良好。四是照明合理，水资源充足，用电方便。五是周围无污染源，贮藏区的安全有保证。

三、优质苗木质量标准

培育和利用壮苗是果树产业实现优质高效栽培的前提和基础。所谓“壮苗”需要特定的参数指标来界定，而评判苗木的质量也有一系列的质量标准。

（一）质量指标

通常描述果树苗木质量所采用的指标体系主要有两大类：一是外在形态指标，这些可以通过物理测量获得；二是内在生理指标，是对其内在质量的测定与评价。苗木外在形态指标主要包括苗木高度、苗木粗度、根系数量、根系质量、根冠比、嫁接高度、嫁接愈合状况、倾斜度、芽体质量、分枝状况、受机械伤情况、感染根瘤病情况等。苗木内在生理指标主要包括光合特性、淀粉含量、糖含量、矿质养分含量等。

目前，对苗木质量的研究已从形态品质指标逐渐过渡到形态指标和生理指标相互结合的领域，并延伸到分子水平；苗木质量评价时间跨度也从育苗过程延伸至包括起苗、贮藏、运输、栽植，直到栽植后早期生长的整个过程。由于苗木生理质量的测量结果不直观，有些方法的结果不稳定，有些方法是破坏性的而且需要专门的仪器设备和技术，因此多用于科学研究中，生产中应用较少。形态指标在生产上简便易行，用肉眼可观测，用简单仪器可以测定，便于直观控制，而且各形态指标与苗木生理生化状况、生物物理状况、活力状况及其他状况等有相关关系。因此，形态指标始终是研究和生产上都特别关注的苗木质量指标。

（二）质量标准

优质果树苗木的基本要求是品种纯正，未感染病毒病及携带危险性病虫害。我国果树苗木生产单位门槛低，果树苗木多为非专业化的苗圃，专用采穗圃严重不足。在推广应用的过程中，品种杂乱问题层出不穷，给果业生产带来了巨大隐患。应用无病毒苗木是世界果树苗木的发展趋势，在欧美等果业发达国家，无病毒苗木已全面普及。而我国无病毒苗木应用率仍较低。优质的果树苗木要杜绝携带危险性病虫害，以免给栽植者造成重大经济损失。建园时，应尽可能选用有资质的专业苗圃，并尽量减少异地远距离调运苗木，以减少苗木携带危险性病虫害的风险。远距离调运苗木时，必须按照相关规定，切实做好检验检疫工作。

果树苗木质量标准的制定和实施是保证与提高果树苗木繁育质量的重要依据。目前，我国制定了一系列的苗木质量标准和规范（表 3-2，表 3-3），但这些国家标准需要不断更新以适应产业实际。例如，我国现行苹果苗木的国家标准中侧根长度和条数已不尽合理。如图 3-1 所示，M 系矮化自根砧木以须根系为主，根系条数多，但根系长度可能由起苗引起断根而变短。因此，乔化苗和矮化苗根系条数、根系长度、根系粗度应有不同的要求；乔化苗和矮化苗的苗木高度、苗木粗度等也应有所不同。此外，现行苗木标准中应明确提出对分枝的要求等。柑橘嫁接苗分级标准中仅有苗木径粗、苗木高度和分枝数量三项指标，无根系相关指标。我国现行果树苗木的国家标准中仅涉及形态指标，无生理生化指标。因此，找到各种生理生化指标与形态指标的相关关系，确定能代表苗木质量的形态指标，以及便于测量和应用的生理生化指标，是未来苗木质量评价研究的重要任务。

表 3-2　苹果苗木等级规格指标（GB 9847—2003）

项目		1 级	2 级	3 级
基本要求		品种和砧木类型纯正，无检疫对象和严重病虫害，无冻害和明显的机械损伤，侧根分布均匀舒展、须根多，接合部和砧桩剪口愈合良好，根和茎无干缩皱皮		
D≥0.3cm、L≥20cm 的侧根[a]/条		≥5	≥4	≥3
D≥0.2cm、L≥20cm 的侧根[b]/条		≥10		
根砧长度/cm	乔化砧苹果苗	≤5		
	矮化中间砧苹果苗	≤5		
	矮化自根砧苹果苗	15～20，但同一批苹果苗木变幅不得超过 5		
中间砧长度/cm		20～30，但同一批苹果苗木变幅不得超过 5		
苗木高度/cm		＞120	＞100～120	＞80～100
苗木粗度/cm	乔化砧苹果苗	≥1.2	≥1.0	≥0.8
	矮化中间砧苹果苗	≥1.2	≥1.0	≥0.8
	矮化自根砧苹果苗	≥1.0	≥0.8	≥0.6
倾斜度/（°）		≤15		
整形带内饱满芽数/个		≥10	≥8	≥6

注：D 指粗度；L 指长度

a 包括乔化砧苹果苗和矮化中间砧苹果苗

b 指矮化自根砧苹果苗

表 3-3　柑橘嫁接苗分级标准（GB/T 9659—2008）

种类	砧木	级别	苗木径粗（≥）/cm	苗木高度（≥）/cm	分枝数量（≥）/条
甜橙	枳	一	0.9	55	3
		二	0.6	45	2

续表

种类	砧木	级别	苗木径粗（≥）/cm	苗木高度（≥）/cm	分枝数量（≥）/条
甜橙	枳橙、红橘、酸橘、香橙、朱橘、枸头橙	一	1.0	60	3
		二	0.7	45	2
宽皮柑橘杂柑	枳	一	0.8	50	3
		二	0.6	45	2
	枳橙、红橘、酸橘、香橙、枸头橙	一	0.9	55	3
		二	0.7	45	2
柚	枳	一	1.0	60	3
		二	0.8	50	2
	酸柚	一	1.2	80	3
		二	0.9	60	2
柠檬	枳橙、红橘、香橙、土橘	一	1.1	65	3
		二	0.8	55	2
金柑	枳	一	0.7	40	3
		二	0.5	35	2

第四章 植株调整

植株调整是指通过人为手段来调节植株生长、提高产量、改善品质的技术措施。植株调整可以改善植株的通风透光条件，调节营养物质分配，减少病虫害和机械损伤，协调营养生长和生殖生长。

对于多年生果树来说，植株调整又称为“整形修剪”，采用短截、疏枝、摘心、疏花疏果等技术方法来达到优质、高产、稳产等目的。整形的主要目的是造就树形，修剪是为了维持果树既有的形状和结构。近年来广泛应用的化学抑制剂，也属于修剪的范畴。整形和修剪二者相辅相成，整形利用修剪的方法来实现，修剪在整形的基础上进行。

对一些蔬菜植物、藤本植物和蔓生草本植物而言，植株调整的方法主要有整枝、打杈、引蔓和绑缚等。草本和木本植物植株调整也有共同和相似的方法，如抹芽、摘心等。

第一节 植株调整类型及其生态生理效应

一、果树主要整形修剪方法及其效应

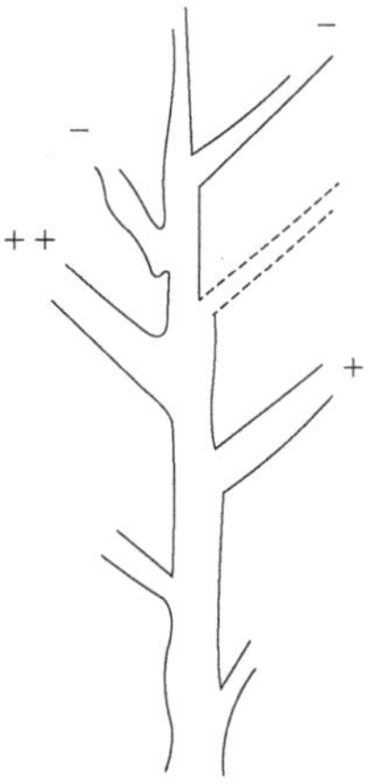

图 4-1 疏剪及疏剪反应

（范双喜和李光晨，2006）

“++”表示促进生长的程度大；

“+”表示促进生长的程度较大；

“−”表示削弱生长

（一）疏剪

疏剪是指将一年生枝或者多年生枝从基部疏除，是一种缓和生长势的修剪方法，包括冬季和夏季的疏枝、抹芽、疏芽等技术措施。疏剪后所有枝条的顶端均被保留，顶芽内产生较多的 IAA 和 GA，因而维持了顶端优势，每个枝条中下部的芽因受到抑制而不会萌发，或萌芽力提高不显著（图 4-1）。

疏剪的作用有以下几点：①调整枝梢密度，减少分枝，增强通风透光，提高光合效率，提高果实品质。②较重的疏剪可以削弱整体和母枝生长量，但疏剪果枝反而可以加强整体和母枝生长量。③疏剪在母枝上形成的伤口，可阻碍营养物质的运输，有与刻伤或环剥类似的作用；对伤口上部的枝梢有削弱作用，对伤口下面的枝芽有促进生长的作用。④疏去密生枝、细弱枝、病虫枝，可减少树体养分消耗，促进保留枝条的生长势。

（二）短截

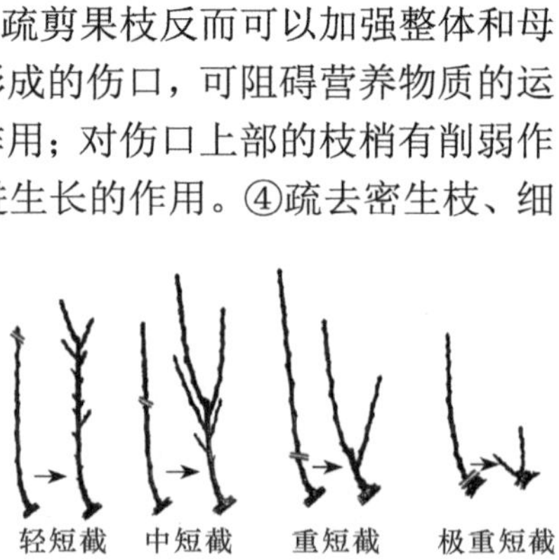

图 4-2 短截修剪及修剪反应

（范双喜和李光晨，2006）

短截即剪去一年生枝条的一部分，又称短剪。短截按照剪去枝条长度的多少可以分为轻短截、中短截、重短截和极重短截（图 4-2）。轻短截是指减去枝条的 1/3 或者更少，多诱发短枝；重短截和极重短截是指减

去枝条的 2/3 或者仅保留 1 或 2 个芽，该短截方法将刺激剪口下的芽抽生出中长枝。

短截是一种刺激营养生长的修剪方法，其生态生理效果主要有：刺激剪口后芽的萌发，枝梢密度增加，光线变弱，有利于细胞分裂和伸长，从而促进营养生长，不利于花芽形成和结果；降低了枝条中部和下部芽中 IAA 和 ABA 的含量，提高了枝条中部和下部芽中赤霉素（GA_3）和玉米素核苷（ZR）的含量。

短截后，特别是全树大量短截后，根系供给地上的 CK 量相对增加，从而提高了萌芽率和成枝率。

（三）回缩

回缩是指剪去多年生枝（二年生及以上）的一部分，又称缩剪（图 4-3）。回缩对剪口后枝梢的生长和潜伏芽的萌发有促进作用，对母枝条有较强的削弱作用，不适宜在幼树上使用，常用于大树的更新复壮。每年对全树或枝组的回缩程度，依树势、树龄、花芽数和全树枝量、密度而定，应逐年回缩，轮替更新。回缩时若剪口留旺枝，则生长势强，有利于更新恢复树势；剪口如若留弱小枝，则生长势弱，有利于成花结果；剪口枝长势中庸，则既能生长也能结果。

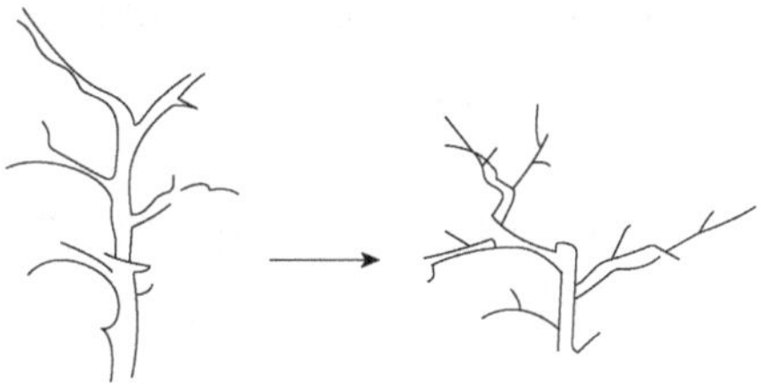

图 4-3　回缩及回缩修剪反应
（范双喜和李光晨，2006）

（四）长放

长放是指一年生枝连续不修剪成为多年生枝，着生大量短枝，形成大量花芽，可以显著提高产量。果树幼树期长放可以缓和树体生长势，促进花芽形成和结果，有利于提高坐果率。

（五）开张角度

开张角度主要包括拉枝、撑枝（图 4-4）、弯枝、圈枝及捋枝等。开张角度可以缓和直立枝条的顶端优势，有利于枝条中下部芽的萌发和成枝，防止下部光秃。枝条由直立状态压平以后，IAA 和 GA 含量减少，含氮量降低，碳水化合物增多，乙烯含量增加，而且近先端处高，基部低；背下高背上低，因而能缓和生长，促进成花结果。

图 4-4　开张角度——撑枝

拉枝是指用绳子把枝角拉大，绳子一端固定在地上或树上，或用木棍、开角器等将枝条角度撑开，或用重物把枝下坠。拉枝时注意切勿拉出弓背，拉枝时期以春季树液流动以后为宜，此时枝条较柔软，开张角度易到位而不伤枝条。

苹果拉枝处理后，枝条中部和下部芽中 IAA 与 ABA 的含量显著增加，完全改变了枝条不同部位芽中自身激素含量的分布梯度；苹果拉枝角度在 110°时，叶片净光合速率、气孔导度及叶片总糖含量均显著增高（韩明玉等，2008）；‘富士’苹果顶芽内碳（C）和磷（P）含量随着拉枝角度的增大而升高，而氮（N）含量则随着拉枝角度的增大而逐渐降低，因而 C/N 显著提高；拉枝后成花促进基因（*LFY* 和 *FT*）的表达量上升，成花抑制基因（*TFL1*）的表达量下降。总之，拉枝能够有效降低树体顶端优势、调节激素平衡关系、诱导成花基因的表达，从而达到促进果树成花、提高果实产量和品质的目的。

（六）环剥、环割及倒贴皮

环剥、环割及倒贴皮一般在花芽生理分化期进行。环剥宽度为被剥枝干直径的 1/10～1/8；环割具体操作是在树木的枝干上环割一圈，要求深达木质部；倒贴皮是指环剥时，将取下的原皮层再倒置于剥口，并包扎绑缚，使之愈合的一项技术。从营养角度来看，三种修剪方法均使光合产物积累于伤口的上部，集中供应伤口上部的营养生长；环剥可显著提高叶片内总糖含量，降低总氮含量，显著提高 C/N，提高枝条成花率。

（七）扭梢

扭梢是指用手把新梢基部翻转扭伤，将新梢上端朝下扭转 180°（图 4-5）。扭梢的最佳时期是新梢长到 20～30cm，并已半木质化时。对一些拉平枝上的背生枝、徒长枝，可用扭梢的方法改造为结果枝或结果枝组，比疏除好，既节约养分又可提早结果，是夏剪时促进成花、结果的一种有效方法。

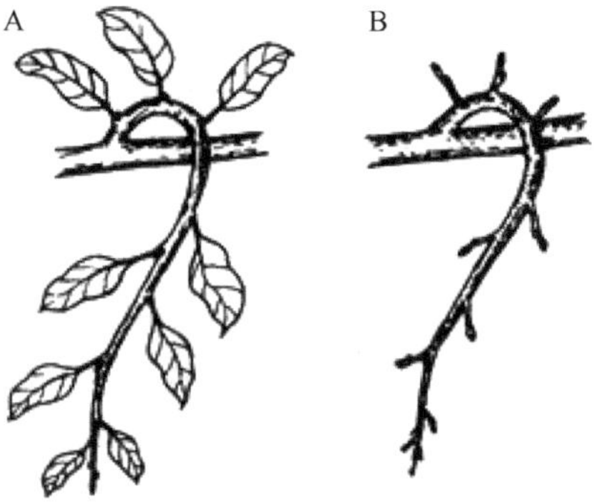

图 4-5　扭梢及扭梢修剪反应
（程智慧，2014）
A．生长季扭梢；B．落叶后形成短枝

在扭梢的数量和布局上，应有计划，不要太多，主要是扭那些无用或干扰树形的新梢。扭梢主要用于苹果幼树，在成年苹果、李、杏、桃、葡萄等果树上也有应用。扭梢后的结果枝可以结果几年，待衰弱或此处拥挤时疏除。扭枝后侧芽中的 IAA 和 GA 含量显著持续下降，有利于花芽的形成。

（八）刻芽

刻芽是在树液开始流动至萌芽前的一段时间，在芽上 0.3～0.5mm 处切透韧皮部的一种修剪方法（图 4-6），是落叶果树幼树促萌增枝的一项常用修剪技术，在苹果、梨、山楂、大樱桃等果树上广泛应用。刻芽通过刻伤韧皮部，截留根系通过韧皮部筛管向上运输的有机养分，从而使芽体获得更多的营养，利于成枝成花。

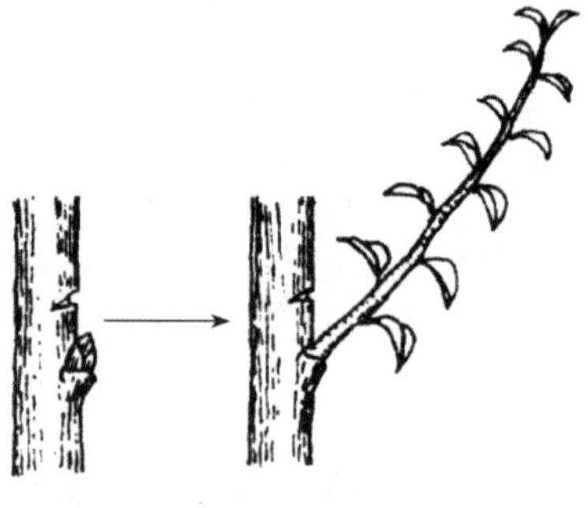

图 4-6　刻芽及刻芽修剪反应
（程智慧，2014）

（九）根系修剪

根系修剪在果树生产上的作用主要取决于修剪时间、修剪程度、果树品种的特性及长势，主要用于树体矮化及控制旺长树的新梢生长，以促进花芽分化和提高产量及品质。根系修剪可以减少地上部营养生长，起到控制新梢及副梢长度，进而控制果树冠幅的作用。苹果幼树不同程度根系修剪的生理反应不同（马锋旺，1986），在‘金冠’/‘M7’幼树两侧离树干 2.5cm、5cm、10cm 的地方进行根系修剪，除去 10%、28%

和 59%的根系。其中 28%和 59%根系修剪量的果树，6h 内叶片的水势明显降低，1d 后果树的净光合速率和蒸腾强度均降低；而 10%的修剪程度对净光合强度、蒸腾和水势毫无影响。枝条的生长速度也随根系修剪程度的增加而降低，对枝条直径的增长抑制可持续 2 周。因此通过根系修剪限制树体大小，必须每隔几周重复修剪一次。高密度栽植的果园，春季距树 50cm 单侧或双侧断根，断根深度 40cm，使新梢长度减少，坐果率增加，果实直径增大。根系修剪（切除 1/2 实生苗主根）可以增加枳实生苗的株高、茎粗、地上部鲜重和根系鲜重，改善了根系构型参数（侧根数、总根长、根表面积和平均长度），增加根系 P、K、Ca、B、Fe、Na 和 Zn 等营养元素含量，这种效果可能与诱导侧根发育关键基因 *HOX1*、*CYP2* 的上调和 *IAA11*、*IAA13* 的下调有关。

根域限制是通过限制植物地下部根系的生长，调节植物地上部营养生长和生殖生长的技术。根系被限制在狭小的范围内，氮素和水分吸收率下降，光合作用受到抑制，树体生长受抑制，而花芽增多，果实硬度、糖度及色泽增加，果实品质提升。

（十）疏花疏果与保花保果

苹果在果实发育期内有两次落果高峰，两次高峰期都与 IAA 的下降相吻合。第一次落果高峰是花后 10d 左右，此时果实中的 IAA 含量较低，落果严重，受精 30d 后，种子中的 IAA 合成量增加，幼果脱落停止；第二次落果高峰是在 6～7 月，也称“六月落果”，此时 IAA 含量再次降低，受精 10～11 周时，生长素含量出现第二次高峰，“六月落果”结束。此外，柑橘落果也很严重，特别是无籽品种。

GA 处理与受精作用有等同效果，可使幼果变成一个强烈的“库”，成为代谢物质的一个积累中心，使代谢产物向幼果运输，提高坐果率。总之，促进生长的激素（IAA、GA、CK）一般是防止果实、叶子脱落，而抑制生长的激素（ET、ABA）则促进脱落。促进生长的激素施用于远端的枝、叶时，会造成果树饥饿，促进脱落，而抑制生长的激素施用于枝、叶时，会抑制营养生长及果实脱落。

二、果树不同时期修剪及其效应

理论上说，修剪可以在果树生长的任何时期进行。一般把冬季修剪称为“休眠期修剪”，春、夏、秋三季的修剪称为“生长期修剪”。

（一）冬季修剪

落叶果树或观赏树木秋末冬初落叶至第二年春季萌芽，或常绿树木冬季生长停止的时期，为树木的休眠时期，这一段时间进行的修剪称为冬季修剪。

此时树叶已经脱落，树体营养回流贮藏于枝条、树干和根系，修剪不会影响此时的光合面积和光合作用，树体营养损失少，但会影响根系运输来的营养物质和激素含量。剪留枝量的多少，会影响来年春季树体营养的分配。冬季修剪时根系量未减少，扩大了根冠比，将增强地上部的生长势。

落叶后容易辨认树体结构，要因树、因地修剪，全面观察和估计修剪后反应。幼树的根系浅，贮藏的营养物质少，要轻剪、多长放，促进提早结果；结果初期，以疏为主，以整理骨架、培养枝组、提高产量为主；盛果期果树，以整理枝组密度、调节果枝比为主，延长树体的结果年限；结果后期和衰老期果树，通过回缩更新，恢复树势，保持一定的产量。

冬季修剪是调整树体骨架的最佳时期，不管采用任何树形，都要求树体端正、长势均衡，充分利用现有空间，达到立体结果。如采用主干形树形的结果枝应按照间隔20cm左右的距离，螺旋排列在主干上。对于超过主干粗度1/3的结果枝，要在冬季修剪时及时进行更新。

（二）春季修剪

此时果树处于萌芽开花阶段，无叶或有少量光合面积，处于顶端优势形成初期，顶芽内IAA、GA含量丰富。此时树体生长的养分主要来源于树体的贮藏营养。

可用春季修剪来弥补冬季修剪的不足，进一步进行结果枝和营养枝的比例调整。春季，通过疏花疏果可以疏去过多的花蕾及花，节约养分和水分，使营养集中于保留的花朵，促进细胞分裂，提高坐果率和果实质量。一般确定预留花芽数量的方法有以下两种。

1）按间距法确定留花密度：对于苹果而言，中型果品种如‘嘎拉’，留花间距为15～20cm；大型果品种如‘红富士’，留花间距为20～25cm。

2）按照目标产量疏花芽，方法是：①计算单株预期果个数，根据品种、土壤肥力和果园管理水平，确定每666.7m^{2}目标产量T（kg）和单果重W（g），计算出预期果个数。根据栽植密度D（株数/666.7m^2），计算出单株预期果个数N（个），计算公式为$N=1000T/(W\times D)$。②计算每株树的适宜花芽留量。苹果疏花芽的经验保险系数（K）为1.3，则花前复剪适宜花芽留量（Q）是预期每株果个数的1.3倍，即$Q=1.3N$。一般来讲，疏果不如疏花，疏花不如疏蕾，疏蕾不如疏枝，但各有作用和必要，要各留有余地，以保证产量。

通过花期环切和果台副梢摘心，可以提高坐果率。

（三）夏季修剪

果树在夏季（5～7月）正处于旺盛的生长阶段，此阶段的生理特点是：树体所需营养来源已由贮藏营养转化为由新叶光合作用制造的营养，营养器官（新叶、幼果、根系等）及生殖器官（幼果、芽）处在营养竞争阶段，处于生理落果期和花芽生理分化、形态分化阶段。夏季修剪主要按照改善通风透光条件、控制新梢生长、提高坐果率来进行。如可采用摘心、环剥等提高坐果率，采用喷施多效唑（PP_{333}）、矮壮素（CCC）等抑制旺梢的生长。夏季扭梢和摘心处理均可有效提高果实的可溶性固形物、可溶性糖、维生素C含量和糖酸比，但会降低淀粉和有机酸含量。

（四）秋季修剪

果实在此时期处于成熟阶段，花芽处于分化的后期，全树处于越冬准备期。此阶段修剪主要以疏剪为主，剪去过多未成熟秋梢，减少养分消耗，充实芽体，提高果实品质。果实采摘后，可结合秋季施基肥进行深耕断根，促进根系向深层土壤分布，诱发新根；为提高果实品质，有必要进行摘叶、转果、垫果。

（五）伤流期

葡萄、核桃等果树每年有一个固定的时期出现剪口的伤流现象，这个时期称为“伤流期”（图4-7）。伤流液干物质含量为1～2g/kg，其中约2/3是糖和含氮化合物，约1/3

是钾、钙、磷等矿物质，还有大量的氨基酸。伤流液过多会导致树势严重衰弱，因此这类果树的修剪应避开伤流期。葡萄伤流期在春季萌芽前后，持续 2～3 周的时间；核桃伤流期是秋季落叶后至春季萌芽前，可持续数月之久。

图 4-7　葡萄伤流

三、蔬菜等草本植物植株调整的方法及其效应

蔬菜等草本植物的植株调整，主要是整枝、打杈、摘心、摘叶、支架、引蔓及花果管理等。

（一）整枝、打杈

对于茎蔓生长繁茂的果菜类蔬菜，如番茄、瓜类等植物，为控制其营养生长，通过人为措施创造一定的株形，以促进果实发育的方法称为整枝。整枝的具体措施包括打杈、摘心等。除掉侧枝或腋芽称为打杈，是在植株具有足够的功能叶时，为减少养分消耗，清除多余分枝的措施。除掉顶端生长点称为摘心，又称打顶或闷尖，对于甜瓜等以侧蔓结实为主的类型和品种，应在主蔓长出不久即进行摘心，促使其提早分枝、开花结实。

整枝可以防止过剩的营养消耗，使营养流向有利于生产的部位，调节植株的营养生长和生殖生长，如早熟番茄一般在第三穗坐果后，即进行摘心，目的是抑制不必要的营养生长，使养分集中用于果实发育和成熟。整枝可直接影响植株形成不同的冠层结构，改善冠层小环境，如冠层的温度、光照和湿度。整枝有利于改善通风透光条件，增加净光合速率，改善果实产量和品质。整枝时及时摘除老叶、病叶还可防止植物早衰。

不同整枝方式的生理反应存在一定差异。番茄连续摘心可明显提高叶片叶绿素含量及根系活力。番茄双干整枝可显著提高叶片 MDA 含量，避免活性氧对有机体产生毒害，同时可促进果实维生素 C 含量增加。

（二）摘叶、束叶

不同成熟度的植物叶片光合效率不同，植株下部和内膛的老叶光合效率低，同化物质抵不上自身呼吸消耗，因此需及时摘除这样的叶片。例如，番茄植株长到 50cm 高以后，下部叶片已变黄衰老，及时摘除老叶有利于改善植株的通风透光条件，减轻病虫害，减少养分消耗，促进植株良好发育。豇豆摘叶可降低落花率和提高产量。摘叶还会影响果实芳香物质的种类和含量，如草莓随摘叶程度加重，芳香物质中脂类的含量明显降低，醛类相对含量上升，同时果糖和总糖类含量显著降低。

束叶主要适用于十字花科的大白菜和花椰菜。大白菜一般在生长后期，将其外叶束起，促使结球紧实，并能保护内部幼嫩生长点免遭冻害，同时达到提高地温、促进根系吸收能力增强的作用。在花椰菜的花球成熟之前，将部分叶片捆起来或折弯一部分叶片盖在花球上，使花球洁白柔嫩，提高品质。束叶不能过早，否则会影响光合作用。

（三）支架

许多瓜类（黄瓜、丝瓜、葫芦、甜瓜、苦瓜等）、豆类蔬菜（豇豆等）的植株蔓生生长或匍匐生长，搭支架后，可增加栽植密度，以充分利用空间和土壤。同时植株受光状况改善，有利于果实生长发育，产量、品质提升，还可增加植株抗风、抗涝的能力。

（四）压蔓、引蔓和落蔓

有些匍匐生长的瓜类蔬菜如西瓜、甜瓜，露地栽培时一般采用压蔓和引蔓方式，使植株排列整齐，茎、叶均匀分布，提高光能利用效率。同时压蔓能促进植株生成不定根，增加植株的养分吸收能力，增强防风能力，避免风卷蔓滚而导致不易坐果。西瓜、甜瓜等常采用压蔓与整枝一起进行，通过摘心和压蔓调整株形。对于黄瓜、番茄、菜豆等无限生长型蔬菜，茎蔓长度可达 3m 以上，为保证茎蔓有充分的空间生长和便于管理，可根据果实采收情况随时将茎蔓下落，盘绕于畦面上，使植株生长点始终保持适当的高度。

（五）花果管理

针对生长特性不同、栽培目的不同的蔬菜种类，植株调整的策略也不同。对于以营养器官为产品的蔬菜，需要及早去除花器官，减少养分的消耗，促进产品器官的形成，如马铃薯、大蒜等。以较大型果实为产品的蔬菜，如西瓜、冬瓜、番茄等，应选留少数优质幼果，及早疏花疏果，靠集中营养提高单果质量和品质。对于设施栽培中易落花落果的蔬菜，要采取保花保果的措施，提高坐果率，如使用生长调节剂（生长素类）处理。

植株调整除了上述方法，还有生物的方法，如采用矮化或乔化的砧木，或者采用矮化品种，以取得控制植株乔化或矮化的效果。也可以采用化学的方法，如植物生长调节剂。

四、嫁接的生理调节

嫁接是人们有目的地将一株植物上的枝条或芽接到另一株植物的枝、干或根上，使之愈合生长在一起，形成一个新的植株。嫁接后砧木与接穗间相互影响，对调节植株生长发育有作用。

砧木对树体生长的影响。砧木可使树体乔化或矮化。乔化砧木如海棠、山定子；矮化砧木如‘M9’‘M26’‘M27’苹果系列砧木，樱桃上使用的‘吉塞拉’系列砧木；此外还有些半矮化砧木，如‘M7’‘M4’‘MM106’。同一砧木嫁接不同的品种会产生不同的生理反应，在山定子上嫁接‘金冠’和‘国光’苹果接穗，其树体较高，树冠较大，干周较粗；但山定子上嫁接‘祝’苹果接穗则树体较矮，树冠小，干周细。砧木也会改变接穗的生长量、生长势和叶片生长发育状况。

砧木会影响树体结实及果实品质。一般嫁接在矮化砧木和半矮化砧木上的果树开花结实早，嫁接在‘M9T337’上的‘富士’苹果，嫁接第二年就可以开花结实。砧木对果实品质的影响也很大，把‘金冠’苹果分别嫁接在‘M26’‘M9’‘MM106’中间砧和‘山定子’乔化砧木上，嫁接在‘MM106’上的果实品质较差，但果实 Ca 含量较高。

砧木可影响树体的生理特性。不同砧穗组合嫁接品种的叶片光合效率存在明显差异。嫁接在‘M26’砧木上的同一苹果品种叶片的光合效率高于嫁接在‘M7’砧木上的。苹果树各器官水势的年变化中，大部分时间乔化砧树高于矮化中间砧树，与半矮化中间砧树的差异较小，与矮化中间砧树的差异较大。SDC（Shanxi dwarf apple rootstock clone）系苹果砧木嫁接的‘红星’，叶片蒸腾量小，ABA 含量高，单位叶面积失水量小，抗旱性强，嫁接树越冬期枝条自由水含量高，抽条率明显低于‘M9’，越冬能力强。

砧木可影响树体的各种抗性。园艺植物所用砧木一般都是野生或者半野生的，它们具有较广泛的适应性，如抗寒、抗旱、抗涝、耐盐碱和抗病虫等。例如，山定子原产于我国北方，抗寒能力强，有些可以抵抗−50℃的低温，但山定子的耐盐碱性差，而且不耐涝。在黄河故道地区，用山定子作砧木的幼树易患“黄叶病”，不如用‘海棠果’‘西府海棠’和‘沙果’作砧木生长的好。用海棠作苹果砧木，一般对“黄叶病”的抵抗力较强，抗旱又抗涝；地势较低洼地区，夏季地下水位高，如山东烟台西沙旺，地下水距地表 45cm，把‘青香蕉’苹果嫁接在‘海棠果’砧木上，植株生长良好，年年丰产。将黄瓜嫁接在黑籽南瓜、冬瓜上均可明显提高嫁接苗对黄瓜疫病及黄瓜枯萎病的抗性，同时还可以减轻连作障碍对植株生长的影响。

接穗对砧木的生长也有一定的影响。普通‘元帅’苹果嫁接在‘MM106’砧木上，‘MM106’的根系分根紧密；‘短枝元帅’嫁接在‘MM106’砧木上，其根系则分布稀疏。以海棠为砧木嫁接的‘青香蕉’苹果，根系为褐色，主要分布层深；嫁接‘元帅’苹果，则根系为黄褐色，主要分布层较浅。嫁接晚熟品种的砧木，根系在年生长周期中出现三次生长高峰；嫁接早熟品种的根系一年中只有两次生长高峰。抗寒性接穗能够提高砧木的抗寒能力，不抗寒接穗品种会降低砧木的抗寒能力，如‘君袖’苹果嫁接在‘MM106’上，‘MM106’根系的抗寒能力下降。将西瓜嫁接在南瓜上，接穗可抑制嫁接苗根系糖的积累，抑制细胞壁转化酶及己糖激酶的活性，从而抑制嫁接苗的根系生长和活力。

第二节 植株调整的意义

一、植物器官的功能

（一）根系

根系是植物吸收水分和养分的重要器官，是植物赖以生存的基础，直接影响和调控地上部的发育。根系与地上部是相互依存的关系，因此，根系生长优劣是园艺植物能否发挥高产优质潜力的关键。

根系主要有以下功能：支持和固定作用，吸收作用，贮藏营养的作用（果树在越冬期间根系贮藏的碳水化合物占全树总量的 1/3）及合成作用［如根系吸收氮素后，在根系中形成氨基酸或者酰胺后运到地上部；根系还可以合成多种激素，如细胞分裂素（CK）等］。

地上部运送到根系碳水化合物的多少会影响根系的生长和功能的发挥。

（二）茎

植物茎具有养分、水分疏导和贮藏的功能，同时将枝、叶、花、果分布到一定空间和负载果实生长。

芽是茎的原始体，在修剪中要切实理解芽的特性才能有的放矢地开展修剪工作。

木质部的薄壁细胞具有侧向运输和贮藏淀粉等养分的功能。导管和筛管运输养分和水分的功能可以持续数年，最后木质部导管管腔被胶体等阻塞，失去输导功能，仅具有支持功能。因此，环剥、环割或刻芽时要深达木质部才会有效。韧皮部由筛管、伴胞、薄壁细胞及纤维组织组成。叶片的光合产物主要通过叶脉与叶柄的韧皮部运送到枝条韧皮部和其他器官。蔗糖和山梨醇（蔷薇科果树）是通过韧皮部运输的，主要糖分、氨基酸、无机离子及维生素、激素等也通过韧皮部运输。

（三）叶片

叶片是光合作用制造有机物质的主要器官，树体大约90%的干物质是在叶内合成的，幼叶还是IAA和GA的合成部位，成熟叶片又是ABA合成的主要部位。叶片也同时具有呼吸、蒸腾、吸收等多种生理功能。

（四）芽

芽是植物对不良气候条件的一种适应性表现，是一种过渡性器官，即叶芽过渡到枝叶生长，花芽过渡到开花结果。修剪的任务之一是利用芽的异质性和调节花芽与叶芽的比例来达到高产、稳产、优质的目的。在果树修剪中必须要区分叶芽和花芽。

（1）叶芽　由于芽的异质性，处于枝条基部的侧芽很小，芽内无叶原基或仅有1～2个叶原基，此类芽多数成为潜伏芽，仅在修剪刺激后才能萌发。新梢中上部芽发育充实而饱满，芽内叶原基有3～10片，生长潜力大。

（2）花芽　花芽是由叶芽转化而来的，在果树花芽分化的时期通过修剪和肥水管理等措施，可促进果树的叶芽转化为花芽。对已经形成的花芽而言，花芽的质量将会影响坐果率和果实质量，因此在修剪过程中要保留高质量的饱满花芽。

（五）种子及果实

种子及果实具有以下功能：①生殖器官。种子及果实是生殖器官，其会储藏水分和养分，以适应不良环境，在适宜时机萌发成新的独立植株。②贮藏器官及调节器官。幼果及未成熟的种胚是IAA、GA、CK等激素重要的合成场所，这些激素对养分的吸收、贮藏及根、茎、叶间的养分和水分竞争调节起重要作用。③可提高叶片的光合效能。果实及种子生长需要一定的叶面积，即叶果比。苹果的叶果比为（40～60）∶1，梨的叶果比为（40～50）∶1，桃的叶果比为（30～40）∶1。无果枝条上的叶片光合效率低，有果枝条上的叶片光合速率高于无果枝条上的叶片。④养分竞争。果实之间的竞争表现为先受精坐果的果实对养分的竞争强于后坐果的果实，因此会有“六月落果”的现象；果实与芽之间也存在养分竞争，由于芽内激素含量少，对养分和水分的竞争能力与果实相差悬殊，因此结果多的树或枝条很难形成饱满的花芽和叶芽，就会形成“大小年”现象。

但在花期前后、幼果形成初期，此时花和幼果合成的激素较少，竞争不过旺盛生长的新梢，叶片产生的光合产物首先运送到茎尖，而不是花及果实，因此会发生生理落果的现象。

二、园艺植物植株调整的意义

园艺植物植株调整是指通过对植株大小、生长势、株冠紧凑度、植株形态等的调整控制，维持各器官之间的生理平衡关系，从而达到早果、高产、稳产、优质、便于管理的目的。

（一）调节植株的生长势

果树通过整形修剪可以抑制局部生长，促进植株另外部分或整体的生长。番茄、茄子、瓜类等蔬菜，如果任其自然生长，枝蔓营养生长旺盛而成花少、结果少，所以要通过摘心、打杈等植株调整技术或措施，调整植株的生长势，抑制或促进其生长，调控枝蔓数量。

（二）调节植株与环境之间的关系

植株调整的重要任务之一是充分利用空间和光能，调节植株与温度、水分等环境因素之间的关系，使植株适应环境，更有利于其生长发育。

根据环境条件，合理地选择株形和修剪，有利于植物与环境的统一。例如，在土壤贫瘠、缺少水源的山地和旱地，宜采用乔化砧木和矮化中间砧木，同时采用小冠树形并适当重剪以控制花量，使之有利于在旱地栽培；而在土壤肥沃、水源充足的地区则可以采用矮化砧木、纺锤形树形，进行矮化密植栽培。对于某种生理病害严重的地块，应采用特定的抗性砧木进行种植。

1．光照　植株调整可改善植株的通风透光条件，增加光合面积和光合时间，提高光能利用效率。

园艺植物因遗传背景和适应性不同，植株所需的光照强度也不同。根据所需光照强度的不同，树种可分为强阳性（桃、杏、阿月浑子等）、阳性（苹果、梨、葡萄等）和耐阴（核桃、山核桃、板栗等）树种。在生产上应根据树种所需光照强度的不同而采用适当的树形，对于喜光的强阳性果树，采用开心形、杯状形等易采光的树形；中等喜光的阳性果树可采用疏散分层形；耐阴果树则可采用圆头形树形。

充分利用光能是树体修剪的基本原则。修剪可最大限度地减少无效叶的数量、增加有效叶的数量，而且使有效叶处于光补偿点与光饱和点之间的光照强度。

整形修剪可以调节个体和群体结构，改善光照条件，使树冠上下内外均能见光，植株立体结果。对苹果而言，2-D 平面树形（图 4-8）的光能利用率比高纺锤形和细长纺锤形高，开心形比有中心干的树形见光好。此外，采用开张角度、疏剪、加强夏季修剪等措施，均可改善通风和光照条件。

图 4-8　苹果的 2-D 平面树形

幼树阶段，因树冠覆盖率低和叶面积指数小，不能充分利用光能。因此，适度密植，采用轻剪、开张角度、刻芽等方法促进分枝，增大树冠，增加受光面积是幼树时期修剪的主要任务。成年树则应该维持适宜的叶面积指数，果树产量和品质在一定限度内与叶面积指数呈正相关，一般认为苹果和梨等落叶果树适宜的叶面积指数为4～5，葡萄等落叶果树适宜的叶面积指数为3～3.5。通过合理的整形修剪，使树体各部分和叶片在一天中有较长的时间处于适宜的光照条件下。

束叶可使形成叶球的蔬菜的叶片由于遮光而缺乏叶绿素，叶片加厚，机械组织退化，薄壁组织发达，水分和糖含量增加，成为营养物质的贮藏器官。茄果类和瓜类蔬菜，通过摘心、打杈调整了植株同化器官和生殖器官的比例，有效地提高单位叶面积的光合效率。西瓜、南瓜等爬地生长蔬菜通过压蔓可以使植株排列整齐，提高光能利用效率。

2. 温度　通过整形修剪可以为植株创造适宜的温度条件，防止高温和低温危害，如“日烧”、冻害和霜害等。

一般落叶果树当温度达到30～35℃或以上时，其光合作用将受到抑制，呼吸作用提高，养分消耗大于积累，果树处于饥饿状态；当温度上升到55℃以上后，果树器官组织受到严重伤害而坏死，发生“日烧”病。“日烧”一般发生在果树的南面或西南面，高温高湿无风的果园易发生“日烧”。因此在修剪上注意多留枝叶，为枝干、花朵和果实遮阴以降低温度；同时剪除阻风的枝叶，注意通风，可以减少“日烧”的发生。

高干整枝及提高嫁接品种的嫁接部位，可以很好地提高植株对冻害和霜害的抵抗性。在寒冷地区，葡萄采用便于下架的树形，如带“鸭脖弯”的斜干水平龙干形便于冬季下架进行防寒越冬；冬季易受冻旱害危害的地方，秋季摘心充实枝条和冬前减去未成熟的枝梢部分以减少蒸腾，也是防止冻旱害的有效方法之一；在春季容易遭遇晚霜危害的地方，适当高定干和多留花芽，也能够在某种程度上减轻晚霜的危害。

3. 水分　通过整形修剪可以调整植株的水分供应，使果树在适宜的水分条件下生长结果。旱地种植果树时应采用重剪地上部，减少叶面积以减少蒸腾。若发生水涝灾害，在涝灾初期以疏剪为主，改善树冠的通风透光条件，增加蒸腾量，消耗土壤过多的水分；涝灾后期应挖排水沟、疏剪腐烂根系，改善土壤透气性，促发新根。

（三）调节植株各部分之间的平衡

植株是一个有机体，植株各部分间保持一个动态平衡，整形修剪是打破植株各个部分间本来的平衡，重新建立新的平衡，利于树体高产、稳产、优质。

1. 地上部和地下部　植株主要由地上部和地下部两大部分组成，维持地上和地下的平衡是优质丰产的关键。植株地上部和地下部是相互依赖、相互制约的关系：根系吸收的水分、矿质元素等经木质部运至地上供给叶、茎、枝梢等器官，地上部的光合产物通过韧皮部等输送到地下根系供应其生长，并储藏营养以供应来年枝条的生长。

地上部的整枝将影响地下根系的生长，因为多年生果树树冠分布宽度与地下根系分布宽度呈正相关。整枝方式对瓜类和茄果类蔬菜根伸长方向和根扩展有显著影响。例如，黄瓜进行垂直整枝时植株根粗，分布深而广，而倾斜和水平整枝的植株，根系分布浅，形成横向分布。

2. 营养生长与生殖生长　植物营养生长和生殖生长之间既相互依赖，又相互制约。营养生长是生殖生长的基础，生殖生长可抑制营养生长。

整形修剪是调节营养器官和生殖器官之间平衡的重要手段。合理的整形修剪措施既有利于营养生长，也有利于生殖生长。过重修剪可促进营养生长，抑制生殖生长，比如重短截后，枝条基部保留的1～2个芽将抽生出长枝，不利于花芽形成；而轻剪长放则可以促进枝条花芽形成，促进开花结果。

在果树的生命周期中，首先要保证树体的营养生长，在此基础上促进花芽形成、开花坐果。幼苗、幼树以营养生长为主，在一定营养生长的基础上，适时转入生殖生长，因此幼苗、幼树期间的植株调整措施要有利于促进营养生长。适时停长，使植株壮而不旺，如通过开张角度、捋枝、拿枝等措施抑制植株过旺的营养生长，创造有利于向生殖生长方面的转化。盛果期果树花芽量增大，结果多，需通过合理的疏花疏果、保花保果等修剪措施维持营养生长和生殖生长的平衡，保持树体稳健的树势，促进果树连年稳产，最大限度地延长果树盛果期年限。对茄果类蔬菜提早疏除过多的花或者幼果，能促进坐果率、提高品质。

3. 同类器官之间 植物同类器官之间也会存在一定的矛盾，如直立旺盛生长的枝条具有强有力地获取光照和营养的能力，对其他枝条的生长不利，需通过疏剪的方式去掉直立生长的旺枝或采用拉枝的方式缓和其生长势。高纺锤形果树主枝和中心干间也具有相互抑制的作用，因此对于超过主干粗度1/3的主枝要及时疏除，减少主枝对主干的抑制作用；树冠内各营养枝之间的比例也应保持平衡，长枝数量多，有利于营养生长，短枝比例大，有利于生殖生长。长枝多时以疏除、长放的修剪方法为主，以利于增加短枝的数量，而短枝多时多用短截和缩剪，以增加长枝数量。果枝与果枝、花枝与花枝之间也存在竞争，花量过大，坐果率未必高，可选优去劣，去密留稀，集中养分，保证剪留的果枝、花芽结果良好。

（四）调节生理活动

果树修剪有多方面的调节作用，但最根本的是调节其生理活动，使植株体内的营养、水分、酶和植物激素等的变化有利于生长和结果。

修剪能明显改变树体内的水分、养分状况。短截提高初生新梢全氮含量、降低全碳水化合物含量；短截修剪、疏剪初生新梢也可提高氮及碳水化合物含量。短截能增强同一枝上顶端优势，而疏剪则有利于促进花芽形成和结果。开张角度可影响碳水化合物的分配，使新梢光合产物自留量增加，促进花芽形成和结果。环剥可促进新梢内碳水化合物含量增加，但降低氮素和含水量，因此促进花芽分化（Goren et al.，2004）。

修剪还能调节植株的代谢过程和内源激素平衡（Ferree and Schupp，2003）。生长季摘心可使新梢内的糖、淀粉和氮素含量增加。摘心后，植株根系的生长受到抑制，随着侧枝的伸长，根系的活动重新恢复，主要是因为顶端合成的生长素向根部移动，与叶片输出的糖分和含氮化合物共同作用，促进根系发生和伸长。摘心导致生长素合成场所受损，因而根系生长变弱，之后随着新芽形成，生长素的合成再次旺盛，根的发育和伸长得以恢复。

第五章　品质形成生理

第一节　色　　素

色素是园艺产品色泽形成的物质基础，色素积累在园艺产品外观品质中起着重要作用。同时，由于色素具有抗氧化等生物活性，色素含量也关乎园艺产品的营养保健价值。色素会直接影响园艺产品的商品性和人们的购买选择。

一、主要色素种类

园艺产品色素主要包括叶绿素、类胡萝卜素、类黄酮和花色苷、甜菜色素，每一类色素又包括数种到成百上千种。此外，食用菌作为一类特殊的园艺产品，属于真菌而非植物，有着独特的色素类型。

（一）叶绿素

高等植物的叶绿素（chlorophyll）包括叶绿素 a（Chla）和叶绿素 b（Chlb）两种，两者在分子结构上的区别仅在于卟啉环 B 上的取代基团不同（图 5-1）。由于此取代基团不同，两种分子在吸光特性上略有区别，但两者吸光波长均位于蓝紫光区和红光区，对绿光的吸收最少，因此使得叶绿素呈现绿色（图 5-1）。

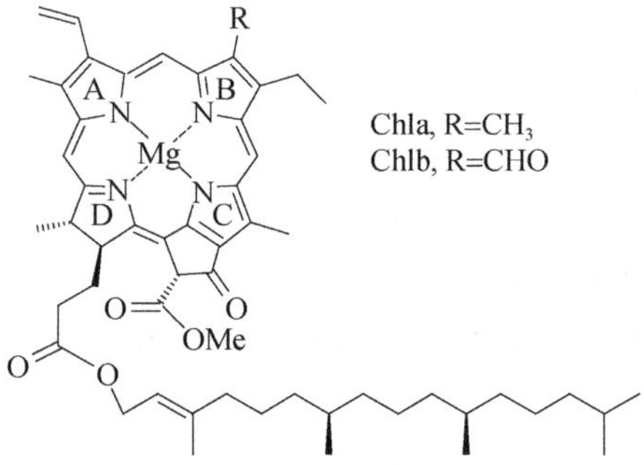

特征	叶绿素 a	叶绿素 b
分子式	$C_{55}H_{72}O_5N_4Mg$	$C_{55}H_{70}O_6N_4Mg$
蓝紫光区 λ_{max}/nm	430	453
红光区 λ_{max}/nm	662	642
色素颜色	蓝绿色	黄绿色

图 5-1　叶绿素分子结构与吸光特性

作为植物光合作用色素，叶绿素在园艺产品的绿色组织中广泛存在。幼果果皮通常也富含叶绿素，也能发生光合作用并促进果实生长发育。在大多数果实上，随果实成熟，叶绿素逐渐降解，但西瓜、猕猴桃、青枣等一些成熟果实的果皮或果肉仍保留叶绿素。

（二）类胡萝卜素

类胡萝卜素（carotenoid）是一类由 8 个异戊二烯基本单位首尾聚合而成的四萜类化合物（C_{40}），植物类胡萝卜素有 100 余种。根据分子中是否含有氧原子，类胡萝卜素又被分为胡萝卜素（carotene）和叶黄素（xanthophyll）两类。此外，有些类胡萝卜素降解物因仍保留类胡萝卜素的基本结构和吸光特性，也被纳入类胡萝卜素范畴，称为阿朴类胡萝卜素（apocarotenoid）。例如，一些柑橘果实中存在的β-柠乌素（C_{30}）就是其中一种（王莎莎等，2018）。

不同类胡萝卜素分子所含的共轭双键数量及具体结构不同，因而在光谱吸收上存在差异，呈现由无色到红色的颜色区别（表 5-1）。多数类胡萝卜素的吸收光谱呈现典型的三峰型，因此，在描述 λ_{max} 时通常以三个波长表示，但有些类胡萝卜素的左峰并不明显，常以其波长放到括号中表示；同时，少数类胡萝卜素呈现单峰特性，如八氢番茄红素、虾青素和β-柠乌素（王莎莎等，2018）（表 5-1）。

表 5-1　植物常见类胡萝卜素及其吸光特性

类型	类胡萝卜素	英文名称	分子式	最大吸收波长/nm	颜色
胡萝卜素	八氢番茄红素	phytoene	$C_{40}H_{64}$	286	无色
	六氢番茄红素	phytofluene	$C_{40}H_{62}$	331，348，365	无色
	番茄红素	lycopene	$C_{40}H_{56}$	446，473，503	红色
	ζ-胡萝卜素	ζ-carotene	$C_{40}H_{60}$	380，400，425	浅黄色
	α-胡萝卜素	α-carotene	$C_{40}H_{56}$	（424），446，474	黄色
	β-胡萝卜素	β-carotene	$C_{40}H_{56}$	（427），452，479	橙色
叶黄素*	叶黄质	lutein	$C_{40}H_{56}O_2$	（420），445，473	黄色
	β-隐黄质	β-cryptoxanthin	$C_{40}H_{56}O$	（426），451，479	橙色
	玉米黄质	zeaxanthin	$C_{40}H_{56}O_2$	（427），450，479	黄色
	花药黄质**	antheraxanthin	$C_{40}H_{56}O_3$	（422），445，472	黄色
	堇菜黄质	violaxanthin	$C_{40}H_{56}O_4$	415，439，468	黄色
	9-顺-堇菜黄质	9-*cis*-violaxanthin	$C_{40}H_{56}O_4$	411，435，464	黄色
	新黄质	neoxanthin	$C_{40}H_{56}O_4$	418，442，471	黄色
	辣椒红素	capsanthin	$C_{40}H_{56}O_3$	（452），470，497	红色
	辣椒玉红素	capsorubin	$C_{40}H_{56}O_4$	445，471，505	红色
	虾青素	astaxanthin	$C_{40}H_{52}O_4$	478	红色
阿朴类胡萝卜素	β-柠乌素	β-citraurin	$C_{30}H_{40}O_2$	458	红色

*叶黄素类物质名称中的“质”也常被“素”代替，但叶黄素与叶黄质并不等同，后者是指 lutein，前者是指 xanthophyll，后者是前者的一种

**花药黄质也称为环氧玉米黄质

类胡萝卜素也是一类在园艺产品中广泛存在的色素，但在不同产品中的含量存在较大差异，在一些园艺产品中为特征色素，而在另一些园艺产品中则仅起着底色的作用。类胡萝卜素在绿色组织中也大量存在，但常由于其颜色被叶绿素的绿色掩盖而被忽视。例如，深绿色叶菜及西兰花均富含类胡萝卜素，其含量甚至与胡萝卜根不相上下。

不同的园艺产品不仅在类胡萝卜素含量上存在差异，在具体组成上也不尽相同。有些类胡萝卜素仅在个别园艺产品上存在，如红辣椒中的辣椒红素与辣椒玉红素。以类胡萝卜素为特征呈色色素的常见果蔬及其主要有色类胡萝卜素组分如表 5-2 和表 5-3 所示。

表 5-2　常见水果主要有色类胡萝卜素组分*

类胡萝卜素	柑橘	甜瓜	柿	杏	猕猴桃	芒果	菠萝	枇杷	番木瓜
α-胡萝卜素									
β-胡萝卜素		√	√	√	√	√	√	√	√
番茄红素									√**
叶黄质		√			√				
β-隐黄质	√	√	√	√				√	√
玉米黄质			√						
堇菜黄质	√		√			√	√	√	
9-顺-堇菜黄质	√					√		√	
β-柠乌素	√**								

*表中所述的水果种类指普通类型，不包括突变体或独特品种。主要类胡萝卜素组分是指可在总类胡萝卜素中占比达3%以上的组分

**柑橘仅限部分红皮类品种；番木瓜仅限红肉类品种

表 5-3　常见瓜果与蔬菜主要有色类胡萝卜素组分*

类胡萝卜素	叶菜类	马铃薯	番茄	西瓜	南瓜	辣椒	胡萝卜	玉米
α-胡萝卜素					√		√	
β-胡萝卜素	√		√		√	√	√	
番茄红素			√	√**				
叶黄质	√	√	√					√
玉米黄质	√	√				√		√
花药黄质		√						√
堇菜黄质		√						√
辣椒红素						√**		
辣椒玉红素						√**		

*表中所述的瓜果与蔬菜种类指普通类型，不包括突变体或独特品种。主要类胡萝卜素组分是指可在总类胡萝卜素中占比达3%以上的组分

**西瓜仅限红肉类品种；辣椒仅限红辣椒

（三）类黄酮和花色苷

类黄酮（flavonoid）是指具有 C_6-C_3-C_6 这一基本骨架的多酚类化合物。根据结构不同，类黄酮可细分为黄酮类（flavone）、黄烷酮类（flavanone）、异黄酮类（isoflavone）、黄酮醇类（flavonol）、黄烷醇类（flavanol）及花色素类（anthocyanidin）等亚类。分子结构的不同导致了吸光特性差异，呈现无色（黄烷酮类、黄烷醇类）、淡黄色到黄色（黄酮类、黄酮醇类）、无色到黄色（异黄酮类）、红色到蓝紫色（花色素类）等色泽（张上隆和陈昆松，2007）。在类黄酮化合物中，花色素类在园艺产品色泽形成中起着重要作用，其他呈浅黄色至黄色的类黄酮化合物主要在产品的黄色底色形成中有所贡献。因此，仅介绍花色素类化合物。

花色素类化合物有 20 余种，最常见的有 6 种，其分子结构和颜色如图 5-2 所示。

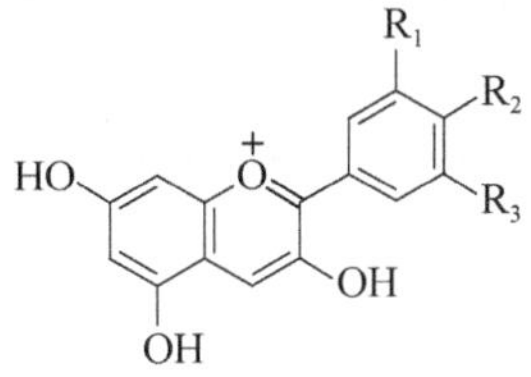

花色素	中文别称*	英文名称	R_1	R_2	R_3	颜色
矢车菊色素	花青素	cyanidin	OH	OH	H	红色
天竺葵色素	花葵素	pelargonidin	H	OH	H	橙色
飞燕草色素	花翠素、翠雀素	delphinidin	OH	OH	OH	蓝紫色
芍药色素	甲基花青素	peonidin	OCH_3	OH	H	紫红色
锦葵色素	二甲基花翠素	malvidin	OCH_3	OH	OCH_3	紫色
矮牵牛色素	3′-甲基花翠素	petunidin	OCH_3	OH	OH	紫色

*花色素具体种类名称中的“色”常被略去，成为又一类别称，如矢车菊素等

图 5-2　花色素分子结构与颜色

在植物组织中，花色素并不以游离状态存在，而是与糖分子化合形成糖苷，称为花色苷（anthocyanin）。其中矢车菊色素（花青素）与葡萄糖形成的糖苷，即矢车菊色素-3-葡萄糖苷（cyanidin-3-glucoside，C3G），常简称为花青苷，是植物界分布最广泛的花色苷。常见园艺产品花色苷的主要花色素和糖配基如表 5-4 所示。

表 5-4　常见园艺产品花色苷的主要花色素和糖配基

园艺产品	花色素	糖配基
桃、李、杨梅、血橙、红色叶菜/茎菜	矢车菊色素	葡萄糖
苹果	矢车菊色素	半乳糖、阿拉伯糖
梨（红皮品种）	矢车菊色素	半乳糖
甜樱桃、荔枝	矢车菊色素	葡萄糖、芸香糖
洋葱（红色品种）	矢车菊色素	葡萄糖、阿拉伯糖
草莓	天竺葵色素	葡萄糖
茄子	飞燕草色素	鼠李糖
葡萄	飞燕草色素、锦葵色素、芍药色素、矮牵牛色素、矢车菊色素（随品种不同而异）	葡萄糖
蓝莓	均含有 6 种常见花色素	葡萄糖、半乳糖、阿拉伯糖、芸香糖、鼠李糖
紫薯	芍药色素、飞燕草色素、矢车菊色素	葡萄糖、槐糖
萝卜	均含有 6 种常见花色素	葡萄糖

（四）甜菜色素

甜菜色素（betalain）也是一类水溶性红色色素，因而也常被称为含 N 的花色苷，但它与花色苷来自不同代谢途径，属于不同类色素。甜菜色素因在甜菜中大量存在而得名，也常被称为甜菜红。甜菜色素主要包括甜菜红素和甜菜黄素（betaxanthin）两类，分别呈红色和橙黄色。甜菜红素有广义和狭义之分，其英文名称分别为 betacyanin 和 betanidin，广义的甜菜红素除了包括存在于甜菜中的狭义的甜菜红素，还包括存在于苋中的苋红素（amaranthin）。苋红素由狭义的甜菜红素与葡萄糖醛酸化合而来，但与食品添加剂苋菜红不是同一种物质，后者是化工合成的偶氮类色素。

在植物组织中，甜菜色素一部分以游离状态存在，另一部分以糖苷形式存在，称为甜菜色苷（也常被不规范地称为甜菜花青苷），其中甜菜红素-5-*O*-β-葡萄糖苷（甜菜苷，betanin）是最常见的甜菜色苷。

积累甜菜色素的植物仅限石竹目的部分植物，在园艺产品中，最常见的只有甜菜、苋和火龙果。

（五）食用菌色素

食用菌（蘑菇、木耳等）是一类独特的园艺产品，它在生物学分类上属于真菌，而其他园艺产品均为植物。关于食用菌色素的研究相对有限，现在已知蘑菇通常不含有叶绿素和花色苷，一些蘑菇虽积累甜菜色素和类胡萝卜素，但呈色色素主要是醌类化合物（Velíšek and Cejpek，2011）。黑木耳中的色素则是黑色素（melanin），与人和动物皮肤中的黑色素是同一类物质。

二、色素代谢及其调节

（一）色素合成

园艺植物叶绿素、类胡萝卜素、类黄酮和花色苷、甜菜色素的合成途径现已明确（陈昆松和徐昌杰，2021），它们源于不同的前体物质，在不同亚细胞空间发生，涉及不同的关键酶，概要信息如表 5-5 所示。

表 5-5　园艺植物色素合成代谢概要信息

色素	前体物质	合成场所	部分关键酶
叶绿素	谷氨酸（Glu，用于卟啉环头部合成）、丙酮酸和甘油醛-3-磷酸（用于叶绿醇尾巴合成）	叶绿体	卟啉环头部合成：谷酰基 tRNA 还原酶（GluTR）（整个途径限速酶）、镁螯合酶（MgCh）、NADPH-原叶绿素酸酯氧化还原酶（POR） 叶绿醇尾巴合成：1-脱氧木酮糖-5-磷酸合成酶（DXS）、牻牛儿基牻牛儿基焦磷酸合成酶（GGPS） 整体合成：叶绿素合成酶（CHLG）
类胡萝卜素	丙酮酸、甘油醛-3-磷酸（均为糖酵解中间产物）	质体	DXS、GGPS、八氢番茄红素合成酶（PSY）
花色苷	苯丙氨酸（Phe）	细胞质	查耳酮合成酶（CHS）、二氢黄酮醇还原酶（DFR）、花色素合成酶（ANS）、尿苷二磷酸葡萄糖（UDPG）：类黄酮-3-*O*-葡萄糖基转移酶（UFGT）
甜菜色素	酪氨酸（Tyr）	细胞质	酪氨酸酶、多巴加双氧酶

相比之下，食用菌色素合成途径研究得较少。已经清楚黑木耳黑色素合成的初始前体也是酪氨酸，第一个关键酶也是酪氨酸酶，这与植物甜菜色素相同，但之后的代谢途径则与甜菜色素途径不同。

（二）类胡萝卜素分子转化与类胡萝卜素酯的形成

类胡萝卜素由 8 个异戊二烯基本单位缩合而来，八氢番茄红素是整个代谢途径中的第一个类胡萝卜素分子，在 PSY 催化下形成。之后在八氢番茄红素脱饱和酶（PDS）等酶的催化下依次脱去 8 个氢原子形成番茄红素，番茄红素再在不同环化酶的催化下形成 α-胡萝卜素和 β-胡萝卜素，进而转化为 α-支链和 β-支链的叶黄素类物质，在个别植物上还会形成物种特异的类胡萝卜素（图 5-3）（陈昆松和徐昌杰，2021）。

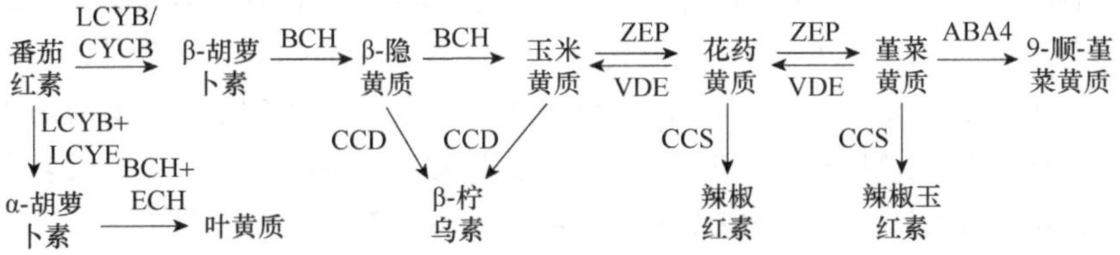

图 5-3　类胡萝卜素分子转化过程

ABA4．ABA 缺失表型关联蛋白 4；BCH．胡萝卜素 β-环羟化酶；CCD．类胡萝卜素裂解加双氧酶；CCS．辣椒红素/辣椒玉红素合成酶；CYCB．有色体特异的番茄红素 β 环化酶；ECH．胡萝卜素 ε 环羟化酶；LCYB．番茄红素 β 环化酶；LCYE．番茄红素 ε 环化酶；VDE．堇菜黄质脱环氧酶；ZEP．玉米黄质环氧酶

叶黄素类物质在不少植物组织中并不以游离态存在，而是与脂肪酸类物质化合形成类胡萝卜素酯（也称叶黄素酯）。参与酯化反应的脂肪酸主要有丁酸、癸酸、月桂酸、肉豆蔻酸、棕榈酸、棕榈油酸、硬脂酸、油酸等。叶黄素类物质是否以酯化形式存在与组织类型和植物种类有关。例如，所有植物叶片中的叶黄素不发生酯化，多数植物果实中的叶黄素类物质会发生酯化，但番茄成熟果实中的叶黄素类物质不发生酯化。有意思的是，番茄花瓣中的叶黄素类物质却可发生酯化。

（三）色素降解

园艺产品中色素的积累不仅取决于合成，也受降解的影响。色素降解研究主要集中于叶绿素和类胡萝卜素，花色苷和甜菜色素的降解代谢过程还不太清楚。

在园艺产品 4 类主要色素中，以叶绿素的降解最为明显，尤其是在果实成熟时叶绿素全部降解的现象在植物界十分普遍。叶绿素降解有着复杂的代谢途径并先后涉及叶绿体、细胞质和液泡这三个亚细胞空间。叶绿素 a 降解的第一阶段有两条途径，一是依次经叶绿素酶（CLH）催化脱植基和经镁脱螯合酶（MCS）催化脱镁形成脱镁叶绿酸 a，二是依次经 MCS 催化脱镁和经脱镁叶绿素酶（PPH）催化脱植基形成脱镁叶绿酸 a。两条途径均形成脱镁叶绿酸 a，该物质仍保持卟啉环结构，因而仍为绿色，之后在脱镁叶绿酸 a 加氧酶（PAO）及后续一系列酶的催化下最终降解成无色产物（陈昆松和徐昌杰，2021）。叶绿素 b 经相关酶催化转化为叶绿素 a，之后进入降解代谢。叶绿素降解代谢中的 MCS、PPH 和 PAO 等催化环节缺陷均可导致叶绿素降解受阻，表现为滞绿（stay green）症状，因此，广义而言，这些基因均为滞绿基因，但狭义而言，只有 MCS 编码基因才是滞绿基因（陈昆松和徐昌杰，2021；Thomas and Howarth，2000）。*SGR* 基因突变产生了孟德尔豌豆遗传试验中的种子子叶绿色性状。

类胡萝卜素降解在一些园艺产品的色泽形成中也起着重要作用。例如，有些白菊花及白肉桃都是类胡萝卜素降解过快所致。类胡萝卜素分子降解形成的产物中有少数几种仍然呈色，如 C_{30} 分子 β-柠乌素，但多数产物则因分子中的共轭双键数少于 7 个而呈无色。随类胡萝卜素分子结构不同，其降解产物也不相同。有些降解产物在植物生命活动中发挥重要作用。例如，高等植物 ABA 与调节植物分枝和株型及种子萌发的新型气态植物激素独脚金内酯（strigolactone）均来自类胡萝卜素降解途径。多数类胡萝卜素降解产物因分子较小而具备挥发性，因而对园艺产品香味的呈现具有重要作用。有些挥发性降解产物在植物与其他生物的互作中也起着重要作用，如多种物质涉及与昆虫互作，独脚金内酯调节菌根形成。类胡萝卜素降解在 9-顺式-环氧类胡萝卜素加双氧酶（NCED）/类胡萝卜素裂解加双氧酶（CCD）的催化下发生。*NCED/CCD* 是一个基因家族，在拟南芥上有 9 个成员，包括参与 ABA 合成的 *NCED2*、*NCED3*、*NCED5*、*NCED6* 和 *NCED9*，参与类胡萝卜素降解成 ABA 之外的其他小分子的 *CCD1* 和 *CCD4*，以及仅参与独脚金内酯代谢的 *CCD7* 和 *CCD8*。在一些植物上，这个基因家族成员数有所扩张，如柑橘 *CCD4* 则演化出 *CCD4a*、*CCD4b1*、*CCD4b2*、*CCD4c* 和 *CCD4d* 这 5 个成员，其中 CCD4b1 催化 β-柠乌素合成（王莎莎等，2018；Luan et al.，2020a）。

（四）花色苷的细胞内转运

花色苷和甜菜色素在细胞质中合成，却最终储存于液泡中，这就涉及色素的细胞内转运机制。甜菜色素的细胞内转运机制少有研究，花色苷上则相对较多，目前主要提出了 4 种机制（王璐等，2014）。

第一种机制依赖细胞质中的谷胱甘肽 *S*-转移酶（glutathione *S*-transferase，GST）及液泡膜上的多药耐药抗性相关蛋白（multidrug resistance-associated protein，MRP/ABCC）的共同作用。GST 的作用机制尚存在争论，它可能催化花色苷与谷胱甘肽（glutathione，GSH）结合，或直接与花色苷结合，但最终均再被 MRP 结合。MRP 是 ATP 结合盒式转运蛋白（ATP-binding cassette，ABC）超家族的一个亚家族，具有通过水解 ATP 获得能量进而将物质由液泡膜外运输至液泡膜内的能力。相对花色苷转运的其他几种机制，这一机制在植物上较为保守。*GST* 基因在园艺植物上已普遍得到鉴别。

第二种机制依赖多药和有毒化合物排出蛋白（multidrug and toxic compound extrusion，MATE），这是一类以膜两侧质子浓度梯度为驱动力的跨膜转运蛋白。葡萄 MATE 只能转运酰基化的花色苷而不能转运天竺葵色苷和矢车菊色苷，因而 MATE 通常与 GST 共同协调不同花色苷的转运。

第三种机制由囊泡介导。在细胞质中，花色苷在内质网膜上合成，通过形成有膜包裹的囊泡，最终将花色苷运入液泡并在液泡中形成一种包涵体，称为花色苷液泡包涵体（anthocyanic vacuolar inclusion，AVI）。但 AVI 可能仅限未糖基化的酰基化花色苷。AVI 的形成有时可使植物组织颜色出现蓝移现象，如天竺葵色素原本呈橙色，但积累该色素的康乃馨花瓣却呈现蓝灰色（王璐等，2014）。

花色苷转运的第四种机制涉及一种定位于液泡膜的与哺乳动物胆红素易位酶同源的蛋白质，这一机制仅在康乃馨中被发现（王璐等，2014）。

（五）质体发育与叶绿素和类胡萝卜素的积累

质体是叶绿素和类胡萝卜素的合成场所，也是积累部位，因此，质体发育与植物组织中这两类色素的积累息息相关。随细胞类型不同，质体呈现不同形态和结构，常见类型包括叶绿体（chloroplast）、有色体（chromoplast）、淀粉体（amyloplast）、白色体（leucoplast）、黄化质体（etioplast）等，这些质体又都是由分生组织细胞中的前质体

（proplastid）分化而来的。前质体是一类未分化的质体，受组织类型和光照等因子的影响分化为其他类型的质体，如叶片中的前质体在光下分化为叶绿体，而在无光下分化为黄化质体。

不同类型的质体之间也可发生转变，如马铃薯块茎出土后在光下变绿就涉及黄化质体转变为叶绿体这一变化。自然界最常见的质体转变当属叶绿体向有色体的转变，这是果实成熟期间绿色褪去并呈现果实特征色泽的原因。

由于不同类型的质体积累不同的色素，因而质体分化及不同类型间的转变对于色素积累至关重要。但质体转变的许多具体细节和机制还不明了，而且诸如果皮和果肉中的有色体的形成途径很可能不同，如枇杷果皮有色体主要由叶绿体转变而来，而果肉有色体则主要来自前质体从头分化（Lu et al.，2019）。果皮和果肉的有色体也常呈现不同的大小和形态。

与此同时，有色体发育与类胡萝卜素积累的关系是相互的，类胡萝卜素积累反之也会影响有色体的发育。例如，采用LCYB/CYCB抑制剂处理离体培养的普通脐橙汁囊会导致汁囊积累番茄红素而呈现红色，与此同时，有色体由处理前的椭球形转变为晶体状（Lu et al.，2017）。在改变了类胡萝卜素积累的转基因番茄果实和土豆块茎上也出现了类似现象。

（六）色素代谢的转录调控

植物代谢途径中基因的表达受转录因子、表观遗传因子及小RNA分子等调控，相对而言，围绕园艺产品色素，转录调控机制较为清晰。

园艺产品色素代谢的转录调控尤以花色苷最为典型，特别是MYB、bHLH、WD40这三个转录因子形成的MBW复合体在调控花色苷代谢方面在不同物种间均具有保守性（刘晓芬等，2013）。在这个复合体中，MYB通常起着核心作用。调控花色苷代谢的MYB属于植物R2R3 MYB的第十亚族，因而许多植物调控花色苷代谢的MYB被命名为MYB10。每种植物中有一到数个正调控花色苷代谢的MYB成员，同时在一些植物上也发现了负调控花色苷代谢的MYB成员，如草莓MYB1就是其中之一。植物内在因子和外部因素对花色苷合成的调控常通过作用于MBW转录调控体系而实现。除了MBW，在园艺产品上还发现了其他转录因子，如NAC、B盒锌指蛋白（BBX）、乙烯响应因子（ERF）等。

甜菜色素合成也受MYB转录调控。调控甜菜色素合成的MYB与调控花色苷合成的MYB在序列上具有高度同源性，但在一些关键氨基酸残基上却存在差异。在植物进化过程中，一个原本调控花色苷代谢的MYB成员发生了突变，在失去调控花色苷代谢这一功能的同时获得了调控甜菜色素合成的能力。这一独特突变使得甜菜色素和花色苷不会在同一植物组织中积累。

相对花色苷和甜菜色素，叶绿素及类胡萝卜素的转录调控效应相对而言不具典型性和保守性，甚少有某个转录因子能在多种园艺产品上均发挥调控作用。

三、色素积累的影响因素

（一）遗传

叶绿素是植物光合作用色素，在绿色植物组织中广泛存在。高等植物叶绿素均只有叶绿素 a 和叶绿素 b 两种，两种分子在成长叶中的比例约恒定为 3∶1，且在物种间没有明显区别。相类似地，叶片中的类胡萝卜素组成也相当保守，均以叶黄质为主要类胡萝卜素，占总量的一半以上，其他几种主要类胡萝卜素也比较固定，为β-胡萝卜素、玉米黄质、花药黄质、堇菜黄质和新黄质，其中玉米黄质、花药黄质和堇菜黄质构成了叶黄素循环，在植物应对强光胁迫和清除强光导致的自由基时发挥重要作用。

其他三类主要色素在园艺产品中的积累则具有不同程度的物种特异性。例如，甜菜色素仅局限于石竹目的部分植物，不同植物的花色苷组成有所不同（表 5-4）。在类胡萝卜素上，不同果蔬也积累不同的主要类胡萝卜素（表 5-2，表 5-3）。物种特异性不仅表现为部分类胡萝卜素（如β-柠乌素、虾青素、辣椒红素和辣椒玉红素）仅在少数物种中的一些品种中积累，还表现为番茄红素等代谢途径中间产物可在一些物种中大量积累而在其他物种中不能积累。色素积累的品种间差异十分明显。例如，葡萄花色苷组成不同决定了果实呈现从红色到蓝紫色的各种色泽；叶绿素、辣椒红素和辣椒玉红素及其他类胡萝卜素的差异积累造就了辣椒的红、黄、青三类色泽。品种间的这些色素积累差异与基因突变和表观遗传调控等密切相关（陈昆松和徐昌杰，2021；Luan et al.，2020b；刘晓芬等，2013）。在生产上，选择园艺植物栽培品种时要考虑遗传因素对色素积累的决定性作用。

（二）器官和组织类型

另一个影响色素积累的内在因子是器官和组织类型。首先表现为不同器官间的差异，如不少园艺植物可在果实和花瓣中积累花色苷，但在叶片、茎和根中却不能积累。其次表现为组织类型的差异，如果皮和果肉色素积累的差异在自然界十分普遍。由器官和组织类型决定的色素积累模式也较少能被栽培措施所大幅调控。

（三）发育阶段

发育阶段会影响园艺产品色素的积累。例如，有些植物只在幼叶中积累花色苷，这是由于类胡萝卜素合成依赖于质体发育而有所滞后，为抵御强光伤害，它们在进化过程中选择保留了幼叶积累花色苷但成长叶不积累花色苷的能力。发育阶段对花瓣中色素积累的影响也十分明显，在不少植物上，伴随花朵开放，花瓣中的色素不断积累。例如，金银花刚开时花瓣中色素积累少，表现为银花，之后随类胡萝卜素的积累黄色加深，表现为金花。

发育阶段对色素积累的影响在果实上尤为突出。随果实成熟，多数果实中的叶绿素因降解而不断丧失，与此同时，类胡萝卜素或花色苷得到逐渐积累。类胡萝卜素快速积累往往发生在叶绿素快速降解之前，因此在生产上对于促进类胡萝卜素积累的措施应该提前到脱绿转色前进行。花色苷积累的启动日期与果实发育阶段密切相关，在许多园艺植物上，只有果实到达成熟启动阶段后才开始积累花色苷。

无论是类胡萝卜素还是花色苷，往往只在果实达到成熟启动阶段后才快速积累，因而色素积累程度与转色后的留树天数密切相关。尽管果实采收后色素合成仍在进行，但色素合成需要消耗糖或氨基酸等前体物质，一些色素转运还涉及能量消耗，这就意味着果实中糖类等物质的充分积累往往是色素大量积累的先决条件，而果实转色后留树期的长短则决定了果实中糖类等物质的积累程度。因此，生产上宜推行完熟采收措施，以保障果实充分着色及其他品质性状的形成。

（四）环境因子

色素合成既受遗传、组织类型和发育阶段等内在因子调控，还在相当大的程度上受环境因子影响，特别是光照和温度。

1. 光照　光照对园艺产品的色素积累有促进作用，这不仅是因为光照刺激了色素合成代谢，还因为光照促进了与叶绿素和类胡萝卜素积累相关的质体发育。在光照下，前质体或黄化质体分化为叶绿体（叶片、茎）或有色体（花瓣），为叶绿素和类胡萝卜素的合成与积累提供了场所。在黑暗中，抑制质体发育及叶绿素合成的光形态建成负调控因子光敏素互作因子 1/3（PIF1/3）得到积累，而光形态建成正调控因子下胚轴伸长表型关联蛋白 5（HY5）积累受阻，而在光下，这两类转录因子的积累发生相反的变化。此外，光照也可促进类胡萝卜素合成关键基因 *PSY* 的表达，这是由于光下 *PSY* 基因表达的负调控因子 PIF1 的积累受到抑制而正调控因子 HY5 得到积累（Wang et al.，2021）。

光照对花色苷合成具有强烈的促进作用，尤其是蓝光/UV-A 及 UV-B 的效应最为强烈，远红光可增进其他光促进花色苷积累的作用。光照调控花色苷合成与细胞内转运涉及光信号接收、转导、蛋白质修饰与降解、转录调控等分子机制。在黑暗中，光受体处于钝化状态，导致与其互作的组成型光形态建成表型关联蛋白 1（COP1）可行使降解靶蛋白的功能。COP1 的靶蛋白包括花色苷合成正调控转录因子 HY5、MYB 和 BBX，因此，黑暗中 COP1 的活化导致了花色苷合成受到抑制。相反，在相应波长的光下，UV 抗性位点 8 蛋白（UVR8，UV-B 受体）和隐花色素（Cry，UV-A/蓝光受体）得到活化，活化的受体可与 COP1 互作从而阻止 COP1 与 HY5、MYB 和 BBX 等靶蛋白的互作，进而防止这些靶蛋白的降解，于是花色苷合成受到促进。同时，HY5 还可通过促进 UV-B 光形态建成蛋白（*RUP*）及蓝光受体隐花素抑制蛋白（*BIC*）等相关基因的表达进而反馈调控光受体活化状态，从而整合了 UV-A/蓝光和 UV-B 信号对光形态建成及花色苷合成的调控（Tissot and Ulm，2020）。除了这些核心基因，WRKY、NAC 等转录因子及一些 miRNA 和 lncRNA 也参与了这一调控过程。

光照对甜菜色素合成也有影响，在一些研究中发现甜菜色素对光照的响应模式与花色苷有点类似，但具体机制尚不清楚。

由于光照对色素积累有促进作用，园艺植物栽培时要考虑立地条件、栽植密度及采用植株调整措施以保障良好的光照条件。同时，套袋是生产上常用的栽培措施之一，其主要目的是防鸟、防虫并减少农药残留，但套袋对色素积累也会产生影响。由于果皮叶绿素合成依赖光照，因此，套黑袋可以抑制叶绿素合成最终使果面脱绿，利于生产白色或浅色果实。同时，由于类胡萝卜素和花色苷的合成也受光照促进，因此，套袋不利于这两类色素积累，特别是透光性差的果袋对花色苷合成的抑制作用较为突出。例如，转色期前对桃进行套黑袋可阻止果实转红。桃产业上常用的纸袋对紫外线的透光性差，生产的果实常出现红色程度不足的问题，而套紫外线透光性较好的无纺布果袋则不影响桃果实着色（Liu et al.，2015）。与桃上采收前不摘袋的栽培措施不同，在苹果上，果实采收前一个月左右起需采取逐步开袋和摘袋措施，以促进果实花色苷积累。

此外，园艺产品还存在不依赖光的色素积累调控模式，让没有暴露在光下的园艺产品积累色素。例如，猕猴桃果肉及一些植物种子的绿色子叶积累叶绿素，胡萝卜根和许多果实的果肉积累类胡萝卜素，紫薯根及桃果心和红肉李、樱桃等果肉积累花色苷，红心火龙果果肉积累甜菜色素。胡萝卜根和番薯根的色素积累非但不依赖光照，其有色体发育和类胡萝卜素积累反而受光照抑制。

2. 温度　植物生命活动涉及一系列酶催化的生物化学反应，而酶活性受诸多因素影响，其中温度是最重要的因子之一。酶活性发挥具有最适温度范围，过高或过低都不利于生物化学反应的进行。然而，植物代谢产物的积累往往同时涉及合成与降解及多条支链途径的竞争等因素，使得温度对代谢产物的积累具有复杂的影响。

叶绿素合成的最适温度为30℃，过高或过低的温度不利于叶绿素合成，并伴有叶绿体发育异常。自然环境中的低温对叶绿素合成的影响比高温更加突出，以黄瓜为例，7℃下叶绿素合成速率被抑制90%而在42℃下仅被抑制60%。对于园艺产品品质而言，叶绿素的降解与合成同等重要，叶绿素合成受抑对色泽带来的不利影响往往并不突出，而叶绿素降解受阻则导致果实商品性下降，如香蕉和柑橘产业上常遭遇脱绿问题。叶绿素降解也受温度的影响，15～28℃为降解适宜温度，4℃及以下低温或 38℃及以上高温均会导致柑橘果实叶绿素降解受阻。由于叶绿素降解最适温度低于叶绿素合成，这就使得采收季节较高温度易导致果实脱绿受阻。温度对叶绿素积累的效应为园艺植物栽培区域选择提供了额外的依据。例如，椪柑等晚熟柑橘种在北缘地区常可因转色期及之后遭遇自然低温抑制叶绿素降解而难以脱绿，种在热带地区的柑橘则因高温下叶绿素合成强于降解也导致难以脱绿。浙江产区种植的‘宫川’温州蜜柑于 10 月上中旬成熟，常因气温偏高而在不同程度上遭遇脱绿困难，但如采取完熟栽培措施，推迟至 11 月上中旬采收，则果实可随气温下降而自然脱绿。

过低或过高的温度对于类胡萝卜素的合成和积累也有不利影响，但适宜温度随园艺产品的种类而有所不同。15℃最有利于红皮胡柚果皮 β-柠乌素的积累（Luan et al., 2020a）。在红辣椒上，30℃比20℃更有助于辣椒果实脱绿及辣椒红素积累，但在同属茄属的番茄上，30℃及以上温度不利于果实类胡萝卜素的积累。由于番茄红素是番茄主要的类胡萝卜素，因而高温条件下番茄果实的红色程度往往较浅。产业上可通过产区选择等措施避免高温和低温对类胡萝卜素积累与果实着色的不利影响。

温度对花色苷积累也有影响，通常相对较低的温度较为有利。在苹果上，相对较低的温度（17℃）比较高的温度（27℃）更利于花色苷积累，这与低温下诱导了 *bHLH3* 成员表达相关。7℃夜温比 17℃可使苹果果皮花色苷含量翻倍，这是因为相对较高的夜温抑制了 *MYB10* 基因表达。此外，低温和 UV 对苹果花色苷积累的诱导具有互作效应，*COP1*、*BBX*、*HY5*、*MYB* 等成员的表达对两种环境因子均作出响应。夜温高低会影响苹果果实着色深度，在高品质苹果栽培产区选择时需要考虑这一因素。我国西北产区具有低夜温和强 UV 的优势，为深红色苹果的生产提供了得天独厚的条件。在一些红梨品种上，12～22℃条件下着色良好而高于 22℃时着色不良，因此南方产区宜选择高海拔地区栽培以满足梨着色期对相对较低温度的需求。除了果皮，果肉花色苷的积累也受温度调控，如‘Friar’红肉李在 0℃和 25℃条件下均不能积累花色苷而在 10℃条件下可大量积累花色苷。16℃利于‘中华寿桃’果肉花色苷积累，而这一效应在 12℃和 20℃条件下则要弱得多，贮藏于 8℃及以下温度时则花色苷完全不能积累（Zhu et al.，2020）。在血橙上，4℃贮藏对花色苷合成有强烈的诱导作用，这是由于调控花色苷的 *Ruby*（一个 *MYB* 成员）的启动子中具有低温响应元件。

相对于光照，温度调控形态建成和花色苷积累的机制尚不透彻。光照与温度在信号转导途径上具有交叉点，如蓝光下 Cry2 降解这一过程在低温下受到促进（Ma et al.，2021），同时高温可促进 COP1 从细胞核移出，光照和温度从而在这两个重要节点上对花色苷积累发挥协同调控作用。

（五）化学调控

1. 植物激素与生长调节物质 植物色素代谢与积累受遗传、组织类型、发育阶段等内在因子及光照和温度等外界环境因子的影响，在这些过程中，植物激素发挥了重要作用。因此，外源生长调节剂的施用同样会对色素代谢产生影响。

植物激素对叶绿素合成的调控作用与光形态建成的信号转导有机整合，如光照通过抑制 COP1 作用而阻止 EIN3（乙烯不敏感表型关联蛋白 3，乙烯信号转导元件之一）结合 F 盒蛋白（EBF）从而抑制其降解，乙烯则可诱导 EBF 降解从而起着相反的作用，因此，在幼苗出土前由机械压力导致的乙烯生成加强了暗形态建成，利于幼苗出土；又如，生长素和细胞分裂素均可通过信号转导对 *HY5* 表达产生调控，而赤霉素则可通过 DELLA（一种赤霉素信号转导元件，因含有保守的天冬氨酸-谷氨酸-亮氨酸-亮氨酸-丙氨酸基序而得名）进而直接或由 PIF 介导调控叶绿素合成。叶绿素的降解代谢也受植物激素调控。例如，乙烯可促进叶绿素降解，而生长素、细胞分裂素和赤霉素则可抑制叶绿素降解。应用乙烯或乙烯利对柑橘果实进行脱绿已是产业上的常规措施。

植物激素对类胡萝卜素代谢的调控与叶绿素既有相同之处，也有不同之处。在光形态建成阶段，植物激素对两类色素合成的调控方向是一致的，而在植物组织衰老和果实成熟阶段，由于处于叶绿体向有色体转化阶段，植物激素对两类色素积累的调控总体上是相反的。促进叶绿素降解的乙烯、ABA 等可促进类胡萝卜素积累，而生长素、赤霉素和细胞分裂素则起着相反的作用。

由于植物激素对光形态建成中若干个关键转录因子的表达产生调控，因此，植物激素对光形态建成阶段的花色苷形成产生影响。植物激素与生长调节物质对于组织衰老和果实成熟期间的花色苷合成也有调控作用，但在不同物种上有所差异。在苹果和李等大多数果实上，乙烯促进花色苷合成，于是果实转色和其他成熟症状同步出现，但在红梨果实上，乙烯处理抑制了花色苷合成，与乙烯激活了 *ERF105* 表达，后者又激活了 *MYB140* 这个抑制型 MYB 成员表达相关（Ni et al.，2021）。1-甲基环丙烯（1-MCP，可与乙烯竞争结合乙烯受体而干扰乙烯信号转导）在调控花色苷合成中起着与乙烯相反的作用。ABA 可促进苹果、樱桃、荔枝和蓝莓等一些果实的花色苷积累。苹果 ABA 信号转导成员 ABA 不敏感表型关联蛋白 5（ABI5）是一种转录因子，可激活 MYB1-bHLH3 复合体的转录活性（An et al.，2021）。通常，生长素和赤霉素对花色苷的合成起着抑制作用。细胞分裂素类生长调节剂氯吡苯脲（CPPU）对荔枝花色苷积累起着抑制作用，但在红肉苹果愈伤组织上，另一种细胞分裂素类生长调节物质 6-苄基腺嘌呤（6-BA）对花色苷积累的作用与浓度相关，低浓度促进积累而高浓度起抑制作用（Wang et al.，2019）。茉莉酸甲酯（MeJA）对花色苷积累的效应与乙烯接近，与 MeJA 处理可诱导乙烯合成相关。另外，叶绿素合成代谢中的中间产物 5-氨基乙酰丙酸（ALA）对于苹果、葡萄和荔枝果实的花色苷积累有强烈的促进作用。

2. 矿质营养　矿质营养对植物色素合成也有影响，进而调控植物组织和器官的色泽。对于叶绿素合成而言，N、Mg、Fe 这三种元素尤为重要，叶片失绿往往与这三种元素之一的缺乏相关。此外，K、Ca、S、B 的缺乏也可导致叶绿素积累减少。P 供应不足或过多均不利于叶绿素合成，这是由于 P 过多易导致 Fe 等微量元素缺乏，同时也抑制 N 的吸收。

类胡萝卜素合成也在一定程度上受矿质元素供应的影响。过多的氮肥产生不利效应，这与叶绿体向有色体的转变受到抑制相关。P 的充足供应有利于类胡萝卜素合成，菌根共生促进类胡萝卜素合成被认为与菌根促进了 P 的吸收相关。K 有利于类胡萝卜素合成，在果实转色期前后增施 P、K 肥已成为生产上的常规措施。

花色苷的合成和积累对矿质元素的丰盈程度高度敏感。缺 N 易促进花色苷合成从而在叶片绿色程度减轻的同时呈现红色，P 供应不足也易导致花色苷积累。K 的充分供应有助于花色苷合成和积累。

第二节　香 气 物 质

香气是园艺产品的重要品质指标。特征香气的形成可以指示园艺产品的种类，体现果实的风味、成熟度和新鲜度。香气的释放可以通过吸引昆虫完成花朵的授粉，也可以促进果实消费从而有利于种子传播与繁殖。一些香气物质本身具有生物活性，比如大蒜素（即二烯丙基硫化物）、姜黄素、芥末丁香酚等具有抗菌、消炎和抗氧化等功效，叶片释放的己烯醛等短链香气物质则具有抗虫等作用。香气品质的功能贯穿于园艺植物整个生命周期，对于园艺产品的生长发育、成熟衰老等生理过程都具有重要的生物学意义。

一、园艺产品香气物质的主要类型和分布

香气来源于挥发性化合物，已经鉴别出的物质有 2000 余种。根据化学结构，香气物质大致可分为酯类、内酯类、醇类、醛类、萜类、酚类、醚类、酮类和含硫化合物等（张上隆和陈昆松，2007）。不同香气物质具有不同的感官体验。例如，含有 6 个碳（C_6）和 9 个碳（C_9）的醛和醇，通常具有青草及树叶的香气，属于青香型物质；酯类和内酯类物质一般具有甜香及成熟水果香气；含硫挥发性物质具有刺激性气味，主要分布在洋葱、韭菜和大蒜等园艺产品中（陈昆松和徐昌杰，2021）。不同类别和含量的挥发性化合物形成了园艺产品多样的香气品质。

（一）浆果类

草莓果实中的香气物质种类超过 300 种，其中 31 种物质与风味强度显著相关（Schwieterman et al.，2014）。由于其强烈的甜味和令人愉悦的气味，在受到消费者喜爱的同时，研究人员也对其香气物质进行了广泛研究，发现 4-羟基-2,5-二甲基-3-（2*H*）-呋喃酮（HDMF）及其甲基醚甲基呋喃（DMMF）是草莓果实最重要的香气物质。γ-十二内酯、丁酸乙酯和己酸乙酯通过增强甜味强度，对草莓果实香气具有贡献（表 5-6）。此外，3-丁酸甲酯和丁酸乙酯等酯类也是草莓果实香气品质形成的重要物质基础。

表 5-6 浆果类水果的主要香气物质

水果	种类	中文名称	英文名称
草莓（*Fragaria*×*ananassa*）	呋喃酮类（furanones）	4-羟基-2,5-二甲基-3-（2*H*）-呋喃酮、4-甲氧基-2,5-二甲基-3（2*H*）-呋喃酮	furaneol（HDMF），mesifurane（DMMF）
	酯类（esters）	3-丁酸甲酯、丁酸乙酯、己酸乙酯	3-methyl butyrate，ethyl butyrate，ethyl hexanoate
	内酯类（lactones）	γ-癸内酯、γ-十二内酯	γ-decalactone，γ-dodecalactone
	萜类（terpenoids）	芳樟醇	linalool
葡萄（*Vitis vinifera*）	萜类（terpenoids）	芳樟醇、香叶醇、香茅醇、橙花醇	linalool，geraniol，citronellol，nerol
	酯类（esters）	邻氨基苯甲酸甲酯	methyl anthranilate
	甲氧基吡嗪类（methoxypyrazines）	2-甲氧基-3-异丁基吡嗪	2-methoxy-3-isobutylpyrazine
猕猴桃（*Actinidia deliciosa*）	酯类（esters）	丁酸乙酯、丁酸甲酯、苯甲酸甲酯	ethyl butanoate，methyl butanoate，methyl benzoate
	醛类（aldehydes）	己醛、*E*-2-己烯醛	hexanal，*E*-2-hexenal
	醇类（alcohols）	*E*-2-己烯醇、己醇	*E*-2-hexenol，hexanol
香蕉（*Musa acuminata*）	酯类（esters）	3-甲基乙酸丁酯、3-甲基丁酸丁酯	3-methylbutyl acetate，3-methylbutyl butanoate
	醛类（aldehydes）	*E*-2-己烯醛、己醛	*E*-2-hexenal，hexanal
	醇类（alcohols）	3-甲基丁醇、2,3-丁二醇	3-methyl butanol，2,3-butanediol

葡萄果实中的香气物质主要包括芳樟醇、香叶醇、香茅醇和橙花醇等萜烯类，以及邻氨基苯甲酸甲酯等酯类。萜类香气物质含量最为丰富且感官阈值低，对葡萄果实的香气品质贡献较大。猕猴桃和香蕉果实的香味主要来源于酯类。成熟猕猴桃果实的香气主要来源于丁酸乙酯和丁酸甲酯等直链酯类，而影响香蕉果实香气形成的酯类主要是支链酯类，如 3-甲基乙酸丁酯和 3-甲基丁酸丁酯。

（二）核果类

作为核果类的桃在世界范围内被广泛种植。在桃果实中已鉴定出 100 多种挥发性化合物，其中 γ-内酯和 δ-内酯是成熟果实特有香味的主要物质基础（表 5-7）。称为“桃醛”的 γ-十一内酯由于其独特的桃子气味而被作为调味剂广泛应用在食品和香料中。此外，γ-己内酯、γ-辛内酯和乙酸乙酯与桃果实香气强度具有正相关关系，而苯乙醛和三甲苯则对桃果实的香气感知有负面影响，其中苯乙醛被描述为辛辣和苦味。

表 5-7 核果类水果的主要香气物质

水果	种类	中文名称	英文名称
桃（*Prunus persica*）	内酯类（lactones）	γ-癸内酯、δ-癸内酯、γ-十一内酯	γ-decalactone，δ-decalactone，γ-undecalactone
	酯类（esters）	乙酸己酯、*Z*-乙酸-3-己烯酯、*E*-乙酸-2-己烯酯	hexyl acetate，*Z*-3-hexenyl acetate，*E*-2-hexenyl acetate
	萜类（terpenoids）	芳樟醇	linalool

续表

水果	种类	中文名称	英文名称
杏（*Prunus armeniaca*）	内酯类（lactones）	γ-癸内酯、δ-癸内酯	γ-decalactone，δ-decalactone
	降异戊二烯类（norisoprenoids）	大马士酮、β-紫罗兰酮	damascenone，β-ionone
芒果（*Mangifera indica*）	萜类（terpenoids）	α-蒎烯、γ-萜品烯、β-水芹烯、萜品油烯	α-pinene，γ-terpinene，β-phellandrene，terpinolene
	酯类（esters）	乙酸乙酯、丁酸乙酯	ethyl acetate，ethyl butyrate
	醛类（aldehydes）	*E*-2-己烯醛、己醛	*E*-2-hexenal，hexanal

（三）仁果类

苹果属于仁果类，被广泛用于鲜食和果汁加工中。已在新鲜苹果中鉴定出300余种香气物质，其中20～30种具有较高的感官贡献。对于‘金冠’（‘Golden Delicious’）和‘富士’（‘Fuji’）苹果，酯类是最重要的香气物质，如乙酸己酯、乙酸丁酯和2-甲基乙酸丁酯等（Ulrich and Dunemann，2012）（表5-8）。通过对不同品种苹果开展感官评价和香气组分分析，发现‘澳洲青苹果’（‘Granny Smith’）具有青草气味，这种特征香气主要由醛类和醇类产生。

表5-8　仁果类水果的主要香气物质

水果	种类	中文名称	英文名称
苹果（*Malus domestica*）	酯类（esters）	乙酸己酯、2-甲基乙酸丁酯、乙酸丁酯、2-甲基丁酸甲酯	hexyl acetate，2-methyl-butyl acetate，butyl acetate，methyl-2-methylbutyrate
	醛类（aldehydes）	己醛、*E*-2-己烯醛	hexanal，*E*-2-hexenal
	醇类（alcohols）	丁醇、2-甲基丁醇、1-戊醇、3-己烯醇	butanol，2-methylbutanol，1-pentanol，3-hexenol
梨（*Pyrus* spp.）	酯类（esters）	己酸乙酯、丁酸乙酯、乙酸乙酯、乙酸己酯、乙酸丁酯	ethyl hexanoate，ethyl butyrate，ethyl acetate，hexyl acetate，butyl acetate
	醛类（aldehydes）	己醛、*E*-2-己烯醛	hexanal，*E*-2-hexenal

（四）柑果类

对于柑橘果实而言，萜类途径的柠檬烯是含量最丰富的香气物质。β-榄香烯、β-月桂烯和芳樟醇氧化物参与宽皮柑橘的花香气味形成（表5-9）。瓦伦烯是甜橙区别于其他柑橘的重要香气物质。此外，丁酸乙酯、月桂烯、柠檬烯、对伞花烃和芳樟醇也是甜橙主要的气味活性化合物，具有菠萝和甜橙花香。柠檬果实含有大量的柠檬内酯，使得成熟果实具有特殊的香气。诺卡酮是影响葡萄柚果实香气的关键化学物质（Plotto et al.，2017）。

表5-9　柑果类水果的主要香气物质

水果	种类	中文名称	英文名称
宽皮柑橘（*Citrus reticulata*）	倍半萜类（sesquiterpenes）	β-榄香烯	β-elemene
	单萜类（monoterpenes）	芳樟醇、β-月桂烯、β-蒎烯	linalool，β-myrcene，β-pinene
	萜类（terpenoids）	*Z*-和 *E*-芳樟醇氧化物	*Z*-and *E*-linalool oxides

续表

水果	种类	中文名称	英文名称
甜橙（*Citrus sinensis*）	单萜类（monoterpenes）	月桂烯、柠檬烯、对伞花烃、芳樟醇	myrcene，limonene，*p*-cymene，linalool
	倍半萜类（sesquiterpenes）	瓦伦烯、石竹烯氧化物	valencene，caryophyllene oxide
	酯类（esters）	丁酸乙酯	ethyl butyrate
柠檬（*Citrus limon*）	单萜类（monoterpenes）	香茅醛、β-蒎烯、α-松油烯	citronellal，β-pinene，α-terpinene
	倍半萜类（sesquiterpenes）	α-佛手柑、β-红没药烯	α-bergamotene，β-bisabolene
	内酯类（lactones）	柠檬内酯	limettin
葡萄柚（*Citrus paradisi*）	单萜类（monoterpenes）	α-萜品烯、α-蒎烯、桧烯	α-terpinene，α-pinene，sabinene
	酮类（ketones）	诺卡酮	nootkatone
	醛类（aldehydes）	*E*-2-己烯醛、十一醛	*E*-2-hexenal，undecanal

（五）其他园艺产品

蔬菜和花卉等园艺产品也具有丰富多样的香气物质。比如，香草的特征香味来源于香兰素（vanillin），薄荷醇（menthol）是薄荷特征香味形成的主要物质，姜香味的主要贡献者是6-姜酚（6-gingerol），大蒜素（allicin）则是大刺激性气味的主要来源（陈昆松和徐昌杰，2021）。对于兰花而言，苯乙醇（phenylethyl alcohol）是香气形成的主要物质基础，3,5-二甲氧基甲苯（3,5-dimethoxytoluene）是玫瑰重要的呈香物质。

二、香气物质代谢途径

香气物质属于次生代谢产物，根据生物合成的前体物质类型，其代谢途径可分为脂肪酸途径、萜类途径和氨基酸途径等（图5-4）。

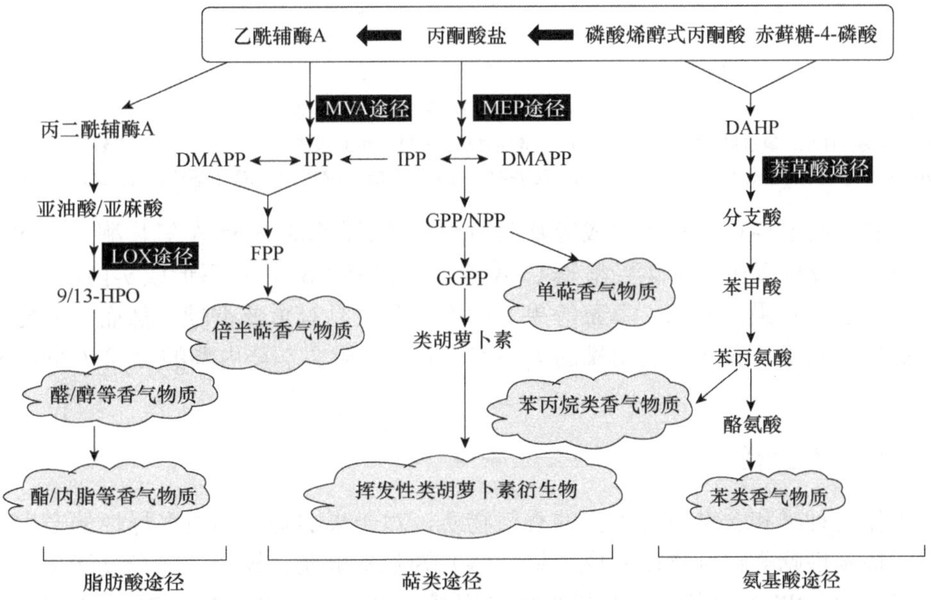

图5-4　果实香气物质的代谢途径（Dudareva et al.，2013）

LOX．脂氧合酶；9/13-HPO．9/13-氢过氧化物酶；MVA．甲羟戊酸；DMAPP．二甲基烯丙基二磷酸；IPP．异戊烯基二磷酸；FPP．法尼基二磷酸；MEP．甲基赤藓糖醇磷酸；GPP．牻牛儿基焦磷酸；NPP．橙花基焦磷酸；GGPP．双牻牛儿基焦磷酸；DAHP．3-脱氧-D-阿拉伯庚酮糖-7-磷酸

（一）脂肪酸途径

脂肪酸途径是许多香气物质的来源，主要包括脂氧合酶（LOX）和 α/β-氧化两条分支（图 5-5）。以不饱和脂肪酸亚油酸和亚麻酸为底物，在 LOX 和氢过氧化物裂解酶（HPL）的作用下形成绿叶型香气物质 C_6 和 C_9 醛，经过醇脱氢酶（ADH）的催化生成相应醇类，再经过醇酰基转移酶（AAT）催化转化为酯类，赋予果实甜味和果香味。在桃和番茄果实中的研究证明，羧酸酯酶（CXE）可以催化酯类水解为相应的醇类物质，维持醇类与酯类的平衡（Goulet et al.，2012；Cao et al.，2019）。

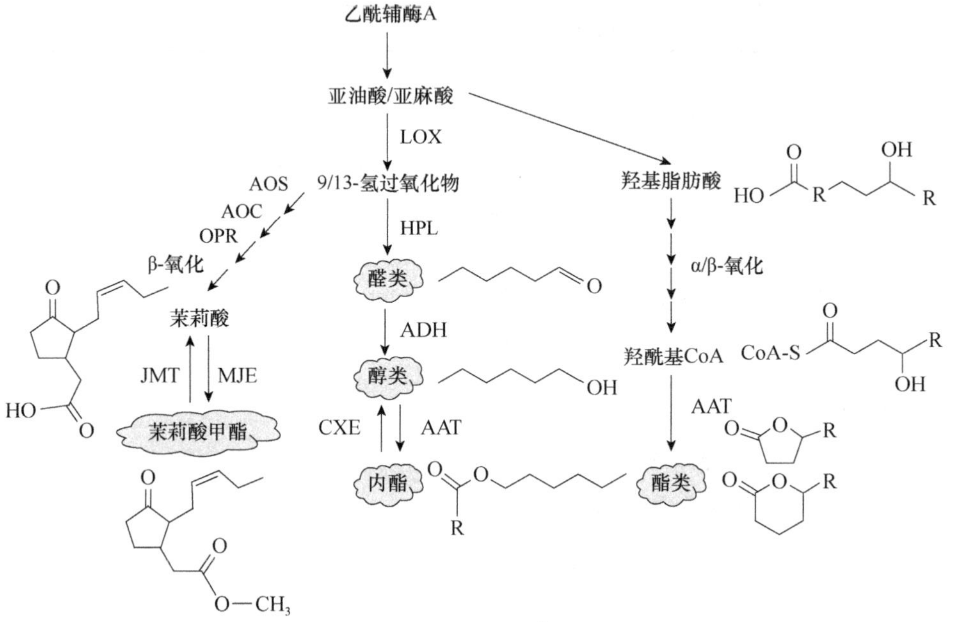

图 5-5　脂肪酸途径香气的代谢通路

LOX. 脂氧合酶；HPL. 氢过氧化物裂解酶；ADH. 醇脱氢酶；AAT. 醇酰基转移酶；CXE. 羧酸酯酶；AOS. 丙二烯氧化物合酶；AOC. 丙二烯氧化物环化酶；OPR. 12-氧-植物二烯酸还原酶；JMT. 茉莉酸甲基转移酶；MJE. 茉莉酸甲酯酶

不饱和脂肪酸经过羟基化形成羟基脂肪酸，然后在酰基辅酶 A 氧化酶（ACX）等酶的作用下经过 α/β-氧化形成 4-羟酰基 CoA 或 5-羟酰基 CoA，最后形成 γ-内酯或 δ-内酯。内酯对桃、李、芒果、木瓜、草莓等果实的香气品质具有重要贡献。然而，内酯的合成途径目前仍未明确。有研究表明桃的 *PpAAT1* 能催化果实 γ-癸内酯的合成（Peng et al.，2020）。

（二）萜类途径

萜类作为种类和含量最为丰富的香气物质，对于果实香气品质多样性的产生起着重要作用。挥发性萜类化合物以异戊二烯（C_5）为基本单元。异戊二烯经过活化转化为异戊烯基二磷酸（IPP）及其烯丙基异构体二甲基烯丙基二磷酸（DMAPP）。植物体内 IPP 和 DMAPP 主要通过两个途径合成，由三个乙酰辅酶 A（acetyl-CoA）形成的甲羟戊酸（MVA）途径及由丙酮酸或甘油醛-3-磷酸（G3P）缩合形成的甲基赤藓醇磷酸（MEP）

途径。MVA 途径发生在细胞质，主要合成挥发性倍半萜；MEP 途径发生在质体，主要负责合成单萜（图 5-6）。随后，IPP 和 DMAPP 缩合为牻牛儿基焦磷酸（GPP）、法尼基二磷酸（FPP）和双牻牛儿基焦磷酸（GGPP），分别作为单萜（C_{10}）、倍半萜（C_{15}）和挥发性类胡萝卜素衍生物的前体。GPP 和 FPP 经萜类合成酶（TPS）催化形成多种萜烯香气物质。

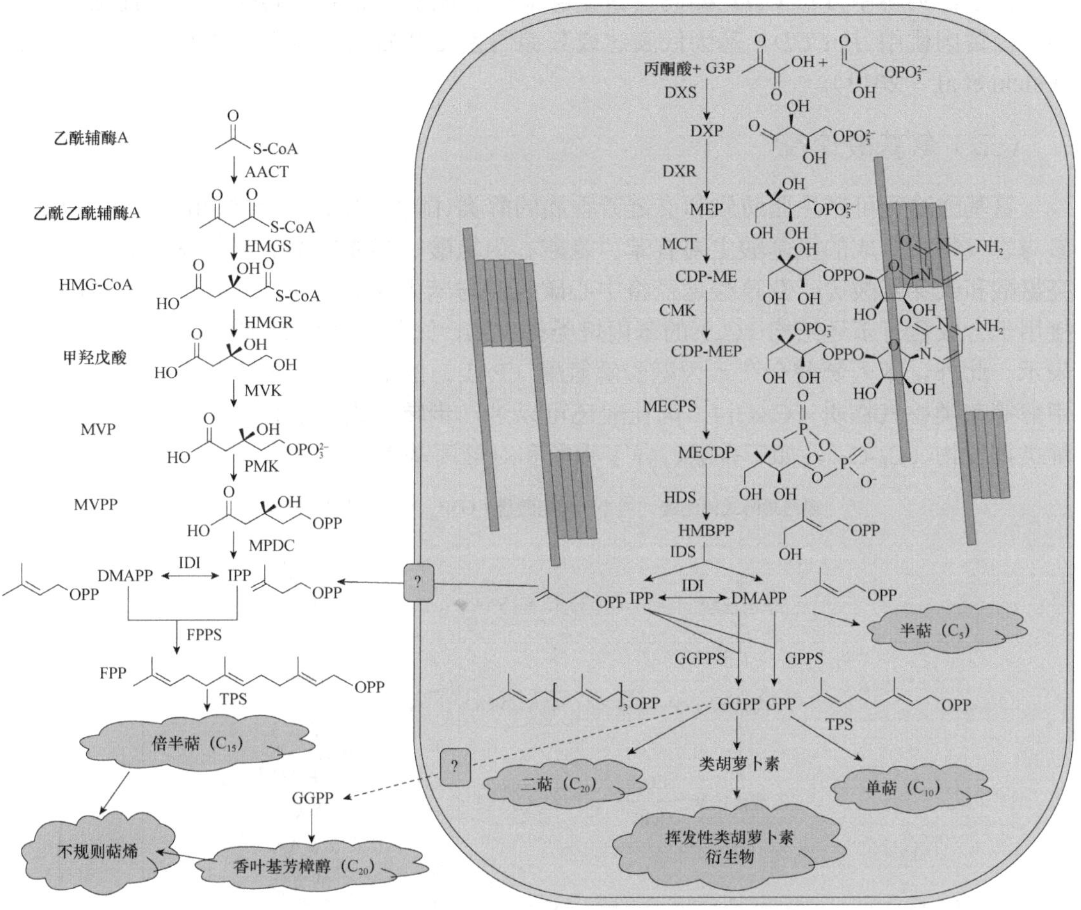

图 5-6　萜类香气的合成途径（Dudareva et al.，2013）

AACT．乙酰乙酰 CoA 转移酶；CDP-ME．4-二磷酸胞苷-2-C-甲基-D-赤藓糖醇；CDP-MEP．2-磷酸-4-（胞苷 5′-二磷酸）-2-C-甲基-D-赤藓糖醇；CMK．CDP-MEP 激酶；DMAPP．二甲基烯丙基二磷酸；DXP．1-脱氧-D-木酮糖 5-磷酸；DXS．DXP 合酶；DXR．DXP 还原异构酶；MEP．甲基赤藓糖醇磷酸；FPP．法尼基二磷酸；FPPS．法尼基二磷酸合酶；G3P．甘油醛-3-磷酸；GGPP．双牻牛儿基焦磷酸；GGPPS．双牻牛儿基焦磷酸合酶；GPP．牻牛儿基焦磷酸；GPPS．牻牛儿基焦磷酸酶；HDS．HMBPP 合酶；HMBPP．1-羟基-2-甲基-2-丁烯基 4-二磷酸；HMG-CoA．羟甲基戊二酰辅酶 A；HMGR．HMG-CoA 还原酶；HMGS．HMG-CoA 合酶；IDI．异戊烯焦磷酸异构酶；IDS．异戊烯二磷酸合酶；IPP．异戊烯基二磷酸；MCT．甲基赤藓糖醇磷酸胞苷转移酶；MECDP．2-C-甲基-D-赤藓糖醇-2,4-环二磷酸；MECPS．MECPD 合酶；MVK．甲羟戊酸激酶；MPDC．MVA 二磷酸脱羧酶；MVP．5-磷酸 MVA；MVPP．5-焦磷酸 MVA；PMK．磷酸 MVA 激酶；TPS．萜类合成酶

TPS 是萜类生物合成的终端酶。*TPS* 基因家族的成员已在多种果实中被克隆和鉴别，包括番茄、柑橘、葡萄和苹果等。桃果实的 *PpTPS1* 和 *PpTPS3* 参与单萜类芳樟醇合成（Liu et al.，2017；Wei et al.，2021）。柑橘的 *CsTPS1* 催化瓦伦烯生物合成（Sharon-Asa et al.，

2003），*CitTPS16* 参与香叶醇合成（Li et al.，2017a）。TPS 催化产生的挥发性萜类化合物可通过氧化还原、酰基化和糖基化发生进一步修饰，由此增加了萜类途径香气物质的多样性。

一些萜烯类香气物质，如紫罗兰酮、大马士酮和香叶基丙酮，需要类胡萝卜素裂解双加氧酶（CCD）通过裂解类胡萝卜素合成。黄肉桃和白肉桃果实香气的差异较大，主要是由于白肉桃中 *PpCCD4* 编码蛋白能够催化类胡萝卜素裂解转化为挥发性萜类化合物，而黄肉桃中 *PpCCD4* 基因低表达或其编码蛋白截断而不能催化类胡萝卜素的裂解（Falchi et al.，2013）。

（三）氨基酸途径

氨基酸途径可产生脂肪族和支链芳香族的醇类、酯类、羰基化合物和酸类等（图 5-7）。参与香气物质合成的氨基酸主要有苯丙氨酸、丙氨酸、半胱氨酸、缬氨酸、异亮氨酸、亮氨酸和天冬氨酸等。莽草酸途径将中心碳代谢与苯丙氨酸联系起来，而苯丙氨酸可直接用于合成含有苯环结构（C_6）的苯丙烷类挥发物，如苯乙醛和 2-苯乙醇，这里用 C_6-C_2 表示。此外，苯丙氨酸会在苯丙氨酸解氨酶（PAL）的催化下生成肉桂酸，用于合成苯甲醇等苯类香气物质（C_6-C_1）。肉桂酸还可以进一步转化为乙酸松柏酯，用于合成苯丙烯类挥发物（C_6-C_3），如丁香酚、异丁香酚和对烯丙基苯酚等。

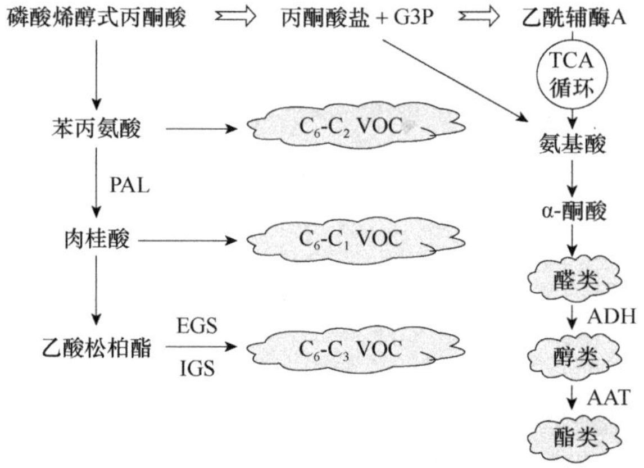

图 5-7　氨基酸香气的合成途径

PAL．苯丙氨酸解氨酶；EGS．丁香酚合成酶；IGS．异丁香酚合成酶；G3P．甘油醛-3-磷酸；TCA．三羧酸；ADH．醇脱氢酶；AAT．醇酰基转移酶；VOC．挥发性化合物

亮氨酸、异亮氨酸和缬氨酸是合成芳香物质的主要支链氨基酸。源自亮氨酸的挥发性物质，如 3-甲基丁醛、3-甲基丁醇，在草莓等水果中含量丰富。3-甲基乙酸丁酯、乙酸丁酯和 3-甲基丁酸丁酯等支链酯类，是香蕉果实中最丰富的香气物质。这些支链氨基酸可以通过氨基转移酶的作用转化为α-酮酸，然后进行脱羧或脱氢作用形成支链醇和酰基-CoA，最终再经过一系列酶催化反应形成各种酯类和酮类物质。

（四）呋喃酮合成途径

呋喃酮虽然只在少数水果中存在，但其贡献了果实独特的香味。呋喃酮具有焦糖、甜味、花香和果香，赋予草莓果实独特的香气。有研究表明，D-果糖-1,6-二磷酸是呋喃酮合成的前体物质，可被转化为4-羟基-5-甲基-2-亚甲基-3（2*H*）-呋喃酮（HMMF），HMMF在草莓烯酮氧化还原酶（FaQR）的催化下合成4-羟基-2,5-二甲基-3（2*H*）-呋喃酮（HDMF）（Raab et al.，2006）。此外，HDMF可以被*O*-甲基转移酶（FaOMT）进一步代谢，形成4-甲氧基-2,5-二甲基-3（2*H*）-呋喃酮（DMMF）（Zorrilla-Fontanesi et al.，2012）。

三、香气物质积累的影响因素

（一）遗传

香气品质是人们判断不同种类园艺产品的重要依据。例如，桃果实内酯是桃味香气的主要来源，萜烯在柑橘果实中的含量非常丰富。同一种类果实的不同品种之间香气成分和含量也有差异。以草莓为例，栽培种中的萜类化合物主要是芳樟醇和橙花醇，而野生种主要是烯属单萜和乙酸桃金娘烯酯，这种差异是*FaNES1*基因在栽培品种中的高表达导致的（Aharoni et al.，2004）。对于葡萄果实而言，鲜食葡萄根据香气类型可以分为玫瑰香型（muscat）和草莓香型（strawberry）。‘贵妃玫瑰’‘阳光玫瑰’和‘巨玫瑰’等玫瑰香型葡萄的特征香气主要来源于单萜类物质，包括芳樟醇、香叶醇、香茅醇、α-萜品醇等；‘夏黑’和‘巨峰’等草莓香型葡萄的呈香物质为酯类，包括乙酸乙酯、丁酸乙酯、己酸乙酯等；‘水晶’和‘康科德’（‘Concord’）等葡萄积累的邻氨基苯甲酸甲酯和苯甲酸乙酯贡献了特殊的“狐臭”（foxy）香气（Yang et al.，2020）。

（二）器官和组织类型

植物不同器官的香气物质种类存在差异。例如，叶片主要合成脂肪酸途径的己醛、*E*-2-己烯醛等绿叶挥发物，参与对病原微生物及植食性昆虫的防御反应，同时作为信号分子参与植物-植物间的相互交流。花的香气物质主要来源于苯丙氨酸途径及萜类途径，主要作用是吸引授粉昆虫。果实香气物质种类多样，主要是为了通过吸引消费促进种子传播。

果实不同组织的香气物质组成及含量差异也十分显著（图5-8）。以番茄果实为例，中果皮中*Z*-3-己烯醛、己醛、辛醛、壬醛等物质含量较高，而腔室凝胶中正丁醛、2-甲基丁醛、3-甲基丁醇和2-甲基丁醇等物质含量较高。柑橘果皮的油胞层富含香气物质，其含量高于果实其他组织。葡萄果皮中的萜类香气物质含量高于果肉，对于葡萄酒的感官品质有重要影响。

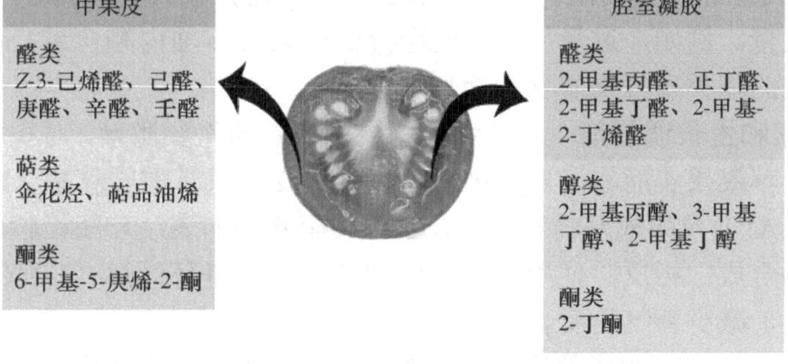

图5-8　番茄果实不同组织部位香气物质的差异

（三）发育和成熟阶段

发育和成熟阶段是影响水果特征香气和风味品质的因素之一。例如，番茄随着果实成熟，β-紫罗兰酮、香叶基丙酮和6-甲基-5-庚烯-2-酮等含量增加10～20倍，这些香气物质可以吸引包括人类在内的消费者（图5-9）。桃果实成熟过程中表现为C_6醛及醇类青香型香气物质减少，而酯类及内酯类等果香型香气物质积累的趋势（Zhang et al.，2010）。低成熟度采收的葡萄果实有较高含量的*Z*-3-己烯-1-醇，它被认为是早期采收的‘西拉子’（‘Shiraz’）葡萄的标志物，晚采收葡萄酿制的葡萄酒则具有丰富的酯类物质。完熟采收柑橘果实因为发酵容易积累非常高的乙醇而产生异味。

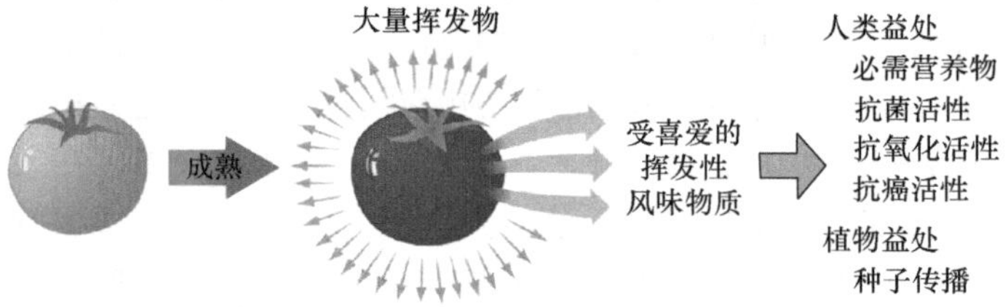

图5-9　番茄果实成熟过程中香气物质变化模式图（Goff and Klee，2006）

（四）环境条件与栽培管理措施

1. 光照　套袋技术在园艺产品生产中被广泛采用，对于果实香气品质具有影响。采用套袋处理可以促进桃果实果皮和果肉组织中γ-癸内酯和δ-癸内酯的积累（Jia et al.，2005）。不同颜色的果袋对于果实香气含量具有不同的调控效果。对比白袋处理，套黑袋的桃果实会积累更多的芳樟醇。果袋可能通过影响光质和光照强度调控果实香气物质含量。暴露于紫外线UV-B（280～315nm波长）下的桃果实，单萜类的芳樟醇含量显著降低，倍半萜的*E*，*E*-α-法尼烯则显著增加，改变了桃果实的整体香气（Liu et al.，2017）。

2. 温度　种植区域的温度对于果实香气物质含量具有影响。对比来自温暖地区的果实，较冷地区种植的葡萄具有更高含量的单萜和类胡萝卜素衍生物，造成了不同产地葡萄所酿造的葡萄酒香气和风味截然不同，其中类胡萝卜素衍生物是澳大利亚‘霞多丽’葡萄的地理标志物（Gambetta et al.，2014）。

3. 水分和矿质营养　根域限制可以促进‘亚历山大红’葡萄游离态萜类物质的积累，改善果实香气品质（Wu et al.，2022）。避雨栽培和露地栽培的桃果实在*Z*-乙酸-3-己烯酯、γ-十一内酯和δ-癸内酯等香气物质含量方面差异较大（吴磊等，2015）。矿质营养的施用需要适量。例如，过量施用氮肥会降低桃果实γ-癸内酯含量，而施用少量钾肥则可以使桃果实的酯类香气物质含量增加。

4. 植物激素和生长调节剂　乙烯作为果实成熟的重要激素，对香气品质具有重要调控作用。对于苹果果实而言，乙烯处理可以促进支链氨基酸转移酶（BCAT）、芳香氨基酸转氨酶（ArAT）及醇酰基转移酶（AAT）编码基因的表达和酶活性的提高，促进果香型酯类香气的合成；相反，使用乙烯作用抑制剂1-甲基环丙烯（1-MCP）处理则会降低上述酶的活性，减少香气物质含量。

脱落酸（ABA）在果实成熟衰老及应对胁迫过程中发挥重要作用。转色早期的‘赤霞珠’葡萄表面施用ABA后，果实的亚油酸含量和LOX酶活性显著提高，促进了1-己醇、己醛及2-庚醇等香气物质的积累。植物内源生长调节物质茉莉酸（JA）及其衍生物茉莉酸甲酯（MeJA）对果实的香气物质也具有调控作用。在转色期施用外源MeJA，可以提高‘赤霞珠’葡萄的1-己醇、己醛和2-庚醇等香气物质含量。

外源钙处理会影响果实香气物质的积累。对处于商业成熟期前15d的‘南果梨’进行钙处理后，提高了果实亚油酸、亚麻酸等不饱和脂肪酸含量，增加了ADH、LOX等酶的活性及果实香气物质含量。苹果果实在采收前喷施钙肥，也可促进果实酯类香气物质的积累。

5. 病原菌侵染　除了非生物因素，果实在发育和成熟过程中还面临各种生物胁迫，如病虫害。黄龙病是一种严重的细菌病害，给柑橘产业造成了巨大的经济损失。感染了黄龙病的脐橙果实具有苦涩和金属异味，香气品质发生了明显变化。健康脐橙果实的辛醛和癸醛等醛类及乙酸乙酯和丁酸乙酯等酯类物质含量较高。感染黄龙病后，脐橙果实的α-萜品醇等单萜含量升高，瓦伦烯等倍半萜含量降低（Dala-Paula et al.，2019），引起果实及果汁的香气品质下降。

第三节　果实可溶性糖

果实风味源自味道和香气的相互作用。糖、酸、酚和矿物质是反映果实风味的主要成分。糖是果实甜味的主要来源，其组分和含量是衡量果实品质的重要指标。糖不仅影响鲜食果实的风味，同时作为基础物质参与了类胡萝卜素、维生素、色素和芳香物质等的合成，并通过新陈代谢的方式参与了果实生长发育过程的能量供给。糖对果实风味的影响可以通过多种指标来衡量，最常见的有可溶性固形物含量、可溶性固形物与可滴定酸的比率和总甜度三种，其中，可溶性固形物含量和其与可滴定酸的比率是可量化指标。

一、甜味形成的物质基础

（一）果实糖组分及积累

可溶性固形物是影响果实风味的重要成分，主要包括单糖（果糖和葡萄糖）、双糖（主要是蔗糖）和多糖（主要是果胶）等可溶性糖。果实中的糖类主要有果糖、蔗糖和葡萄糖，以及少量的山梨醇、甘露醇、肌醇、木糖等（表5-10，表5-11）。其中，果糖甜度最高，为蔗糖的1.8倍、葡萄糖的3倍；山梨醇的甜度最低，约为果糖的30%；风味最好的是葡萄糖。由于不同树种、品种果实内的糖含量和组分不同，各种果实拥有其独特的风味。按照果实成熟时糖积累的类型及特点，可以将果实分为三个类型，即淀粉转化型、糖直接积累型和中间类型。

表5-10　常见水果的可溶性糖成分

种类	可溶性糖成分	种类	可溶性糖成分
梨	主要含果糖、葡萄糖、蔗糖、山梨醇，果糖含量最高	菠萝	主要含蔗糖、葡萄糖和果糖，蔗糖含量最高
苹果	主要含果糖、葡萄糖、蔗糖、山梨醇，果糖含量最高	龙眼	主要含蔗糖、葡萄糖、果糖
桃	主要含蔗糖、果糖、葡萄糖、山梨醇，蔗糖含量最高	甜樱桃	主要含葡萄糖、果糖、山梨醇，葡萄糖含量最高
李	主要含蔗糖、葡萄糖、果糖、山梨醇，蔗糖含量最高	柑橘	主要含蔗糖、果糖、葡萄糖，蔗糖含量最高
杏	主要含蔗糖、葡萄糖、果糖、山梨醇，蔗糖含量最高	枣	主要含蔗糖、果糖、葡萄糖
草莓	主要含果糖和葡萄糖	荔枝	主要含蔗糖、葡萄糖、果糖

表 5-11　常见水果的可溶性糖分子式与结构

中文名称	分子式	结构	中文名称	分子式	结构
果糖	$C_6H_{12}O_6$	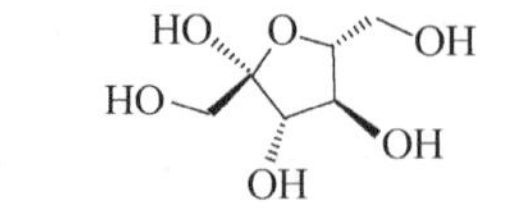	甘露醇	$C_6H_{14}O_6$	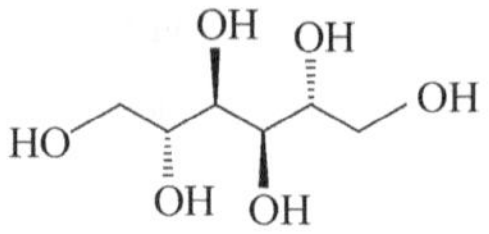
葡萄糖	$C_6H_{12}O_6$	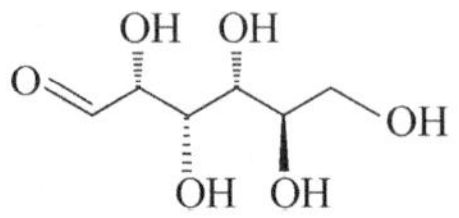	肌醇	$C_6H_{12}O_6$	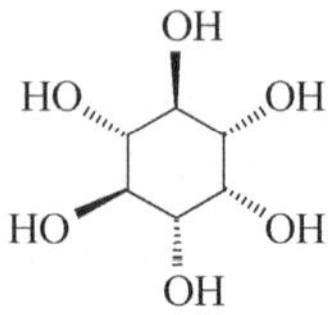
蔗糖	$C_{12}H_{22}O_{11}$	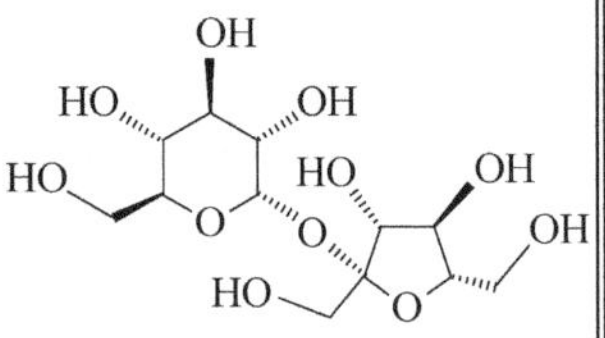	木糖	$C_5H_{10}O_5$	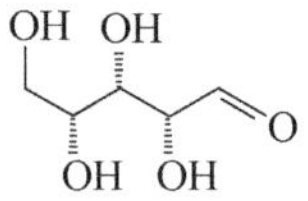
山梨醇	$C_6H_{14}O_6$	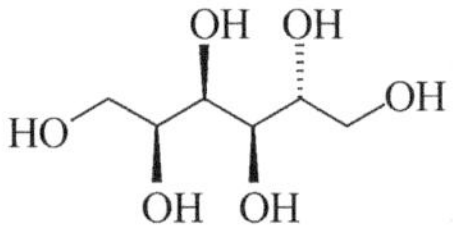			

淀粉转化型果实把光合产物大部分以淀粉形式积累在果实中，最后将淀粉转化为可溶性糖。菠萝蜜果实属于典型的淀粉转化型，果实内淀粉在成熟过程中不断降解，果肉中可溶性总糖含量不断增加。芒果也属于淀粉转化型果实，果实成熟后淀粉转化为可溶性糖（蔗糖、果糖、葡萄糖等）。香蕉在果实成熟过程中主要积累淀粉，果实后熟期时，淀粉迅速降解，转化为果糖、蔗糖和葡萄糖。此外，猕猴桃在果实成熟后也储存了大量淀粉（占干物质的 40%左右），采摘后淀粉降解成可溶性糖。

糖直接积累型果实是光合产物进入果实内，仅积累少量的淀粉，大部分以可溶性糖形式储存在液泡中。这类果实中各糖组分含量不同，根据果实中单糖和多糖的含量，又可分为蔗糖积累型、中间类型和还原糖积累型。不同荔枝品种中糖组分含量存在差异，还原糖与蔗糖比例大于等于 1.5∶1 的为蔗糖积累型，如‘妃子笑’‘雪怀子’‘玉荷包’和‘Groff’等；还原糖与蔗糖比例接近 1∶1 的为中间类型，如‘三月红’‘大红荔’和‘Brewster’等；还原糖与蔗糖比例小于等于 0.7∶1 的为还原糖积累型，如‘桂味’‘鸡嘴荔’和‘糯米糍’等。不同品种柑橘果实内糖积累类型也存在一定的差异，‘温州蜜’‘本地早’‘宫川’为蔗糖积累型，‘南丰蜜橘’‘香柠檬’为还原糖积累型。此外，‘赤霞珠’葡萄果实糖分的积累以葡萄糖和果糖为主；草莓成熟过程中果糖和葡萄糖不断积累，为还原糖积累型。

中间类型果实在发育早期将输入的光合产物以淀粉形式进行积累，在发育后期，一方面，光合产物以糖的形式直接积累，另一方面，淀粉转化为可溶性糖。糖在梨果实发育早期以淀粉形式储存在果肉细胞中，果实成熟时淀粉转化为可溶性糖积累在细胞质中。苹果果实发育前期淀粉积累较少，中期逐渐增多，蔗糖含量较少，发育后期淀粉逐渐降解，蔗糖含量逐渐增加。桃果实发育早期主要积累淀粉，至发育中后期时，淀粉水解，蔗糖含量迅速增加。

（二）果实光合产物的运输

一般来说，糖含量受到处于发育控制之下的果实生理、代谢和遗传过程的影响，糖的产生始于叶片光合作用产生的光合产物，进而以转化糖（如蔗糖和山梨醇）的形式通过韧皮部输送到正在发育的果实中，最后在酶（如蔗糖合成酶、酸性转化酶和中性转化酶等）的作用下转化为各种糖类底物并贮藏于果实细胞液泡中，最终促进糖分的积累。

1. 光合产物及其运输形态　果实糖积累的主要来源为叶片的光合产物。蔗糖是大部分果树运输的光合产物。例如，温州蜜柑以蔗糖为光合产物参与运输并输入汁囊中参与糖积累和代谢；糖醇（山梨醇和甘露醇）是一部分果树光合产物运输的形式，如苹果、梨和桃等果树主要以山梨醇为光合产物进行运输；此外，棉子糖为石榴果实光合产物的主要运输形式。

2. 韧皮部运输机制　果树韧皮部组织由筛管和伴胞（companion cell，CC）、筛分子韧皮纤维和韧皮薄壁细胞等组成，其中 CC 和筛管分子（sieve element，SE）高度修饰并且通过胞间连丝相连。SE 在发育早期，含有细胞核和液泡，至发育中期时细胞核逐渐解体，液泡膜被破坏，筛管分子失去了生长、分化和分裂的能力，核糖体、高尔基体、微管和微丝消失，只保留了与物质运输和维持生活直接有关的细胞器及线粒体，形成了通过筛孔连接的活细胞通道。伴胞与筛管由同一母细胞分裂而来，二者长度相等或伴胞较筛管稍短。伴胞的原生质体具有代谢活跃的细胞学特征，细胞核和核仁相对较大，有丰富的细胞器和发达的膜系统，细胞中有许多高尔基体、粗糙内质网和质体，线粒体中有清楚的嵴膜，含有许多小液泡和核蛋白体。伴胞与筛管紧密连接，毗邻的侧壁之间有胞间连丝相互贯通。

叶片光合作用产生的碳水化合物从光合部位运输到果实内，需要依次经过叶片（源）的合成与装载，韧皮部长距离运输，果实内的筛分子卸载，卸载后的短距离运输，最后进入薄壁细胞。已发现了三种韧皮部装载的方式：通过蔗糖转运蛋白的质外体装载（apoplastic loading）、沿着共质体或称为“共质体聚合物陷阱”（symplastic polymer trapping）的运输及扩散（diffusion）（图 5-10）（张懿等，2015）。

蔗糖通过胞间连丝运入 SE/CC 复合体，但多数果树中，胞间连丝并没有在相邻的细胞间很好地连接。果树所形成的果实已发现有两条蔗糖运入 SE/CC 复合体的途径：①蔗糖转运蛋白（SUT）介导蔗糖从叶肉细胞运出，通过质外体扩散，然后通过载体穿过 SE/CC 质膜；②直接通过胞间连丝，经过共质体途径的细胞到细胞间的扩散。

光合产物经韧皮部长距离运输，在果实内的卸载也主要包括三种途径。

（1）共质体卸载途径　光合产物通过胞间连丝由 SE/CC 复合体转入薄壁细胞的过程称为共质体卸载，此过程不需要载体及能量，为被动运输。受膨压和浓度梯度的驱动，具有阻力小、运输能力强等特点。例如，玉米根中韧皮部输导细胞与相邻薄壁细胞含有丰富的胞间连丝，蔗糖在卸载过程中不会发生质外体水解，而是以共质体途径卸载。

（2）质外体卸载途径　光合产物通过筛管分子质膜跨膜进入质外体的途径称为质外体

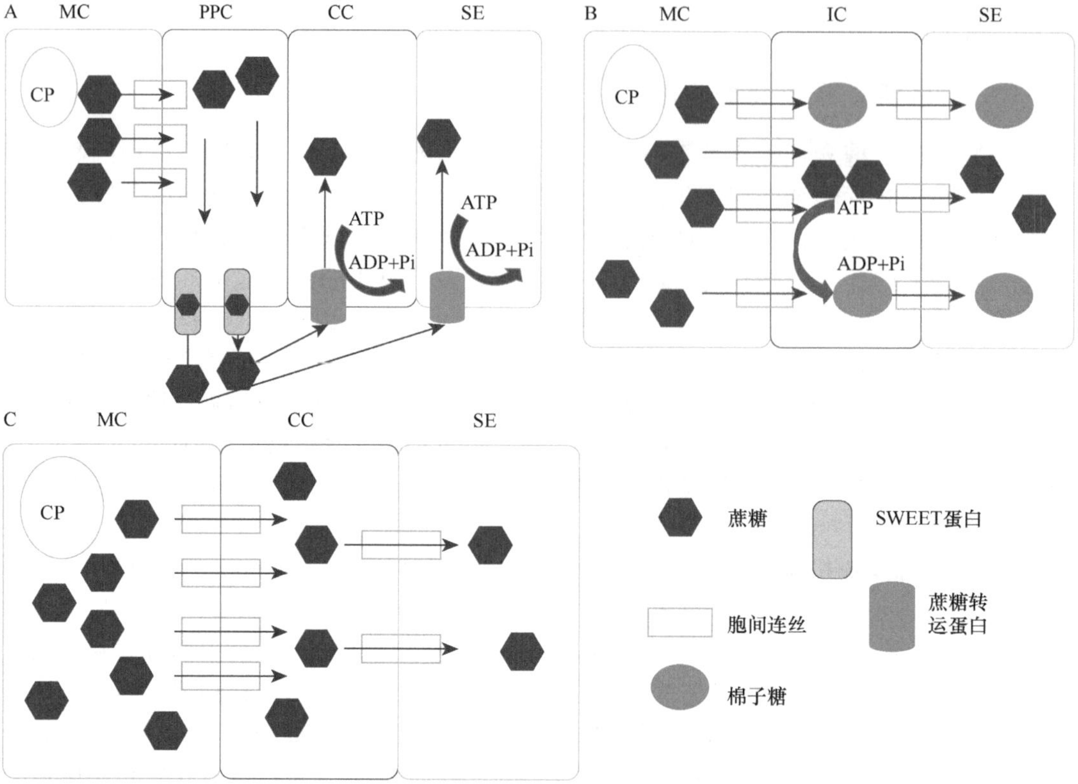

图 5-10　韧皮部运输的三种方式（张懿等，2015）

A．质外体装载：叶肉细胞中合成的蔗糖通过胞间连丝中的共质体扩散到薄壁细胞，SWEET 蛋白将蔗糖运出薄壁细胞，接着蔗糖转运蛋白（SUT）将蔗糖跨膜运输进筛管-伴胞复合体。B．共质体装载：蔗糖通过胞间连丝从叶肉细胞移动到中间细胞，进一步到伴胞中，然后合成棉子糖和水苏糖等寡聚糖；新合成的棉子糖和水苏糖由于分子质量比蔗糖更大无法扩散回叶肉细胞，但是能够向筛管运输。C．扩散：蔗糖被动地从叶肉细胞流向韧皮部。MC．叶肉细胞；PPC．韧皮部薄壁细胞；CC．伴胞；SE．筛管分子；IC．中间细胞；CP．叶绿体

途径，实质为跨膜运输，运输过程需要载体和能量，为主动运输过程，糖转运子在糖的膜转运过程及糖在整个植物中的分布中起着关键作用（图 5-11）。梨果实发育过程中，韧皮部细胞中的 SE/CC 复合体均与其周围的薄壁组织细胞共质体分离，同化物通过质外体途径经 SE/CC 复合体卸出。在葡萄果实发育过程中，韧皮部的卸载途径从共质体途径转变为质外体途径，也证明了葡萄果实韧皮部卸载途径的适应性转变是从生长期到成熟期的发展转变。

（3）共质体与质外体交替转换途径　　植物在不同组织中存在不同的韧皮部卸载机制，在不同的生长条件及生长时期存在共质体和质外体之间的相互转换模式。番茄果实光合产物在幼果时期采用共质体卸载途径，但在果实发育后期通过质外体卸载途径。核桃果皮韧皮部内存在共质体隔离，同化物采用质外体卸载途径，而种皮内同化物采用共质体卸载途径。在葡萄果实发育前期，SE/CC 复合体与韧皮部薄壁细胞之间存在丰富的胞间连丝，同化物采用共质体卸载途径；至果实成熟期，胞间连丝被堵塞，伴胞也发生质壁分离，同化物采用质外体卸载途径。

3．糖分进入果实的途径与方式

（1）糖分进入果实的途径　　果树光合产物经过韧皮部运输进入果实内，再通过韧皮部卸出进入果实内贮藏薄壁细胞进行代谢与积累（图 5-12）。在柑橘中，光合产物进入

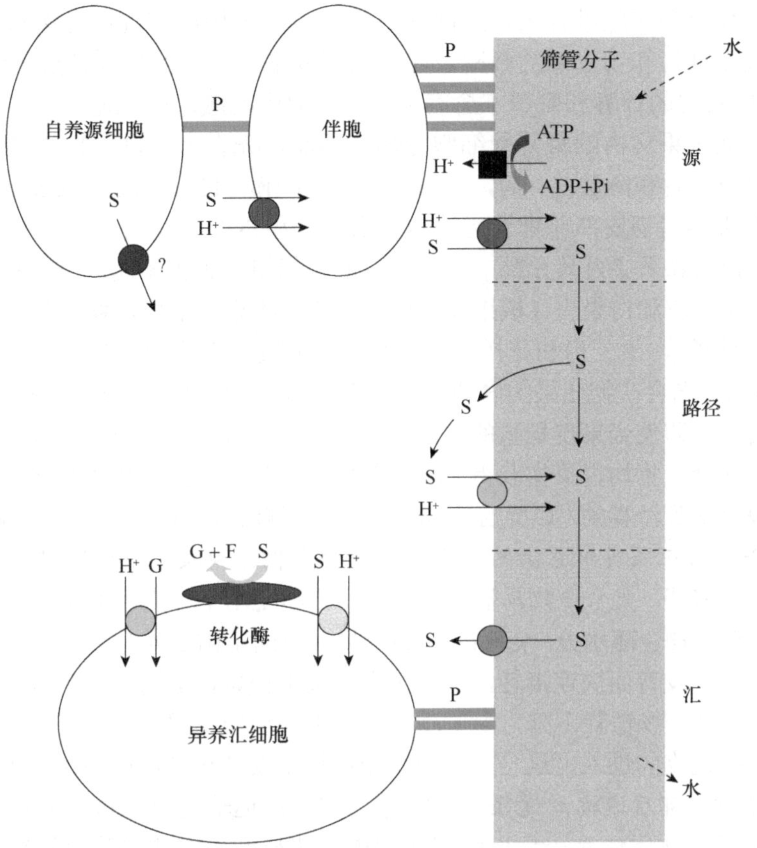

图 5-11　高等植物的韧皮部装载、运输和卸载（Williams et al.，2000）

S. 蔗糖；G. 葡萄糖；F. 果糖；P. 胞间连丝；圆圈表示糖转运子

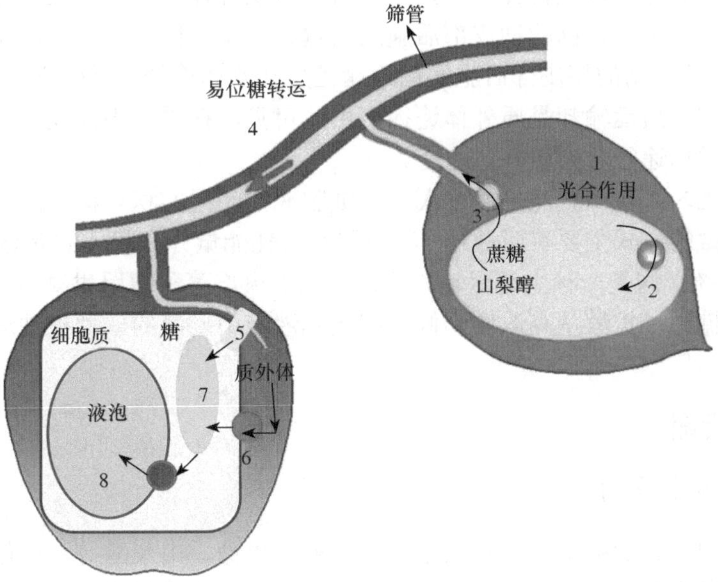

图 5-12　叶片光合产物合成与果实生长发育积累之间的各种生理步骤（Yamaki，2010）

1. 光合作用；2. 合成易位糖；3. 装载；4. 转运；5. 卸载；6. 膜转运；7. 代谢转化；8. 分室化

果实后沿背维管束和隔膜维管束进入内部组织，再通过韧皮部进行运输和卸出，卸出的光合产物穿过无维管和韧皮部的瓤瓣表皮和由薄壁细胞组成的汁囊柄进入汁囊（Koch，1984）。柑橘果实内的汁囊和瓤瓣不含有韧皮部，但由贮藏薄壁细胞组成，光合产物从韧皮部卸出后需通过果实内贮藏薄壁细胞运输。然而，光合产物进入韧皮部运输途径（薄壁细胞、丝状的汁囊和薄壁茎）后，运输速率显著减慢（Koch and Avigne，1990）。因此，光合产物进入果实后韧皮部非维管运输是果实糖分积累的限速因子。

（2）光合产物在果实内的分配　果实一般包括果皮和种子两部分，其中，果皮又可分为外果皮、中果皮和内果皮（核果类呈现硬质化，柑果类形成汁囊，其他形成膜状紧密组织，内包含种子），由子房和花托、萼等其他部分发育而成的称为假果，如梨、苹果、无花果、桑葚等。光合产物在果实内的分布是不均匀的。柑橘果实发育过程中用 ^{14}C 饲喂，在果实完熟之前，即使当果皮积累的干重超过汁囊时，叶同化产物仍主要分配到汁囊中；汁囊分配到的光合产物均占果实获得 ^{14}C 总量的50%以上，为果实中的光合产物分配中心；而到完熟阶段分配到汁囊的 ^{14}C 光合产物与其他组织接近，不再有明显的分配中心的职能。

（3）光合产物在果实内运输的动力　光合产物在果实中的运输动力可分为多种类型。在果实发育前期，光合产物易输入汁囊，一方面是由于汁囊中的水势低于维管束和瓤瓣，一部分光合产物会随水分一起输入汁囊；另一方面是由于光合产物在运输途中和进入汁囊后会由于果实发育而快速消耗，不会在维管束中积累，运输途径通常较为通畅。在果实发育后期，光合产物消耗下降，由于汁囊与木质部和韧皮部不相连，水分进入汁囊后更新极少，阻止有机物的进入，这一阶段的光合产物主要通过糖浓度差进行扩散进入。

（4）糖分韧皮部后运输的途径　糖分韧皮部后运输可以通过质外体途径，也可以通过共质体途径。共质体途径是指蔗糖从韧皮部卸载到果实非维管束组织并在非维管束组织内部运输，借助胞间连丝从一个细胞扩散至另一个细胞，不经过任何膜的运转；质外体途径是指糖分运输依赖特异运输蛋白，将糖从质外体空间跨膜运输至贮藏细胞中。在果实发育的不同阶段，糖的韧皮部后胞间运输途径是不同的。例如，在番茄中，花后13～14d 的果实内，糖的韧皮部后胞间运输途径是共质体途径，而在花后 23～25d，番茄果实内糖分韧皮部后运输却是质外体途径，由此可见，在果实不同发育阶段，其韧皮部后运输可由共质体途径转为质外体途径。

（5）糖分进入果实细胞液泡的方式　细胞液泡是果实积累糖分的主要细胞器，蔗糖运入液泡贮藏的方式主要有两种：一种是需要消耗能量并在载体的介导下进行的蔗糖/H^+反向转运系统，这是一种主动运输方式，常见于火焰菜和糖用甜菜中；另一种是异化扩散，这是蔗糖通过扩散从高浓度到低浓度运到液泡中贮藏的一种被动运输方式，常见于甘蔗中。

二、果实糖代谢

（一）糖的生理功能

多数果实中积累的糖主要包括蔗糖、葡萄糖、果糖、山梨醇等，可作为信号分子调控果实的生长发育及新陈代谢。在肉质水果中，可溶性糖的积累在很大程度上决定了成熟果实的品质。糖在植物生长发育过程中起重要作用，是植物能量的主要来源，为蛋白质、核酸、脂类的合成提供碳骨架。另外，纤维素、半纤维素、果胶等多糖是植物细胞壁的主要成分，肽聚糖是原核生物细胞壁的主要成分。一些细胞的细胞膜表面也含有糖分子或寡糖链，构成细胞的天线，参与细胞通信。

糖还可以为果实提供推动细胞膨大的渗透力，果实糖积累水平是由源库关系调控的，并对源库关系起调控作用。糖积累水平是一系列因子共同作用的结果，如光合产物的生产、运输、分配及在果实中的代谢。另外，糖也是植物昼夜节律变化的影响因素之一。

（二）糖代谢相关酶

植物已经进化出一套精细的糖代谢系统，并在库细胞中积累糖，在该系统中，蔗糖一旦进入库细胞（如果实、根或茎梢），则通过中性转化酶转化为果糖和葡萄糖，或通过蔗糖合成酶转化为果糖和尿苷二磷酸葡萄糖（UDP-葡萄糖）。果糖和葡萄糖再通过果糖激酶和己糖激酶磷酸化为果糖-6-磷酸和葡萄糖-6-磷酸。果糖-6-磷酸进入糖酵解和三羧酸循环，为其他过程产生能量和中间体。蔗糖也可以通过蔗糖合成酶或蔗糖磷酸合成酶重新合成。细胞质中的蔗糖被转移到液泡中，在液泡中被转化酶水解。液泡中产生的己糖也可以运输到细胞质中进行后续代谢或蔗糖再合成。大部分未被代谢的蔗糖、葡萄糖、果糖和其他可溶性糖通过位于液泡膜上的特殊转运蛋白转运到液泡中。一旦进入液泡，蔗糖也可以通过液泡酸性转化酶（VAINV）转化为葡萄糖和果糖（图 5-13）。该系统不仅能将碳分配到不同的途径以满足碳库的生长发育，还能协调糖的代谢和积累，维持胞质与其他亚细胞间渗透势和膨压的平衡。糖和酸代谢相关基因的表达谱分析表明，编码液泡酸性转化酶的基因在成熟果实中的表达水平显著降低，该酶不可逆地催化蔗糖水解为葡萄糖和果糖（Huang et al.，2016）。

目前，蔗糖代谢、山梨醇代谢、己糖代谢等途径是糖代谢的主要途径，这几种途径均由不同类型的代谢酶参与，不同物种间糖积累机制存在较大差异，代谢酶的调控作用也存在较大的差别。

1．蔗糖代谢　蔗糖、葡萄糖、果糖是植物中三种主要的可溶性糖，其中，蔗糖是从光合源组织运输到植物其他组织的主要碳水化合物，是资源分配系统的核心。蔗糖是碳骨架构建和能量代谢的资源，也是许多肉质水果甜味和风味的重要贡献者。植物中蔗糖的积累是由运输和代谢决定的。细胞内的蔗糖通过 SWEET 蛋白从叶肉细胞运输到质外体。蔗糖在细胞间可以通过胞间连丝被动运输，也可通过转运蛋白主动地把蔗糖从叶肉细胞中转运到韧皮部。植物生长发育所需要的光合产物大部分以蔗糖的形式供应和运输，也是大多数植物同化产物由“源”向“库”运输的主要形式。蔗糖也是大多数果实糖分积累的主要形式，是果实品质形成的因子之一。蔗糖还是代谢调节因子，通过反馈作用调节一些酶的活性。

（1）*蔗糖代谢相关酶的种类与定位*　果实中蔗糖代谢的关键酶主要包括转化酶、蔗糖合成酶、蔗糖磷酸合成酶三种。转化酶包括酸性转化酶、中性转化酶和碱性转化酶。转化酶的分子质量为 50 000～80 000Da，为单体或二聚体。酸性转化酶又可分为可溶性的和不溶性的两种，前者分布在液泡或细胞自由空间，后者存在于细胞壁上；中性或碱性转化酶定位于细胞质中。蔗糖合成酶又称为葡萄糖转移酶，在 UDP 存在的条件下，可逆地催化蔗糖转化为 UDP-葡萄糖和果糖。目前发现其有两个同工酶，起合成或分解蔗糖的作用，该酶主要定位于细胞质中。蔗糖磷酸合成酶为合成蔗糖的酶，它可以催化 UDP-葡萄糖和果糖-6-磷酸合成蔗糖磷酸，然后被磷酸酯酶不可逆地催化形成蔗糖。蔗糖磷酸

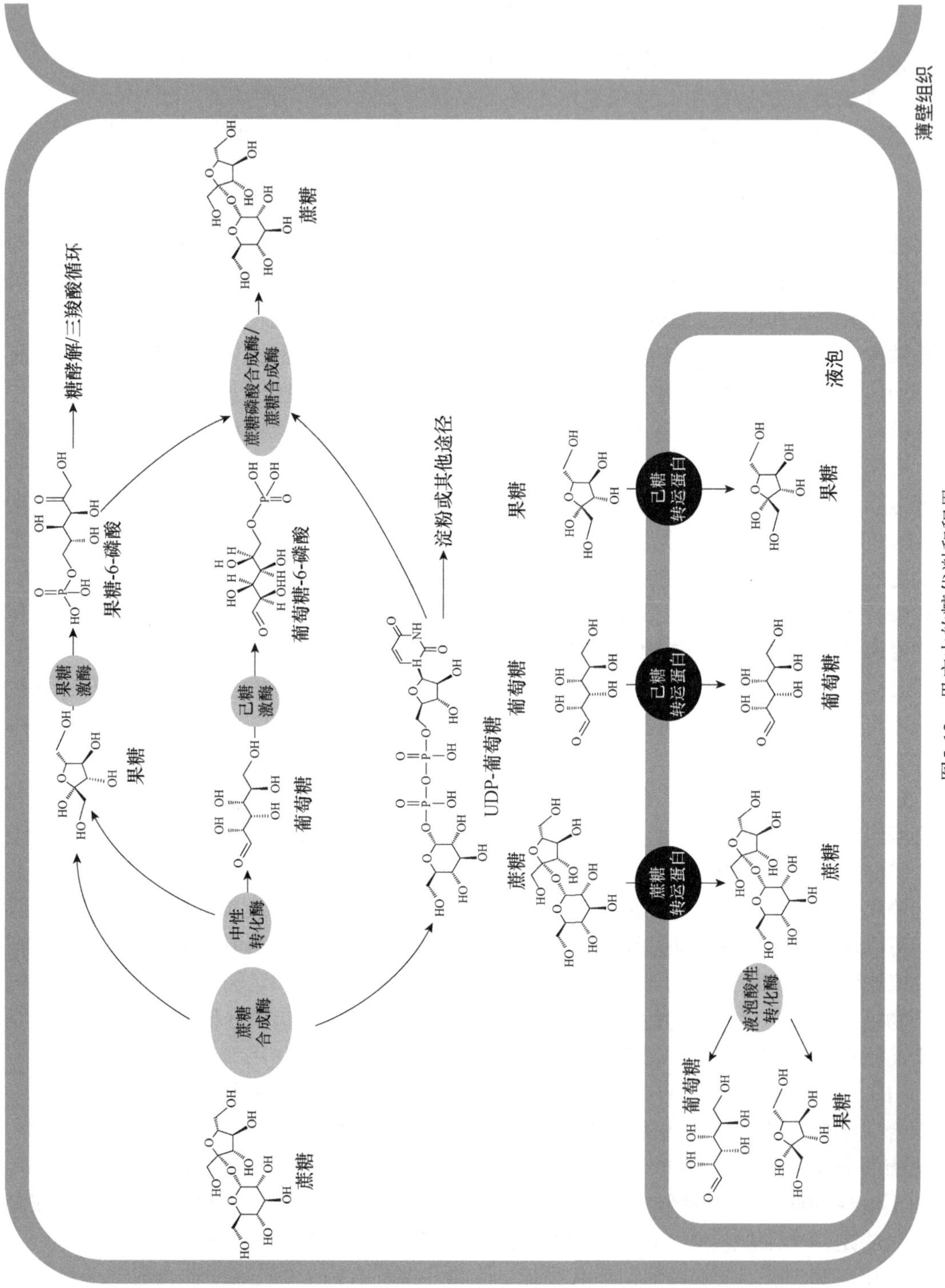

图5-13 果实中的糖代谢和积累

合成酶定位于细胞质中，有三种同工酶，植物体内蔗糖的积累与蔗糖磷酸合成酶活性呈正相关。此外，蔗糖磷酸合成酶还参与植物的生长和产物形成，并在植物的抗逆过程中起重要作用。

（2）*蔗糖代谢相关酶与糖积累* 上述三种酶的活力变化直接关系到果实中的糖积累。不同果实的蔗糖代谢酶在糖积累中的作用也有差异。在芒果、草莓、甜瓜、香蕉等果实中，蔗糖是由蔗糖磷酸合成酶合成的，而不是蔗糖合成酶。但在桃果实中，蔗糖合成酶的活力对蔗糖的积累起主导作用。在日本梨中，蔗糖合成酶比蔗糖磷酸合成酶在果实成熟过程中对蔗糖含量增加的贡献更大。番茄果实中糖的积累主要受蔗糖合成酶和转化酶活性的调控，与蔗糖磷酸合成酶活性的关系不大。另外，果实糖含量与蔗糖代谢相关酶的活力直接相关，如高糖的日本梨品种‘Chojuro’比低糖的中国鸭梨具有更高的蔗糖合成酶和蔗糖磷酸合成酶活性，蔗糖合成酶具有合成和分解蔗糖的双重活性。桃果实的蔗糖合成酶与蔗糖积累呈正相关，在成熟过程中主要表现为合成动力。

蔗糖代谢相关酶决定了果实糖的成分。柑橘、梨等蔗糖积累型果实中，蔗糖积累与蔗糖磷酸合成酶的活性呈正相关，可溶性酸性转化酶活力在蔗糖快速积累后几乎为零。而在积累已糖为主的葡萄果实中，酸性转化酶活力均维持较高水平。蔗糖代谢关键酶在果实发育过程中对糖代谢和糖积累的作用具有阶段性。例如，‘翠冠’梨果实发育前期，其酸性转化酶和中性转化酶的活性很高，而在果实发育后期，其蔗糖合成酶（合成方向）的活性升高，从而促进了果实中糖的积累。

2. 山梨醇代谢 在蔷薇科植物中，山梨醇作为主要的光合产物、运输物质及储藏物质，与蔗糖在其他植物中的作用相同，主要被用作鉴别果汁及其相关产品质量的指标。

在以山梨醇为主要运输形式的蔷薇科木本果树中，涉及山梨醇代谢的关键酶主要有山梨醇-6-磷酸脱氢酶（sorbitol-6-phosphate dehydrogenase，S6PDH）、山梨醇脱氢酶（sorbitol dehydrogenase，SDH）和山梨醇氧化酶（sorbitol oxidase，SOX）。其中，SDH又分为NAD^+依赖型山梨醇脱氢酶（NAD^+-dependent sorbitol dehydrogenase，NAD^+-SDH）和$NADP^+$依赖型山梨醇脱氢酶（$NADP^+$-dependent sorbitol dehydrogenase，$NADP^+$-SDH）。其中，S6PDH为合成山梨醇的酶，主要存在于叶片中。SDH为分解山梨醇的酶，将山梨醇还原成果糖，而SOX将山梨醇氧化成葡萄糖。SOX和SDH主要存在于果实、幼叶等组织中，而在成熟叶片中几乎不存在。

山梨醇在植物生长发育过程中起重要作用。山梨醇作为苹果光合产物的主要输出和运输形式，在叶片中占可溶性总糖的80%，而在果实中仅占总糖的3%～8%，说明山梨醇可在果实内被迅速转化。在叶片中，二氧化碳（CO_2）和水（H_2O）经过卡尔文循环（Calvin cycle）生成甘油醛-3-磷酸（glyceraldehyde-3-phosphate，G3P），此后经多步酶催化反应形成葡萄糖-6-磷酸（glucose-6-phosphate，G6P），G6P在S6PDH催化下生成山梨醇-6-磷酸（sorbitol-6-phosphate，S6P），后经山梨醇-6-磷酸磷酸酯酶（sorbitol-6-phosphate phosphatase，S6PPP）催化生成山梨醇。山梨醇通过在韧皮部装载、长距离运输和卸载实现从“源”（叶片）到“库”器官（果实）的转移。在转移过程中需要糖载体转运蛋白（SOT）实现跨膜运输。在果实中，山梨醇通过$NADP^+$-SDH和SOX转化成葡萄糖，也可以通过NAD^+-SDH转化成果糖。葡萄糖和果糖进一步转化成淀粉或蔗糖等其他糖类（图5-14）。

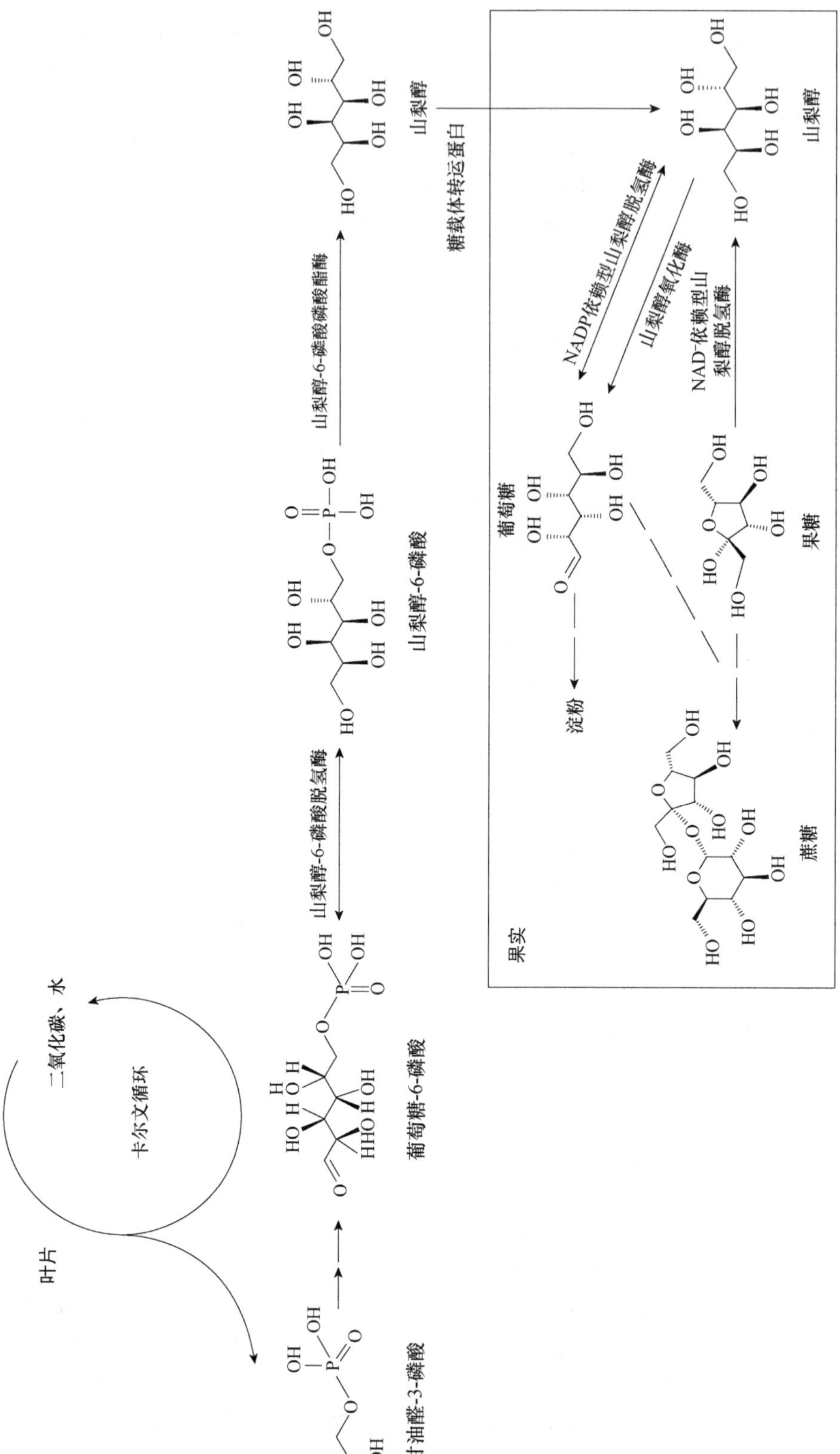

图5-14　梨的山梨醇代谢过程

梨中编码山梨醇-6-磷酸脱氢酶的基因在开花30d后，*S6PDH*表达量达到最大值，随着叶片衰老，*S6PDH*表达量开始降低，山梨醇合成量也减少。另外，山梨醇代谢与植物抗逆性有关。在果树中，通过外源喷施山梨醇，可以在一定程度上缓解干旱胁迫下的新梢生长抑制，提高植株的耐旱性。桃树山梨醇代谢对干旱胁迫比蔗糖更敏感，干旱期间库中SDH活性的丧失，导致了山梨醇积累的渗透调节。

3. 己糖代谢　山梨醇与蔗糖代谢产生的己糖要通过进一步代谢成为呼吸底物或用于合成其他成分。己糖代谢情况及相关酶与果实糖积累密切相关。己糖激酶（hexokinase，HXK）（包括果糖激酶和葡萄糖激酶）可催化己糖进入糖酵解的第一步不可逆反应。它既能催化果糖的磷酸化，又能催化葡萄糖的磷酸化，而果糖激酶（fructokinase，FRK）和葡萄糖激酶（glucokinase，GLK）则分别对果糖和葡萄糖具有高度专一性和高亲和力，因此，可通过调控这两种酶的活性来控制果实中果糖和葡萄糖的比率。

己糖激酶主要定位于线粒体膜和细胞质中，叶绿体膜上也有一定的活性。果糖激酶大多存在于细胞质中。葡萄果实成熟之前，液泡酸性转化酶催化合成的己糖主要用于代谢，但是在转熟后（花后50d后），糖酵解受到抑制，己糖的代谢量大大减少，此时转化酶催化合成的己糖主要用于糖积累。温州蜜柑随着果实的发育，可食组织的果糖激酶活性逐渐降低，糖含量不断升高，果皮中蔗糖和葡萄糖含量在成熟期略有下降，而果糖激酶活性略有升高。

三、影响果实糖含量的因素

（一）内部因素

1. 品种　品种是决定果实品质最基本的因素。同一树种不同品种间遗传基因的差异是导致果实品质差异的内在基础。果实中糖分的高低一般在果品品质评价中占据主导地位。

2. 砧木　砧穗组合作为一个整体，共同调控果树生长发育与果实品质的形成。砧木会影响果实的成熟期、硬度及矿质元素的吸收。例如，采用‘MM106’矮化中间砧可以提高苹果和梨果实的品质；采收初期‘MM106’中间砧上的苹果硬度最低，钙含量较高。此外，短枝型品种和矮化砧木对果实品质的影响与栽植密度有关，株行距较小的砧木上所结果实个大，但硬度、可溶性固形物含量和钙含量较低。

3. 结果部位　不同结果部位的果实由于所受光照强度和着生枝条生长状况不同，品质有差异。就不同果树冠层来看，树冠冠层下部的果实硬度、淀粉含量高于上部和中部的果实。光照促进果实充分着色和糖积累，光照强，淀粉含量会下降。此外，结果枝的年龄也会对果实品质产生影响。苹果3～4年生结果枝较1～2年生结果枝上果实的钾含量高，果实硬度、酸和糖分含量较低。果实序位的不同也会影响果实的品质，在‘翠冠’梨中，1～3序位的果实可溶性固形物和糖分含量较高，果汁较多，品质较好，显著优于第4序位及以上的中高位果。

4. 负载量　果树产量与品质的形成是一种对立统一的关系。只有在控制树体果实产量一定的情况下，对于高糖的品种，果实才能积累更多的碳水化合物，从而保证果实品质。树体负载量会影响果实单果重、糖分含量和酚类含量，过高的负载会导致果实变小，糖含量降低，果实风味变差。

5. 果实成熟度　果实成熟度是反映果实发育程度的重要指标，成熟度低的果实，甜度、风味和品质均较低，导致其商品价值低；而成熟度高的果实，容易软化衰老，不易运输储藏。

6. 激素　植物激素在果实糖分的运输、代谢及积累调控中起重要作用。适宜浓度的植物激素可以提高果实品质，包括果实硬度、糖酸含量等。例如，细胞分裂素（CTK）、吲哚乙酸（IAA）、赤霉素（GA）、脱落酸（ABA）均可在不同发育阶段在一定程度上促进果实糖分的积累；乙烯利（ETH）和脱落酸（ABA）还会在果实的转色期和发育后期促进对蔗糖的吸收；此外，采前适宜浓度的水杨酸（SA）外源喷施可以在一定程度上维持果实包括硬度、糖分含量等在内的贮藏品质，延缓果实采后衰老进程。

（二）外部因素

1. 土壤

（1）盐分　土壤中较高的盐分增加了土壤的电导率，可以刺激果实干物质的积累和糖分含量的上升。这是因为电导率的增加会去除韧皮部的水分，供给果实的溶质浓度随之增加，致使果实糖分含量的上升。此外，较高的土壤盐分会延长果实生长时间，也延长了未成熟果实内糖分的积累时间。但是，高盐分土壤条件会导致果实产量下降，只有通过精心栽培、设计优化，才可能实现果实糖含量和果实产量的协调统一。

（2）水分　土壤水分含量是影响果实糖含量的重要因素之一。田间持水量过高会致使土壤积水，从而造成淹水胁迫，使果树根系缺氧，影响根系形态结构和根系活力，阻碍地上部物质的生产和运输，影响光合作用和干物质积累，最终降低果树果实的产量和品质。果实主要表现为汁水含量增多、糖分含量相对降低，以至于风味变淡，贮藏性变差。

田间持水量低于果树所需，会造成干旱胁迫。一般来说，干旱会导致果实体积减小，硬度增加，推迟淀粉降解，促进乙烯生成，加重果实生理病害。但轻度的干旱胁迫能提高果实的可溶性固形物和可溶性糖含量，降低可滴定酸含量，使糖酸比上升，增强了果实的甜味，调控果树果实产量及其品质。过度干旱不仅会减小果实体积，还会导致果实内酚含量和苯丙氨酸解氨酶（PAL）活性上升，糖酸比显著降低，对果实品质产生不可逆的损害，严重降低果实风味。因此，在生产中进行果实采前控水，可以有效增加果实内糖分含量，增进果实风味及品质。

（3）质地和结构　土壤质地和结构是土壤重要的物理性状之一，植株在不同土壤条件下所结的果实，其品质明显不同。质地较细的土壤中，水分移动速度较慢，营养成分含量较高，但由于透气性较差，不利于果树根系向土壤深层的发展。而石块和砂粒较多的土壤，虽然土壤肥力较低，容易受干旱的影响，但透气性好，温度日较差大，有利于根系向土壤深处生长，从而有利于果实糖分的积累和果实优良品质的形成。例如，'莱阳梨'在风沙土上栽培最为适宜，所产出的果实果皮薄、肉质细、高糖低酸、香甜可口，而生于潮湿土壤上的果实品质较差。葡萄适宜在土壤质地较为紧实的砂壤土上栽培，所产出的果实品质较好，而在棕壤土上生长的葡萄品质相对较差。

（4）肥力　土壤肥力与植株生长和果实品质的形成息息相关，施肥是提高土壤肥力的有效手段。合理施肥可以改善果实品质。施肥与果实品质之间的关系为：在养分亏缺时，施肥可提高果实产量，改善果实品质；养分适宜时，施肥可以保证果实高产和具有优良品质；养分过多时，施肥可能会使果实高产，但会降低果实品质，也可能使产量下降，同时明显降低果实品质。

氮肥施用适宜，能够改善果实品质。随着氮肥施用量的增加，果实水分含量及可滴定酸浓度上升，可溶性糖浓度下降，不利于果实着色和糖分的形成。在柑橘中，施用适宜的缓释氮肥能够有效改善果实品质，表现为单果重增加，果形整齐，可溶性固形物、总糖、还原糖含量、糖酸比上升。

磷肥可以促进果实膨大，增加单果重，减少酸含量，提高糖酸比，改善果实的外观，但施用过量的磷肥会降低果实糖分、有机酸和可溶性果胶的含量，降低果实品质。

钾肥能提高果实内可溶性固形物、糖分和维生素C的含量，还能降低酸度，提高糖酸比，增加硬度和着色度，提高果实品质，改善果实风味。但过量的钾肥也会造成果实品质的下降，表现出果皮加粗加厚、果肉粗糙、果汁含量减少、酸度增加、可食用比率和可溶性固形物含量降低等。此外，同时增加磷肥和钾肥的施用量，可在一定程度上发挥两种肥料的协同作用，显著提高单个果实重量、可溶性固形物含量、可溶性糖含量、还原糖含量、维生素C含量，还能显著降低可滴定酸含量，增加糖酸比，改善果实品质和风味，并减缓果实储藏过程中营养成分的流失。

钙对果实品质的形成具有重要作用。喷施适宜浓度的钙盐，可以增加果实内维生素C、可溶性固形物的含量，提高糖酸比，促进果实着色。一般情况下，喷施在果实表面的钙盐越多，效果越明显，但对于某些果树果实，高浓度钙的喷施可能会造成药害。

增加镁肥的施用，可以显著提高果实可溶性糖和维生素C的含量，同时降低酸含量，增加糖酸比，改善果实口感和风味，但过量的镁肥是诱导果树一些生理病害发生的因素之一。

硼是果树最容易亏缺的微量元素之一，硼肥的施用可以增加果实糖分、降低酸度，提高糖酸比，还能降低果皮厚度，提高果实维生素C含量、果汁含量和果实光泽度。但过量施用硼会造成果实品质降低，不利于果实储藏，严重时会引起硼对果实的毒害。

2. 温度 温度是植物生命活动最基本的因素，能够影响果实发育速度、外观和内在品质。不同的果树均有自己不同的适宜温度要求。

年积温的增加会增加果实中糖分含量和糖酸比，并逐渐降低酸和维生素C的含量，使果实风味浓甜。气温日较差的增大，有利于光合作用，减少呼吸消耗，促进糖苷和花青素的形成，有利于果实体积增大、着色和糖含量的提高。在果实分裂和成熟期，较高的温度（26～30℃）会使碳水化合物生物合成酶活性和蒸腾作用改变，从而导致可溶性固形物含量的增加。温度的升高促进了果实的蒸腾作用，提高了果实中糖分的比例，但蒸腾作用的上升会导致水分的大量消耗，加剧了水分竞争，也会相对降低果实中糖分的含量，这可能是较高的温度加剧了呼吸作用所导致的。但是，过高的温度也会对果实产生不利影响，高温灼伤会使果皮出现青黄色斑点、黄色斑块并伤及细胞，影响果肉糖酸合成代谢，使之失去食用价值。番茄果实成熟前进行高温处理会影响果实成熟时期、色泽形成及果实软化进程等。

在果实发育早期，环境条件的改变会造成果实贮藏营养物质的生理过程紊乱，而在果实成熟过程中的极端高温天气对植株所带来的损伤不仅仅是生长发育的减缓，更是减少源叶产生的光合产物对果实提供的能量，造成果实品质下降。

3. 光照 光照对果实糖的积累有很大的影响，其对果实的影响主要分为光质和光照强度两个方面。

光质与果实着色密切相关，蓝紫光和紫外线促进果实着色，而远红外光的着色效果最差，甚至会抑制果实着色。此外，红外线无法直接被果实叶绿体吸收进行光合作用，但红光能使土壤和空气温度上升，从而增加了树体的温度，促进光合作用、有机物积累和果实内淀粉向糖的转化，进而提高果实甜度。

光照强度的季节性变化对果实糖分含量有深远的影响。一般情况下，长日照有利于果实体积增大、色泽发育和糖分等内含物的提高，这是由于光照会促进叶片碳水化合物的形成。而光照不足不仅会降低叶片的光合作用，还会抑制果实体积的增大，并降低果实内可溶性固形物的含量，严重影响果实风味，如在较差光照质量温室中栽培的“反季节”番茄。但是，光照过强同样会引起日烧现象，尤其是突发性的强光照射。在园艺植物栽培过程中，一般通过果实套袋、铺设反光材料、设置遮阳网等手段控制光照。

4. 海拔和地形 海拔和地形的不同会造成果树生长所在地的生态环境因子（光照、气温、气压、湿度等）的不同，从而对树体生长发育产生影响，引起果实品质的差异。从苹果来看，国内苹果优质产区——西北高原的海拔多在 1000～1500m，西南高地多在 2000～2600m，由于海拔较高，其昼夜温差较大，光照充足，紫外线丰富，所产出的果实糖分含量较高，风味浓郁，品质较高，并且阳坡、背风坡相较于阴坡、迎风坡所产出的苹果颜色更为艳丽，但过高的海拔也会造成果实木质化程度加重，果皮着色较差。

5. 整形修剪 整形修剪是果树生产中一种非常重要的技术措施，其目的是改善果树冠层的通风性和透光性，减少营养生长，增加生殖生长，提高果树有效光合辐射，有利于果实品质的改善。一般来说，中度夏剪可以有效改善果实品质，其主要是增加了光照通透率，促进了叶片的光合作用，有利于糖分的积累，增加维生素 C 的含量，使果实风味更为浓郁。但修剪过重，会导致叶面积减少明显，降低了果树整体的光合作用，不利于果实增大和糖分积累。

6. 套袋 套袋可以通过影响果实的糖代谢从而调控果实糖分的积累，一般是降低果实内不同糖组分的含量。例如，套袋会降低苹果果实中山梨醇和蔗糖含量，小幅降低果糖和葡萄糖含量；会显著降低脐橙果肉葡萄糖和果糖含量，但总糖含量变化不显著；还能够通过抑制蔗糖合成酶、蔗糖磷酸合成酶的活性，降低梨果实中可溶性糖的含量。这是由于果实套袋内微环境形成了弱光因素，果实叶绿素含量显著减少，使果皮光合能力丧失殆尽，造成果皮所需的光合产物全部由源叶提供，加剧果实不同部位对光合产物的竞争，引起分配到果肉的光合产物减少。

第四节 果实有机酸

果树、果菜类蔬菜的产品器官为果实，果实中的有机酸是果实酸味形成的物质基础，是决定果实品质的重要因素之一。此外，有机酸可参与光合作用和呼吸作用，是氨基酸、芳香物质的合成原料。果实中的有机酸对加工过程中稳定维生素 C 及防止酚类物质氧化有重要作用。

一、有机酸种类、含量与组分

（一）有机酸种类

果实中的有机酸可分为以下三大类：脂肪族羧酸，包括一羧酸如甲酸、乙酸、乙醛酸、丙酮酸、乳酸等；二羧酸如苹果酸、草酰乙酸、草酸、富马酸、琥珀酸、酒石酸、α-酮戊二酸等；三羧酸如柠檬酸、顺乌头酸、异柠檬酸等。糖衍生的有机酸，如葡萄糖醛酸、半乳糖醛酸等。酚酸类物质，如奎尼酸、水杨酸、绿原酸等（表 5-12）。

表 5-12　果实主要有机酸分子式与结构

中文名称	分子式	结构
甲酸	CH_2O_2	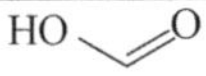
乙酸	$C_2H_4O_2$	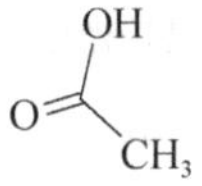
乙醛酸	$C_2H_2O_3$	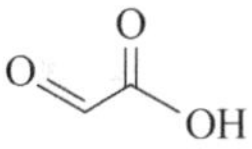
丙酮酸	$C_3H_4O_3$	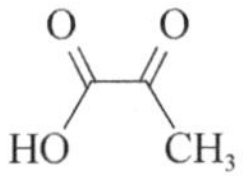
乳酸	$C_3H_6O_3$	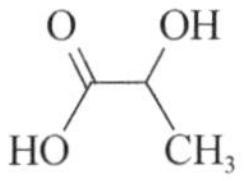
苹果酸	$C_4H_6O_5$	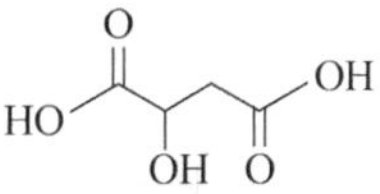
草酰乙酸	$C_4H_4O_5$	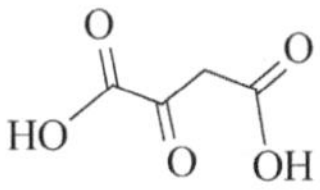
草酸	$C_2H_2O_4$	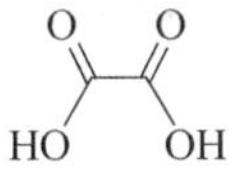
富马酸	$C_4H_4O_4$	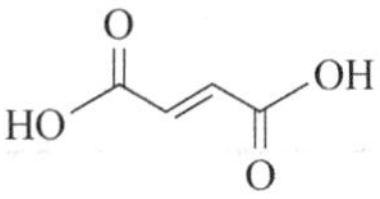
琥珀酸	$C_4H_6O_4$	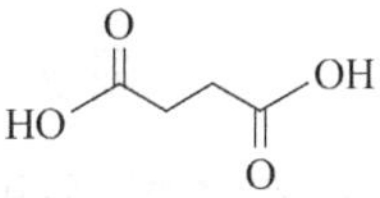
酒石酸	$C_4H_6O_6$	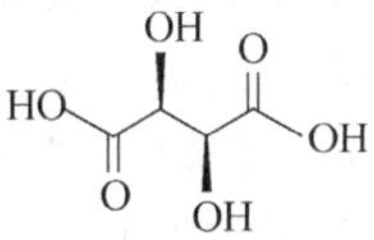
α-酮戊二酸	$C_5H_6O_5$	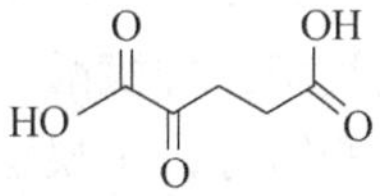

续表

中文名称	分子式	结构
柠檬酸	$C_6H_8O_7$	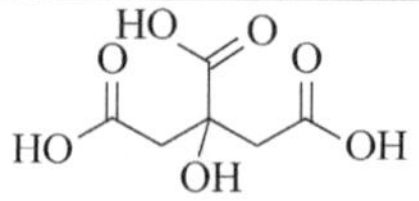
顺乌头酸	$C_6H_6O_6$	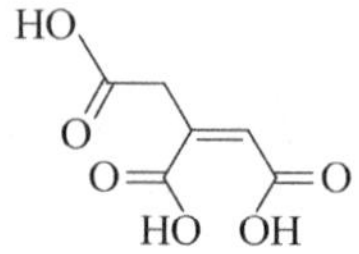
异柠檬酸	$C_6H_8O_7$	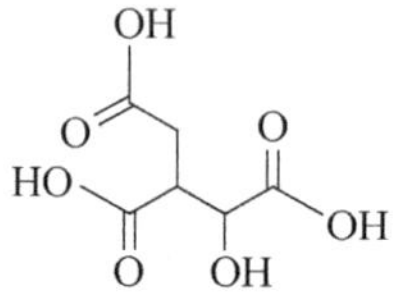
葡萄糖醛酸	$C_6H_{10}O_7$	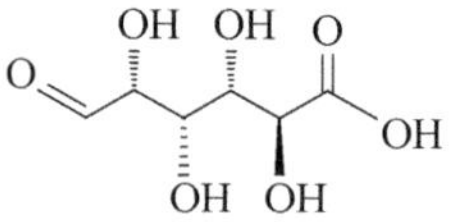
半乳糖醛酸	$C_6H_{10}O_7$	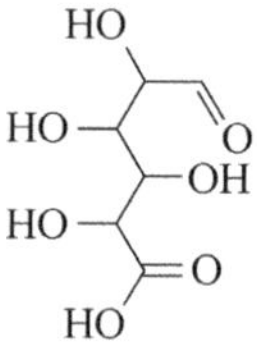
奎尼酸	$C_7H_{12}O_6$	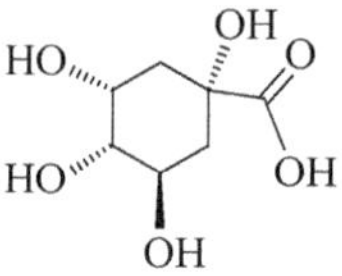
水杨酸	$C_7H_6O_3$	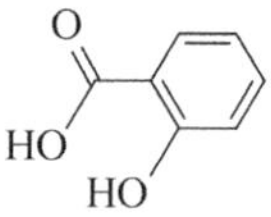
绿原酸	$C_{16}H_{18}O_9$	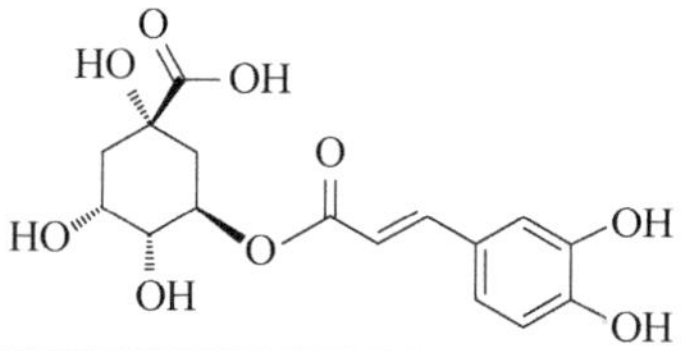

（二）有机酸含量与组分

1. 果实种类、品种间有机酸差异　　有机酸组分与含量差异赋予了不同类型果实独特的风味。果实中主要可溶性有机酸为二羧酸和三羧酸，大多数果实通常以一种或两种为主，其他仅以少量或微量存在。不同种类果实的有机酸组分、含量与比例各不相同。按照成熟果实中所积累的主要有机酸种类，可将果实分为柠檬酸型、苹果酸型和酒石酸型三大类型。柠檬酸型果实如柑橘、草莓、菠萝、石榴等，以柠檬酸为成熟果实中主要的有机酸组分；苹果酸型果实如苹果、枇杷、李、香蕉等，其成熟果实中以苹果酸为主要有机酸组分；酒石酸型果实则以葡萄为代表（张上隆和陈昆松，2007）。

柠檬酸与苹果酸是多数果实中的主要有机酸。柑橘为典型柠檬酸型果实，果实中柠檬酸含量可达 60%～96%，其他有机酸含量较低，且不同品种果实的柠檬酸含量差异较大，如宽皮柑橘和橙类中占总酸的 75%～88%，葡萄柚中占 82%～96%，柠檬中占 87%～88%。此外，成熟草莓果实中有机酸也以柠檬酸为主，其含量可占总有机酸含量的 70%以上。成熟菠萝果实的柠檬酸含量最高，平均含量为 4.82mg/g FW，占有机酸总量的 64.73%。苹果、枇杷、李等成熟果实中主要有机酸为苹果酸，其中苹果的苹果酸占有机酸总量的 70%～90%；红肉枇杷与白肉枇杷中，苹果酸均为主要的有机酸，但琥珀酸含量的差异可能是造成两个品种酸度差异的主要原因。葡萄中的主要有机酸是酒石酸、苹果酸和柠檬酸，而草酸、琥珀酸和乳酸含量均较低；白葡萄的有机酸含量显著高于红葡萄，除苹果酸外，其他 5 种有机酸在白葡萄中的含量均高于红葡萄。此外，也存在不同有机酸主导类型的果实，如桃、梨、猕猴桃等。成熟梨果实的主要有机酸为苹果酸和柠檬酸，大部分西洋梨中以柠檬酸含量为主，其他品种则苹果酸含量高；而在桃和猕猴桃果实中，其主要有机酸组分为奎宁酸、苹果酸和柠檬酸，但不同品种中有机酸组分和含量既有共性特征，又存在特异性，除苹果酸和柠檬酸为主导有机酸外，奎尼酸也是一些桃与猕猴桃品种果实中的主导有机酸。园艺植物常见果实有机酸种类及含量变化见表 5-13。

表 5-13　常见果实有机酸种类及含量（%）变化

水果	品种	柠檬酸	苹果酸	奎宁酸	琥珀酸	酒石酸
柑橘	伏令夏橙	58	16	26		
	脐橙	45	14	41		
	凤梨甜橙	31	19	50		
	哈姆林甜橙	26	48	26		
	宽皮橘和枳	91	9			
	马叙葡萄柚	55	9	36		
	尤力克柠檬	97	3			
桃	中国地方品种	8	61	31		
	中国育成品种	15	59	25		
	中国野生种	10	80	10		
	欧美鲜食品种	24	62	14		
	欧美罐藏品种	29	54	17		
	日本鲜食品种	24	51	25		
枇杷	解放钟	1	43	52		
杨梅	东魁	6	77		16	
	荸荠	5	55		39	
	晚稻	4	77		19	
葡萄	欧美杂交品种		30			70
	欧亚品种		35			65
	有核品种		41			59
	无核品种		28			72

续表

水果	品种	柠檬酸	苹果酸	奎宁酸	琥珀酸	酒石酸
葡萄	红色品种		34			66
	绿色品种		32			68
	欧亚鲜食品种		38			62
	欧亚酿酒品种		31			69
苹果	4 个品种	1	67		29	
草莓	丰香	79	21			
	甘露	67	33			
	甜查理	75	25			
	章姬	81	19			
	紫金香玉	62	38			
	佐贺清香	74	26			
	南方红颜	83	17			
	京藏香	84	16			
	京醇香	78	22			
番茄	尖黄	40	15		14	10
	青熟	37	19		15	14
	耐运 2000	38	22		15	14
西瓜	绿贝雷	18	58			
	冰糖脆	33	63			
	红宝石	15	78			
	糖炮弹	15	69			
	浙 2 选	12	85			
甜瓜		76	13			

2. 果实发育过程中有机酸的变化　不同果实发育过程中的有机酸变化模式各不相同，通常有机酸在果实生长前期合成积累，随着果实成熟呈现出逐渐降低的趋势。大多数柑橘果实在发育过程中的有机酸含量变化一般呈先上升后下降趋势，即果实发育前期迅速积累，后期则呈持续下降趋势。不同柑橘品种间柠檬酸含量达峰值的时间各不相同。例如，甜橙与温州蜜柑果实一般于盛花后 100d 达到最高，而椪柑、杂柑和柚等约在盛花后 120d 达到最高。也有研究表明，在酸柠檬和来檬果实中，柠檬酸含量上升之后却没有出现明显的下降趋势；而在甜柠檬的发育过程中，并未发现柠檬酸积累高峰，柠檬酸含量一直维持在较低的水平。苹果中的苹果酸和草酸含量在果实发育过程中均呈现出先上升后下降的趋势，而柠檬酸、琥珀酸和酒石酸等在果实发育过程中均呈现下降趋势。桃果实发育过程可分为 S1（幼果膨大期）、S2（硬核期）、S3（二次膨大期）、S4（成熟期）4 个时期。柠檬酸在整个发育过程中呈现上升趋势，并在 S4 时期达到最高；而苹果酸和奎尼酸在整个发育过程中均无明显变化。杏和李果实发育过程中有机酸变化模式各不相同，杏盛花后 30d，果实中的草酸、奎尼酸、苹果酸均开始呈现下降趋势，而柠檬酸则呈现上升趋势，并于盛花后 58d 达到最高，后再呈下降趋势。与杏果实类似，李果实中

的草酸和柠檬酸也于花后 30d 开始呈下降趋势，但与之相反，苹果酸则呈现上升趋势直至果实成熟，柠檬酸在整个发育过程中并无明显变化。

二、有机酸代谢途径及调控

果实有机酸代谢过程极其复杂，包括合成、降解和转运等多个步骤，苹果酸与柠檬酸为果实中最主要的有机酸。因此，以二者为例进行介绍（图 5-15）。

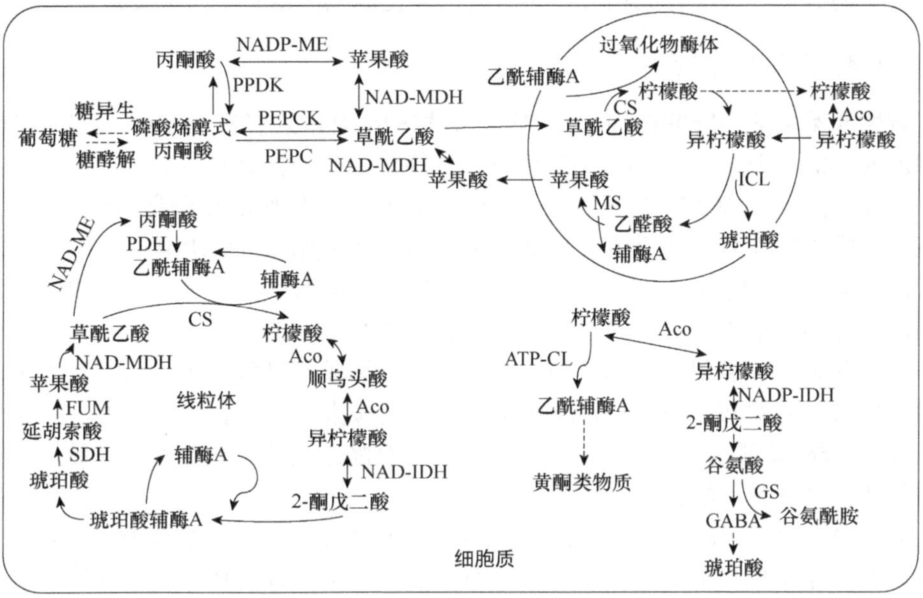

图 5-15　果实细胞有机酸代谢途径

实线箭头表示已证实的步骤，虚线箭头表示推测的步骤。PPDK．丙酮酸磷酸双激酶；PEPC．磷酸烯醇式丙酮酸羧化酶；PEPCK．磷酸烯醇式丙酮酸羧激酶；PDH．丙酮酸脱氢酶；CS．柠檬酸合酶；ICL．异柠檬酸裂解酶；ATP-CL．ATP-柠檬酸裂解酶；Aco．顺乌头酸酶；NAD-IDH．NAD-异柠檬酸脱氢酶；NADP-IDH．NADP-异柠檬酸脱氢酶；MS．苹果酸合酶；NAD-MDH．NAD-苹果酸脱氢酶；NAD-ME．NAD-苹果酸酶；NADP-ME．NADP-苹果酸酶；GS．谷氨酸合酶；GABA．γ-氨基丁酸；SDH．山梨醇脱氢酶；FUM．延胡索酸酶

（一）有机酸的合成

果实中有机酸的来源有两个途径：第一种途径是有机酸在叶片中通过光合作用合成后运至果实；第二种途径则是果实可自身通过 CO_2 暗固定来合成有机酸，而果实的有机酸来源通常认为是第二种途径。

柠檬酸的合成主要来源于三羧酸（TCA）循环，糖在果实内转化为磷酸烯醇式丙酮酸（PEP），形成丙酮酸，脱羧形成乙酰辅酶 A（Ac-CoA）；而固定的 CO_2 在磷酸烯醇式丙酮酸羧化酶（PEPC）的催化下形成草酰乙酸（OAA），OAA 与 Ac-CoA 在柠檬酸合酶（CS）的作用下缩合为柠檬酸。研究表明，PEPC 和 CS 的活性与果实柠檬酸含量密切相关，不同品种与不同发育阶段的柑橘果实中，*PEPC* 基因表达丰度与果实中柠檬酸含量呈显著正相关，而过量表达 *CjCS* 基因可促进柠檬酸的合成；此外，在桃果实中，丙酮酸磷酸双激酶基因（*PDK*）、丙酮酸激酶基因（*PK*）和乙醛脱氢酶基因（*ADH*）等也参与了柠檬酸合成过程。

苹果酸在线粒体（mt）内的代谢受到 NAD-mtMDH 和 NAD-mtME 的调控，这两种酶都受到 NADH 和 pH 的调节。苹果酸除了在细胞质和线粒体中合成，还能在乙醛酸循环的过程中产生，苹果酸合酶（MS）和异柠檬酸裂解酶（ICL）是乙醛酸循环中的关键酶，乙醛酸循环除与特定发育阶段苹果酸的积累有关外，还可能促进果实后熟过程的糖异生。细胞质 NAD-MDH 可催化 OAA 与苹果酸间的可逆反应，但主要以催化苹果酸合成为主。苹果中 *NAD-MDH1* 可能是影响苹果酸合成的关键基因，过表达 *MdcyMDH* 基因可显著上调其他苹果酸合成相关基因的表达及提高其酶活性，进而促进苹果酸积累。

（二）有机酸的降解

柠檬酸和苹果酸的降解在细胞质中进行，柠檬酸降解途径有 GABA 途径、谷氨酰胺途径和乙酰辅酶 A 途径。在不同的条件下，柠檬酸通过不同途径降解。

GABA 途径是柠檬酸降解的主要途径，细胞质中的柠檬酸在顺乌头酸酶（Aco）的催化下，生成异柠檬酸，然后经过 NADP-异柠檬酸脱氢酶（NADP-IDH）作用生成 2-酮戊二酸，2-酮戊二酸通过天冬氨酸转氨酶（AST）、丙氨酸转氨酶（AAT）或谷氨酸脱氢酶（GDH）作用生成谷氨酸，谷氨酸在谷氨酸脱羧酶（GAD）的催化下生成 GABA；与 GABA 途径相同，在谷氨酰胺途径中，柠檬酸先降解成谷氨酸，之后在谷氨酰胺合成酶的作用下生成谷氨酰胺，随后谷氨酰胺可能参与硫胺素的生物合成。此外，柠檬酸还可能在 ATP-柠檬酸裂解酶（ACL）的作用下，生成草酰乙酸和乙酰辅酶 A，最后转向黄酮类物质代谢，这就是乙酰辅酶 A 途径。

在 GABA 与谷氨酰胺途径中，细胞质 Aco 被认为是调控柠檬酸降解的关键酶，过表达 *Aco* 的番茄果实柠檬酸含量显著降低，而 *Aco* 缺失则导致番茄果实柠檬酸含量显著升高。NADP-IDH 也参与了柠檬酸的降解：在柠檬果实发育早期，线粒体 NADP-IDH 活性很低，导致柠檬酸迅速增加；随着果实发育成熟，细胞质 NADP-IDH 活性提高，*IDH* 基因表达丰度也显著升高，果实柠檬酸含量显著下降。GAD 催化谷氨酸生成 GABA，也是 GABA 途径中的关键酶。柑橘果实成熟过程中，*CsGAD1* 表达量升高，GAD 活性增加，柠檬酸含量显著下降；其可被 Ca^{2+}/CAM 调控，GABA 在线粒体 GABA 通透酶的作用下进入线粒体，并在 GABA 转氨酶（GABA-T）和琥珀酸半醛脱氢酶（SSADH）的作用下生成琥珀酸，进入 TCA 循环。在不同生态环境中，柠檬酸降解倾向于 GS 途径，即柠檬酸反应生成谷氨酸后，在谷氨酰胺合成酶的作用下生成谷氨酰胺。除 Aco 外，ACL 可将柠檬酸直接降解。果实中柠檬酸含量降解与 *VcACLY* 基因密切相关，柑橘中，*ACL* 基因表达上调可降低柠檬酸含量，而干旱与 ABA 处理可抑制 *ACL* 基因表达进而促使柠檬酸含量上升，瞬时过量表达 *CitAclα1* 可显著降低柑橘叶片中柠檬酸含量。

苹果酸的降解主要通过参与糖异生、呼吸、次生代谢物质合成等方式进行。果实成熟时期的糖异生在不同果实中均有发现，苹果酸在细胞质 NAD-MDH 和 PEPCK 或者 NADP-ME 和 PPDK 的催化下生成 PEP，参与果实糖异生。丙酮酸是一种重要的呼吸底物，在 C_3 植物里，NADP-ME 催化苹果酸和 $NADP^+$生成丙酮酸和 NADPH，丙酮酸进入 TCA 循环，参与呼吸作用。苹果酸降解主要依赖于线粒体 NAD-mtMDH 与 NAD-mtME 活性。番茄果实发育早期，苹果酸降解主要由 NAD-mtME 决定，葡萄果实成熟过程中的苹果酸降解则主要与 NAD-mtMDH 相关。

（三）有机酸的转运

液泡体积在成熟果实细胞体积中占 90%以上，果实的有机酸主要贮藏于液泡中。有机酸在液泡中的积累转运主要通过易化扩散及次生代谢物转运等方式进行。在此过程中，转运蛋白作为有机酸转运载体，对有机酸积累有着重要影响。液泡膜上的转运蛋白众多，有机酸的转运主要通过液泡膜有机酸特异转运蛋白和离子通道来调节。此外，液泡内外的 pH 梯度（ΔpH）与电势能梯度（$\Delta\psi$）对苹果酸积累也有重要作用。在液泡膜中，存在 H^+-ATP 酶（V-ATPase）和 H^+-焦磷酸化酶（V-PPase）两种类型的质子泵，这两种质子泵的主要功能就是产生 pH 梯度与电势能梯度，这种梯度可为柠檬酸和苹果酸向液泡内的转运提供动力，促进液泡膜内外电化学梯度的形成。在细胞质的中性或者弱碱性环境中，柠檬酸以三价阴离子的形式存在，苹果酸以二价阴离子的形式存在，这也是柠檬酸和苹果酸向液泡转运的形式，这是由转运系统特异识别这样的离子形式决定的。柠檬酸和苹果酸到达液泡内，迅速被质子化，同时还可能在钠离子氢离子反向转运体（NHX）、阳离子氢离子反向转运体（CHX）等的作用下进行等价阳离子的转运，保证液泡内的电中性平衡，从而使柠檬酸和苹果酸能在液泡中大量积累（图 5-16）。

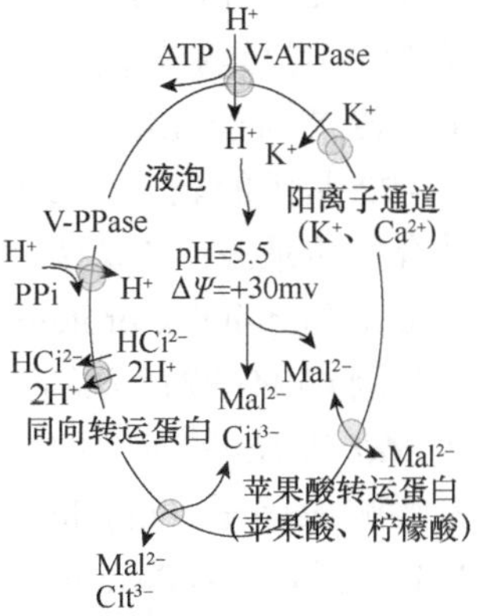

图 5-16　液泡中的离子通道与转运蛋白

V-ATPase．液泡膜 H^+-ATP 酶；V-PPase．液泡膜 H^+-焦磷酸化酶；Mal．苹果酸盐；Cit．柠檬酸盐；HCi．柠檬酸一氢盐

目前，已分离鉴定了大量的有机酸转运蛋白。例如，苹果酸转运蛋白（AttDT）既可以将苹果酸转运到液泡内，也可将苹果酸从液泡中转运出来。铝激活的苹果酸转运蛋白（Al-activated malate transporter，ALMT）是一种常见的参与苹果酸转运的转运蛋白家族，如拟南芥中的 AtALMT6 和 AtALMT9。番茄中的转运蛋白 SlALMT9 直接影响了番茄果实中的苹果酸含量；苹果中已鉴定了 25 个 ALMT 家族成员，其中 MdALMT9 与 MdALMT14 可参与果实苹果酸的积累；葡萄、桃果实中也发现了类似的转运蛋白。与苹果酸类似，柠檬酸转运也可能通过苹果酸转运离子通道，如 AttDT 和 ALMT 等。此外，还存在一些柠檬酸特异的转运蛋白。例如，拟南芥中的蛋白 FRD3 可以调节柠檬酸的转运，从而使柠檬酸从根部分泌到根际；而当植物受到胁迫时，可诱导一类转运蛋白如 MATE，促进柠檬酸分泌。脐橙果实中的一个编码柠檬酸转运蛋白的基因 *CsCit1* 可能参与柠檬酸由泡内转向泡外这一过程，三个转运蛋白基因 *CitCHX*、*CitDIC* 和 *CitALMT* 也与柠檬酸含量密切相关。

除转运蛋白外，果实有机酸含量差异可能与质子泵有关，包括不同品种、不同发育过程的果实等。质子泵主要包括 V-ATPase、P-ATPase、F-ATPase 和 V-PPase 四种类型。枇杷果实中 V-ATPase A 和 V-PPase 与高酸度相关。梨中共分离鉴定了 62 个 P-ATPase 成员，其中 Pbr029767.1i 与梨果实发育过程中苹果酸积累相关。柑橘中存在两个 *P-ATPase* 基因：*CitPH1* 和 *CitPH5*，其在不同酸度柠檬、柚、橙等果实中表达模式各异，是影响柑橘果实酸度的关键基因。

质子泵与品种间有机酸含量差异有关。例如，苹果的一个 P-ATPase 成员 Ma10，可显著提高苹果愈伤中柠檬酸的含量；酸柠檬中的一个与拟南芥 *AHA10* 高度同源的质子泵基因可能是导致酸柠檬柠檬酸含量高的主要原因，甜柠檬中没有该基因。

（四）果实有机酸代谢的调控

果实中有机酸的积累受合成、降解、转运等过程综合调控，每一步骤均有多种酶/多基因家族调控，而多基因调控常与转录因子关联。近些年来，许多与有机酸代谢相关的转录因子被挖掘。番茄果实中的 *SlAREB1*（auxin response element binding protein 1）可显著提高果实中柠檬酸和苹果酸含量。苹果中的 EIN3-like 转录因子可能可以通过调控 *Ma1* 基因进而影响苹果果实中柠檬酸含量；此外，苹果中有两个 MYB（myb binding protein）转录因子 MdMYB1 和 MdMYB73，其中 MdMYB1 可激活 *MdVHA-B1* 与 *MdVHA-B2* 基因的表达，提高 V-ATPase 活性，促进苹果酸积累；而 MdMYB73 不仅可直接结合并转录激活 *MdALMT9*、*MdVHA-A* 和 *MdVHP1* 的表达，还可通过与 MdCIbHLH1（basic helix-loop-helix protein）蛋白互作，协同调控苹果酸积累；过表达苹果 *MdMYB73* 的同源基因 *CrMYB73* 可显著提高柠檬酸含量。MdbHLH3 也可调控苹果中苹果酸的积累，过表达 *MdbHLH3* 的苹果中苹果酸含量显著提高。

乙烯响应因子（ethylene response factor，ERF）与柠檬酸含量密切相关。例如，CitERF13 可与 V-ATPase 成员 CitVHA-c4 进行蛋白互作，促进柑橘果实中柠檬酸积累；CitERF6 可直接结合 *CitAclα1* 启动子，转录激活其表达，促进柠檬酸的降解。此外，两个转录因子 CitNAC62 与 CitWRKY1 可形成蛋白复合体，协同调控柠檬酸降解关键基因 *CitAco3*，促进柠檬酸降解；柑橘采后热处理可激活热激转录因子 CitHsfA7 的表达，进而调控 *CitAco3* 促进柠檬酸降解。

除转录调控外，翻译后修饰也可参与有机酸代谢调控过程。例如，BTB-TAZ 蛋白（MdBT2）可通过泛素化影响 MdCIbHLH1 的稳定性，进而影响果实中苹果酸积累。

三、影响有机酸含量的环境因素

（一）光照

光照是果实生长发育的必要条件之一，不同的光照强度和光照条件不仅对果实大小、颜色等外观品质，也可对果实有机酸产生影响。研究表明，弱光处理可影响葡萄叶片的光合作用，导致成熟期葡萄果实可滴定酸含量升高。不同的光质对果实有机酸也有显著影响，提高红光与红远光比例可显著提升采后番茄果实中的有机酸含量。不同类型的果袋对葡萄有机酸也有较大影响。例如，套白色或绿色果袋的果实酸度高，套半透明果袋和不套袋的果实酸度则低。而 UV-C 处理则可通过影响苹果酸代谢相关基因（*NADP-ME*、*NADP-MDH* 和 *PEPCK*）的表达，降低苹果采后贮藏过程中苹果酸的含量。

（二）温度

温度是影响果实有机酸含量的重要因子之一。一般温度较高，则果实有机酸含量较低。在一定条件下，年积温越高，果实中有机酸含量越低。栽培期间适当提高栽培环境温度也可降低果实中的有机酸含量。果实采后适当高温处理也可降低果实有机酸含量，如桃、椪柑和苹果等，有研究表明短时间热处理可以减缓桃果实中苹果酸与柠檬酸含量的下降速率，进而维持桃果实酸度；也有研究表明热处理对果实有机酸含量并无显著影响，表明热处理对果实酸度影响的差异可能与品种不同有关。此外，低温与果实中有机酸含量也密切相关。例如，5℃低温可以显著降低两种猕猴桃果实中的有机酸含量；柠檬果实绿熟期采后低温贮藏，其有机酸含量呈上升趋势；黄熟期采后低温贮藏，其有机酸含量则呈下降趋势，这可能与柠檬果实成熟度相关。

温度可能通过影响糖酵解反应速率、TCA 循环相关酶活性来调控有机酸代谢；同时，温度也是质子泵和离子通道活性的关键调控因子，温度还可能通过影响果实有机酸在液泡内的贮藏进而调控果实有机酸含量；此外，温度也可能通过改变果实细胞液泡膜透性，从而增加有机酸离子泄漏而影响果实酸度。

（三）水分

水是影响果实有机酸代谢的另一重要因子。多数情况下，灌水量与果实有机酸含量呈负相关，如李、油桃和柑橘等。而在少数果实中，灌水量增加可以升高果实中有机酸含量，如葡萄、芒果等。水分对不同时期果实生长发育的影响存在差异，当葡萄柚果实处于膨大期时，高度水分胁迫可使果实中有机酸含量显著上升，从而影响果实品质。水分可影响果实有机酸含量，但并不影响苹果酸和柠檬酸的季节性变化。

目前，水分对果实酸度影响机制的解释有两种：一种认为水分胁迫通过脱水作用来增加果实中有机酸含量；另一种则认为通过渗透调节作用，即水分胁迫下所有植物积累溶质（主要为糖酸）进而降低渗透势和防止细胞膨压下降。

（四）矿质营养

矿质营养是果实生长发育、产量和品质形成的物质基础，矿质元素氮（N）、钾（K）、钙（Ca）等都会对果实酸度产生影响。充足的氮源对果实营养生长有积极作用。氮肥增加可显著提高油桃、梨等果实中可滴定酸的含量，适当的氮源可提高‘黄果柑’的 Aco 活性，促进其柠檬酸的降解。钾被称为果实的“品质元素”，钾元素可促进果实酸度升高，但也有减少果实中有机酸含量的报道，而采后 KCl 处理可以显著降低果实中可滴定酸含量。钙元素对果实品质至关重要，钙在植物体内不易转移，需要由根系不断从土壤中吸收，喷施钙肥可有效降低苹果、柑橘和芒果等果实中有机酸含量；采后 $CaCl_2$ 处理可有效抑制苹果中有机酸降解。

第五节　葱蒜类蔬菜风味物质

葱蒜类蔬菜主要有大蒜（*Allium sativum* L.）、洋葱（*A. cepa* L.）、葱（*A. fistulosum* L.）、小葱（*A. schoenoprasum* L.）、火葱（*A. ascalonicum* L.）、韭葱（*A. ampeloprasum* var. *porrum* L.）、韭菜（*A. tuberosum* Rottl. ex Spr.）、藠头（*A. chinense* G. Don）等，属于百合科葱属，原产于西亚和中亚一带，世界各国均有分布。葱蒜类蔬菜都含有特殊的风味物质，现代医学研究表明这些功能成分具有抗菌消炎、提高机体免疫力、预防和治疗心血管疾病、预防肿瘤等多方面的功能。

一、风味物质及其合成途径

（一）风味物质种类

风味物质是葱蒜类蔬菜植物中的特殊成分，为有机硫化物，也是主要的生物活性成分。其中新鲜大蒜中大蒜素的含量约为0.4%，占有机硫化物总量的70%左右。此外，半胱氨酸和谷胱甘肽衍生物是葱蒜类蔬菜植物体内的主要物质之一，占干重的1%～5%。

葱蒜类蔬菜的风味物质为挥发性化合物，包括硫代亚磺酸酯类（图5-17）和脂溶性有机硫化物（图5-18）等含硫化合物。

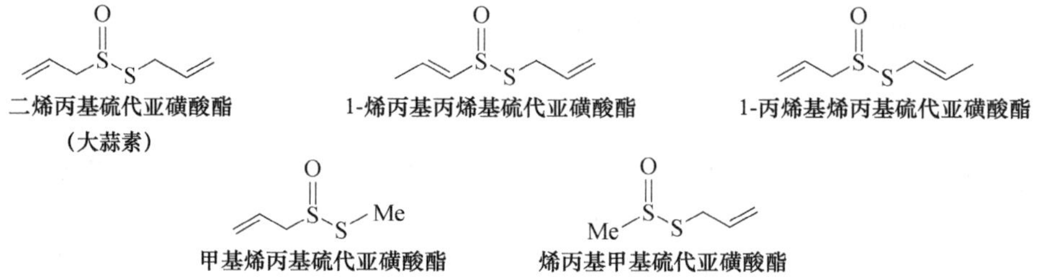

图5-17　大蒜等葱蒜类蔬菜中的硫代亚磺酸酯类含硫化合物

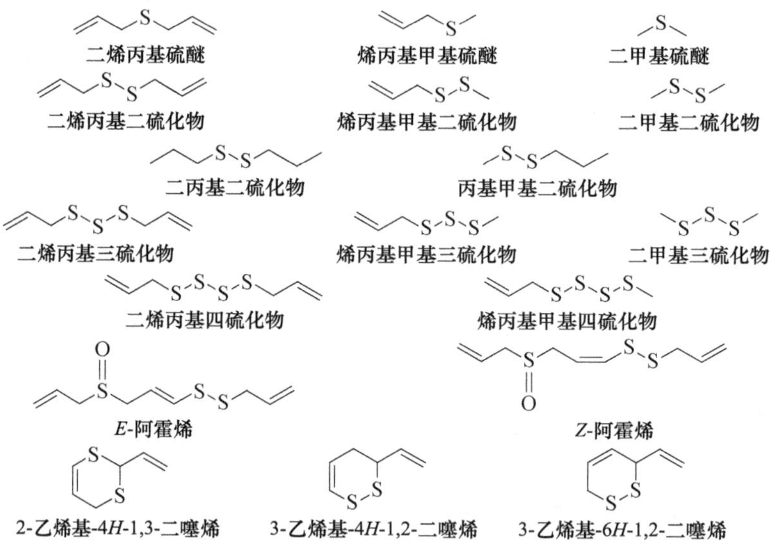

图5-18　大蒜等葱蒜类蔬菜中的主要脂溶性有机硫化物

硫代亚磺酸酯类主要有二烯丙基硫代亚磺酸酯（大蒜素，allicin）、1-烯丙基丙烯基硫代亚磺酸酯、1-丙烯基烯丙基硫代亚磺酸酯、甲基烯丙基硫代亚磺酸酯、烯丙基甲基硫代亚磺酸酯等。硫代亚磺酸酯类不稳定，会进一步重新排列形成其他有机硫化物。

脂溶性有机硫化物按含硫原子数目分为一硫化物、二硫化物、三硫化物、四硫化物。一硫化物主要包括二烯丙基硫醚、烯丙基甲基硫醚、二甲基硫醚；二硫化物主要包括二烯丙基二硫化物、烯丙基甲基二硫化物、二甲基二硫化物、二丙基二硫化物、丙基甲基二硫化物、*E*-阿霍烯（*E*-ajoene）、*Z*-阿霍烯、2-乙烯基-4*H*-1,3-二噻烯（vinyl dithiin）、3-乙烯基-4*H*-1,2-二噻烯和 3-乙烯基-6*H*-1,2-二噻烯；三硫化物主要包括二烯丙基三硫化物、烯丙基甲基三硫化物、二甲基三硫化物；四硫化物主要包括二烯丙基四硫化物、烯丙基甲基四硫化物。

在天然大蒜中，大蒜素、二烯丙基硫醚、二烯丙基二硫化物、二烯丙基三硫化物、阿霍烯等有机硫化物含量较高。

（二）风味物质的合成

葱蒜类植物中最初的含硫物质是γ-谷氨酰-L-半胱氨酸，可通过不同途径合成风味物质——大蒜素类物质。葱蒜类蔬菜鳞茎中成熟的膨大细胞的细胞壁较薄，液泡在细胞中占很大体积。在自然完整状态下，蒜氨酸酶（allinase，EC 4.4.1.4）和风味前体物质——*S*-烃基-半胱氨酸亚砜［*S*-alk（en）yl cysteine sulphoxide，CSO］分别独立稳定地存在于细胞中的液泡和细胞质中，所以完整大蒜并不产生刺激性气味。当大蒜受到物理破碎后，细胞膜破裂，细胞质中的CSO（主要是蒜氨酸）被液泡中的蒜氨酸酶催化分解成2-烯丙基次磺酸和氨基丙酮酸，而2-烯丙基次磺酸很不稳定，易发生聚合反应生成具有强烈辛辣味的挥发性物质——硫代亚磺酸酯类（主要是大蒜素）。大蒜素又会迅速降解为挥发性的含硫化合物（二烯丙基硫醚、二烯丙基二硫化物、二烯丙基三硫化物、阿霍烯、乙烯基二噻烯等）（图5-19）。例如，三分子的大蒜素结合产生两分子的阿霍烯；大蒜素分解成两种环状的同分异构化合物，即2-乙烯基-4*H*-1,3-二噻烯和3-乙烯基-4*H*-1,2-二噻烯或3-乙烯基-6*H*-1,2-二噻烯。

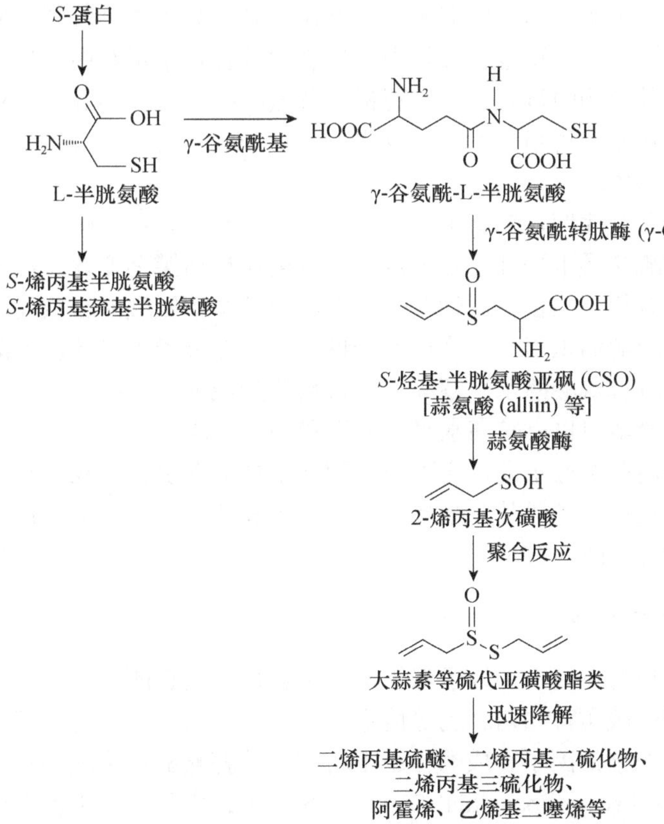

图5-19　大蒜等葱蒜类蔬菜有机硫化合物的合成途径

蒜氨酸酶是大蒜素合成的关键酶，又称烷基半胱氨酸亚砜酶、*C-S* 裂解酶等。在蒜氨酸酶催化作用下，CSO 类物质（蒜氨酸等）经裂解后形成大蒜素等风味物质。蒜氨酸酶有多种底物，*S*-甲基、*S*-乙基、*S*-丙基、*S*-丁基和 *S*-烯丙基半胱氨酸亚砜均可作为该酶的底物，其中蒜氨酸是天然底物。

蒜氨酸酶一般由约包含 2200 个核苷酸的 mRNA 翻译而成。蒜氨酸酶是由两个相同亚基构成的糖蛋白，糖链上有葡萄糖和甘露糖。大蒜蒜氨酸酶含 448 个氨基酸，洋葱蒜氨酸酶含 445 个氨基酸。每个亚基的分子质量约为 50kDa。洋葱和大蒜中蒜氨酸酶碳水化合物量（包括单糖、已糖和甲基戊糖）分别为 4.6%和 5.5%。辅因子为 5′-磷酸吡哆醛。在自然条件下，洋葱蒜氨酸酶酶促反应的平均 K_m 值为 9.4mmol/L，大蒜的则为 5.7mmol/L，催化不同底物时 K_m 差异较大。蒜氨酸酶为热不稳定性酶，热稳定的温度在 50℃以下，最适反应温度为 37℃，在 42℃以上活性逐渐降低。蒜氨酸酶对其天然底物蒜氨酸的适宜 pH 为 5～8，pH＜3.6 时，活性几乎丧失殆尽。

不同葱蒜类植物蒜氨酸酶的编码基因有较高的同源性，属于同一类基因家族。但不同的蒜氨酸酶之间在物理、化学及酶动力学特性上有一定的差异。例如，大蒜蒜氨酸酶为二聚体，而洋葱的为单体、三聚体、四聚体、六聚体，韭葱的是三聚体，而韭菜可能只有单体。洋葱蒜氨酸酶更利于水解 *S*-丙烯基-L-半胱氨酸亚砜（PeCSO，异蒜氨酸），而不是 *S*-甲基-L-半胱氨酸亚砜（MCSO，甲基蒜氨酸）或 *S*-丙基-L-半胱氨酸亚砜（PCSO），所以 PeCSO 对洋葱的风味贡献更大些，而大蒜蒜氨酸酶更易于水解 MCSO。

此外，鳞茎中和根系中的蒜氨酸酶之间存在差异，分为鳞茎蒜氨酸酶和根系蒜氨酸酶。前者存在于葱属植物的鳞茎和叶片中，后者主要存在于根系中。根系蒜氨酸酶当前仅在洋葱等少数几种植物中被发现。洋葱根系蒜氨酸酶分成Ⅰ和Ⅱ两种亚型，它们亚基的分子质量与鳞茎蒜氨酸酶相差不大，也约为 50kDa。洋葱鳞茎蒜氨酸酶为多聚体，但根系蒜氨酸酶则为单体。

大蒜早在播种到发芽期，鳞茎中蒜氨酸酶活性就存在。种蒜鳞茎在营养消耗而降解过程中，其蒜氨酸酶含量水平几乎是恒定的，甚至在母体鳞茎变软、结构被破坏的最后阶段，蒜氨酸酶仍有相当的含量。幼苗生长期，幼叶中蒜氨酸酶合成和积累活跃，叶片迅速扩展时，蒜氨酸酶的积累与合成速度变慢，叶片充分长大时的蒜氨酸酶含量水平达到最高，叶片衰老时蒜氨酸酶水平逐渐下降，鳞茎形成期蒜氨酸酶含量丰富，但浓度变化却不大。休眠期鳞茎中也有较高水平的蒜氨酸酶的合成。

蒜氨酸所处的溶剂类型不同，会形成不同挥发性的含硫化合物。在油和非极性有机溶剂中，易形成阿霍烯、乙烯基二噻烯等，而在水和乙醇中会形成二烯丙基二硫化物、二烯丙基三硫化物等（图 5-20）。

（三）洋葱中致泪成分的合成

洋葱在自然生长的环境中，为了保护本身不受昆虫咬食的威胁，演化出一种独特的防御机制。当受到机械伤害如切、剥等情形时，它所含的蒜氨酸酶会开始作用，蒜氨酸酶催化 PeCSO 后，在催泪因子合成酶作用下将洋葱的蒜氨酸转化成为具有催泪作用的顺式-丙硫醛-*S*-氧化物（*syn*-propanethial-*S*-oxide，SPSO）。由于大蒜中没有催泪因子合成酶的存在，大蒜破碎时没有使人流泪现象的发生（图 5-21）。

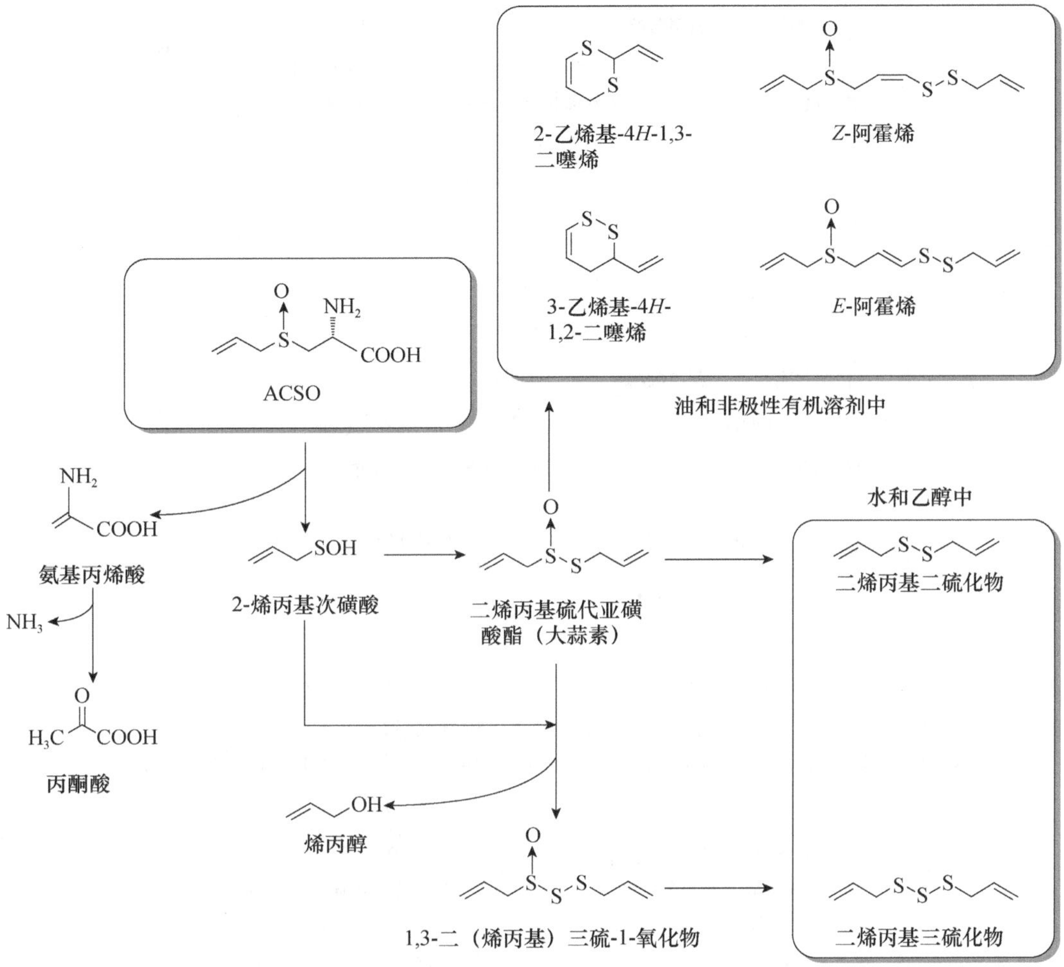

图 5-20 *S*-烯丙基-L-半胱氨酸亚砜（蒜氨酸）（*S*-allyl-L-cysteine sulfoxide，ACSO）在不同溶剂中形成挥发性化合物的过程

二、风味前体物质及其合成途径

（一）风味前体物质种类

葱蒜类蔬菜植物独特的辛辣气味——风味物质（大蒜素等）是在蒜氨酸酶等酶类催化下，由蒜氨酸（alliin）类物质——*S*-烃基-半胱氨酸亚砜合成的。在自然条件下，蒜氨酸类物质性质稳定、无味，被称为风味前体物质。*S*-烃基-半胱氨酸亚砜在植物受到损伤后与蒜氨酸酶反应，生成易挥发、具有刺激性气味的含硫化合物。

目前发现的葱蒜类蔬菜中风味前体物质 *S*-烃基-半胱氨酸亚砜共有 4 种，即 *S*-烯丙基-L-半胱氨酸亚砜（蒜氨酸）、*S*-甲基-L-半胱氨酸亚砜（甲基蒜氨酸）、*S*-丙基-L-半胱氨酸亚砜和 *S*-丙烯基-L-半胱氨酸亚砜（异蒜氨酸）（图 5-22）。大蒜中蒜氨酸含量最高，约占 *S*-烃基-半胱氨酸亚砜总量的 85%。蒜氨酸是最早在大蒜中被报道的主要风味前体物质（表 5-14）。

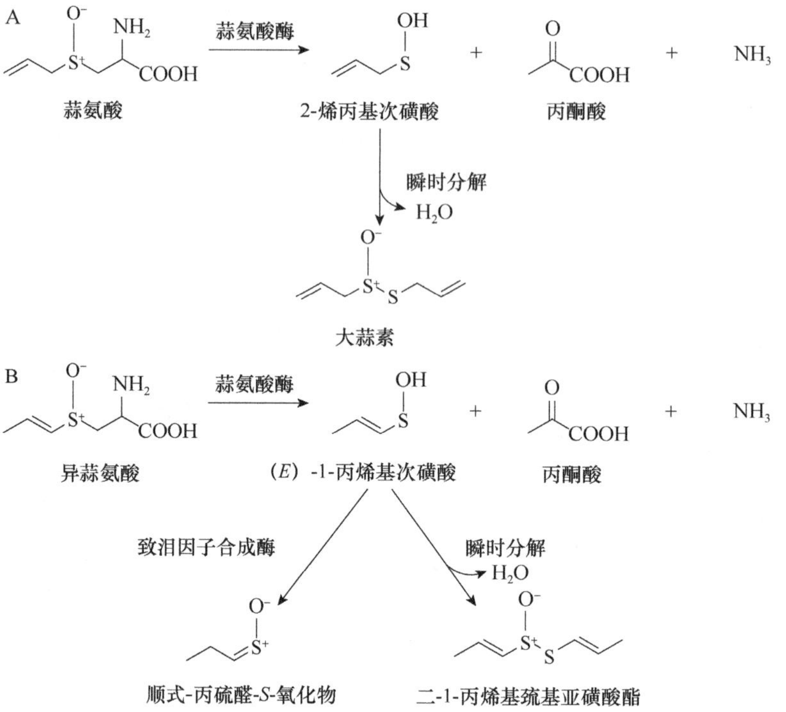

图 5-21　洋葱致泪成分的形成过程

A．大蒜中蒜氨酸水解生成大蒜素；B．洋葱中的异大蒜素水解生成致泪物质顺式-丙硫醛-*S*-氧化物

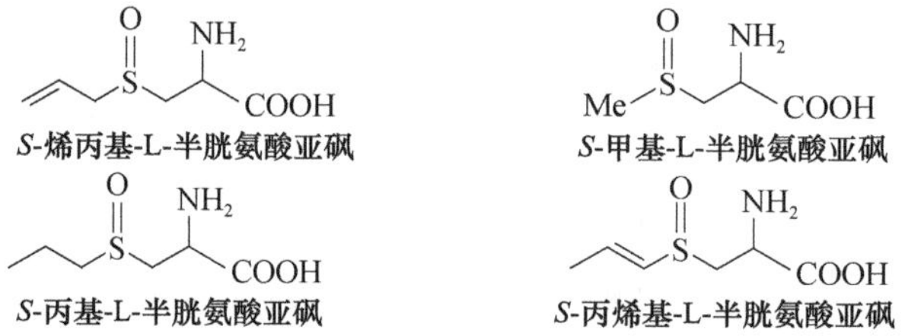

图 5-22　大蒜等葱蒜类蔬菜的风味前体物质

表 5-14　葱蒜类蔬菜的主要风味前体物质及主要存在植物

名称	缩写	结构式	存在植物
S-烯丙基-L-半胱氨酸亚砜（蒜氨酸）	ACSO	CH_2═CH—CH_2—R	大蒜
S-丙烯基-L-半胱氨酸亚砜（异蒜氨酸）	PeCSO	CH_3—CH═CH—R	洋葱
S-甲基-L-半胱氨酸亚砜（甲基蒜氨酸）	MCSO	CH_3—R	葱属、芸薹属
S-丙基-L-半胱氨酸亚砜	PCSO	CH_3—CH—CH_2—R	洋葱及其他葱属

注：$R = -\overset{\overset{\displaystyle O}{\uparrow}}{S}-CH_2-\overset{\overset{\displaystyle NH_2}{|}}{CH}-COOH$

除葱属植物外的其他生物（如一些热带植物、真菌等）也存在含量较低的 CSO，如 *S*-乙基-半胱氨酸亚砜、*S*-丁基-半胱氨酸亚砜、*S*-甲巯甲基-半胱氨酸亚砜、*S*-苄基-半胱氨酸亚砜等。它们在蒜氨酸酶的作用下也可释放出风味物质。CSO 不同，形成的风味也

有区别。例如，MCSO 降解后发出洋葱或甘蓝的味道，ACSO 生成独特的大蒜气味。

（二）风味前体物质的合成

葱属蔬菜植物中含有高水平的半胱氨酸，半胱氨酸是合成 CSO 的前体物质。半胱氨酸合成是在丝氨酸乙酰转移酶（serine acetyltransferase，SAT）和半胱氨酸合成酶依次催化作用下完成的，该过程把无机硫元素整合到有机硫化物中。经 SAT 催化后，*O*-乙酰基被添加到丝氨酸中，生成 *O*-乙酰丝氨酸的氨基丙烯酸盐化合物，其在半胱氨酸合成酶（cysteine synthase，CS）的作用下与硫化物反应，生成 *S*-烃基半胱氨酸。半胱氨酸合成酶属于 β 取代基丙氨酸合成酶家族，有很广泛的作用底物。它与合适的底物结合就会合成 *S*-甲基（烯丙基、羧甲基等）半胱氨酸。

谷胱甘肽广泛存在于细胞中，是一种重要的代谢调节物质。在葱蒜类作物中，谷胱甘肽也是合成风味前体物质的重要成员。谷胱甘肽存在于洋葱叶片表皮细胞的叶绿体和细胞质中，而风味前体物质 CSO 和 γ-GP（γ-谷氨酰多肽）仅存在于细胞质中，γ-谷氨酰半胱氨酸则位于叶绿体中。参与 CSO 合成的一些酶类也有不同的分布。例如，负责谷胱甘肽合成的 γ-谷氨酰半胱氨酸合成酶存在于叶绿体中，而 γ-谷氨酰转肽酶则存在于细胞质中，极少部分分布于过氧化体中。

在洋葱鳞茎形成之前，叶片含有大量的 CSO（以 PeCSO 为主，还有 MCSO 和 PCSO）。鳞茎开始形成时，CSO 从叶片向基部运输，鳞茎形成后 PeCSO 和 MCSO 含量降低了 90%，只有 PCSO 保持较高水平。随着鳞茎的成熟，外部衰老鳞片 CSO 含量降低，而内部鳞片的 PCSO 含量会增加。鳞茎茎盘也含有大量的 CSO，其可能是鳞片之间风味前体物质的移动路径。

在 0～0.5℃条件下贮藏 6 个月，CSO 在内部鳞片和鳞茎顶部及底部含量增加并高于外层鳞片。

1．烃基的形成　烃基是 CSO 合成中不可缺少的基团。在 CSO 合成过程中，甲基丙烯酸与半胱氨酸反应，生成 *S*-2-羧基丙烯半胱氨酸，为 ACSO、PeCSO 和 PCSO 合成提供了烃基基团。CSO 的所有烃基侧链（甲基除外）都来自于 *S*-2-羧丙基类物质。

在葱蒜类蔬菜中，缬氨酸可以通过一系列催化步骤转化为甲基丙烯酰-CoA，进一步转化为甲基丙烯酸，经脱羧和还原反应，生成各种烃基（图 5-23）。该反应的中间产物甲基丙烯酰-CoA 可与来自于半胱氨酸或谷胱甘肽的游离的硫醇反应，形成 *S*-烃基（烯丙基或羧丙基等）半胱氨酸（图 5-24）。烯丙基也可能来自于植物次生代谢产物硫代葡萄糖苷。

在洋葱中，*S*-2-羧丙基半胱氨酸能迅速脱羧转变成 PeCSO。S 参与 CSO 的形成并最后氧化为硫氧化物需要酶的催化。在半胱氨酸合成酶的作用下，通过合成反应把 S 添加到 *O*-乙酰丝氨酸形成半胱氨酸，而且形成的半胱氨酸可进一步烃基化。*S*-烃基半胱氨酸氧化后会形成相应的硫氧化物。

半胱氨酸可能是 PeCSO 的直接来源。用 ^{14}C-丝氨酸和 ^{14}C-半胱氨酸饲喂洋葱叶子，其可全部参与 PeCSO 和 MCSO 的合成。向洋葱的根部添加丝氨酸、2-丙烯硫醇或乙硫醇，可产生洋葱自身并不合成的 ACSO 和 *S*-乙基 CSO。因此 CSO 的合成还受其他多种因素的影响。

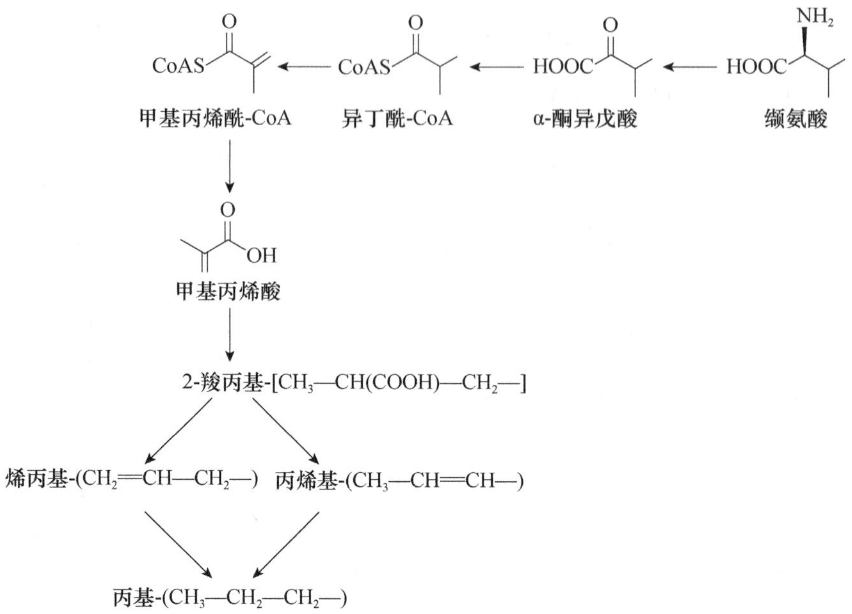

图 5-23　烃基合成途径

S-烃基半胱氨酸在 *S*-加氧酶的作用下氧化生成相应的亚砜类物质。洋葱叶组织中的 *S*-甲基半胱氨酸、*S*-乙基半胱氨酸、*S*-丙基半胱氨酸、*S*-丙烯基半胱氨酸等都可被氧化成亚砜类物质。洋葱鳞茎、葱组织中，可把 *S*-烯丙基半胱氨酸转化成 ACSO，这可能与参与氧化的酶的立体专一性有关，因为洋葱本身并不合成 ACSO。

2．风味前体物质的合成途径　*S*-烃基 CSO 合成途径可能有两种：一种途径是谷胱甘肽中的半胱氨酸被烃基化，然后经过一系列步骤，形成 *S*-烃基 CSO（图 5-24）。此过程同时伴随谷胱甘肽的降解。另一种途径是直接把半胱氨酸烃基化或 *O*-乙酰丝氨酸硫烷化，然后氧化生成 *S*-烃基半胱氨酸，最后合成 *S*-烃基 CSO。但两种合成途径在不同组织和发育阶段中所起的作用仍不清楚。

（三）影响风味前体物质合成的因素

影响葱蒜类蔬菜特殊风味物质形成的因素很多，其中最主要的是基因型（品种），通过选择不同品种，可以在不同土壤和气候条件下获得高品质产品。栽培措施，尤其是灌溉和施肥，不仅对于满足植物对营养和水分的需求很关键，而且影响收获产品——鳞茎的化学成分和品质。

1. 遗传　葱蒜类蔬菜的化学成分受到基因型的显著影响，因此必须选择适合不同气候条件和不同市场需求的品种获得最佳品质。

不同基因型（品种）大蒜的化学成分含量差异很大，如 CSO、酚类等，这种差异可能是由于大蒜在不同地区栽培时适应不同的环境条件，也是在不利环境下存活的方式。化学成分的变化与品种选育、形态特征（鳞茎颜色）、品种起源也有一定的关系，但主要受遗传背景的影响。

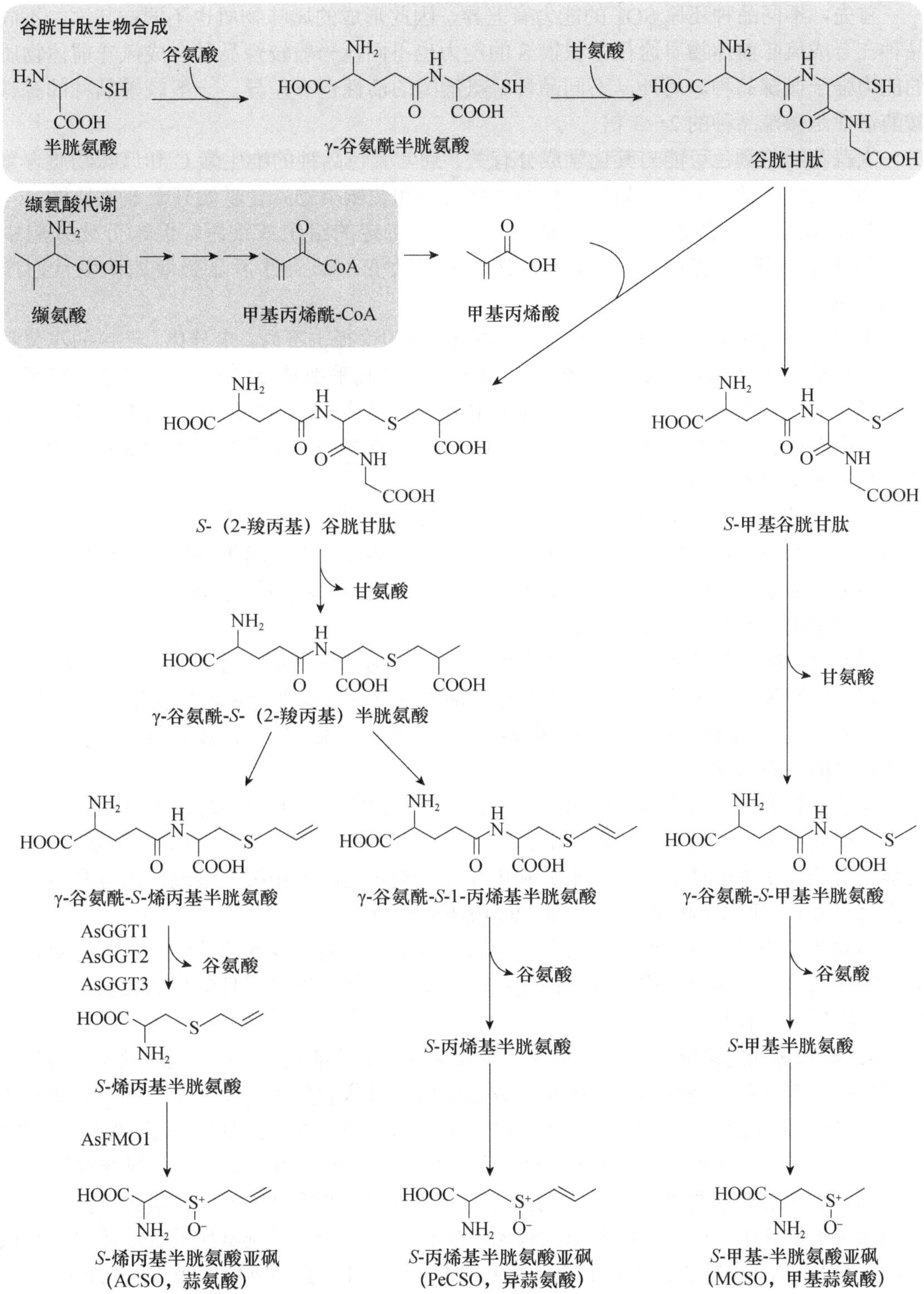

图 5-24　风味前体物质 *S*-烃基-半胱氨酸亚砜的可能合成途径（Yoshimoto and Saito，2019）

GGT．γ-谷氨酰转移酶（gamma-glutamyltransferase）；FMO．黄素单加氧酶（flavin-containing monooxygenase）

首先，不同品种还原SO_4^{2-}的能力有差异，因此形成的风味物质也不同；其次，不同品种在合成风味前体物质途径中积累 S 的能力也不同，一般较辣品种合成风味前体物质的能力强于微辣品种。另外，不同品种蒜氨酸酶的活性也有差异，一般较辣品种的蒜氨酸酶活性是微辣品种的 2～3 倍。

大蒜蒜瓣的颜色可能与其化学成分有关，通常紫色品种的维生素 C 和风味物质含量显著高于白色品种，而白色品种的总酚类化合物和黄酮类物质含量要高于紫色品种。

CSO 在葱蒜类蔬菜组织的合成并不局限于特定的组织或细胞，但未分化细胞中合成的次生代谢产物远远少于完整植株。通过改变生长条件可显著增加次生代谢产物的合成。

不同葱蒜类蔬菜在组织培养过程中合成 CSO 的途径也不同：未分化、无色的洋葱和大蒜愈伤组织中 CSO 含量不及鳞茎的 10%，并且几乎都是 MCSO。洋葱愈伤组织中 PeCSO 的合成非常少，而未分化的大蒜愈伤组织含有少量的 ACSO 和 PCSO；细香葱愈伤组织中存在少量的 PCSO 和 PeCSO。当愈伤组织在光条件下再分化形成绿芽或根后，就恢复合成全部 CSO 的能力。

2．生长条件　植物的生长条件可能显著影响葱蒜类蔬菜的化学成分，因此选择栽培环境对葱蒜类产品品质的形成很重要。尽管栽培环境对大蒜酚类物质和阿魏酸含量的影响不大，但显著影响咖啡酸、香豆酸、羟基苯甲酸、香草酸的含量。同样，蒜氨酸及果聚糖含量也受到栽培环境的影响。

温度会影响洋葱的生长发育。当温度低于 10℃时，鳞茎膨大停止，温度在 38℃时，膨大速率达到最大。洋葱中的挥发性硫化物随着温度的升高而增加，当温度从 10℃提高到 30℃时，硫的利用效率增加，鳞茎辣味加倍。也就是说，在此温度范围内，洋葱的辣味随温度的升高而增加。

洋葱生长的环境湿度也影响鳞茎辣味程度。与灌溉良好和多雨环境条件相比，通常干旱环境条件下生长的鳞茎挥发性硫化物含量较高，辣味增加。在干旱条件下鳞茎较小，可能使风味物质浓度增加。洋葱水分利用和硫肥吸收之间的相关性很弱。水分利用主要受到每日太阳辐照差异的影响，但硫肥吸收不受影响。

当鳞茎开始形成且植株进入收获阶段时，蒜氨酸及其合成的前体物质从叶片中转运并贮存在鳞茎中。因此，推迟收获应是提高蒜氨酸含量的途径，且对提高收获鳞茎的生物活性物质含量有利。

3．硫和氮素的影响　施肥是葱蒜类蔬菜高产优质的基础。硫和氮元素在 CSO 合成过程中具有重要的调控作用。硫是构成葱属植物风味成分的重要元素，参与风味物质的合成过程。植物生长早期对硫的吸收和同化是风味物质形成的基础。硫肥施用和 CSO 含量呈正相关，会显著增加 CSO 的含量和风味强度，硫利用效率高，其风味就比较浓（表 5-15）。氮肥是植株生长的重要元素之一，施氮肥是获得高产的重要措施，同时也会提高风味物质含量。硫的代谢与氮的代谢密切相关。例如，半胱氨酸的合成需要硫和氮同时参与。氮肥并不能直接提高有机硫化物含量，但氮可能会影响硫的吸收进而影响 CSO 的合成，以及其他含硫同化物含量。

表 5-15　不同 S 水平下的洋葱风味前体物质及中间产物含量（Randle et al.，1995）

洋葱品种	营养液S含量/（meq/L）	PeCSO/（mg/g FW）	MCSO/（mg/g FW）	PCSO/（mg/g FW）	总 CSO 前体/（mg/g FW）	谷酰基-CSO/（mg/g FW）	2-羧丙基谷胱甘肽/（mg/g FW）	硫化物总量/（mg/g FW）
Rio Grande	0.10	0.52	2.24	0.85	3.14	未检出	未检出	3.61
	0.48	0.60	1.71	0.70	3.01	0.06	0.05	3.12
	0.85	1.42	1.99	0.94	4.35	0.51	0.20	5.06
	1.60	1.75	2.64	1.24	5.63	0.96	0.28	6.87
	3.10	2.65	2.10	0.98	5.73	1.34	0.37	7.44
Savannah Sweet	0.10	0.63	2.32	0.98	3.93	0.04	0.08	4.05
	0.48	0.85	1.77	0.79	3.41	0.08	0.07	3.56
	0.85	1.00	0.86	0.44	2.30	0.14	0.12	2.56
	1.60	2.00	1.05	0.37	3.42	0.44	0.23	4.09
	3.10	2.60	1.05	0.40	4.05	0.99	0.42	5.47
Southport White Globe	0.10	0.17	2.66	0.33	3.16	0.11	0.23	3.50
	0.48	0.49	3.09	0.48	4.06	0.19	0.33	4.58
	0.85	1.31	2.49	0.47	4.27	0.49	0.40	5.16
	1.60	1.69	2.18	0.40	4.27	0.89	0.46	5.62
	3.10	3.00	1.75	0.41	5.16	2.33	0.98	8.47

注：meq. 毫克当量数

尽管把无机硫同化为有机硫化合物对植物的生长发育很重要，但植物中的大部分硫以硫酸盐的形式保留在细胞液泡中。当硫缺乏时，植物组织中所有硫化物的浓度下降，此时硫酸盐作为硫源供应植物组织。洋葱鳞茎中硫酸盐占总硫的 41%～48%，微辣品种中硫酸盐水平更高（S 以有机化合物形式存在的更少）。在硫缺乏供应条件下，近 95%的鳞茎总硫量为 ACSO 及其肽产物。

硫肥施用对有机硫积累和代谢有重要影响。在高硫肥条件下，洋葱中 PeCSO 的浓度最高，但当硫肥下降到接近缺乏水平时，MCSO 积累增加并成为最主要的风味前体物质。PCSO 通常是洋葱中含量最低的风味前体物质，硫肥达到缺乏水平时，其浓度会超过 PeCSO。在低硫供应条件下，含硫化合物水平下降，如 ACSO 及其肽产物、谷胱甘肽，但能促进与硫吸收和同化有关的酶的基因表达和活性。因此，在低硫条件下，有机硫化物的代谢更有效。在土壤低硫水平（0.05mmol/L）下，近 95%的鳞茎总硫参与风味前体物质代谢途径，但当硫水平提高时，2-丙羧基谷胱甘肽和 γ-谷氨酰-丙烯基半胱氨酸亚砜开始积累。在土壤高硫水平（1.55mmol/L）下，不到 40%的鳞茎总硫参与风味前体物质代谢途径，其余的硫可能存在于风味前体物合成期间的其他中间产物或其他有机硫化合物中。CSO 含量与土壤含硫量并不成正比。

硫（硫酸盐）直接影响含硫风味前体物质的合成，因此对鳞茎辣味和品质有最大的影响。通过调节硫酸盐供应可改变辣味水平，但饱和硫供应并不能继续增加辣味，因此在不缺硫的田间增施硫肥并不能提高辣味水平。在大多数田间，土壤均有足够的硫酸盐或可通过施肥获得，为了获得真正微辣的洋葱，需要限制硫酸盐供应，土壤和水中的硫酸盐浓度不应当超过 50mg/L。既然硫是植物正常生长的必需元素，所以为生产微辣洋葱而限制硫酸盐会导致鳞茎产量下降。

硫肥也影响洋葱中糖和可溶性固形物的含量。一方面，在高硫条件下，有些品种的糖和可溶性固形物含量上升，有些品种的则下降；另一方面，在低硫条件下，有些品种，特别是微辣品种的糖和可溶性固形物含量上升。

硫肥用量对植物体内硫元素的分配也有很大影响。与低硫肥含量的土壤相比，生长于高硫含量土壤中的植物在鳞茎膨大期，硫元素更多地保留在叶片中。随着鳞茎不断膨大，高硫和低硫植株叶片总硫量的差异会加大。鳞茎成熟时，叶片会衰老和干枯，在低硫条件下植株叶片硫含量可以降为零。随着硫肥的增加，鳞茎中以硫酸盐形式贮藏的硫量会从接近 10%提高到 50%左右。而且越辣的品种，硫酸盐积累的比例越低，可能是由于更多的硫参与到风味前体物质的形成和代谢中。也就是说，微辣的品种可能吸收的硫更多地以硫酸盐的形式贮藏起来，而没有参与形成 ACSO 途径。

不同品种洋葱风味物质含量对硫肥的反应不同。硫肥供应对一些品种的影响较大，对另一些品种的影响很小。

氮肥会通过影响硫的吸收而影响 CSO 及其他含硫同化物的合成。一般而言，大蒜中的大蒜素含量和硫肥施用呈正相关。实际上，大量施用氮肥（20kg/亩）会导致大蒜辣味增加，过多氮肥施用有时不利于有机硫化物积累。但氮肥施用和有机硫化物增加之间取决于品种，有些品种会增加，有些品种不会增加。氮肥用量和有机硫化物含量提高除了与品种（基因型）有关，也受环境因素（光照、温度、碳水化合物含量）的重要影响。

在水培条件下，外界氮量低（0.01mg/L NH_4NO_3）时，洋葱表现出明显的缺氮症状，叶发黄、鳞茎小且 N、S、CSO、γ-GP 含量很低；不论硫供应如何，MCSO、PCSO 和 γ-GP 均保持较低水平。当硫含量缺乏时，PeCSO 含量在缺氮时比氮含量充足时还要高，且 MCSO 含量一直高于 PeCSO。这表明氮对 MCSO 合成的影响比硫大。硫对 PeCSO 和 γ-GP 合成的不同影响表明 PeCSO 和 γ-GP 的合成有不同的调控途径。

在水培条件下（硫含量 0.25g/L），随着氮含量（0.02～0.14g/L NH_4NO_3）的增加，洋葱鳞茎中有机硫含量不断上升，无机硫含量变化不大；当环境中氮含量达到 80mg/L 时，有机硫含量下降。γ-谷氨酰-丙烯基半胱氨酸亚砜含量受氮的影响较大，当外界氮含量达到 80mg/L 时，其含量增加大约 10 倍，之后随氮含量的增加而大幅度下降。PCSO 几乎不受氮增加的影响，但 MCSO 随外界氮含量的增加而增加。PeCSO 随氮含量的增加而缓慢增加，当氮含量超过 80mg/L 后，其含量稍有下降。氮含量较低（0.020～0.056g/L）时，PeCSO 是洋葱主要的 CSO；氮含量高于 80mg/L 时，MCSO 为主要的 CSO。氮对三种 CSO 含量的不同影响可能与其对 γ-GP 含量的调控有关。

第六节　辣椒辣味物质

一、辣椒及辣味

茄科辣椒属（*Capsicum*）植物为一年或有限多年生草本。辣椒属起源于南美洲，目前在全世界被广泛栽培，不仅作为蔬菜食用，也是重要的调味品。辣椒依据形态、大小、颜色、辣味程度、营养价值的不同分为很多种类，在30多个已知的种类中，最有价值的5个栽培种为一年生辣椒（*Capsicum annuum* L.）、小米辣（*C. frutescens* L.）、风铃辣椒（*C. baccatum* L.）、绒毛辣椒（*C. pubescens* Keep.）和中华辣椒（*C. chinense* Jacquin），其中一年生辣椒栽培最广，品种最多。栽培辣椒果实颜色非常丰富，世界各地共有400多种颜色各异的辣椒。

辣椒果实的最显著特点是辣味，这种令人印象深刻的辣味是一类生物碱——辣椒素类物质（capsaicinoid）积累导致的。辣椒素类物质在辣椒果实中的含量在不同辣椒变种中的差异显著，通常以史高维尔热单位（Scoville heat unit，SHU）来衡量。纯辣椒素的SHU值为1500万～1600万。辣椒有辣与不辣之分，依据辣椒果实辣味程度的不同，分为高辣、中辣及不辣的变种及品种，如朝天椒、簇生椒及灯笼椒等。最辣的辣椒品种‘Habanero’，其SHU值为10万～30万；而甜椒（‘Pimiento’品种）的SHU值为0～700，分级为不辣。几种辣椒的SHU和辣度分级如表5-16所示。

表5-16　几类辣椒的SHU值和辣度分级

史高维尔热单位（SHU）	辣度分级	辣椒类型
＞80 000	非常辣	‘Habanero’品种（SHU值为100 000～300 000）
25 000～75 000	很辣	智利‘Piquin’品种（SHU值为30 000～50 000）
3 000～25 000	中辣	‘Serrnao’品种（SHU值为5 000～15 000）
700～3 000	微辣	‘Anaheim’品种（SHU值为500～1 000）
0～700	不辣	甜椒

二、辣椒素类物质的种类

辣椒的辣味主要是由一类辣椒素类次生代谢物质引起的，这些化合物只在辣椒属植物中特异产生。辣椒素类物质为酰胺类化合物，是一类生物碱。

辣椒素（capsaicin）为主要的辣椒素类物质，分子式为*N*-香草基-8-甲基-6-壬烯酰胺，分子式为$C_{18}H_{27}NO_3$。辣椒素为无色结晶，熔点65℃，沸点210～220℃，不溶于水，但溶于乙醇和油中。目前已在辣椒果实中发现20多种辣椒素类物质，它们都是由C_8～C_{13}支链脂肪酸和香草胺合成的酰胺类化合物，其主要差异在于脂肪侧链的长度、是否存在双键、分支点和相对辣度的不同。其中辣椒素和二氢辣椒素是最主要的，占辣椒素类物质总量的80%～90%。此外，降辣椒素（norcapsaicin）、降二氢辣椒素（nordihydrocapsaicin）、高辣椒素（homocapsaicin）和高二氢辣椒素（homodihydrocapsaicin）也都是常见的辣椒素类物质（图5-25）。辣椒的辣味主要由辣椒素和二氢辣椒素决定，但其他辣椒素类物质也对不同风味的辣味有贡献。不同栽培种辣椒素类物质含量的差异极大。同一栽培种不同品种辣椒素类物质含量的差异也很大，在辣椒素类物质含量高的品种中可达1%，低含量的品种仅为0.01%，在甜椒中的含量几乎为零。

此外，广义上的辣椒素类物质还包括从甜椒（微辣的辣椒）（*Capsicum annuum*）或稍辣的中华辣椒（*Capsicum chinense*）中分离的没有辣味的辣椒素类似物——辣椒素酯类物质（capsinoid），如辣椒素酯（capsiate）。辣椒素酯类物质和辣椒素类物质具有相似的生物学功能和化学结构。大多数具有辣味的辣椒品种也产生微量的辣椒素酯类物质。辣味的分子基础是连接香草基环和酰基链的酰胺键（图 5-25，图 5-26）。

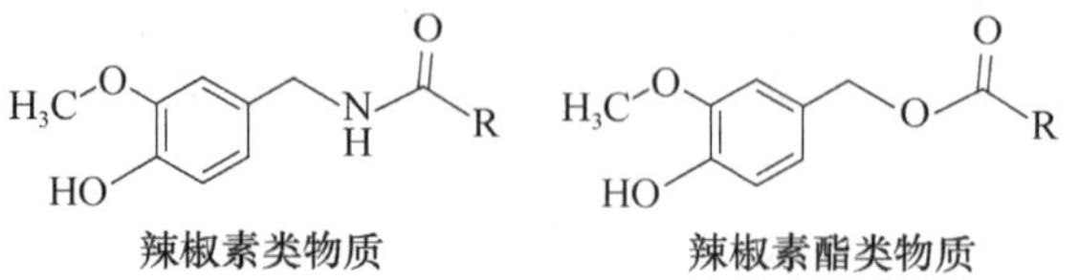

图 5-25　辣椒素类物质和辣椒素酯类物质的基本结构

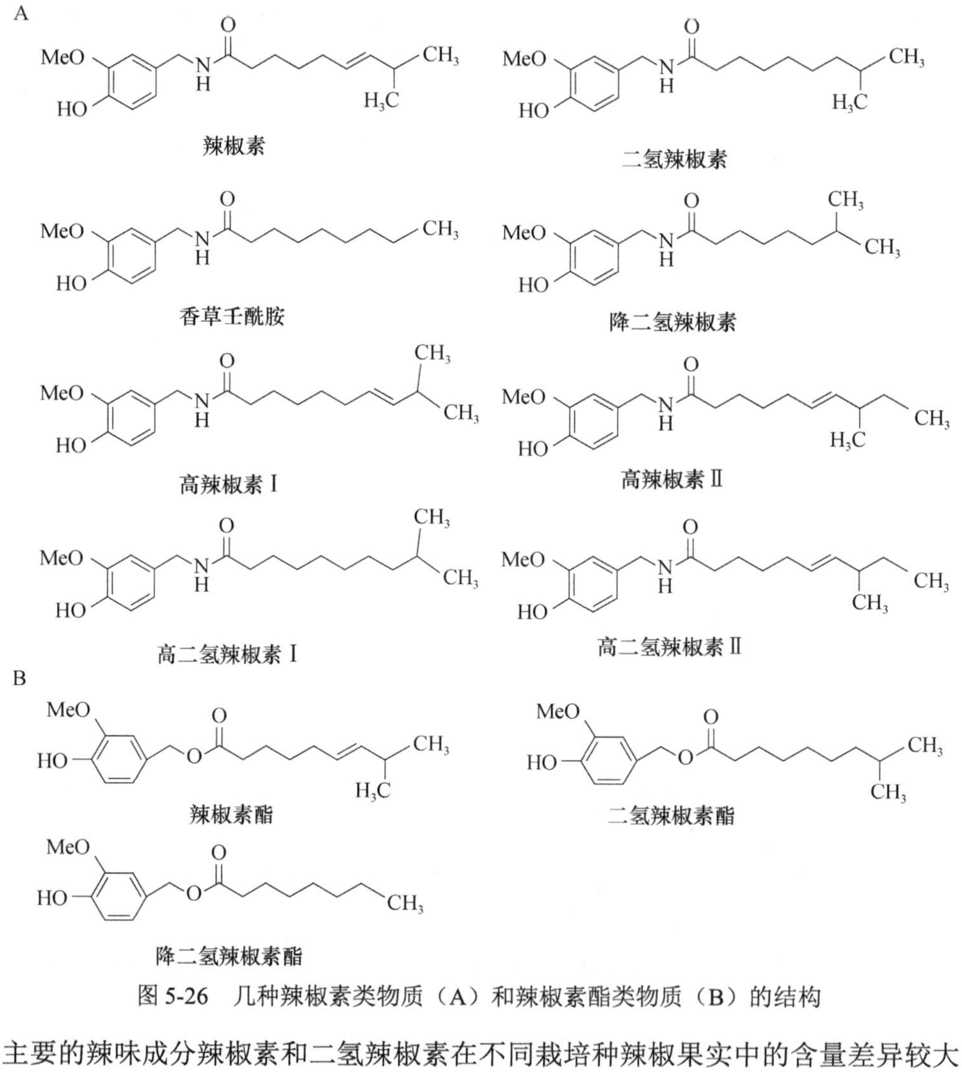

图 5-26　几种辣椒素类物质（A）和辣椒素酯类物质（B）的结构

主要的辣味成分辣椒素和二氢辣椒素在不同栽培种辣椒果实中的含量差异较大，如一年生辣椒约为 1∶1，中华辣椒和小米辣为 2∶1，风铃辣椒为 0.8∶1，但不同品种的变异很大。除了辣椒素和二氢辣椒素，辣椒果实中其他辣椒素类物质的数量（降二氢辣椒素、高二氢辣椒素）低于 20%（表 5-17）。

表 5-17　三个辣椒种类中不同类型辣椒素类物质的含量（%）（Roth，2010）

辣椒种类	辣椒素	二氢辣椒素	降二氢辣椒素	高二氢辣椒素
一年生辣椒	44～51	31～37	8～15	<1
中华辣椒和小米辣	62～77	17～29	0.6～6	<3
风铃辣椒	38～40	50～51	<1.1	<2

三、辣椒素类物质的生物合成

辣椒素类物质的生物合成主要通过苯丙氨酸到香草胺的苯丙烷途径和从缬氨酸到 C_8～C_{13} 支链脂肪酸合成途径两部分组成。在辣椒素合成酶（capsaicinoid synthetase，CS）的作用下，香草胺和支链脂肪酸发生缩合反应形成辣椒素类物质（图 5-27）。辣椒素合成酶是辣椒素合成的关键酶。

芳香族氨基酸苯丙氨酸经肉桂酸、对香豆酸、咖啡酸、阿魏酸、香草醛，最后转变成香草胺。而支链脂肪酸部分则是由缬氨酸经 α-酮异戊烯、异丁酰-CoA、脂肪酸合成循环（fatty acid synthesis cycle）、8-甲基壬烯酸、8-甲基壬烯酰-CoA 产生的。

实际上，苯丙烷途径中的代谢产物也是蛋白质、生物碱、类黄酮及木质素的合成前体。因此，辣椒素的生物合成存在着与其他生物合成途径竞争共同前体的问题。可见，辣椒素的生物合成是一个复杂的过程，涉及多种代谢物和酶的参与。

（一）香草胺合成——苯丙烷途径

苯丙氨酸是辣椒素类物质生物合成的初级前体物质。苯丙氨酸解氨酶（phenylalanine ammonia lyase，PAL）是苯丙素类物质代谢过程中的关键酶，也是辣椒素生物合成中苯丙烷途径的第一个酶。PAL 位于辣椒果实胎座表皮细胞的液泡膜上，其酶蛋白的分子质量为 22 万～33 万 Da，全酶由 4 个相同的亚基组成四聚体。它催化苯丙氨酸解氨基生成肉桂酸盐（酯）。肉桂酸-4-羟化酶（cinnamate-4-hydroxylase，C4H）是苯丙烷途径中催化肉桂酸转化为 4-香豆酸的第二个酶。在该酶的作用下，肉桂酸盐（酯）对位被羟基取代生成 4-香豆酸盐（酯）。该酶位于辣椒果实液泡部位。PAL、C4H 和 4-香豆酰-CoA 连接酶（4-coumaroyl-CoA ligase，4CL）催化的连续反应是调控植物酚类代谢的常见生物合成途径，被称为苯丙烷途径的中心。在 4CL 的作用下，4-香豆酸盐（酯）形成 4-香豆酰-CoA；4-香豆酰-CoA 在羟基肉桂酰基转移酶（hydroxycinnamoyl transferase，HCT）的催化下形成 4-香豆酰-莽草酸/奎宁酸，然后在香豆酰-莽草酸/奎宁酸-3-羟化酶（coumaroyl shikimate/quinate 3-hydroxylase，C3H）的催化下生成咖啡酰-莽草酸/奎宁酸，再在 HCT 的催化下形成咖啡酰-CoA。早前有研究表明，4-香豆酰-CoA 在 HCT 的催化下直接形成咖啡酰-CoA。咖啡酰-CoA-3-*O*-甲基转移酶（caffeoyl-CoA-3-*O*-methyl-transferase，CCoAOMT，COMT）催化咖啡酰-CoA 甲基化为阿魏酰-CoA，接着阿魏酸-CoA 经 β-氧化形成香草醛。

香草醛在假定的氨基转移酶（putative aminotransferase，pAMT）的作用下合成香草胺（图 5-28）。

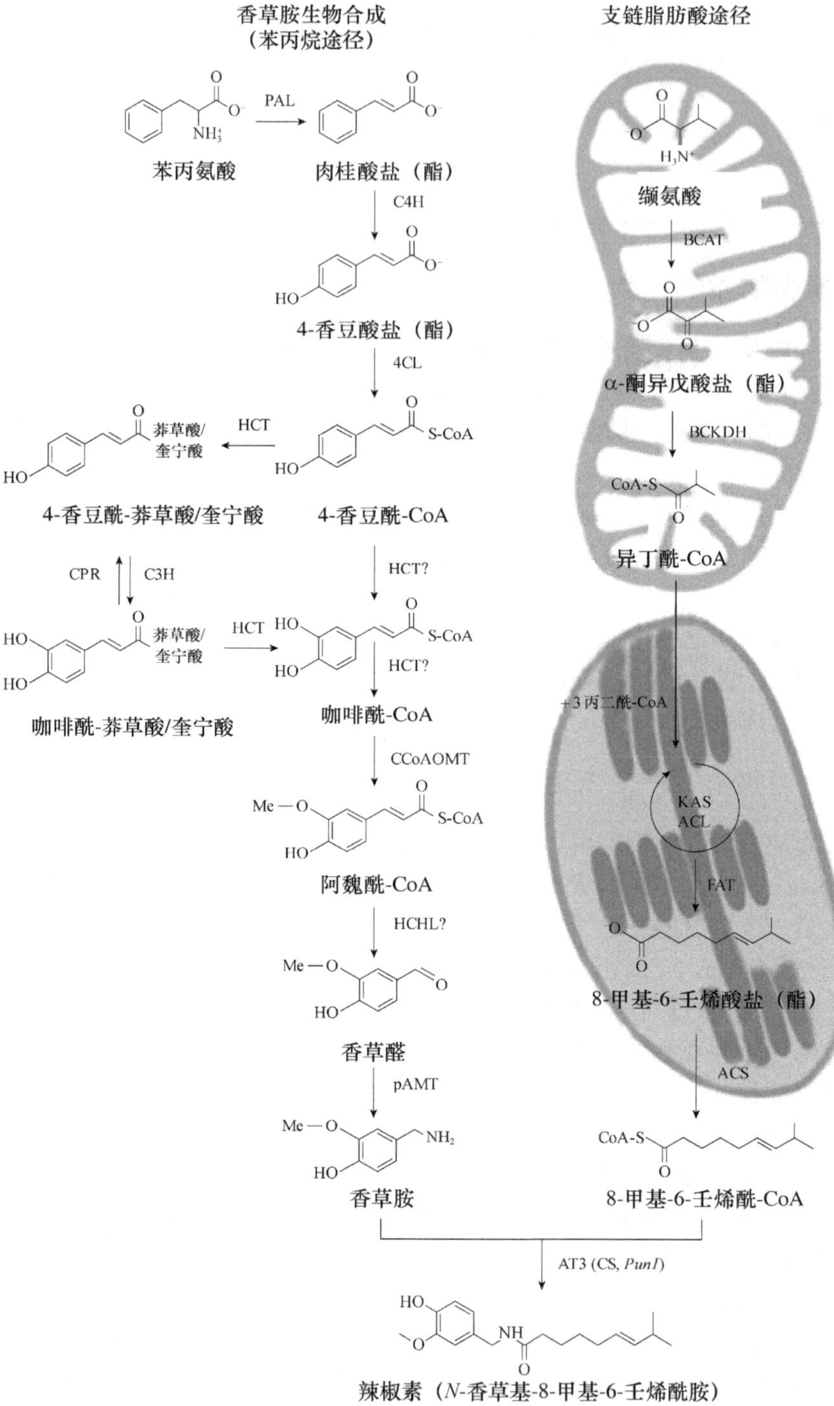

图 5-27　辣椒素生物合成途径

CPR．细胞色素 P450 还原酶（cytochrome P450 reductase）；HCHL．羟基肉桂酰-CoA 水合酶/裂解酶（hydroxycinnamoyl-CoA hydratase/lyase）；BCAT. 支链氨基酸转移酶（branched-chain amino acid transferase）；BCKDH. 支链酮酸脱氢酶（branched-chain keto-acid dehydrogenase）；KAS. 酮酰基-ACP 合成酶（ketoacyl-ACP synthase）；ACL. 酰基载体蛋白（acyl carrier protein）；FAT. 酰基-ACP 硫酯酶（acyl-ACP thioesterase）；ACS. 酰基-CoA 合成酶（acyl-CoA synthetase）；AT3．酰基转移酶 3（acyltransferase 3）；CS．辣椒素合成酶（capsaicinoid synthase）；*Pun1*．CS 合成酶基因

（二）支链脂肪酸合成——支链脂肪酸途径

缬氨酸是支链脂肪酸合成的前体物质。缬氨酸可来源于谷氨酸（谷氨酰胺）。

缬氨酸在支链氨基酸转移酶（branched-chain amino acid transferase，BCAT）的催化下生成α-酮异戊酸盐(酯)。α-酮异戊酸盐(酯)合成异丁酰-CoA，其在酮酰基-ACP合成酶（ketoacyl-ACP synthase，KAS）和酰基载体蛋白（acyl carrier protein，ACL）的作用下，与3个丙二酰-CoA发生缩合、还原、脱氢等酶促反应，然后酰基-ACP硫酯酶（acyl-ACP thioesterase，FAT）催化脂肪酸合成循环终止，并催化酰基-ACP的去除产生8-甲基-6-壬烯酸盐（酯）。最后在酰基-CoA合成酶（acyl-CoA synthetase，ACS）的催化下形成8-甲基-6-壬烯酰-CoA。

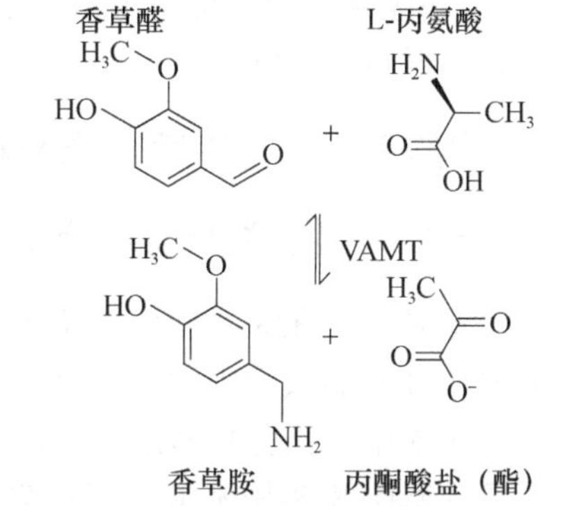

图 5-28　合成辣椒素的关键步骤——香草醛在氨基转移酶（pAMT 或 VAMT）的作用下合成香草胺

VAMT．香兰基氨基转移酶（vanillyl aminotransferase）

在正常情况下，辣椒在具有正常功能的 *Pun1* 基因时可合成辣椒素类物质和辣椒素酯类物质。当 *pAMT* 基因突变时，会抑制香草醛形成香草胺，而分流形成香草醇，然后和脂肪酸形成辣椒素酯类物质（图 5-29）。

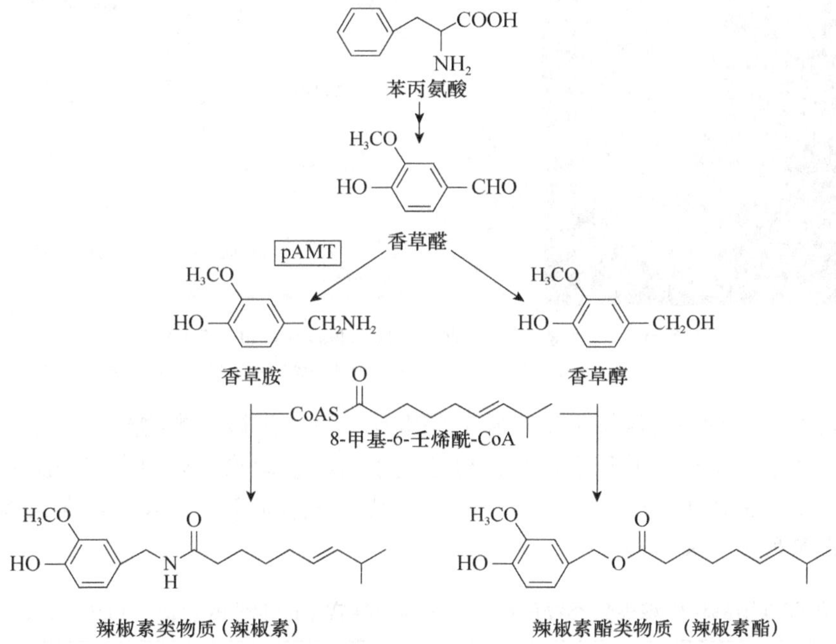

图 5-29　辣椒素类物质和辣椒素酯类物质的合成

（三）辣椒素的合成

辣椒素合成酶（CS）催化辣椒素合成过程的后一步，即催化苯丙烷途径的香草基胺与支链脂肪酸途径的8-甲基-6-壬烯酰-CoA合成辣椒素（图5-27）。其他辣椒素类物质的合成过程和辣椒素类似，仅是支链脂肪酸碳链长度有差异。

*CS*基因特异性定位于辣椒果实的胎座组织。CS位于辣椒素胎座表皮细胞的液泡膜上，分子质量为38kDa。

四、影响辣椒素类物质合成及积累的因素

（一）辣椒素类物质的合成及积累

辣椒素主要在果实胎座表皮细胞的液泡中合成和积累，再通过子房膜（壁）运输到果肉表皮细胞的液泡中积累起来。

在质体中，由莽草酸途径合成苯丙氨酸，由丙酮酸盐（酯）合成8-甲基-6-壬烯酸，然后苯丙氨酸和8-甲基-6-壬烯酸转入细胞质中，进一步合成辣椒素（图5-30）。

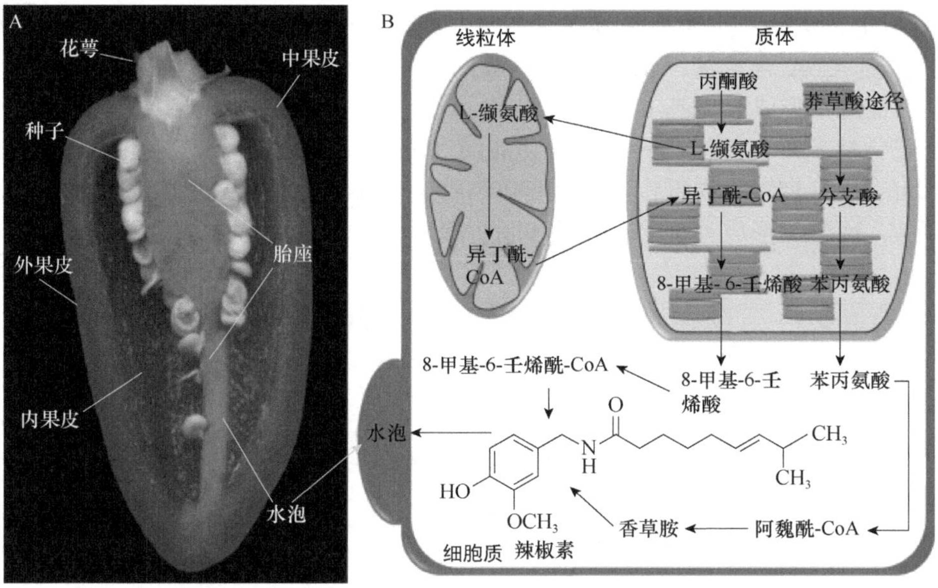

图5-30　辣椒素生物合成示意图（Naves et al.，2019）

A. 辣椒果实切面；B. 辣椒素类物质主要合成步骤的亚细胞定位示意图

辣椒素类物质是决定辣椒果实辣味的关键化合物。辣椒素类物质主要在果实胎座和隔膜上的腺体细胞中合成并积累，少部分通过子房隔膜运输到果肉表皮细胞的液泡中积累。因此，辣椒素在果实中的分布也不均匀，其中在胎座中含量最高，在果肉中次之，在种子中含量最少（表5-18）。

表5-18　不同辣椒品种中辣椒素类物质在整个果实及果实不同部位的含量（Tanaka et al.，2017）

品种	含量/（mg/g DW）			
	整果	胎座组织	果皮	种子
FA	nd a	nd a	nd a	nd a
TK	3.2±0.43ab	19.2±6.11a	0.1±0.04a	0.1±0.06a

续表

品种	含量/（mg/g DW）			
	整果	胎座组织	果皮	种子
HB	13.2±1.17bc	77.4±1.59b	3.7±1.04a	2.7±0.35b
MY	23.1±3.71c	47.6±13.03ab	29.0±5.22b	1.9±0.29b

注：'Trinidad Moruga Scorpion Yellow'（MY）和 'Red Habanero'（HB）为辣味品种中华辣椒（*Capsicum chinense*）；辣味品种 'Takanotsume'（TK）和不辣品种 'Fushimi-amanaga'（FA）为甜椒（一年生辣椒）（*C. annuum*）品种。同一栏数据的不同字母表示差异极显著（Tukey's HSD test p\0.05）。"nd" 表示未检测到

实际上，显微观察显示，辣味品种胎座隔膜表皮的腺体细胞含有大量的"水泡"，且辣椒素含量与"水泡"变化趋势一致。不辣品种的测定中则没有发现"水泡"（图 5-31）。

果实中的辣椒素类物质含量在果实发育期间呈动态变化（图 5-32）。其含量受果实个体发育进程的影响。辣椒素类物质开花后第 10 天左右开始在发育的果实中积累，第 40～50 天达到高峰，之后大幅度下降。因此，果实中辣椒素类物质的最终含量取决于促进合成和降解因子之间的复杂平衡。

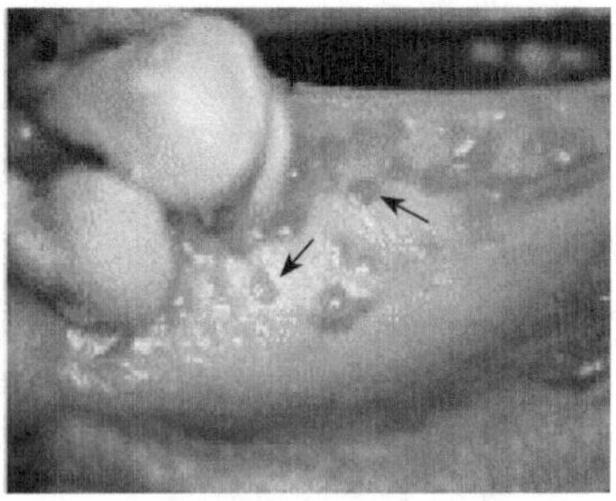

图 5-31　辣椒素在胎座组织表面"水泡"中积累

胎座（5×）和种子的体视图。箭头所指为"水泡"

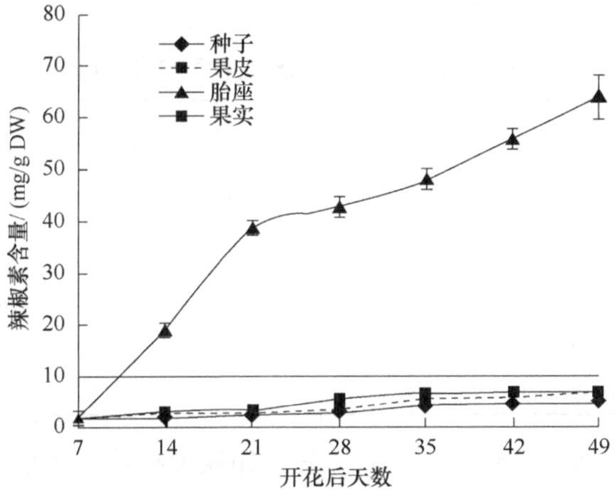

图 5-32　不同生长阶段辣椒果实不同部位辣椒素含量（Pandhair and Sharma，2008）

辣椒果实中辣椒素类物质含量的变化很大，取决于生态和生理等多种因素。在果实成熟的后期，辣椒素类物质浓度的增加主要是由成熟辣椒果实中水分流失所致。

辣椒果实一般在开花后 5 周体积达到最大。果实胎座组织中辣椒素含量（印度品种）在花后 49d 之前呈线性增加，且在花后 49d 辣椒素含量到达最高（63.96mg/g DW），但果皮、种子和整个果实中增加得比较少，果皮辣椒素含量次之（7.12mg/g DW），种子最低（5.06mg/g DW）。胎座组织中辣椒素含量是果实含量的 10 倍左右（图 5-32）。

辣椒果实中辣椒素类物质含量在果实发育的早中期不断提高，但红熟后期会大幅下降。辣椒素类物质含量下降被认为是酶降解或光氧化分解导致的。果实发育后期总辣椒

素含量的降低可能与过氧化物酶的作用有关，因为过氧化物酶可以降解辣椒素类物质，并将其转化为其他次生物质。

不同坐果位置果实的辣椒素类物质含量也有差异，从下面开始的第二节位的果实比其他节位的果实一般要辣一些，辣味随着果实节位的上移而呈线性降低。低节位果实辣味较高可能与早期结果数较少，果实之间营养物质的竞争较小有关。但坐果位置影响辣椒素类物质含量与品种有关，有些品种不同节位的果实辣味差别不大或基本没有差别。

除果实之外，辣椒素类物质在辣椒植株的其他营养器官（如茎和叶片中）也存在。叶片、茎等营养器官中的辣椒素类物质被认为来自果实。

（二）影响因素

辣椒的辛辣味是一种质量性状，但辣椒素类物质含量的遗传表现为数量性状特征。辣椒素类物质的合成与积累除主要受遗传基因的控制外，还受到多种因子的调控。生长阶段、成熟时期、栽培环境（水分、光照、土壤养分等）对辣椒素类物质的合成均有重要影响。

1．基因型　辣椒素类物质的合成受显性基因 *Pun1*（即辣椒素合成酶基因）的控制，它是辣椒素类物质的决定基因，编码辣椒素酰基转移酶。*Pun1* 基因在不同的无辣味辣椒中有不一样的缺失位点。

辣椒素类物质的积累与种类密切相关，在辣椒属的不同栽培种中，辣椒素类物质含量有显著差异。此外，同一物种不同品种辣椒素类物质含量的差异也很大。甜椒果实中几乎不含辣椒素类物质（表 5-19）。

表 5-19　几个辣椒品种的辣椒素类物质含量（μg/g FW）

种类	辣椒素类物质含量
C. frutescens cv. Bhut jolokia	62 581
C. chinense cv. Habanero	2 260
C. frutescens cv. Thai	1 332
C. annuum cv. Serrano	76
C. annuum cv. Jalapeno	75
C. annuum cv. Green bell	0

不同品种间辣椒素含量和积累能力有差异，如辣椒品种（‘HB’和‘MY’）果实发育期间的辣椒素类物质含量（图 5-33）。‘HB’品种果实中辣椒素类物质含量在第二阶段（未成熟绿果）和第三阶段（成熟绿果）之间不断增加。当果实成熟变红时，果实中辣椒素类物质含量达到 18.4mg/g DW，而‘MY’品种的辣椒素类物质含量可达 26.7mg/g DW。两个品种种子和果皮中辣椒素类物质含量在果实发育过程中略有增加。‘HB’品种果皮中辣椒素类物质含量在第三阶段达 1.8mg/g DW，种子中的辣椒素类物质含量的增加趋势与果皮相似，但胎座中辣椒素类物质含量比果皮中的高 10 倍左右。而‘MY’品种果皮中辣椒素类物质含量在第三阶段大幅度增加，达到 23.2mg/g DW，和胎座中的水平相当（图 5-33）。

转录因子可以调节辣椒素类物质合成过程中多种合成酶的协同表达。例如，乙烯响应因子（ethylene response factor，ERF）转录因子家族的基因 *Erf* 和 *Jerf* 在辣椒果实发育早期表达并与辣椒辛辣程度相关，Jerf 转录因子与 Pun1 的互作较强，而 Erf 与 Pun1 的

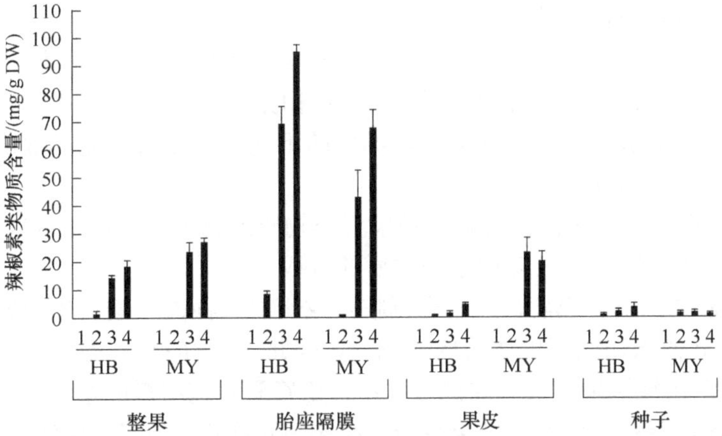

图 5-33　辣椒素类物质在果实和果实不同部位的积累（Tanaka et al.，2017）

品种‘HB’.‘Red Habanero’；‘MY’.‘Trinidad Moruga Scorpion Yellow’。

阶段 1．花后 5d；阶段 2．花后 20d；阶段 3．花后 30d；阶段 4．花后 40d，果实已变色

互作较弱。另外，*CaMYB31* 和 *Ca4H*、*COMT*、*KAS*、*pAMT*、*AT3* 的表达与果实中辣椒素和二氢辣椒素的含量呈正相关。

2．生长环境　环境条件对辣椒素类物质的合成有很大影响，这种影响非常复杂，有时完全不同。不同基因型（种类或品种）辣椒素类物质含量对特定环境条件的反应存在明显差异。

（1）光照　光照强度对辣椒素类物质的合成和积累有重要影响。在大多数情况下，光照对辣椒果实中的辣椒素类物质积累有促进作用，降低光照强度会使辣椒素类物质含量下降。光照还可促进已收获的未成熟果实中的辣椒素类物质合成。但光照对辣椒素类物质合成的促进作用并不是光照越强越好。辣椒最适合的光照强度约为 1400μmol/(m^2·s)。但自然栽培条件下，强光照有时会减少辣椒素类物质的合成，50%～80%自然光最有利于辣椒素的积累。例如，夏季温室条件下，中等光照强度比强光更利于辣椒素类物质的合成。但不同品种之间辣椒素类物质合成需要的光照强度存在较大差异。另外，光质对辣椒素类物质的合成也有影响，蓝光比荧光、红光或红/蓝光更利于辣椒素的合成。

光周期对辣椒素类物质积累的作用比光照强度更重要。光照能促进辣椒素合成酶 CS（AT3）活性的提高及 *CS*（*AT3*）、*KAS*、*pAMT* 及 *CaMYB31* 基因的表达。光照对降解辣椒素的 *POD* 基因的表达有不利影响，因此也利于辣椒素类物质的积累。

（2）温度　辣椒植株生长的最适温度为 25～30℃，但温度变化会影响辣椒素类物质的合成和积累。一般而言，高温 30～35℃利于辣椒素类物质的积累，如微辣的辣椒品种在 30℃温度下的辣椒素含量比 24℃温度下的要高。

不同变种和品种辣椒的辣椒素积累对温度的反应差异很大。有些品种要求较高的温度以利于辣椒素积累，而另一些品种中辣椒素的积累在高温下反而不利。

高夜温对辣椒素含量的影响比白天温度的影响更大。夜温 25℃条件下辣椒素迅速增多，而夜温 15℃条件下辣椒素含量较低。

温度对辣椒素合成的影响可能与呼吸作用有关，呼吸可以改变光合同化产物的消耗和同化物在植物生长与辣椒素类物质合成之间的分配。高温对 *CS* 基因的表达有促进作

用，进而促进辣椒素类物质的合成。

（3）CO_2浓度　大气CO_2浓度可影响辣椒果实中辣椒素类物质含量。通常大气中CO_2浓度增高会提高成熟果实中辣椒素类物质水平，但未成熟果实中辣椒素类物质含量不受影响。

（4）土壤　辣椒的辛辣程度随土壤类型的不同变化很大，尤其取决于土壤有机质含量、微生物活性和养分含量。

（5）矿质营养　矿质营养会影响辣椒素类物质的合成，特别是对 N 和 K 的影响更大。通常增施矿质元素会促进辣椒素类物质的合成。

N 是辣椒素类物质合成前体——香草胺合成所需三种氨基酸（苯丙氨酸、缬氨酸和亮氨酸），以及其他未知氨基供体的构成成分，因此 N 供应直接影响辣椒素类物质的积累（图 5-27）。但在辣椒果实发育成熟过程中，随着氮肥施用量的增加，辣椒素的含量一般会上升。离体培养和水培实验结果也表明硝态氮可提高胎座组织辣椒素水平。

K 对果实中辣椒素类物质积累的影响与品种有关。在不同浓度的 K 条件下，一年生辣椒（*Capsicum annuum*）果实中辣椒素类物质的积累没有差异，但提高 K 施用量会显著降低中华辣椒（*C. chinense*）果实中辣椒素类物质的积累及叶片中 N 的含量。K 水平对辣椒素积累的影响可能通过影响果实发育而起作用。

（6）水分　水分胁迫对植物生长和产量的形成不利。在辣椒栽培上，缺水会引起不同的生理和生态干扰，如游离态氨基酸成分变化、光合色素下降、酶活性下降等，导致生长停滞。一般情况下，缺水胁迫会降低辣椒产量，但提高辣椒素类物质的积累。水分胁迫条件下，辣椒果实变小，但胎座组织受影响很小，因此果实胎座组织的比例增大，辣椒素类物质的产量较高。

水分胁迫促进辣椒素含量增高的效果与品种有关。干旱可以提高辣椒素合成酶的活性（如苯丙氨酸解氨酶、肉桂酸-4-羟化酶、辣椒素合成酶），并减弱过氧化物酶活性。

大气和土壤湿度状况会影响辣椒自然群体中辣味程度不同基因型的分布，通常湿度增加，辣味品种增多，因此辣椒素类物质的积累在干旱和水分过多条件下均增加。以不同水分处理辣椒（*Capsicum annuum*）植株，发现正常供水和太多或太少水分供应植株的辣椒素和二氢辣椒素积累方式相似，且太多或太少水分供应均可促进辣椒素和二氢辣椒素的合成（图 5-34）。

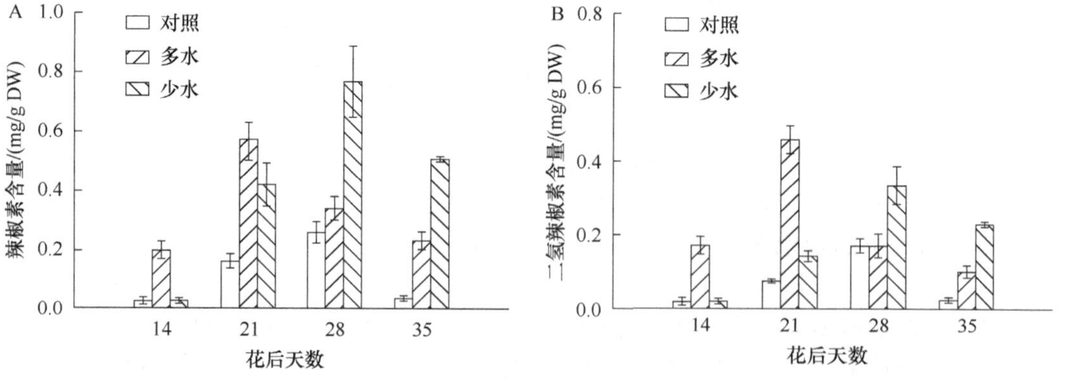

图 5-34　水分胁迫对不同成熟期辣椒果实中辣椒素（A）和二氢辣椒素（B）含量的影响（Estrada et al.，1999）

植株 6 叶幼苗盆栽在含有珍珠岩和有机质混合基质中，放置于 25℃/18℃（白天/夜晚）温室中。

对照．每天浇水 13min；多水．每天浇水 20min；少水．每天浇水 5min

开花后第 14 天辣椒素类物质开始积累，然后缓慢增加，第 28 天左右辣椒素含量达到最大值，而二氢辣椒素在第 21 天含量最高，开花后第 35 天辣椒素类物质含量显著下降。

（7）*海拔*　尽管不同品种之间存在差异，通常果实中辣椒素类物质的含量随海拔的增加而大幅度提高。对同一品种来说，不同地区和海拔栽培时辣椒素类物质的含量有差异，但也有在不同的环境下辣椒素类物质含量表现稳定的品种。

第七节　瓜类蔬菜苦味物质

葫芦科（Cucurbitaceae）植物大多为一年生藤本植物，它们中的一些植物被用作蔬菜或水果栽培已有几百年的历史，如南瓜属的南瓜（中国南瓜）（*Cucurbita moschata* Duch.）、笋瓜（印度南瓜）（*Cucurbita maxima* Duch.）、西葫芦（美洲南瓜）（*Cucurbita pepo* L.），甜瓜属的黄瓜（*Cucumis sativus* L.）、甜瓜（*Cucumis melo* L.），西瓜属的西瓜（*Citrullus lanatus* Mansfeld），冬瓜属的冬瓜（*Benincasa hispida* Cogn.），丝瓜属的丝瓜（*Luffa cylindrica* Roem），葫芦属的葫芦［*Lagenaria siceraria*（Molina）Standl］，苦瓜属的苦瓜（*Momordica charantia* L.），栝楼属的蛇瓜（*Trichosanthes anguina* L.）等。

瓜类蔬菜中的黄瓜、西瓜、甜瓜、西葫芦和南瓜分布在世界各地，类型和品种多，栽培面积大，经济价值高。冬瓜、丝瓜、苦瓜、瓠瓜、佛手瓜等主要分布于亚洲各地和南美洲部分地区，是该地区的重要蔬菜。西瓜、甜瓜食用成熟果，冬瓜、南瓜、笋瓜以食用成熟果为主，嫩果也可供食。其他瓜类主要食用嫩果。

苦瓜因具有特殊苦味而得名，受到许多消费者欢迎。实际上，野生的许多瓜类蔬菜的果实都有苦味，甚至不堪食用。即使是一些栽培的瓜类，时常还会有苦味果实的产生，如苦瓜、黄瓜、甜瓜、瓠瓜（葫芦）、西瓜、南瓜、丝瓜等。这种瓜类果实的苦味主要是由葫芦素类物质引起的。葫芦素主要分布于葫芦科植物中，也称苦味素，在十字花科、玄参科、秋海棠科、杜英科等高等植物中也存在。葫芦素具有高毒性，有消炎、护肝、抗癌等功能，也被用作抗风湿药和泻药。

一、葫芦素的结构及种类

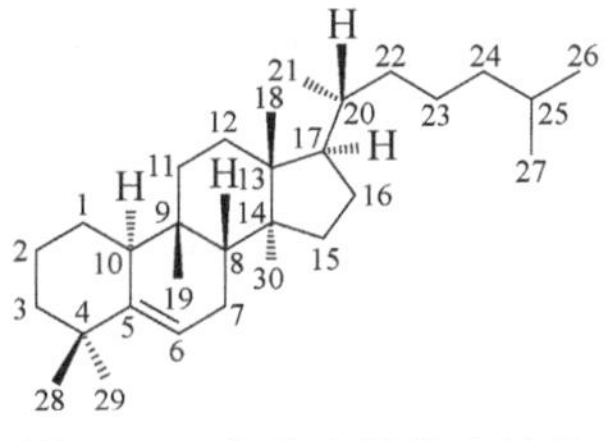

图 5-35　葫芦素的基本结构

葫芦素（cucurbitacin）是一类四环三萜化合物，其基本结构是葫芦烷核骨架，即 19-（10→9β）-甲基-10α-5-羊毛甾烯（图 5-35）。葫芦素的种类很多，目前已发现并分离出 100 多种。葫芦素骨架上通常有 30 个碳原子，不同位置有不同的氧取代基，这是导致葫芦素多样性的主要因素。根据葫芦烷碳骨架氧化程度和氧化位置的不同，葫芦素可分为葫芦素 A～葫芦素 T 等一系列结构相似的化合物（图 5-36），而这些葫芦素又通过异构化、脱氧和二氢化形成了许多其他衍生物。

从结构上看，主要有葫芦素 A、葫芦素 B、葫芦素 C、葫芦素 D、葫芦素 E 和葫芦素 I，其中葫芦素 B、葫芦素 D 和葫芦素 E 在葫芦科植物中普遍存在，自然界中尤以葫芦素 B 最为常见。目前认为葫芦素 B 和葫芦素 E 是原始的葫芦素类型，其他结构的葫芦素是植物生长发育到成熟的过程中由葫芦素 B 或葫芦素 E 在酶促反应下形成的。葫芦素 B 是黄瓜属、葫芦属植物的特征化合物，能通过代谢过程形成葫芦素 A、葫芦素 C、葫

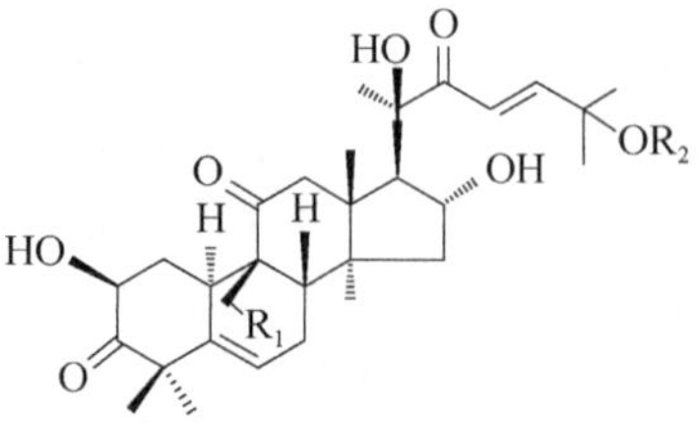

葫芦素A R_1=OH, R_2=Ac
葫芦素B R_1=H, R_2=Ac
葫芦素D R_1=R_2=H

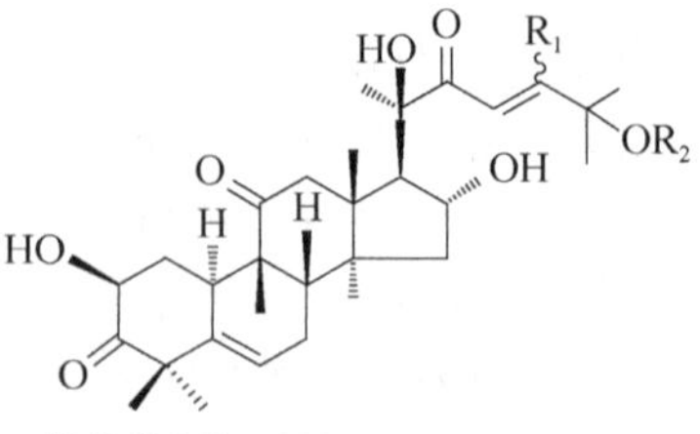

葫芦素G R_1=OH, R_2=H
二氢葫芦素B R_1=H, R_2=Ac
葫芦素R R_1=R_2=H

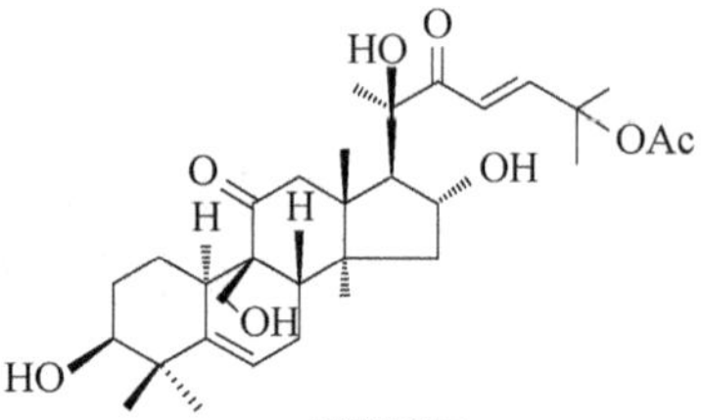

葫芦素C

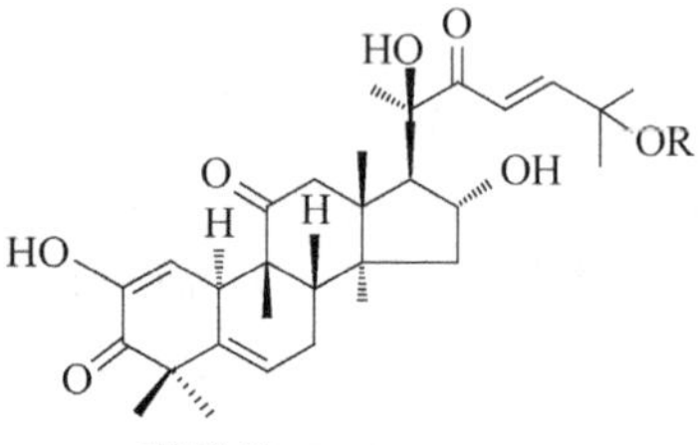

葫芦素E R=Ac
葫芦素I R=H

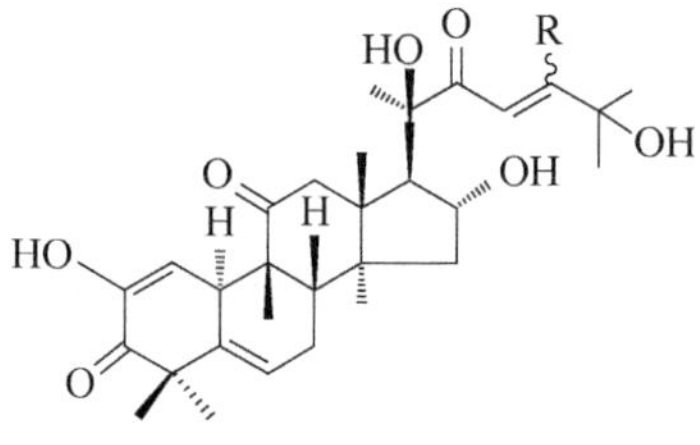

葫芦素J R=OH
葫芦素L R=H

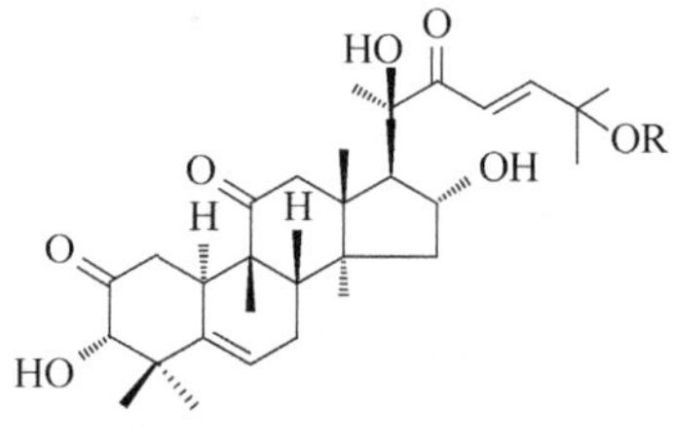

异葫芦素B R=Ac
异葫芦素D R=H

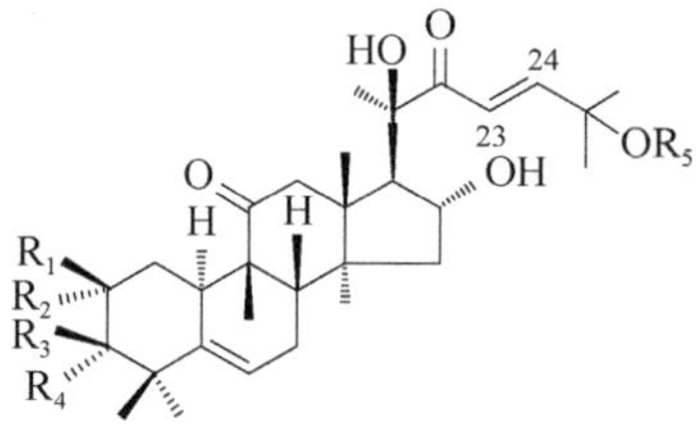

葫芦素F R_1=R_4=OH, R_2=R_3=R_5=H
葫芦素O R_1=R_3=R_5=H, R_2=R_4=OH
葫芦素P R_1=R_3=OH, R_2=R_4=R_5=H 23, 24-二氢
葫芦素Q R_1=R_3=H, R_2=R_4=OH, R_5=Ac

图 5-36　主要类型葫芦素的结构

芦素 D、葫芦素 F、葫芦素 G 和葫芦素 H；葫芦素 E 是西瓜属植物的特征化合物，能够代谢形成葫芦素 I、葫芦素 J、葫芦素 K 和葫芦素 L；西葫芦属植物含有葫芦素 B 和葫芦素 E 两种特征化合物。

二、葫芦素的生物合成途径

植物中葫芦素的生物合成途径起始于甲羟戊酸途径，即以乙酰辅酶 A 为原料合成异戊烯基二磷酸（IPP）和二甲基烯丙基二磷酸（DMAPP）的代谢途径。该途径的产物是类固醇、类萜等生物分子的合成前体。IPP 及异构化的 DMAPP 在一系列催化酶［主要包括法尼基焦磷酸合酶、角鲨烯合成酶和角鲨烯单加氧酶或环氧酶］的作用下形成 2,3-氧化角鲨烯（2,3-oxidosqualene）（图 5-37），2,3-氧化角鲨烯在角鲨烯环氧化酶的作用

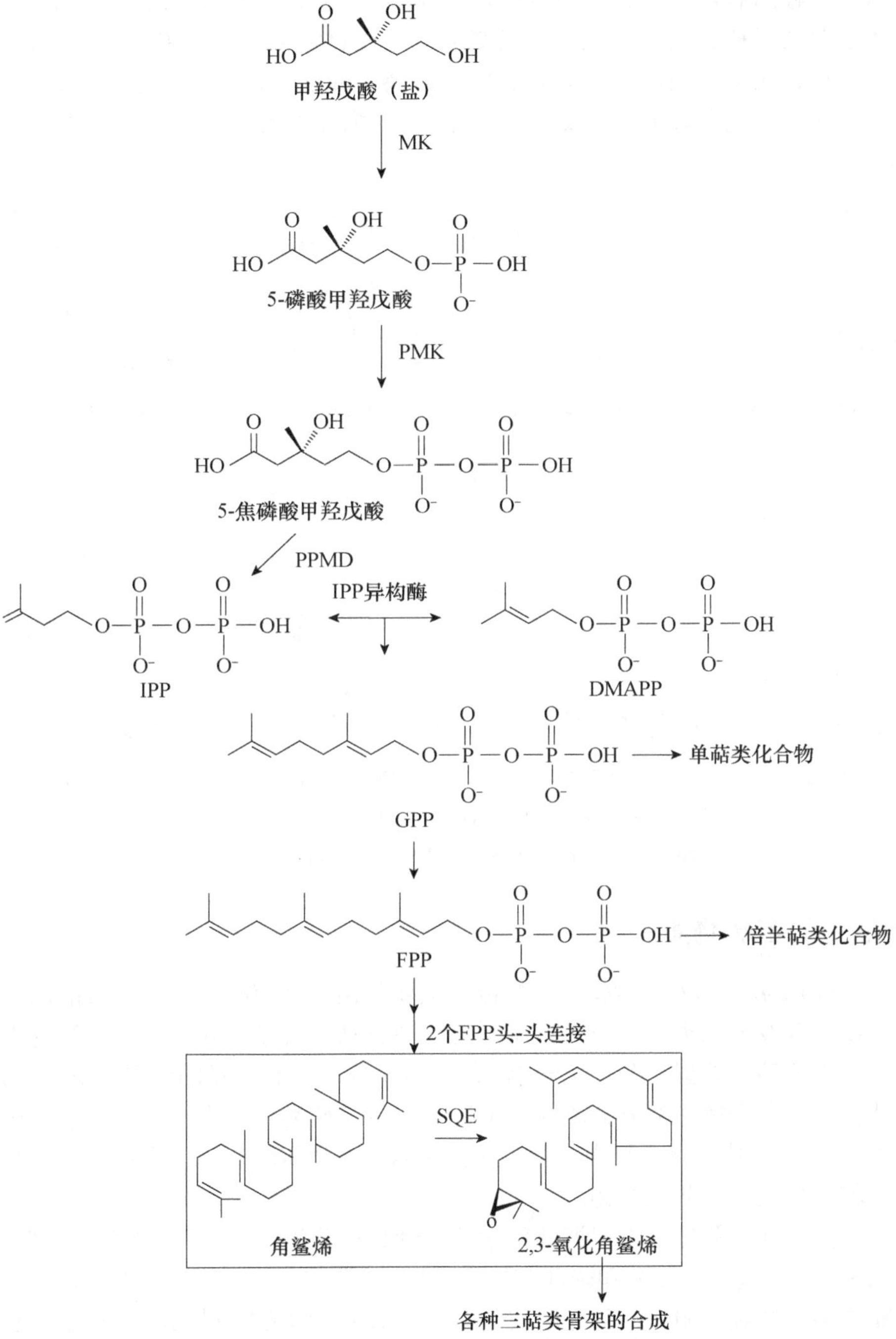

图 5-37　2,3-氧化角鲨烯的生物合成途径

IPP．异戊烯基二磷酸；DMAPP．二甲基烯丙基二磷酸；GPP．牻牛儿基焦磷酸；FPP．法尼烯基焦磷酸；MK．甲羟戊酸激酶（mevalonate kinase）；PMK．磷酸甲羟戊酸激酶（phosphomevalonate kinase）；PPMD．焦磷酸甲羟戊酸脱羧酶（mevalonate diphosphate decarboxylase）；SQE．角鲨烯环氧化酶（squalene epoxidase）

下形成葫芦二烯醇，最后葫芦二烯醇在细胞色素 P450 氧化酶的作用下形成葫芦素。细胞色素 P450（CYP450）的氧化过程主要包括氧化、羟基化、去饱和和形成环氧基团等，为通过糖基转移酶和乙酰基转移酶等的进一步修饰提供了条件。在植物体中，2,3-氧化角鲨烯通过船式或椅式构象变化可形成其他三萜化合物衍生物（图 5-38）。在葫芦素合成过程中，结构相似的葫芦素之间容易发生转换，如在甜瓜中葫芦素 D 在乙酰基转移酶的作用下转变为葫芦素 B，西瓜中葫芦素 I 在乙酰基转移酶的作用下转变为葫芦素 E（图 5-39）。

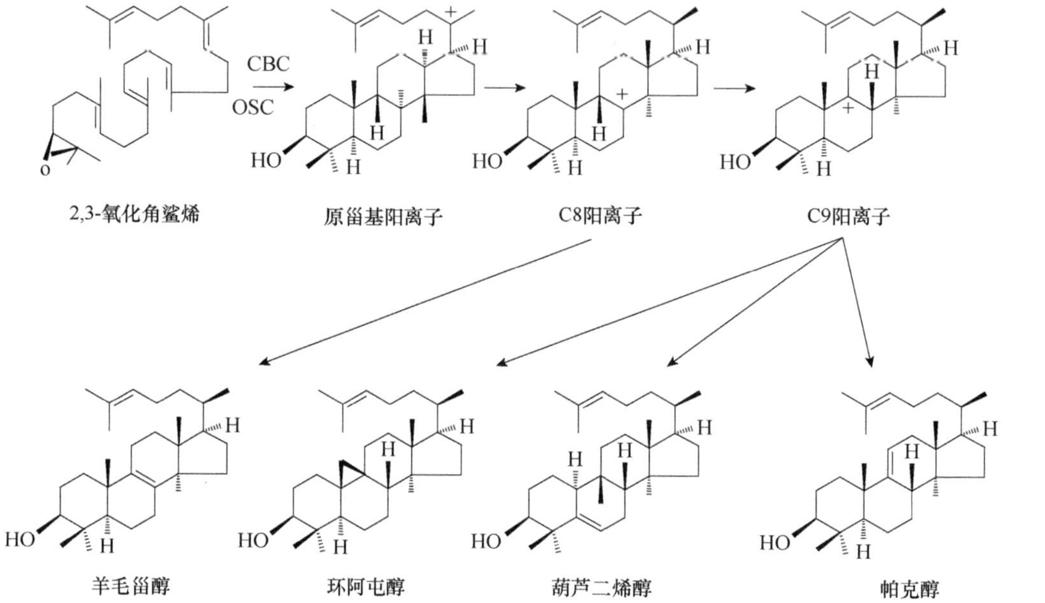

图 5-38　2,3-氧化角鲨烯在角鲨烯环氧化酶（oxidosqualene cyclase，OSC）的作用下通过椅-船-椅（chair-boat-chair，CBC）构象生成不同的三萜骨架

三、苦瓜中的苦味物质

苦瓜（*Momordica charantia* L.）的苦味主要是由于其植株组织中含有的葫芦烷型三萜类化合物，以及齐墩果烷型或乌苏烷型的五环三萜化合物。葫芦科其他植物中的葫芦素是一种特殊的葫芦烷型三萜类化合物，但苦瓜中并不含有常见的葫芦素 A～葫芦素 E。目前已从苦瓜的各个植株部分分离鉴定了近 200 种三萜类化合物（包括皂苷），称为苦瓜素。在约 100 种三萜类化合物中，95%以上为葫芦烷型四环三萜化合物，其他为齐墩果酸型和乌苏烷型五环三萜化合物。

葫芦烷型四环三萜化合物根据其化学结构骨架可分为三种亚型：普通葫芦烷型（Ⅰ）、C5,19-半缩醛葫芦烷型（Ⅱ）和降葫芦烷型（Ⅲ）（图 5-40）。其中，Ⅰ类骨架的主要特征结构和普通葫芦烷型相似，只是取代基不同。其 C5 和 C23 处常存在双键。Ⅱ类骨架的主要特征是在 C5 和 C19 之间由环氧基连接，且一般情况下在 C6 和 C7 之间形成双键，

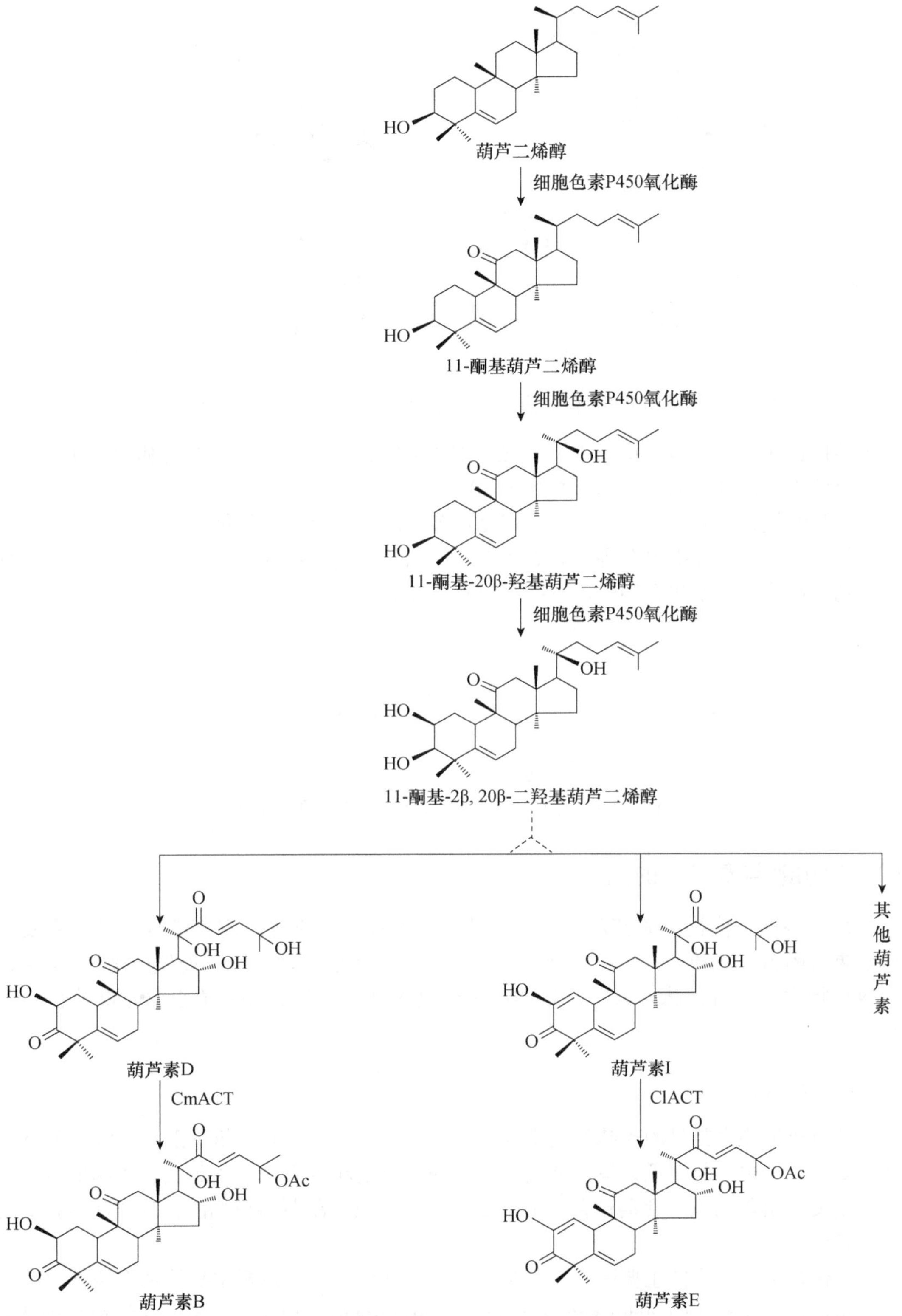

图 5-39　葫芦二烯醇合成葫芦素的途径（甜瓜中的葫芦素 B，西瓜中的葫芦素 E）（据 Zhou et al.，2016 重绘）

ACT．酰基转移酶（acyltransferase）；Cl．西瓜；Cm．甜瓜

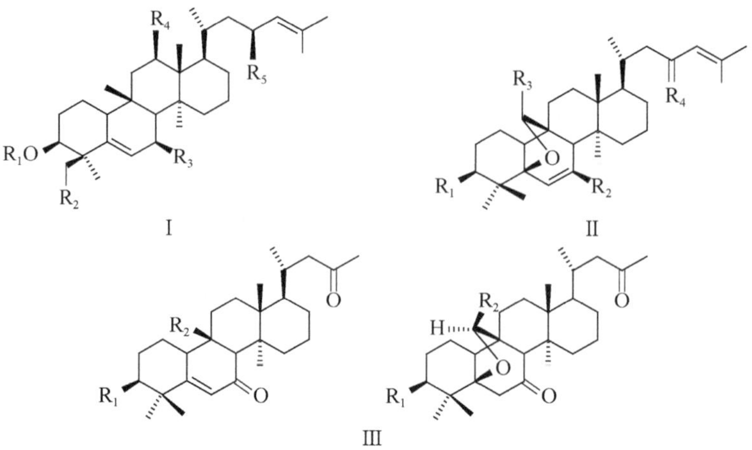

图 5-40　苦瓜属植物中葫芦烷型四环三萜化合物的三种基本骨架（Sun et al.，2021）

该类结构目前只在苦瓜属植物中被发现。Ⅲ型通常会在以上两种类型的基础上缺失一个或几个碳原子，分子的总碳原子数少于 30 个。

与其他绝大多数葫芦素化学结构相比，苦瓜的葫芦烷型三萜化合物在 C11 处没有发生氧化。另外，苦瓜中也有齐墩果烷型五环三萜化合物（图 5-41）和乌苏烷型五环三萜化合物。在这些三萜化合物中，有些并没有苦味。

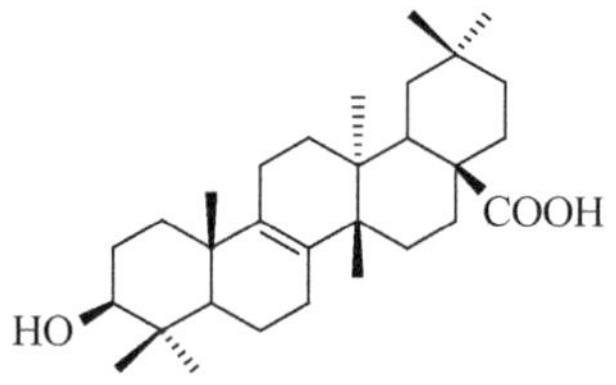

图 5-41　苦瓜中的齐墩果烷型五环三萜化合物的基本骨架

四、影响葫芦素形成的因素

葫芦科许多植物，如苦瓜、葫芦、黄瓜、丝瓜、南瓜等均有苦味或不苦的果实。这些果实的苦味物质——葫芦素会受到遗传和外界环境条件的影响而发生变化。野生葫芦科植物大多具有苦味，人工栽培的品种经过不断选择导致葫芦素含量不断降低，苦味消失。

（一）遗传

葫芦科植物中常见的苦味物质主要有葫芦素 A、葫芦素 B、葫芦素 C、葫芦素 D 和葫芦素 E，其中引起甜瓜、笋瓜和丝瓜苦味的主要是葫芦素 B，引起黄瓜苦味的主要是葫芦素 C，引起西瓜、西葫芦苦味的主要是葫芦素 E。葫芦科植物的苦味与葫芦素的含量成正比。

遗传是苦味形成的主要因素。苦味性状为显性性状，葫芦素由显性基因控制。

黄瓜苦味果实（*Cucumis sativus* L. cv. Kagafutokyuri）和非苦味果实（常规栽培种）的氮素含量差异较大，苦味果实中的总氮和氨基酸氮含量分别比非苦味果实中显著提高。

苦味果实和非苦味果实的蛋白质含量差异不显著，但苦果中蛋白质含量平均高于非苦味果实（表 5-20）。苦味果实中的 HMG-CoA 还原酶（合成甲羟戊酸的限速酶）活性是非苦味果实中的近 5 倍（表 5-20）。

表 5-20　黄瓜非苦味和苦味果实中氮化合物含量和 HMG-CoA 还原酶活性的比较

果实	总氮/%	氨基酸氮 /（mg/g DW）	蛋白质 /（mg/g DW）	HMG-CoA 还原酶/［mmol/(min/mg 蛋白质)］
非苦味果实	3.2	3.8	9.8	58.1
苦味果实	3.9	5.9	11.7	262.6
显著性	**	**	ns[a]	***

a $P<0.1$ 时，无差异显著

**经 t 检验，$P<0.05$ 时，有显著差异

***经 t 检验，$P<0.01$ 时，有极显著差异

实际上，葫芦素不仅在果实中存在，叶片中也可以合成。苦味品系苦味果实的出现和叶片氮素含量及叶片重量均有一定的关系。苦味品系的叶片氮素含量及叶片重量均高于非苦味品系。苦味品系上部叶片（第 19 节叶片）的全氮及氨基酸态氮含量均比非苦味品系高。苦味品系下部（第 2 节叶片）和上部节叶（第 19 节叶片）的 HMG-CoA 还原酶活性分别是非苦味品系的 2.9 倍和 1.6 倍（表 5-21）。HMG-CoA 还原酶（3-羟基-3-甲基谷氨酰辅酶 A）是合成甲羟戊酸的限速酶，其催化 HMG-CoA 转化为甲羟戊酸，然后合成葫芦素 C。

苦味品系的叶片重量与其根系发达程度有关，叶片重量越重说明植株吸收养分越活跃。叶片中葫芦素的含量与叶位有关，处于下位节的叶片，苦味较弱，上位节叶片苦味较强，即叶片中叶位越高葫芦素含量越高。

表 5-21　黄瓜苦果发生与叶片重量、叶片氮化合物含量及 HMG-CoA 还原酶活性关系的比较（Kano and Goto，2003）

品系	苦果发生率（%）	叶重/g		总氮/%		氨基酸氮 /（mg/g DW）		蛋白质 /（mg/g DW）		HMG-CoA 还原酶/［mmol/（min/mg 蛋白质）］	
		第 2 节叶片	第 19 节叶片	第 2 节叶片	第 19 节叶片	第 2 节叶片	第 19 节叶片	第 2 节叶片	第 19 节叶片	第 2 节叶片	第 19 节叶片
非苦味品系	0	7.8	9.3	2.7	3.9	2.2	3.8	20.2	16.7	299	669
苦味品系	24.0	8.0	11.4	2.9	4.6	4.5	7.4	26.1	19.2	880	1103
显著性		ns[a]	**	ns	**	**	**	ns	ns	**	***

a $P<0.1$ 时，无显著差异

**经 t 检验，$P<0.05$ 时，有显著差异

***经 t 检验，$P<0.01$ 时，有极显著差异

常规栽培的黄瓜品种不论是否去除主茎，第一侧枝果实产生苦味的概率更大（图 5-42）。此外，苦味也与植株年龄和果实大小有关。植株早期所结果实产生苦味的机会要大于生长后期所结的果实，这可能是由于生长早期植株的代谢更加活跃，器官葫芦素 C 的生物合成能力更强。

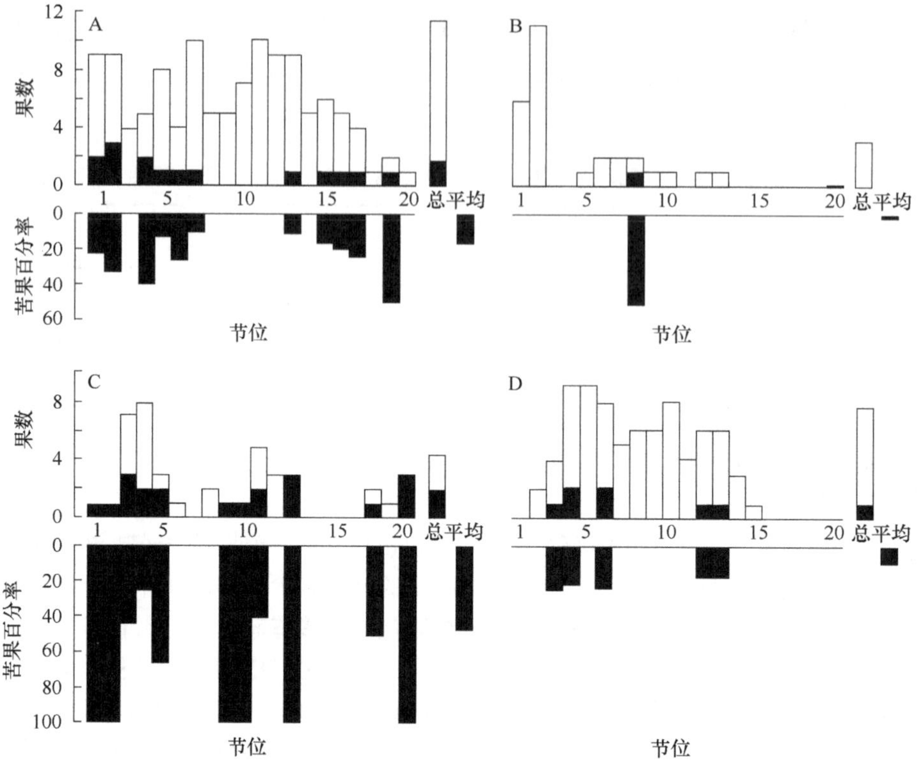

图 5-42　黄瓜坐果节位对苦味果实发生的影响（Kano et al.，1997）

“□”表示非苦味果实；“■”表示苦味果实。A. 果实生长于第一侧枝，主茎无去除；B. 果实生长于第二侧枝，主茎无去除；C. 果实生长于第一侧枝，主茎去除；D. 果实生长于第二侧枝，主茎去除

另外，幼果发生苦味的比率较高，之后随着果实生长发育而减少。开花时果实基本都没有苦味，因为在果实坐果初期，苦味物质尚未积累。花后苦味果实的发生率快速增加，果实长度达到25cm以上时，苦味果实的发生率大幅度降低（图 5-43）。

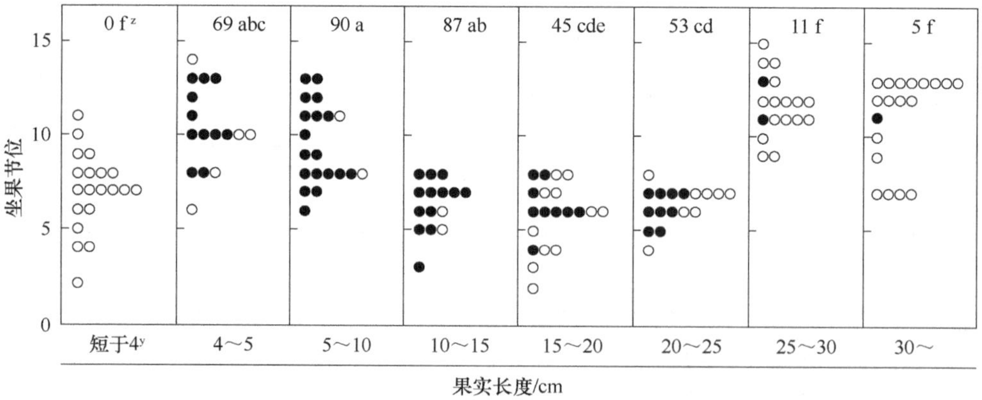

图 5-43　黄瓜果实大小与苦味发生的关系（Kano et al.，1997）

O 表示非苦果实；●表示苦味果实。z 数字表示苦味果实发生率（%），不同字母表示差异显著（5%水平）；y 是开花时果实长度

（二）环境条件

1. 氮肥　氮肥是影响植株生长的重要矿质元素，氮肥使用量会影响植株组织内的

氮含量。由于葫芦素合成与植株内的氮代谢密切相关，因此氮肥施用量会影响果实的苦味程度和苦味果实发生率。

氮肥施用过多，造成植物营养生长活跃，植株徒长，侧枝上结的果实易出现苦味。当加倍施用氮肥时，苦果的发生率也几乎加倍。双倍氮肥条件下植株的下位叶（第 2 节叶片）的叶片重量、叶片全氮含量、叶片蛋白质含量都远远高于常规施肥，尤其下位叶和上位叶片中 HMG-CoA 还原酶活性分别是常规施肥量的 2.0 倍和 1.2 倍（表 5-22）。

表 5-22　氮肥对黄瓜苦果发生和叶片生长、含氮量和 HMG-CoA 还原酶活性的影响（Kano and Goto，2003）

氮肥施用量	苦果发生率/%	叶重/g		总氮/%		氨基酸氮/（mg/g DW）		蛋白质/（mg/g DW）		HMG-CoA 还原酶/［mmol/（min/mg 蛋白质）］	
		第 2 节叶片	第 19 节叶片	第 2 节叶片	第 19 节叶片	第 2 节叶片	第 19 节叶片	第 2 节叶片	第 19 节叶片	第 2 节叶片	第 19 节叶片
常规量[a]	24.0	8.0	11.3	2.6	3.9	4.5	7.4	16.4	18.9	784	1104
加倍量[b]	45.0	9.7	12.2	2.9	4.4	4.8	6.4	21.2	27.2	1552	1332
显著性		**	ns[c]	**	**	ns	ns	**	***	**	ns

a 氮肥的常规用量

b 氮肥用量增加了一倍

c 无差异显著（$P<0.1$）

**经 t 检验，$P<0.05$ 时，有显著差异

***经 t 检验，$P<0.01$ 时，有极显著差异

氮肥加倍施用植株的叶重增加，与肥料供应过量导致含氮化合物积累有关。植株内氮代谢活跃，促进了蛋白质合成，增强了 HMG-CoA 还原酶的活性，引发果实内葫芦素 C 的快速合成，最终导致苦果的发生率提高。

2．温度　环境温度过高或过低，都不利于植株和果实生长，还会导致苦味果实发生的机会增加。当果实生长在低温、弱光照的环境中，特别是连续阴天，黄瓜的根系或活动受到损伤和障碍时，吸收的水分和养分减少，果实生长缓慢，往往在根系和下部节位的瓜中葫芦素浓度会提高。其中低温，尤其是夜间气温骤降对苦果的发生率影响非常大。

除低温外，高温也会导致苦果发生。因此，冬季和春季栽培的黄瓜进入春末高温期后，由于植株根系衰老或土壤湿度过大，根系吸收能力减弱，果实生长慢，葫芦素浓度也会提高，利于形成苦味果实。

对生长于加热（平均最低气温高于 13.8℃）和不加热（最低气温在整个生长期都几乎低于 12℃）环境中的黄瓜植株而言，非加热温室的苦果发生率比加热温室高得多。由于温度低，叶子的生长会受到较低的空气温度抑制，低温条件下的植株叶片重量比相对高温条件下的要小，但叶片中总氮含量和氨基酸氮含量、蛋白质含量、HMG-CoA 还原酶活性均高于相对高温条件下（表 5-23）。

低温条件下，叶片中含氮化合物含量增加是通过抑制叶片生长而实现的。

表 5-23 温度对黄瓜苦果发生、叶片生长及叶片氮化合物含量和 HMG-CoA 还原酶活性的影响（Kano and Goto，2003）

处理	苦果发生率/%	叶重/g		总氮/%		氨基酸氮/（mg/g DW）		蛋白质/（mg/g DW）		HMG-CoA 还原酶/［mmol/（min/mg 蛋白质）］	
		第 2 节叶片	第 19 节叶片	第 2 节叶片	第 19 节叶片	第 2 节叶片	第 19 节叶片	第 2 节叶片	第 19 节叶片	第 2 节叶片	第 19 节叶片
加热[a]	0	9.0	18.7	2.6	3.4	1.5	2.2	7.5	15.9	226.0	271.0
非加热[b]	36.4	6.4	8.9	2.9	4.4	2.0	3.5	14.6	30.2	230.3	1060.3
显著性		ns[c]	***	ns	**	ns	**	*	*	ns	ns

注：植株种植于早春季节。

a 加热温室（平均最低气温高于 13.8℃）

b 非加热温室（最低气温在整个生长期都几乎低于 12℃）

c $P \geqslant 0.1$ 时，无显著差异

*$P < 0.1$，有显著差异

**$P < 0.05$ 时，有显著差异

***$P < 0.01$ 时，有极显著差异

3．水分 就栽培管理而言，水分缺乏，特别是长时间干旱缺水，果汁中液泡浓度高，葫芦素相对含量也高，会造成果实中葫芦素含量增高、果实变苦。

针对瓜类果实产生苦味的原因，要采取相应的防止措施。首先要选用不易出现苦味的品种。在田间栽培方面，应当加强温度的管理，苗期及结瓜初期温度控制在 14℃以上，结瓜后期控制在 30℃以下。注意勤灌水，避免水分亏缺，早期瓜控水要适度，不可过度控水。同时，要保证各种矿质元素的合理供应，施肥时掌握氮磷钾配比，确保植株健壮生长，避免氮肥过多。

第六章　产品器官形成生理

第一节　果　　实

果实是被子植物的特有结构，在雌蕊传粉受精后，可由子房或花的部分结构（花托、萼片等）发育而来。果实中包含种子，可促进种子的传播和繁殖。同时，果实也是园艺植物重要的收获产品之一，具有重要的食用价值和经济价值。园艺植物中以果实为产品的种类很多，如水果、茄果、瓜果、豆类及部分水生蔬菜等。

果实的发育和成熟经历一系列的生理生化变化，最终形成其本身的外形和品质特性，这个过程受到自身遗传背景和外界环境的综合控制。

一、结构和分类

（一）结构

果实依据其发育来源可分为真果（true fruit）和假果（false fruit）两大类，其中，真果单纯由子房发育而来，如大部分水果、茄果类、豆类等；假果是除子房外，还有花的部分结构参与果实的形成，如花托、萼片，甚至整个花序等，如瓜类（图 6-1）。

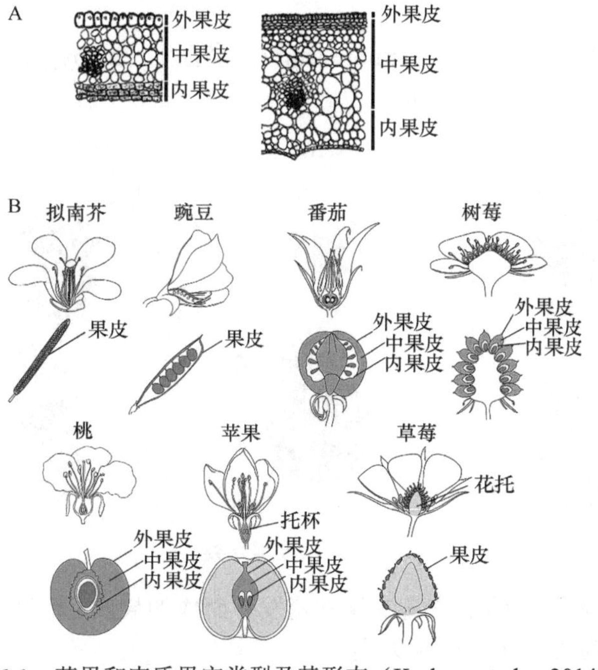

彩图

图 6-1　荚果和肉质果实类型及其形态（Karlova et al.，2014）

A．荚果（左）和肉质果实（右）的果皮层特征；B．来源于花的果实结构。子房和其衍生组织用紫色表示；子房副组织用黄色表示；果皮起源于子房壁，可分为外果皮、中果皮和内果皮三层；种子以棕色表示

1．真果　真果的结构比较简单，由果皮包被种子，果皮则由子房壁发育而来，可分为外果皮（exocarp）、中果皮（mesocarp）和内果皮（endocarp）。部分果实的果皮层次鲜明，如核果，易于区分；有的结合紧密、混合在一起，难以区分，如浆果的中果皮与内果皮。外果皮由子房壁的外表皮发育而来，由单层表皮细胞和多层厚角组织细胞（桃、杏等）构成，也可单独由表皮细胞或厚壁组织细胞（菜豆、大豆等）构成，表面常有气孔分布，并有角质和蜡质等疏水性物质附着，有的还具有表皮毛、翅、钩等特殊结构以保护果实或吸引动物帮助其传播种子。中果皮由子房壁的中层发育而来，由大型的薄壁细胞和维管束构成，薄壁细胞富含营养物质，构成肉质果实的主要食用部分；有些果实的薄壁组织中还含有厚壁组织，成熟时收缩成膜质、革质，如刺槐、豌豆等；有些厚壁组织成熟时演化为疏松的纤维状，具有发达的维管束，如柑橘、柚等。内果皮由子房壁的内表皮发育而来，不同果实间差异较大，桃、杏、李等果实的种子由硬壳包被形成果核，果核由坚硬的厚壁化细胞和石细胞构成；而柑橘、柚等果实的内果皮发育为肉质化汁囊，构成果实的可食用部分；还有的内果皮浆汁化，如番茄、葡萄等。

2．假果　假果的结构较真果复杂，除子房外，其花朵也参与果实的形成。苹果、梨等果实的可食部分主要由花托肉质化发育而成，由子房发育而来的部分所占比例较小，内果皮常常革质化并包覆种子；黄瓜、南瓜等果实坚硬的外壁由花托和外果皮共同形成；草莓果实也由花托发育而来，果实表面的瘦果则由子房发育而成，内含有种子；桑葚的花萼发育成主要的食用部分，而子房发育为其内的许多小浆果。

（二）分类

果实可根据其来源分为单果（simple fruit）、聚合果（aggregate fruit）和聚花果（复果）（multiple fruit）三类（图 6-2）。

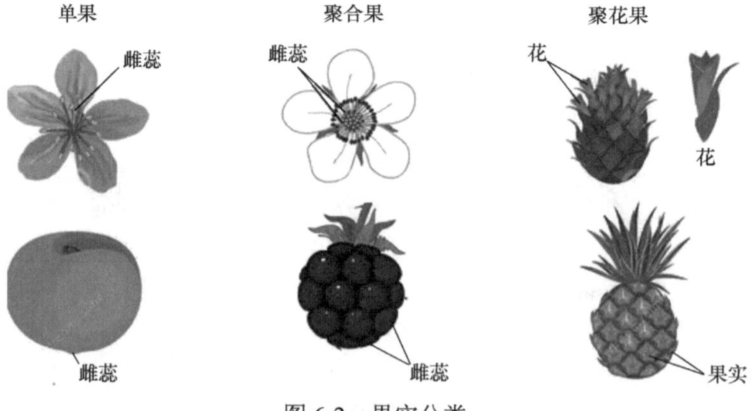

图 6-2　果实分类

1．单果　单果是由单个雌蕊或复雌蕊发育而成的果实。根据果皮成熟时的质地和结构可把单果分为肉质果和干果两大类。

（1）肉质果　肉质果果实成熟后肉质多汁，根据果皮成熟后的差异可细分为以下 5 种类型。

1）浆果（berry）：肉质部分主要由中果皮和内果皮构成，饱满多汁，而外果皮通常较薄，如葡萄、番茄、柿等。

2）柑果（hesperidium）：是柑橘类植物的果实，内果皮为主要的可食用部分，呈囊室瓣状，室中含有多浆的汁囊；中果皮形成橘络，结构疏松且具有发达的维管束；而外果皮革质化形成表皮，表面有很多油囊，如柑橘、橙、柚等。

3）核果（drupe）：中果皮为主要的可食用部分，肉质多汁，而外果皮较薄，肉质包裹着由厚壁化细胞和石细胞构成的坚硬果核，其内包覆种子，多由单心皮雌蕊发育而来，如桃、杏、李等；也有的由 2～3 个心皮发育而成，如枣、橄榄等。

4）梨果（pome）：可食用部分主要由花托和心皮结合发育形成，而子房壁仅参与形成中央很少的部分，属假果类。果皮较薄且外果皮和中果皮不易区分，内果皮则由厚壁细胞革质、木质化形成，如苹果、梨、山楂、枇杷等。

5）瓠果（pepo）：是葫芦科植物的特有果实，与梨果一样属假果类。其果实由子房下位的复雌蕊和花托共同发育而来。其中，花托与外果皮共同形成果实坚硬的外壁；肉质主要由中果皮、内果皮和胎座发育而来，如西瓜、南瓜、冬瓜等瓜类果实。

（2）干果　干果果实成熟后果皮干燥，根据果皮的开裂情况将其分为裂果和闭果。

1）裂果（dehiscent fruit）：包括角果、荚果、蒴果和蓇葖果等，其成熟后干燥的果皮会发生开裂。①角果：由两个心皮的复雌蕊发育而来，果实内有假隔膜将子房分为两室，果实成熟后多沿两条腹缝线自下而上发生开裂。角果可根据果实形状分为长角果和短角果，长角果形状细长，如白菜、油菜、甘蓝等；短角果为三角形、卵圆形或近圆形的扁平果实，如荠菜、风花菜等。②荚果：是豆科植物的特有果实，由单心皮雌蕊发育而来。与角果不同，其果实内无假隔膜，子房为一室，成熟时果实沿腹缝线和背缝线同时开裂，如大豆、豌豆、蚕豆等。③蒴果：由一个以上心皮的复雌蕊发育而来。子房一般为两室以上，果实成熟后有多种开裂方式：沿心皮的背缝线开裂，如棉、芝麻等；沿心皮间的隔膜开裂，但隔膜仍与中轴相连，如牵牛等；心皮上方裂开一个小孔，种子从小孔散出，如金鱼草等；从果实的中部或中上部横裂，如车前、马齿苋等。④蓇葖果：由单雌蕊或离生单雌蕊的子房发育而来，成熟时沿腹缝线或背缝线开裂，如牡丹、飞燕草等。

2）闭果（indehiscent fruit）：包括瘦果、颖果、坚果、翅果、胞果和分果等，其成熟后果皮不发生开裂。①瘦果：为小型闭果，由 1～3 个心皮发育而来，含有 1 粒种子，成熟时果皮与种皮分离，如向日葵、蒲公英等。②颖果：是禾本科特有的果实类型，与瘦果类似，由 2～3 个心皮发育而来，果实发育成熟后果皮与种皮不发生分离。颖果通常被认定为种子并作为粮食食用，如水稻、小麦、玉米等。③坚果：由 2～3 个心皮发育而来，果实中仅含有 1 粒种子，果皮坚硬木质化，如板栗、榛子等。④翅果：由 2 个心皮的单雌蕊或复雄蕊的上位子房发育而来，果实形状较瘦，果皮坚硬，部分向外扩延成翼翅，如槭树、枫杨、榆树等的果实。⑤胞果：由多心皮的复雌蕊发育而来，内含 1 粒种子，果皮较薄，易与种子分离，如藜、滨藜、地肤等的果实。⑥分果：同样由多心皮的复雌蕊的子房发育而来，果实成熟时按心皮数量分离成若干个果瓣，每个果瓣内含 1 粒种子，如胡萝卜、芹菜、薄荷等。

2. 聚合果　一朵花中含有多枚雌蕊，多数雌蕊会与花托共同发育形成果实，其中每一枚离生雌蕊均可发育成一个单果，根据单果的种类可分为以下 5 种类型。

（1）聚合瘦果　其中的小果为瘦果，如毛茛、白头翁等。

（2）聚合核果　其中的小果为核果，常聚生于肉质突起的果托上，如草莓、悬钩子等。

（3）聚合坚果　其中的小果为坚果，常聚生于膨大且呈海绵状的果托中，如莲。

（4）聚合蓇葖果　其中的小果为蓇葖果，如牡丹、玉兰、八角茴香、芍药等。

（5）聚合浆果　其中的小果为浆果，常聚生于延长的果托上，如北五味子。

3．聚花果（复果）　聚花果（复果）的果实是由整个花序发育而来的，同一个花轴上的每朵花会发育成一个小果，所有小果共同融合为聚花果的大果实。凤梨（菠萝）是由多个不孕的花与肉质化的花序轴共同发育而来的；桑葚则是由一个雌花序发育而来的；无花果是由许多小的单性花与凹陷成囊状的花序轴共同发育而来的。

二、果实发育及成熟

果实在坐果后开始生长，在果实成熟之前停止生长，但也有些品种如葡萄在生长完全停止之前就开始成熟。果实的发育可分为细胞分裂和细胞膨大两个阶段，但不同果实细胞分裂和膨大的时间界限不同。例如，番茄、葡萄和草莓果实的细胞先分裂再膨大；拟南芥果实表现为早期阶段为细胞分裂，之后是一段细胞分裂和扩张的结合期；苹果果实的特点是细胞分裂和膨大在初期相结合，而后细胞分裂减少，随后主要为细胞膨大阶段。这里以番茄为例（图 6-3）进行介绍。果实细胞的分裂与膨大受多基因调控，与多种植物激素息息相关，也受到生长环境条件的影响。

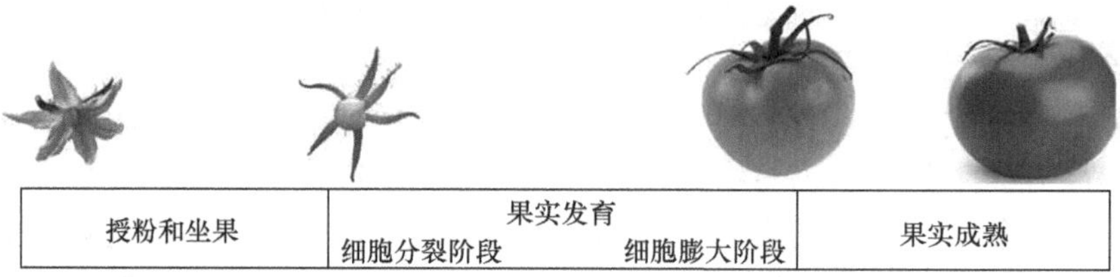

图 6-3　番茄果实发育和成熟阶段（Quinet et al.，2019）

（一）果实生长模式

果实的生长模式可以通过果实的长度、体积、重量等随果实的发育在二维坐标上呈现，即果实的生长曲线，主要有以下两种类型。

1．单“S”形生长曲线　该种果实表现出慢—快—慢的生长模式。在果实发育初期，果实生长速度缓慢，然后逐渐加快至高峰，而后再次转为慢速生长，最终停止生长。该种果实的细胞分裂、膨大与生长曲线一致，代表性果实有苹果、梨、番茄、香蕉、菠萝、草莓等。

2．双“S”形生长曲线　该种果实表现出慢—快—慢—快—慢的生长模式。这种果实在生长的中期会出现一个较为缓慢的生长时期，在该时期果肉暂时停止生长，但胚迅速发育，内果皮木质化使果核变硬；果皮细胞的膨大和营养物质的积累则主要发生在果实的第二次迅速增长时期。具有该种生长模式的果实主要有桃、李、杏、梅子、樱桃、葡萄等。

（二）果实细胞的分裂及膨大

果实细胞的分裂通常发生在授粉之后，持续5～40d，但大多数果实细胞分裂的窗口期为10～14d，细胞在此期间会迅速分裂。窗口期结束时，细胞分裂完全停止。根据分裂的方向不同，植物细胞的分裂可分为垂周分裂和平周分裂，分别使植物器官加粗、加厚。果实的果皮组织通常由子房壁发育而来。在果实生长初期，外果皮细胞先进行垂周分裂以增大果皮的表面积，随后转为平周分裂以增加细胞层数，从而衍生出果实的亚表皮或下表皮；中果皮主要进行平周分裂以迅速增加细胞层数，中果皮构成果实的主要果肉部分；而大部分果实的内果皮在开花前后先进行垂周分裂，来满足受精后胚胎发育生长的需要，此后则转为平周分裂以增加内果皮的厚度。在细胞分裂旺盛时细胞数量会迅速增加，当细胞积累到一定数量时，果实进入幼果发育期，分裂的速度减慢，并最终停止。果实的内果皮细胞通常最先停止分裂，其次是中果皮、外果皮。

果实细胞的膨大与细胞壁的关系非常密切。细胞壁主要由纤维素、半纤维素、果胶和少量结构蛋白等构成，其作用主要为维持细胞形态、增强细胞的机械强度。双子叶和单子叶植物的细胞壁中普遍含有扩张蛋白（expansin），它能破坏纤维束之间的氢键，增加细胞膨压，从而驱动细胞壁扩张。扩张蛋白基因通过接收生长发育的信号来调整细胞壁的伸长。

细胞的膨大也与细胞的倍性密切相关，细胞的体积往往与倍性成正比，如三倍体细胞的体积往往大于二倍体细胞。此外，果肉细胞壁的另一主要成分——木葡聚糖（xyloglucan）可在木葡聚糖内糖基转移酶（xyloglucan endotransglycosylase，XET）的作用下裂解并再次重组，从而使细胞壁松弛以增加细胞体积。动蛋白（kinesin）是真核生物细胞内的一种马达蛋白，作为ATP酶通过水解ATP释放能量，并依赖于微管运动。它在细胞有丝分裂、减数分裂、细胞形态维持和细胞器运输等重要的生物学过程中都发挥着重要作用。

（三）激素与果实细胞的分裂和膨大

在植物的生长过程中，激素物质始终参与并调控各项生理活动，包括果实细胞的分裂和膨大。

1. 生长素　生长素主要起到调控细胞分裂和伸长的作用，在子房发育、坐果和果实膨大过程中起到正向的调控作用。坐果后IAA水平的升高能导致幼嫩黄瓜果实的细胞分裂速率加快；大粒玉米较小粒玉米中含有更高水平的IAA，并经历更长的细胞分裂阶段。外源施加生长素可诱发单性结实。

2. 细胞分裂素　细胞分裂素在细胞分裂过程中起到活化作用，其含量与细胞分裂的活性呈正相关，对果实的坐果和膨大起到正向的调控作用。例如，在番茄果实发育的早期，细胞分裂素的水平有两个高峰，分别在开花期和花后5d。果实种子中的细胞分裂素含量较高，并带动果实中内源细胞分裂素的水平上升以促进果实膨大。当对植株施加外源细胞分裂素时，'Toyal Gala'苹果果实及'Spadona'和'Coscia'梨果实的果实体积都明显增大。外源施加细胞分裂素会诱发单性结实，这与外源施加生长素的效果类似。

3. 赤霉素　赤霉素在植物生长发育的多个生物学过程中起调控作用。对于果实而言，赤霉素可以提高果实的结实率，也可诱发单性结实。许多研究通过基因工程手段，获得具有高水平赤霉素的突变体，发现果皮细胞的伸长发育加速，并得到无籽果实。例如，在番茄植株中沉默赤霉素降解酶基因 *GA2ox1*、*GA2ox2*、*GA2ox3*、*GA2ox4* 和 *GA2ox5*，植株内源赤霉素含量上升，沉默株系出现较高比例的单性结实；而当过表达赤霉素合成酶基因 *GA20ox1* 时，转基因番茄植株也出现较高比例的单性结实。

4. 其他激素　除生长素、赤霉素和细胞分裂素外，其他激素也参与了果实细胞的分裂与膨大。外源应用油菜素内酯（brassinolide，BR）会增加葡萄浆果的细胞分裂和膨大速率。草莓中 BR 受体的下调减少了细胞分裂。茉莉酸在草莓花中的积累量最初很高，但随着脱落酸水平开始增加，茉莉酸在发育末期减少。外源施用茉莉酸通常能降低脱落酸水平。

（四）果实成熟

果实成熟是果实膨大停止后，经过一系列复杂的生理生化变化，形成该品种独特的质地、色泽、风味及营养品质的过程。成熟果肉质地变软，颜色艳丽，具有芳香气味，香甜多汁，宜食用和利于种子传播。

1. 果实的成熟类型　果实依据其在成熟过程中是否出现呼吸高峰，分为跃变型（climacteric）和非跃变型（non-climacteric）果实。跃变型果实会在成熟启动到开始进入衰老之间的时期内，呼吸速率出现急剧上升，而后缓慢下降（图 6-4），如苹果、香蕉、番茄、鳄梨、芒果等都是典型的跃变型果实。非跃变型果实与跃变型果实相反，果实从生长停止到开始进入衰老之间的时期，呼吸速率缓慢下降，不会出现呼吸高峰。例如，黑莓、杨桃、樱桃、茄子、葡萄、柠檬、枇杷、荔枝、菠萝、草莓、葫芦、枣、龙眼、柑橘类等都是非跃变型果实。跃变型果实的呼吸高峰伴随着乙烯释放高峰，其成熟过程受乙烯的正向调控，而非跃变型果实的成熟过程中乙烯合成始终处于较低水平，没有乙烯峰出现，成熟过程主要受 ABA 调控（图 6-4）。

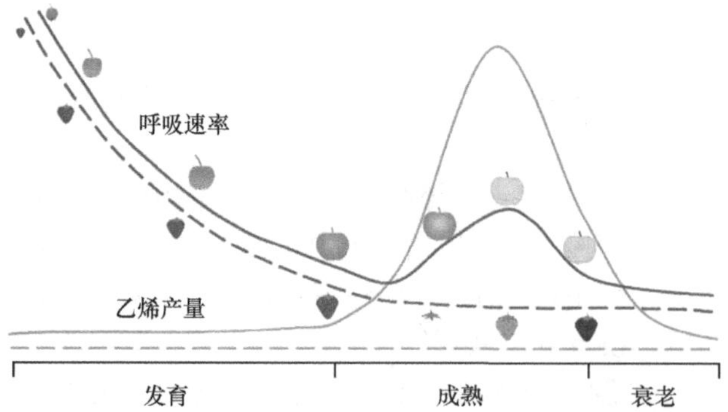

彩图

图 6-4　跃变型和非跃变型果实在发育、成熟和衰老过程中呼吸速率与乙烯合成水平的变化（Ji et al.，2021）

虚线代表非跃变型水果，实线代表跃变型水果。绿色线代表呼吸速率，橙色线代表乙烯产量

2. 果实的成熟特征　果实成熟过程中发生一系列的代谢变化，形成成熟果实特有

的表型特征，如软化、颜色变化、营养物质积累等。

（1）软化　果实在发育过程中不断合成果胶、纤维素和半纤维素。果胶是参与细胞间粘连的重要细胞壁多糖，这对于维持细胞壁的机械结构也具有重要意义。纤维素和半纤维素也是细胞壁多糖的重要组分，其可与果胶结合形成果胶-纤维素-半纤维素的网状结构，赋予细胞壁较高的机械强度。在果实成熟过程中，细胞壁降解相关酶编码基因表达增强，主要包括多聚半乳糖醛酸酶（polygalacturonase，PG）、果胶裂解酶（pectate lyase，PL）、果胶甲酯酶（pectin methylesterase，PME）、β-半乳糖苷酶（beta-galactosidase，TBG）、纤维素酶（cellulase，CX）、木葡聚糖内糖基转移酶（xyloglucan endotransglycosylase，XET）等。在果实进入成熟阶段后，胞间层和初生壁的成分不断在上述细胞壁降解相关酶的作用下逐步降解，导致胞间层出现溶解。初生壁的纤维素高级结构被破坏，微纤丝的排列变得松散无序，果实细胞壁的机械强度下降，同时果实细胞间的粘连性下降，导致果实的质地变软。

（2）颜色变化　果实成熟过程中最明显的变化之一是由色素积累引起的果实颜色转化。例如，番茄积累大量的番茄红素，葡萄和蓝莓等水果中积累大量的红色、蓝色和紫色等花青素色素类物质；香蕉和柑橘褪绿，在果皮中合成和积累大量的类胡萝卜素等。果实成熟过程的颜色转变是由于叶绿体中的类囊体膜破裂，叶绿素降解，同时叶绿体转化为有色体而发生的。除类胡萝卜素外，主要积聚在果皮中的类黄酮也在决定番茄果实的颜色方面发挥作用。花青素生物合成途径涉及类黄酮途径中的一系列酶，包括查耳酮合酶。叶绿素、类胡萝卜素和花青素的代谢受到光信号转导和温度的影响。例如，果实通过套袋遮光能改善苹果表面的着色均匀性，温度过高会导致香蕉果实停留在绿色状态，不能变黄。

（3）营养物质积累　果实在成熟过程中形成特定营养物质，包括碳水化合物、有机酸、维生素、生物活性色素、次级代谢产物、功能活性成分。例如，香蕉中的淀粉转化为糖；番茄果实合成和积累番茄红素、维生素C；苹果中积累糖，降低酸度，在果皮中积累类黄酮类物质；柠檬果实积累柠檬酸；柑橘形成合适的糖酸比，积累类胡萝卜素和维生素C；另外，也包括一些抗营养物质的降解，如番茄中的茄科生物碱，柿子中的单宁物质。不同果实积累的营养物质不同，赋予果实丰富的营养，有利于消费者的身体健康。

3．参与果实发育成熟的主要激素　果实的发育及成熟进程是一个精细复杂的动态过程，许多植物激素协同参与果实发育及成熟的调控，下面将重点介绍几类参与果实发育成熟的植物激素。

（1）乙烯　乙烯是目前果实发育与成熟进程中研究最为透彻的一种植物激素，其作为信号分子诱导跃变型果实成熟进程中大量成熟相关基因的表达（图6-5）。在植物体中，乙烯的生物合成前体为甲硫氨酸（Met），Met通过甲硫氨酸循环转化为*S*-腺苷甲硫氨酸（*S*-adenosylmethionine，SAM），SAM 在 1-氨基环丙烷-1-羧酸（aminocyclopropane-1-carboxylate，ACC）合成酶（ACC synthase，ACS）的作用下形成ACC，ACC再通过ACC氧化酶（ACC oxidase，ACO）生成乙烯，其中ACS是乙烯生物合成的限速酶。乙烯合成后通过信号转导途径激活末端乙烯响应因子（ethylene response factor，ERF）的表达，ERF作为转录因子激活或抑制果实成熟相关基因的表达而参与调控果实成熟过程，如果实软化、风味改变、色素合成等相关基因。乙烯信号转导途径依次包括乙烯受体、CTR1、EIN2、EIL 和 ERF。阻断跃变型果实的乙烯生物合成或者乙烯信号转导的关键基因表达均可影响果实成熟。例如，沉默番茄果实乙烯合成关键酶基因 *SlACS2* 的转基因番茄果实不产生跃变型乙烯合成高峰，果实不能成熟，但是外源乙烯处理能恢复其正常成熟过程；沉默 *SlEIN2* 的番茄果实无法正常成熟，这是因为乙烯信号转导途径被阻断，外源乙烯处理也不能恢复其成熟表型。有研究表明，在高等植物中，乙烯存在两套生物合成系统，分别为系统Ⅰ和系统Ⅱ。系统Ⅰ普遍存在于非跃变型和跃变型果实中，乙烯合成水平低且平稳，系统Ⅰ产生的乙烯在果实生长发育和抵御生物与非生物胁迫中发挥重要作用。系统Ⅱ主要存在于跃变型果实中，在系统Ⅰ的乙烯积累到一定程度后，系统Ⅱ在果实跃变期间产生大量乙烯，且系统Ⅱ乙烯具有自我催化的功能，生成的乙烯会进一步正向促进系统Ⅱ乙烯的生物合成，加速果实的成熟衰老进程。生产中可采用乙烯利（溶解于水产生乙烯）催熟果实，如香蕉和猕猴桃；也可以用 1-MCP（1-甲基环丙烯）抑制跃变型果实成熟，因为 1-MCP 能竞争型结合乙烯受体，阻断乙烯的信号转导过程。

（2）脱落酸　脱落酸（ABA）对跃变型果实和非跃变型果实的成熟都起调控作用，在果实成熟前脱落酸会大量积累（跃变型果实中脱落酸的积累先于乙烯释放高峰），通过调控色素降解与积累、细胞壁代谢、乙烯的生物合成与信号转导等多个成熟相关生物学过程来调控果实的成熟。脱落酸被认为是启动非跃变型果实成熟的核心激素（图 6-5）。30 多年来，ABA 一直被认为是草莓果实成熟的诱导剂，ABA 处理可加速草莓果实颜色

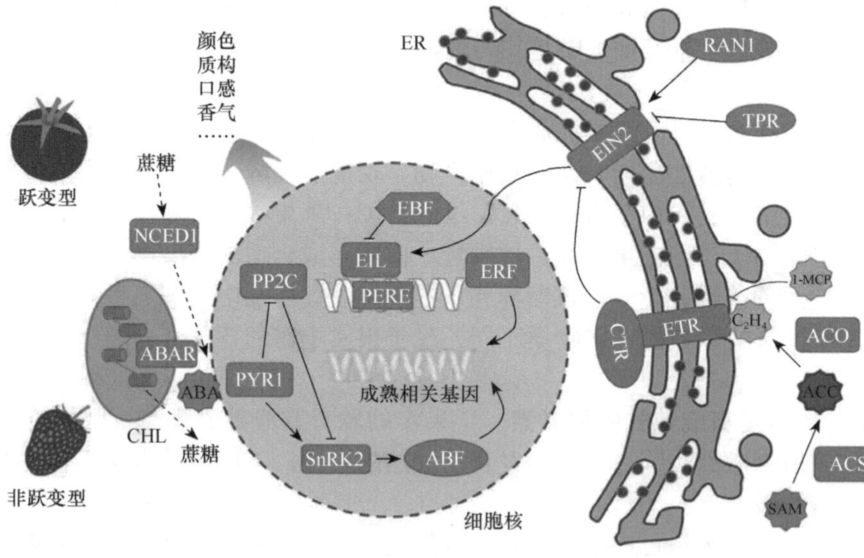

图 6-5　乙烯和 ABA 调控果实成熟（Chen et al.，2020）

乙烯（ethylene）和脱落酸（ABA）信号传导在调节水果成熟过程中起关键作用。自催化乙烯合成由 *S*-腺苷-1-甲硫氨酸（SAM）合成酶、ACC 合成酶（ACS）和 ACC 氧化酶（ACO）催化。在缺乏乙烯的情况下，从乙烯受体（ETR）到构成三重反应（CTR）的信号被阻断；乙烯结合诱导 ETR 的失活，并切断 CTR1 对乙烯敏感 2（EIN2）的抑制。活化的 EIN2 稳定 EIN3/乙烯不敏感 3 样（EIL）转录因子，该转录因子可以通过与初级乙烯反应元件（PERE）结合来激活靶基因的表达，包括编码乙烯反应因子（ERF）转录因子的基因。ERF 通过与乙烯调节基因的启动子结合来调节乙烯调节基因。乙烯结合和 ETR 降解也分别需要 TPR 和 RAN1。就非限制性果实成熟而言，蔗糖通过 NCED1 促进草莓中 ABA 的生物合成，从而作为加速果实成熟的信号，而 PYR1-PP2C-SnRK2 模块通过 ABF 转录因子的磷酸化直接调节 ABA 响应基因的表达。ER．内质网；ABAR．ABA 受体；CHL．叶绿素；NCED1．9-顺式-环氧类胡萝卜素双加氧酶 1

转变、软化、乙烯生成和苯丙氨酸解氨酶（PAL）活性的增加。ABA 处理也能促进非跃变型果实葡萄浆果中的糖代谢和积累。ABA 处理还影响番茄果实成熟期间的细胞壁分解代谢。此外，有研究表明，葡萄糖和蔗糖处理均增加了 ABA 水平，表明草莓果实成熟过程中蔗糖信号和 ABA 生物合成之间存在相互作用。

（3）生长素　生长素不仅在果实细胞分裂中起着重要作用，也参与了果实成熟的调控。当移除草莓幼果时，花托会发生早熟，这可以通过外源生长素的应用来阻止。在葡萄和番茄中，成熟开始时也需要较低的生长素水平。与此相一致的是，在番茄中，超表达来自辣椒的生长素合成酶基因 *CcGH3*，游离的 IAA 减少，导致转基因果实发育早期对乙烯的敏感性增加。在跃变型果实（如桃子和番茄）的成熟后期，生长素和乙烯之间也会发生相互作用以调控果实的成熟过程。生长素通过信号转导激发其末端的生长素响应因子（auxin response factor，ARF）调控果实成熟。2002 年，研究者发现 ARF 家族转录因子 DR12/ARF4 在果实的果皮颜色中发挥着重要作用，ARF4 是果实成熟过程中淀粉和叶绿体积累的负调控因子，这也是首次将 ARF 转录因子与生长素信号、叶绿素的活性和糖代谢过程关联在一起。除 ARF4 外，ARF 家族的 SlARF10 也调控果实发育和成熟过程中的色素积累。

三、生长环境因子与果实发育

生长环境因子是指植物生存地点周围空间的一切因素之和，其中对植物生长发育起作用的称为生态因子，主要包括气候（光照、温度、水分、气体）、土壤（包括土壤微生物）和地势（图 6-6）。

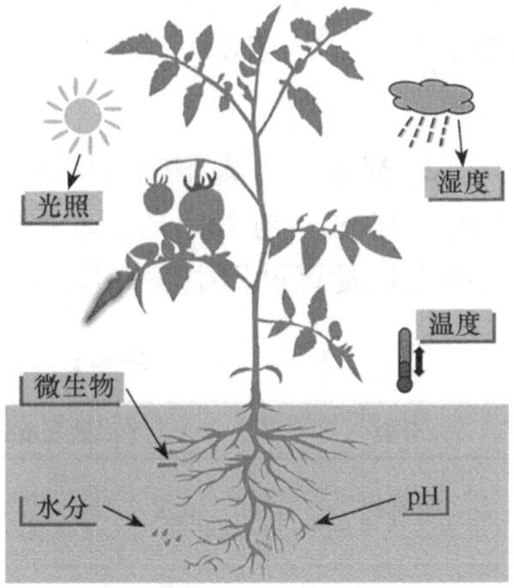

图 6-6　影响果实发育的主要环境因子

（一）光照

果实发育过程中，光照可以通过光照强度、光质和光周期（包括光照时间）的变化影响果实的形态结构和生长发育（图 6-7）。在园艺植物生产中，光照对果实发育的调控主要通过遮光处理、补充光照和果实套袋实现。发光二极管（light-emitting diode，LED）为一种节能环保的人工补光系统，可以精确控制光质配比、光照强度和光照时间，提高园艺植物的产量和品质。

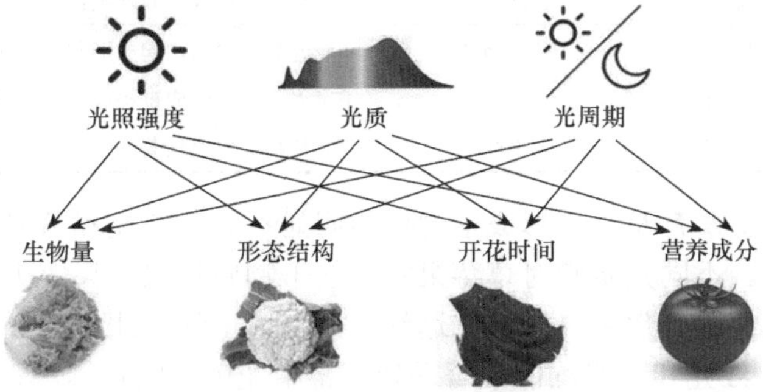

图 6-7　光照对园艺植物生长发育的影响

1. 光照强度　光照强度是植物生长的重要光照参数，直接影响果实发育与品质形成。大多数园艺植物的光合有效辐射（photosynthetically active radiation，PAR）强度为600～1600μmol/（m^2·s）。不同种类园艺植物对光照强度的适应范围不同，因此光照强度对其果实发育的影响也不同。

光照强度对果实大小和单果重的形成有明显影响。例如，遮光能显著减少甜瓜开花时幼果细胞数目，影响果实大小；延迟荔枝果实发育期，降低与果实品质相关代谢产物的积累，影响果实内在品质的形成（图 6-8）。总体上，适宜的光照强度对保证果实正常发育和良好品质的形成至关重要。

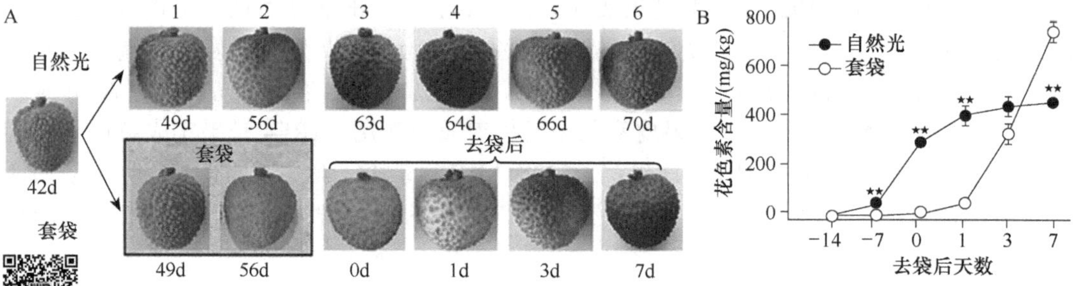

彩图

图 6-8　套袋对荔枝成熟及花青素积累的影响（Zhang et al.，2016）
星号代表差异显著

2. 光质　太阳辐射中对植物光合作用有效的光谱成分称为光合有效辐射，波长为380～710nm，与可见光基本重合。光质主要通过触发不同的光受体及其信号转导通路在植物生长发育过程中发挥作用（表 6-1）。

表 6-1　不同波长太阳光在植物生长发育中的作用

分类	波长/nm		作用效果
红外线	IR-A	1000～1400	只产生热量，对植物没有特殊的作用
		780	对植物生长有特别的增长促进效果
可见光	红色	700	控制苗发芽
	红黄色	660	光合作用大，为有效的波长领域
		610	害虫防御
	绿黄色	510	有出色的光线透射性
	蓝色	430～440	光合作用大，叶绿素作用大，防止害虫
紫外线	UV-A	315～400	光合作用大，起成形和着色作用
	UV-B	280	对多数的合成过程起重要作用，过强会危害植物
	UV-C	100	植物会急速枯萎

不同光质在果实发育及品质形成中的作用明显不同。红光和蓝光能显著促进果实发育，提高果实品质。不同光质膜对草莓果实中的干物质积累、果实大小、含糖量和着色均有影响，其中以虹膜的效果最好；在远红光比例大于红光比例的红色地膜下栽培的草莓果实大、产量高；红光和蓝光均能显著诱导草莓中花色素的积累，促进草莓着色（Zhang et al.，2018）。红色和蓝色果袋也可促进番茄果实膨大，增加单果质量，促进果实提早成

熟。紫外线在植物光形态建成、次生代谢和品质形成方面具有重要作用。不同紫外线处理可以促进果实中花青素的积累（Henry-Kirk et al.，2018）；高水平紫外线光处理（太阳光中 56%的 UV-B 和 63% 的 UV-A）可以促进草莓果实成熟，显著提高果实的花青素和黄酮醇含量；生长季连续 3 周用 3.6kJ/m^2 UV-C 处理可以显著降低草莓硬度，促进果实变红（Xie et al.，2016）。

3．光周期　光周期是指昼夜周期中光照期和暗期长短的交替变化。在设施栽培中，主要通过补充光照来进行光周期的调节。每种园艺植物在果实发育期间所需要的最适宜光周期各不相同，各种补光措施对果实发育的调控效果也不同。补光能够显著提高番茄的单果质量、单株结果数及果实维生素 C、可溶性糖含量，降低有机酸含量，促进产量增加；补光处理还可提高酮类、醛类、醇类和其他类挥发性物质的含量（魏守辉等，2020）。短日照（8h）能促进草莓植株的营养生长，导致生育期提前，单株果数和产量增加，可溶性糖含量降低。

（二）温度

温度不仅与园艺植物的花芽分化和开花坐果有着密切的联系，与果实发育及品质形成也息息相关。其中，对果实发育起作用的温度因素主要包括有效积温、温周期、适宜温度和极端温度。

1．有效积温　生物学零度是指在综合外界条件下能使植物萌芽的日平均温度。与其他植物一样，园艺植物只有在高于生物学零度的条件下，才能进行正常的生长发育。植物为完成全生长期或某一生育阶段的生长发育过程，要求有一定的有效积温。各种园艺植物果实发育过程中所需要的有效积温明显不同，不同品种果实发育期对积温的要求也有差异。一般发芽早的品种对积温的要求比较低。同一品种在不同的地区或不同年份由于温度差异，满足特定有效积温所需要的时间也有差异。有效积温会直接影响果实的生长发育期及成熟，如果发育期内温度低，发育期延长，温度高则发育期缩短。‘伏令夏橙’在我国桂林（≥10℃的积温 5920.0h）的生育期为 13～14 个月，而在我国廉江（≥10℃的积温 8355.0h）的生育期为 10.5～11.5 个月。

2．温周期　昼夜温周期主要是指温度的昼夜变化，其间植物体进行有机物质的积累及各器官的生长发育。昼夜温差对园艺植物果实品质的影响大。昼夜温差大，糖分积累多，甜味更浓。‘红富士’在秋季生长时若保持着较大的昼夜温差，则果实着色好、果个大、含糖量高。据观察，白天气温在 30℃以上，夜间气温在 20℃以上，苹果呼吸消耗加剧，花青素合成受阻，影响着色，夜间温度低于 20℃，昼夜温差达 10℃以上，糖分高，上色快。昼夜温差对草莓果实发育、糖分的转化及积累等也有明显影响。草莓果实膨大时以昼温 20～25℃、夜温 5～8℃为宜，高温处理能显著促进果实成熟，缩短生育期（图 6-9），昼夜温差越高，果实发育期越短，果实也越小（Han et al.，2015）。昼夜温差也能够影响番茄的物质积累与分配，进而影响果实品质及成果效率。日平均温度为 22℃的环境中，8℃温差比 6℃温差能明显提高其产量和果实品质，番茄红素含量显著增加（李莉等，2015）。因此，花果期适当增大昼夜温差可以提高园艺植物的产量和果实品质，但温差过大也容易导致生长不良和减产。

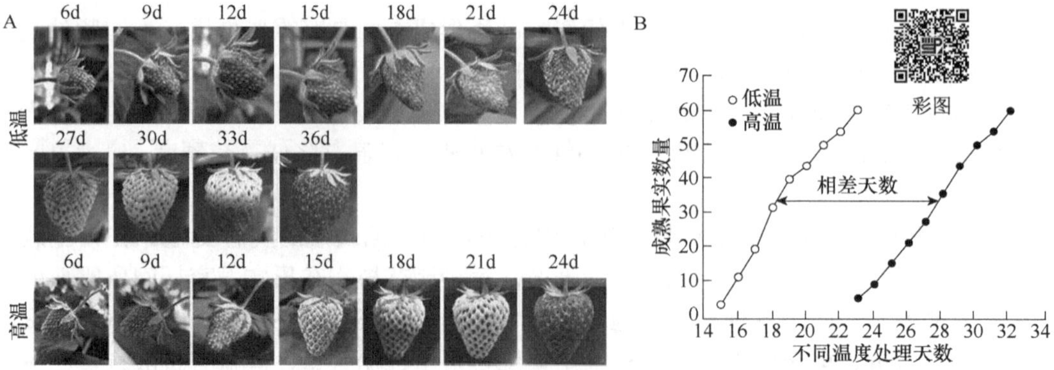

图 6-9　不同昼夜温差对草莓发育和成熟的影响（Han et al.，2015）

季节温周期即温度的季节性变化，主要控制着植物的发育进程及生长特性。温度季节变化对温带植物开花的影响比较明显，季节变温决定植物相应的发育节律，这便是所谓的“春天开花，秋天结实”。在不同季节中适宜生长的不同植物，生产得到不同的果实。同时，需冷量也成为季节温周期对落叶果树打破自然休眠进行正常开花结果的一个重要条件，成为北树南引的主要限制因子。对常绿果树来说，其正常开花结果也需要年温度周期中满足适度的低温，但这一温度要比落叶果树高。温州蜜柑 20℃处理 2.5 个月或 15℃处理 2 个月后形成花芽，而 25℃处理则不形成花芽，4℃处理不诱导开花，反而会使诱导不充分的芽成花能力减弱。

3. 适宜温度　在园艺植物年生长周期中，果实的生长发育与温度的关系密切。大多数园艺植物果实发育的最适宜温度为 18～25℃。温度过高或过低都不利于果实的发育，温度的高低直接影响着果实增大和成熟快慢。在果实膨大期的温度高低会直接影响果形：气温高，则横径生长大于纵径；气温低，则纵径生长大于横径。一般来说，在适宜的温度范围内，温度高，则果实含糖量高，成熟期提早，但色泽稍淡，含酸量低；温度低，则含糖量低，含酸量高，色泽鲜艳，成熟期推迟。在正常情况下，草莓生长温度控制在 15～25℃内，其果实生长速度最快。茄子果实发育初期，日平均最低温度为 14.3℃时不利于开花过程中玉米素核苷（ZR）的合成，但显著提高了 ABA 的含量，较高的 IAA 和 ABA 水平有利于果实发育和单性结实，因此，温度可以通过调控果实内源激素含量来影响果实发育和成熟。

4. 极端温度　低于或高于适宜生长温度，对果实的生长发育都会造成影响。温度过低，细胞生理活动停滞，根系、果实都会出现营养吸收障碍，甚至停滞生长。低温对果实的伤害大体分为冻害、冷害、雪害、霜害等。其中冻害给果实造成的伤害最大，轻者发育不良，重者导致落果或使果实失去商品性。果实发生的低温伤害与树体自身抗寒能力有关，而抗寒能力强弱又与品种、树龄、树势、物候期及土壤条件、栽培管理措施等多种因素有关。苹果幼果的冻害临界温度为−2.5～1.1℃；夏橙果实在−3℃即受冻，引起落果；脐橙成熟果实在−2.2～−1.7℃遭受冻害。温度过高会影响细胞正常分裂，果皮膨大速度过快造成空心果、奶嘴果、鸡心果等。果实膨大期气温超过 35℃，植物呼吸消耗大，会严重影响光合营养的积累，轻则果实膨大减慢，着色不良，果肉发绵，成熟一致性差；重则果实灼伤，果面变黄，果肩纹裂比率增加。

（三）水分

水分是影响果实发育及品质形成的关键因素之一。水分作为果实的重要组成部分，一般占80%以上，水分含量对于维持果实正常的生理代谢有重要作用。水分的变化也会影响果实产量、大小、风味及口感。若水分在果实生长发育乃至成熟过程中任一环节供应不足或者过多，都会造成果实品质下降，严重时可导致果实失去经济价值。

一般土壤水分为田间最大持水量的 60%～80%时有利于园艺植物的花芽分化和果实发育。在果实发育的前期和中期（分裂期），水分供应充足对果实的纵径生长、果形指数的增加极为重要，水分亏缺会促进果实成熟。重度干旱胁迫导致光合作用受到抑制从而影响同化物质的积累，果实品质降低，但关键时期的适度水分胁迫可以促进果实品质的形成。番茄果实膨大期和成熟期的水分供应均会对其风味品质产生显著影响，适度降低番茄供水水平可以提高果实中维生素 C、可溶性固形物、可溶性糖、可滴定酸等的含量。采收时期对葡萄进行水分胁迫，可以提高葡萄果实中总花青素的含量。滴灌和喷灌的节水供水模式能使苹果着色指数、光洁指数和全红果比例明显提高。但供水过度，也不利于果实的发育及成熟，特别是采收前大量灌水会降低果实的含糖量，不利于果实的着色，甚至会引起裂果。同时，也会加剧果实病害的发生，降低贮运品质。

（四）气体

氧气（O_2）和二氧化碳（CO_2）是植物进行物质代谢和能量代谢的基础，会直接影响作物光合产物的积累及产量、品质的形成。气体对果实发育的影响主要在设施栽培中最为常见。设施的密闭性经常导致 CO_2 供给和光照不足，降低了光合速率，进而影响了果实发育和品质形成。露地栽培的植物，气体的影响主要发生于土壤之中。由于受土壤物理性质的影响，O_2 和 CO_2 的扩散会受到阻碍，从而影响植株生长及果实发育。

CO_2 是光合作用不可缺少的原料之一。CO_2 浓度升高使植物净光合速率、胞间 CO_2 浓度和水分利用率增加，叶片气孔导度和蒸腾速率降低，进而促进果实细胞的分裂与膨大，而 O_2 浓度过低会导致植物呼吸作用减弱，同时无氧呼吸作用加强，会减缓果实细胞的分裂与膨大。在设施栽培中，气体交换受到限制，CO_2 浓度低于光合作用所需浓度。因此，CO_2 是设施栽培的主要限制因子之一。CO_2 施肥能够显著提高樱桃、番茄果实中可溶性固形物和维生素 C 的含量。降低环境中的 O_2 浓度可以减少有机物质的消耗。在低氧条件下，果实糖分的消耗减少，使果实的糖含量保持在一个较高的水平。设施栽培中 CO_2 加富处理均能明显改善蟠桃、番茄和甜瓜的风味品质、外观品质和营养品质（Xi et al.，2014）。由此看来，补充施肥成为解决设施内 CO_2 亏缺的有效措施。但随着全球 CO_2 浓度的升高，露地条件下高浓度 CO_2 对果实发育的影响又成为一个新的问题。

（五）土壤

植物需要从土壤中吸取足够的水分和矿质元素才能进行正常的生长发育。这些物质都是由根吸收，再经过导管、筛管等的协作运输供给植物其他部位。在果实发育进程中，土壤的理化性质和营养状况等对开花坐果、果实发育、果实成熟及品质形成都具有明显的调控作用。

1．理化性质　土层厚度、土壤含水量、质地、酸碱性、通气性、含盐量等基本理化性质都会影响果实的生长发育。适宜的土层厚度是园艺植物果实发育及优质丰产的基本条件。土壤含水量会直接影响果实产量和品质形成。土壤含水量为田间持水量的60%～70%时，同化物在番茄中积累最多，产量最高，果实中维生素 C、可溶性糖等品质指标达到最佳。黏砂比在 0.052～0.065 时，随着黏砂比的增加，葡萄浆果的单粒重增加。土壤 pH 与果实中的可溶性糖、可溶性固形物含量和糖酸比呈极显著相关性。土壤 pH 较低的梨园果实石细胞少，但是果实芳香物质种类也少。梨果实中的可溶性糖、可溶性固形物和有机酸含量与果实中的某些微量或大量元素也显著相关。对大多数园艺植物而言，土壤含氧量在 10%以上才能保证各个器官的正常生长和发育。土壤耕作层氧气含量会直接影响根系对土壤养分的吸收，氧气含量越高，所吸收养分越多。土壤增氧灌溉能大幅度提高土壤耕作层 O_2 含量，对果实品质有着显著的提升作用。

2．营养　土壤中营养物质特别是有机质含量和矿质营养会直接影响果实的生长发育和品质形成。土壤有机质含量高，果实品质好，速效氮含量高，果实大，但酸度高；钾和速效磷能有效降低果实酸度。土壤有机质含量在 1.5%以上有利于优质果实品质的形成。土壤 pH 对果实中的磷、锌、镁含量的影响较大，pH 过高和过低均会影响树体对矿质养分的吸收及果实品质。土壤全氮含量与果实中的铁、钙、钾的含量均呈正相关，而与果实中的钾、铁、钙含量均呈负相关，因此为了兼顾树体生长和果实矿质养分含量，增加土壤全氮、有效铁含量，适当控制钾肥的施用量，有利于生产含高微量元素含量的果实。在早熟砂梨果实发育期选择追施 1.5g/L（K_2O 元素含量为 31%）叶面钾肥，成熟果实单果重增大，果实可溶性糖含量、可溶性固形物含量及果形指数高，综合品质得到有效改善，追施钾肥质量浓度过高或者过低都无法达到最佳效果。土壤有效磷和速效钾含量显著地影响了‘纽荷尔脐橙’果实的可溶性固形物含量，并且土壤 pH、碱解氮和速效钾含量可显著影响果实可滴定酸含量和果皮亮度值。土壤有效磷含量越低而土壤速效钾含量越高，‘纽荷尔脐橙’果实的可溶性固形物含量越高。土壤 pH 和速效钾含量越低而碱解氮含量越高，则果实可滴定酸含量越高。泥炭土∶堆肥∶蛭石体积比 4∶1∶1 的混合有机基质可明显提高葡萄可溶性糖、可滴定酸、维生素 C、可溶性蛋白质及游离氨基酸的含量及糖酸比，改善果实品质。

3．土壤微生物　土壤功能微生物是果园生态系统中物质转化的主要参与者，参与矿质营养矿化、土壤有机质的分解、腐殖质的形成和生理活性物质的合成，在土壤养分转化和循环、土壤生态系统的动态平衡维持及果实发育中发挥着重要作用。使用较高浓度的微生物肥不仅能提高‘巨峰’葡萄叶片的气孔导度与净光合速率，降低叶片胞间 CO_2 浓度，并显著提高果实硬度和可溶性固形物含量。食物垃圾堆肥会产生丰富的细菌和真菌，不仅使草莓果实产量提高，而且使果实中维生素 C、可溶性糖和有机酸含量显著提高。施用胶冻样芽孢杆菌和侧孢芽孢杆菌均能有效改善猕猴桃种植土壤的物理性状，增加土壤内养分含量，提高土壤酶活性和微生物数量，改善果实品质。侧孢芽孢杆菌使葡萄百粒重增加，可溶性糖、花色苷、总酚的含量也明显提高。微生物肥料已经成为“双减”背景下提高土壤肥力，促进果实品质形成的有效措施。

（六）地势

地势因子包括海拔、坡度、坡向、坡形等因素。温度、光照、水分、土壤和气体等环境条件可随着地势的改变形成特定的微环境。

在同一纬度地区，海拔每升高 100m，则气温平均下降 0.5～1.0℃，光照强度平均增加 4%～5%，紫外线平均增加 3%～4%。在山的向风坡，降雨量随海拔的升高而升高，至一定高度达最大值后，又随海拔的升高而降低。光合速率与呼吸速率随海拔的升高而升高随后下降，最高值出现在 2500m 左右。最大降雨量的分布随海拔的变化因季节和地区而异。山地果树的物候期随海拔的升高而推迟，生长季随海拔的升高而缩短；随海拔的升高，果树的发育与成熟过程呈现出与低纬度到高纬度相对应的变化。

不同园艺植物对海拔的适应能力不同，海拔对果实发育及品质形成也有明显的影响。脐橙果实含酸量与海拔呈极显著正相关关系，而海拔对果实含糖量和可溶性固形物含量的影响不显著（彭良志等，2000）。尽管苹果果实成熟本身不受海拔导致的环境条件影响，但高海拔条件下（750m）苹果果皮中花青素和其他酚类化合物的含量增加，各种碳水化合物（如阿拉伯糖、木糖和蔗糖）的丰度升高，而谷氨酸和一些相关蛋白质的含量降低。此外，三羧酸循环、氧化/防御酶的合成及光合蛋白的积累等过程也受到高海拔的影响（图 6-10）（Karagiannis et al.，2020）。香蕉生育期范围随着海拔的升高而延长，果实品质随着海拔的升高显著提升。

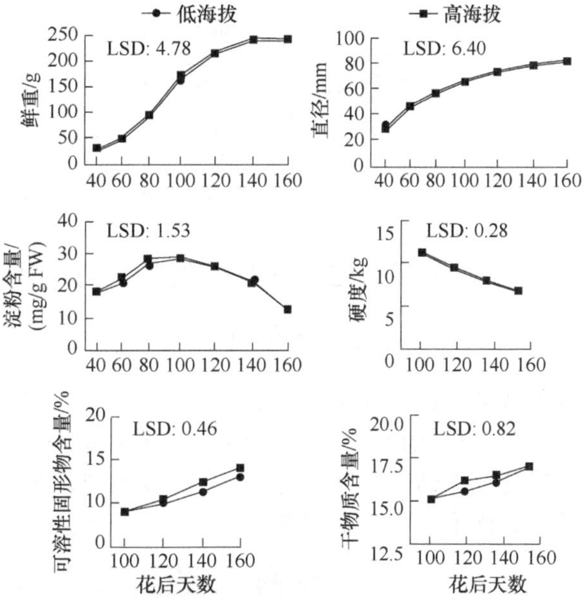

图 6-10　不同海拔对苹果发育和成熟的影响（Henry-Kirk et al.，2018）

除海拔外，坡度、坡向、坡形等地势因子也会通过改变微气候而影响果实发育。坡度的变化会影响太阳辐射强度，坡度加大，土层厚度随之降低，水土和养分流失量加大。坡度还会影响土壤含水量，在同一斜坡上，坡的上段比下段含水量低。一般来说，5°～20°缓坡对园艺植物的栽培有利，特别是南方降雨量比较多的地区，坡地有利于园地排水。坡向成为影响果实发育的又一地势因子，不同坡向的太阳年辐射强度显著不同。北纬 20°左右，北坡的太阳年辐射总量随着坡度增大显著下降，而南坡能保持较高的太阳辐射总量。南坡的果树生长季早，物候期快，树势健壮，产量高，成熟早，着色好，品质好，但需要注意干旱、日灼、晚霜的危害。

第二节　瓠　　果

一、瓠果果实结构

瓠果类包括葫芦科（Cucurbitaceae）植物中以果实供食用的栽培种群，它们均为一年生或多年生攀缘性草本植物，有黄瓜、甜瓜、南瓜、笋瓜、西葫芦、西瓜、冬瓜、节瓜、瓠瓜、丝瓜、苦瓜、佛手瓜和蛇瓜等，是世界各地栽培面积最大、分布最为广泛的一类蔬菜。瓠果由花托及其所包围的下位子房共同发育而成，为假果。花托和外果皮发育成坚硬的果壁，中果皮、内果皮肉质，侧膜胎座常较发达（图 6-11）。

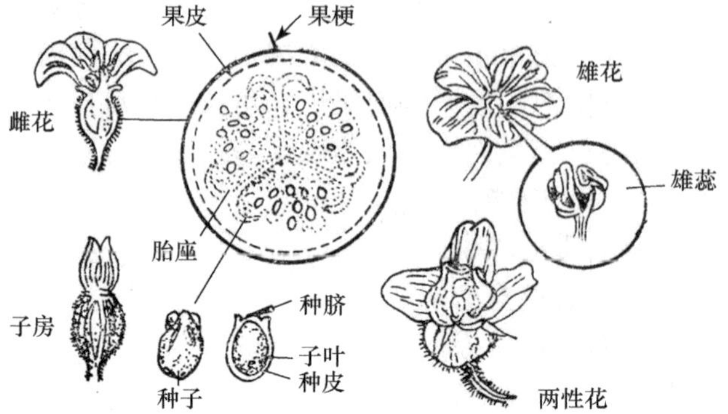

图 6-11　西瓜的花、果实及种子示意图

二、瓜类花芽分化过程及性型分化影响因素

（一）瓜类花芽分化过程

瓜类蔬菜的花有雌花、雄花和两性花（图 6-12）（Zhang et al.，2020a），绝大多数瓜类蔬菜的花为单性花。从花的着生状态看，雌花多为单生，但有些黄瓜品种也可出现 2～3 朵雌花位于同一节位的现象；多数瓜类的雄花为单生，但黄瓜的雄花有时为簇生，此外，丝瓜、佛手瓜等的雄花聚集在总花梗上形成总状花序。

图 6-12　西瓜的雄花、雌花及两性花形态（Zhang et al.，2020a）

A．雄花；B．雌花；C．两性花

瓜类花芽原基形成于叶腋处。除佛手瓜外，其他瓜类花芽分化时期均较早，一般在幼苗期就已开始花芽分化，生育期间的大部分时间，植株处于营养生长和生殖生长并行状态。所有瓜类花芽的分化和发育大致经历无性期、两性期和单性期等三个阶段。黄瓜花的发育顺序见图6-13（张振贤，2003）。在花芽分化初期，花托原基突起呈圆形，继而伸长，顶部变为扁平，先端略下陷，接着在外缘发生 5 个萼片原基，稍后在其内侧分化 5 个花瓣原基，随后这些花瓣原基和萼片原基继续伸长。此阶段为花芽发育的无性期阶

段。在花瓣原基发育的同时，继续在内侧花托表面分化三个雄蕊原基，之后在其内侧花托凹处底部附近又逐步分化三个圆钝的雌蕊原基。此时花芽内既有雌蕊原基又有雄蕊原基，是花芽发育的两性期阶段。以后受内外因素的影响，雌蕊原基或雄蕊原基停止发育而逐渐发育成雄花或雌花，进入单性期发育阶段。如雄蕊原基及雌蕊原基均继续发育时，则形成同时具有雄蕊和雌蕊的两性花。

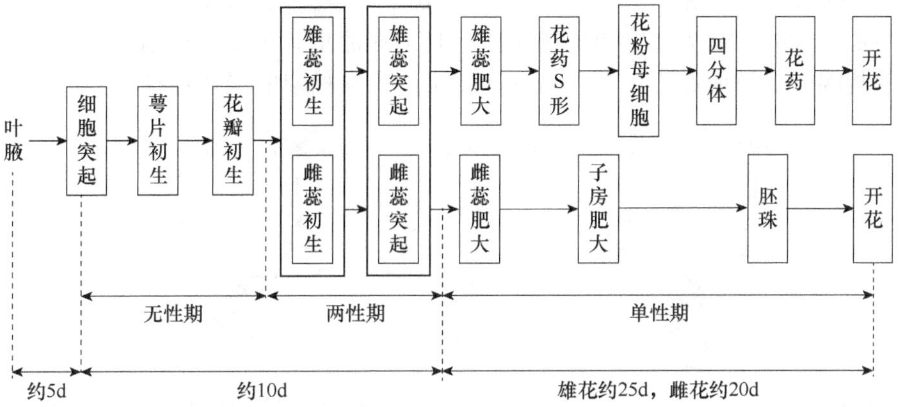

图 6-13　黄瓜花的发育顺序（张振贤，2003）

从整个植株花芽的分化和发育顺序看，一般是随着茎蔓的伸长由基部向上的顺序进行。主蔓的基部通常为雄花节，随着茎蔓节位的提高，花芽的性型有从雄性向雌雄混生或连续雌性转变的趋势。以雌雄同株型的黄瓜为例，植株的基部多发生雄花，一般雄花从基部 3～4 节位发生，中部多发生雌雄花混生节，而上部则可连续发生雌花。雌花在主蔓或侧蔓出现的早晚或多少是衡量品种早熟性及丰产性的重要指标。第一雌花在植株上着生的节位及同一植株上的雌花节比例，在不同品种和变种之间差异很大。例如，丝瓜、冬瓜、南瓜、西瓜和黄瓜等的主、侧蔓均可发生雌花，而主蔓上除黄瓜第一雌花着生节位较低、雌花节比例较高外，其他瓜类蔬菜的第一雌花着生节位大多较高、雌花节比例较低。黄瓜第一雌花多发生在 3～5 节，以后每隔 1～3 节再着生一雌花，而西瓜通常在主蔓和子蔓的 7～8 节发生第一雌花，以后每隔 4～7 节再着生一朵雌花。

（二）瓜类植物性型分化影响因素

瓜类具有丰富的性型，如雄全同株、雌全同株、雌雄异花同株、两性花株、三型花株、全雌株和全雄株等，但是基本性型为雌雄异花同株型和雄性两性花同株型，前者有黄瓜、冬瓜、节瓜、西葫芦、南瓜、丝瓜、苦瓜、瓠瓜、蛇瓜、佛手瓜、西瓜等，后者主要是甜瓜的各个变种。瓜类作为植物性别分化的模式作物，一直为各地学者所关注，也相继开展了一些研究，特别是在甜瓜和黄瓜等作物中研究得较深入。

1. 遗传因素　目前在甜瓜、黄瓜和西瓜等瓜类中鉴定了一些与性型决定有关的基因。在甜瓜中，性别决定基因是由雄全同株（*a*）、雌性基因（*g*）控制，其互作可产生不同的性型，如雌雄异花同株（*A_G_*）、雄花两性花同株（*aaG_*）、全雌株（*AAgg*）和两性花株（*aagg*）。*a* 基因编码一个 ACC 合成酶（*CmACS-7*），其表达可抑制花芽中雄蕊的发育从而形成雌花，而该基因上的突变（$CmACS\text{-}7^{A57V}$）引起的酶活性变化可导致雄全株中两性花的形成。*g* 基因编码转录因子 CmWIP1，CmWIP1 的正常表达会导致心皮发育失败，同时还会间接抑制 *CmACS-7* 基因的表达，促进雄蕊发育，从而产生雄花。全雌株的形成与 *CmWIP1* 的转录失活有关，其上游启动子区域一个转座子的插入导致 *CmWIP1* 的表达受到影响，从而促使雌花形成。*CmWIP1* 和 *CmACS-7* 互作控制甜瓜雄花、雌花和两性花发育的模式如图 6-14 所示（Martin et al.，2009）。在黄瓜中发现的性型决定相关基因包括 *CsACS1G*、*CsACS2* 和 *CsACS11* 等 ACC 合成酶基因，以及 *CsWIP1* 基因；在西瓜中也鉴定了 *CitACS4* 及 *ClWIP1* 等基因。目前在甜瓜、黄瓜和西瓜上发现的与性别调控有关的基因主要是通过乙烯调控途径起作用，具有相似的调控途径。

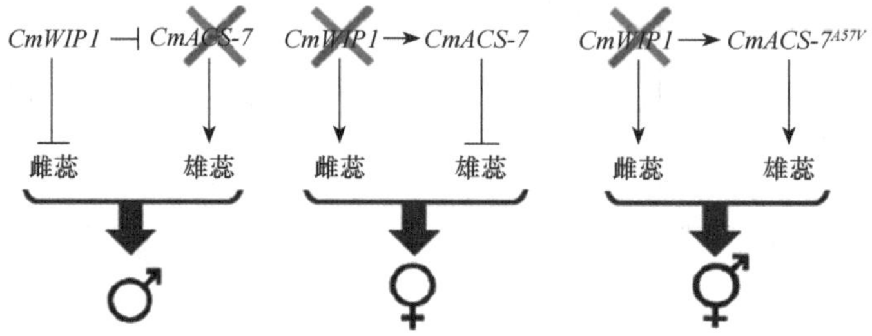

图 6-14　*CmWIP1* 和 *CmACS-7* 互作控制甜瓜雄花、雌花和两性花发育的模式（Martin et al.，2009）

2．激素　瓜类的花芽分化可以被激素所调节，其中乙烯（C_2H_4）起主导作用。花芽中的乙烯水平似乎对性别决定和雌花发育都是至关重要的。黄瓜中全雌株可比雌雄同株植株产生出更多的乙烯。在雌雄同株的黄瓜植株上外源施用乙烯或释放乙烯的化合物可促进雌花的形成，施用乙烯生物合成或乙烯作用抑制剂（如 $AgNO_3$）可抑制雌花的发育并诱导雄花。因此，乙烯被认为是黄瓜植株中的一种性别相关激素。赤霉素（GA）对黄瓜雌花形成有负向影响。黄瓜雌雄同株植株中赤霉素含量高于雌株，外源赤霉素可提高植株雄花率，延缓雌花形成。GA 可能作用于乙烯的上游，负向调节乙烯的生产。脱落酸（ABA）也可能参与了黄瓜性别表达的调控，有研究表明，全雌株植株的 ABA 含量高于雌雄同株，根系用 ABA 处理可以增加雌花的数量。油菜素内酯（BR）和多胺（PA）对黄瓜的性别表达也有一定的影响。

3．环境因素　瓜类性别分化受栽培季节、温度和光照条件、营养和水分状况等环境因素的影响。从栽培季节来说，同一品种在春季栽培时，主蔓第一雌花节位常常比秋季栽培的低，雌花百分率高。栽培季节导致的这种差异本质上与温度和日照长短有关。低温、短日照可促进黄瓜雌花发育，降低第一雌花出现节位，雌花数目增加，雄花相应地减少，雌雄花比例提高。在日平均温度比较接近的情况下，昼夜温差较大时，对于雌花的形成可能是有利的。有研究表明，昼温 25℃、夜温 13～15℃为黄瓜雌花形成的适宜温度。可以在苗期用降低育苗温度及短光照处理的方法来克服瓜苗徒长及雌花出现过晚的缺点，但是要注意短日照处理时间。如果过于缩短日照时间，秧苗及其后的生长均受到不同程度的抑制，产量也有所下降。有研究表明，相对于每天 12h 的日照条件，甜瓜在每天 8h 日照条件下生长发育受阻，雌花出现日期推迟 8～9d，雌花数也显著减少。花芽分化也与营养和水分供应状况有关，充足的氮营养和土壤水分有利于雌花分化。

三、瓠果形成的内在机制

（一）瓠果的发育过程

瓠果的发育过程是指从开花至果实生理成熟的整个过程。瓜类蔬菜除部分黄瓜品种可以单性结实外，多数瓠果需充分授粉受精后才能形成果实和种子。由于花粉粒中含有生长素等内源激素，受精后可促进子房产生更多的内源激素，以利于果实的膨大。有研究表明，黄瓜果实中只有当生长素含量显著增加之后，瓠果才会迅速发育。瓠果的发育过程包含了外部形态、内部组织和生理生化等方面的一系列变化。

根据瓠果大小和重量的变化，可把瓠果发育过程分为前期、中期和后期。从总体上看，瓠果的大小和重量增长呈"S"形曲线变化。在前期（一般开花后4～5d内）是坐果期，果实生长缓慢；之后进入快速膨大期，体积和重量迅速增加，直到体积基本稳定；进入后期以后，果实大小基本不再变化。以黄瓜为例，黄瓜开花至完成授粉、受精全过程需要4～5h，之后进入子房膨大阶段。开花后1～4d增长缓慢，5～10d为迅速膨大期，之后膨大速度减缓。开花后7～12d，果实达到商品成熟期，再经过30d左右达到生理成熟期。

瓠果果实大小与果实细胞数目、细胞体积及细胞间隙等有关。瓠果在花器官（子房）建成时，其雏形已定，开花后只是果实体积的进一步增大。开花前的子房以细胞分裂为主，开花时子房较大，最终可能发育成体积较大的果实。瓠瓜细胞分裂的时期，因类型、部位不同而有所不同。小果型类型或品种则细胞分裂停止较早、细胞数较少，而大果型类型或品种则细胞分裂停止较晚、细胞数较多。例如，西葫芦成熟时果实横径6.2cm左右的小型种，在子房横径15mm时开花，当胎座为6.0mm、外壁为10.5mm时停止细胞分裂；而成熟时果实横径30cm的大型种则在子房直径20mm时开花，胎座11.5mm、外壁9.2mm时停止细胞分裂。瓠果的不同部位细胞停止分裂的时期也不相同。胎座等最内侧的细胞停止分裂早，外侧的细胞停止分裂较晚。在雌花开花前尽可能促进子房细胞的旺盛分裂以增加细胞数量，才能争取形成较大的子房。开花授粉后主要是细胞的膨大，因此，应加强肥水和温度的管理，创造适宜的条件，促进瓠果细胞及其间隙的扩大，以增大瓠果体积。

随着瓠果的发育，果实的颜色会相应发生变化。例如，甜瓜嫩果皮是绿色的，在成熟时逐渐转变为各品种特定的颜色，产生白色、黄色、绿色或花斑等不同皮色，甚至产生网纹。有些种类的幼嫩子房表面的茸毛（如甜瓜和西瓜等）逐渐脱落，表皮变得光滑。果实硬度也在发生变化。例如，西瓜、南瓜、葫芦等及一些厚皮甜瓜的外果皮在充分成熟时会变硬，而一些薄皮甜瓜品种（如'羊角蜜'）和苦瓜等则在成熟时不会变硬。

除了外观的变化，果实内部的颜色、质地、碳水化合物及其他化合物等也随着果实发育不断发生变化。例如，甜瓜成熟时果肉也因品种特性呈现绿色、白色、橙色等不同颜色。果肉硬度与其组织的构造和化学组成有关。例如，黄瓜和甜瓜随着果实的成熟，其果肉部分由于细胞间隙的增大和不溶性果胶变为可溶性果胶，硬度也随之变小；而南瓜果实的果肉硬度随着果实成熟度的提高而变硬，一般硬度越大，淀粉及糖的含量越高，含水量越少。

瓠果发育过程中不同种类瓠果积累的化合物种类及含量不同。例如，西瓜和甜瓜的糖分不断积累，甜度不断增加；而苦瓜等则含有苦瓜素等成分，具有苦味。以西瓜为例，在西瓜果实发育过程中，总糖及可溶性固形物含量均不断增加。成熟的西瓜果肉中的糖主要是葡萄糖、果糖和蔗糖，其中葡萄糖和果糖在果实发育前期不断增加，而后期则缓慢减少，而总糖增加的速度不如蔗糖增加快，到成熟期时总糖中的一半以上是蔗糖。西瓜果实中的有机酸包括甲酸、乙酸、羧基乙酸、草酸、延胡索酸、柠檬酸和苹果酸等，其中以苹果酸、柠檬酸和甲酸为主，在果实发育初期，有机酸含量一般较少，随着成熟度的提高则会略有增加，但由于成熟过程中蔗糖的迅速增加，糖酸比相应提高，风味也渐佳。

（二）单性结实

单性结实是指柱头不经过授粉，或胚珠不经过受精，子房可直接膨大发育成无籽果实的现象。单性结实一般可分为两种类型，一种是没有授粉，果实发育成未授粉、无受精型的自动单性结实；另一种是经花粉或其他物质刺激而发育成授粉但为无受精型的被动单性结实，如黄瓜与南瓜、甜瓜等异种间授粉也可刺激单性结实。果实单性结实的能力与品种、植株生育状况、环境条件有关。瓜类蔬菜中黄瓜单性结实能力较强，部分西葫芦也具有单性结实能力，其他瓜类蔬菜则较差。

黄瓜单性结实与开花期子房内生长素含量及活性有关。只有当开花期子房内生长素含量较高时，才能进行单性结实。开花期通过施用外源生长素或生长素运转抑制剂，可以提高黄瓜子房内生长素含量，从而获得单性结实。有研究表明，对于具有单性结实特性的黄瓜品系来说，授粉与不授粉处理的果实均能正常发育，但不授粉处理的果实发育速度显著慢于授粉处理，且单果重低；对于非单性结实品系来说，经过授粉处理，果实均能正常发育，而不授粉处理大多会出现化瓜或果实发育畸形现象，其中能正常结果的处理在开花 4～5d 内，子房具有较高的 IAA 和 ABA 含量。

四、影响瓠果发育的环境因素

瓠果的生长发育一方面取决于本身的遗传特性，另一方面取决于外界环境条件。

（一）温度

温度是影响瓠果类蔬菜生长和发育的关键性因素。瓠果类均属于喜温蔬菜，其中以西瓜、苦瓜、丝瓜、甜瓜等较为耐热，而西葫芦耐低温能力相对较强。瓠果发育的适宜温度为白天 25～30℃、夜间 13～18℃。瓠果类蔬菜的耐低温能力一般较差，低温常导致各种生理过程，尤其是光合生理系统的紊乱，从而导致植株体内光合产物积累减少，并进一步引起果实发育异常或化瓜。据研究，黄瓜的低温温度补偿点约为 3.3℃，而高温温度补偿点为 48.9～50.7℃。夜间适宜温度因作物种类的不同而有所差异，如甜瓜适宜夜温为 18～20℃，西瓜为 16～18℃，黄瓜为 13～15℃，南瓜则为 10～13℃。昼夜温差也需要保持一定的范围，可促进光合产物的积累与分配，进而影响果实品质及成果效率，一般认为保持 10℃左右的温差对于降低植株夜间的呼吸消耗和促进养分向果实运转是较为有利的。据研究，四段变温管理模式有利于黄瓜的生长发育，即上午6时至下午2时为25～35℃，下午2～5时为20～22℃，前半夜为15～18℃，后半夜为12～15℃。

土温对瓠果的生长发育也有重要影响，主要是通过影响根系水分和营养吸收而影响果实的发育。例如，黄瓜根系生长适宜土壤温度为20～25℃，低于20℃或高于25℃，其根系生理活动能力明显降低，并可导致根系早衰。根毛发生的最低、最高温度分别为12～14℃和38℃，低于12℃且持续时间较长时，导致根系生理活动受阻而出现叶片发黄等症状。

（二）光照

瓠果正常发育要求充足的光照，并尽可能延长光照时间以增加光合产物积累，促进瓠果发育，尤其是西瓜、苦瓜、丝瓜等对光照强度的要求很高。光照强度首先可以通过影响植株净光合速率而影响瓠果的形成。光照充足，则植株叶片中光合产物积累多，就能为坐果和果实生长发育提供充足的物质，进而有利于促进花芽发育和果实形成，相反，则易于造成叶色淡、叶肉薄、雌花节位比例降低、化瓜增多、坐果率下降、侧枝发生减少、果实膨大慢、产量低、品质下降等诸多影响。尤其是上午光照弱的影响效果更为明显，在冬季日光温室黄瓜越冬栽培中光照不足，常导致瓜条颜色变黄。据研究，黄瓜（‘长春密刺’）的光饱和点约为1800μmol/（m^2·s），补偿点为45.776μmol/（m^2·s）。此外，除了光照强度，光周期对黄瓜的生长也有影响，可影响植株受光照时间和碳水化合物合成总量，最终影响果实产量和品质。例如，西瓜结果期要求日照时数为10～12h或以上，短于8h结瓜不良。光周期还可影响花芽的分化，短日照有利于雌花的分化和形成。光质也可以通过影响植株的生长进而影响到果实发育。据研究，生长在白光下黄瓜的叶片叶绿素含量分别比红光和蓝光下高7%和22.4%；红光下的叶片具有较高的PSⅡ活性和较低的PSⅠ活性，而蓝光下的叶片具有较低的PSⅡ活性和较高的PSⅠ活性；红光下叶片O_2释放速率比白光下高44.9%，而蓝光下的叶片O_2释放速率略低于白光下。

（三）水分

瓠果鲜重的约95%是水分，水分对瓠果的形成至关重要。水分的变化也会影响果实产量、大小、风味及口感。

根据瓠果类蔬菜根系的吸水能力和叶片的蒸腾强度可将其分为4类：①根系吸水能力强、叶片蒸腾强度大：如南瓜、西瓜、甜瓜、笋瓜、西葫芦和佛手瓜等，这些瓜适于在较低的土壤湿度和空气相对湿度条件下生长。②根系吸收能力较强，叶片蒸腾强度较大：如冬瓜、节瓜、丝瓜等，适于在中等的土壤湿度和较高的空气相对湿度条件下生长。③根系吸收能力较弱、蒸腾强度较小：如越瓜和菜瓜等适于在较高的土壤湿度和较低的空气相对湿度条件下生长。④根系吸收能力较弱、蒸腾强度较大：如黄瓜和苦瓜等，只有在较高的土壤湿度和空气相对湿度条件下才能良好生长。

黄瓜幼苗期和根瓜坐瓜之前土壤湿度宜控制在田间最大持水量的60%～70%，湿度过大，易于造成幼苗徒长。果实形成期需水量最大，适宜的土壤湿度为田间最大持水量的80%～90%，湿度过低，易于引起植株早衰和产量降低，且畸形瓜比例增加。不同生育时期对水分的需求基本上呈现为开花期和初瓜期小、盛瓜期大、后期小的规律，需水高峰出现在盛瓜期。果实膨大期是果实发育过程中需水量最大且对水分亏缺最敏感的时期，为需水临界期，这个时期水分不足，对细胞的分裂有显著影响，果实膨大体积缩小，也会导致果实发育不良，严重影响果实的单果重和产量。不同温光条件对于瓠果类蔬菜吸收水分能力的影响很大。以不同茬口日光温室黄瓜对土壤水分需求为例，在冬春茬栽培中，随着黄瓜生育进程及日光温室内光照和温度的逐渐提高，其需水量大大增加，而在秋冬茬栽培中，随着光温条件的下降，自初花期后，其需水量仅为冬春茬栽培同期的45%左右。

同时，瓠果发育对空气湿度也有相应的要求，且不同瓠果类蔬菜种类的适宜空气湿度的差异较大。例如，黄瓜适于生长的适宜空气相对湿度为70%～80%，而西瓜、南瓜、甜瓜则为 45%～55%。空气湿度过低，地上部的水分蒸腾量过大，则易导致叶片气孔关闭，光合速率大大降低，甚至停止，从而使果实的生长发育受到严重抑制。植株对空气湿度的适应性是随着土壤湿度的增高而提高的，当土壤水分充足时，即使空气相对湿度在最适湿度以下，对植株的生育和产量也无大的影响。

（四）气体

CO_2 作为光合作用的原料，其浓度高低直接影响光合速率，进而影响瓠果发育速度及发育质量。国内外许多研究表明，大多数作物在 CO_2 浓度处于饱和点（800～1500μL/L）和补偿点（30～100μL/L）之间时，随着浓度增加，其光合速率显著增大。在保护地冬季生产时，常由于通风不足、阻碍了室内外气体交换，当天气晴好时常会出现 CO_2 亏缺。人工增施 CO_2 气体可以解决这一矛盾。据报道，当大棚内 CO_2 浓度达到 600～1200μL/L 时，春季塑料大棚瓠瓜的单果重和产量可分别比对照提高 4.05%～19.62%和 8.65%～19.47%。

多数瓠果类蔬菜根系呼吸强度大，要求土壤 O_2 供应充足。例如，黄瓜适宜的土壤 O_2 含量为 15%～20%，若供 O_2 不足，会直接影响到黄瓜根系各种生理代谢活动，进而影响到黄瓜产量和质量。因而栽培上保持土壤通气良好，适当增施有机肥，改善土壤理化性状，加强中耕等措施，对于瓠果类蔬菜的生长发育都是非常有利的。

（五）土壤及营养

瓠果类蔬菜对土壤质地及营养的要求较高，但不同种类对土壤及营养条件的适应性存在很大差异。黄瓜根系分布浅、吸收水肥能力相对较差，因而喜耕层深厚、土质疏松、透气性良好、营养肥沃的土壤条件，其他瓠果类蔬菜则对于土壤的适应能力较强。对瓠果发育的影响最为显著的矿质养分是氮、磷、钾三要素，黄瓜对氮、磷、钾三要素的吸收比例为 2.5∶1∶4，西瓜为 3∶1∶4，养分吸收最大量出现在盛瓜期。矿质营养对瓠果产量及品质的影响还与所施肥料的种类及其配比等有关。基质栽培条件下，营养液中硝态氮比例的提高能显著改善黄瓜营养生长状况及提高产量，适当增加营养液中 NH_4^+-N 比例（25%）比单独使用 NO_3^--N 对于提高植株生长及产量的效果更为明显。施用钾肥能显著提高黄瓜产量，硫酸钾增产效应比氯化钾高。

五、栽培技术措施对瓠果形成的影响

（一）栽培方式

瓠果类蔬菜大多属于无限生长类型，茎蔓长、生长量大，生产上一般进行爬地或支架栽培。支架栽培由于充分利用了空间的光热资源，有利于瓠果类蔬菜产量的提高。对西瓜在大棚内爬地栽培和支架栽培进行比较，结果表明，尽管支架栽培时单果重有所降低，但采收期提前，产量显著提高，果形一致性好，同时果实可溶性固形物、总糖含量也相应提高。

（二）整枝与摘心

瓠果类蔬菜大多易于发生侧枝，在生产上选留侧枝的位置及数量对瓠果的发育有较大影响。以网纹甜瓜立体栽培为例，一般单杆整枝、单株留 1 个瓜时，其果实外观、可溶性固形物含量及果实商品率等指标比双杆整枝、单株留 2 个瓜的好。西瓜爬地栽培中有单蔓整枝、双蔓整枝、三蔓整枝、去主蔓留侧蔓整枝和不整枝等不同整枝方式，有研究表明，采用三蔓整枝留两果的方式，主侧蔓生长势强，营养面积大，成熟早，产量可比其他整枝方式提高 20%以上。整枝有调节西瓜植株长势、提高叶片素质、促进坐果、增大果形等作用，但在一定程度上还有减少雄花数量和结果数、降低单株产量等作用，因此，生产上整枝应与适当密植相结合。主蔓的去留与品种有关，生长势弱的品种的主蔓应予以保留，而生长势强的品种则宜摘除主蔓，以利于侧蔓结果。

瓠果类蔬菜茎蔓大多属于无限生长类型，但由于受到架材及生长期的限制，一旦当植株茎蔓生长至一定高度就应及时摘心，以利于光合产物向果实的分配，促进果实发育、提高果实产量和品质。对于西瓜和甜瓜而言，生产上甚至有及早摘除主蔓生长点的做法。例如，在薄皮甜瓜爬地栽培时，通常在 3～4 叶时进行摘心促进子蔓的发生，进而形成 3～4 个主干蔓。生产上日光温室栽培的黄瓜均以主蔓结瓜为主，不进行摘心，而是当植株达到一定高度时及时进行落蔓。

（三）栽培密度与留果

栽培密度与瓠果的发育密切相关。栽培密度较小，有利于改善冠层温光条件，增加单株结果数和单果重，改善果实品质等，但难以保持较高群体产量水平；增大栽培密度，则总结果数也相应增多，有利于单位面积产量的提高，但易于导致单果重下降和品质变差。只有合理密植才能获得理想的产量和品质。

瓠果类蔬菜单株所发生的雌花数往往较多，结果能力也较强，但若留瓜部位及数量不适宜，会经常导致单果重小、商品果率低、品质差等问题，在栽培中应该注意合适的留瓜位置和结瓜数目，如中大型西瓜爬地栽培时常采用三蔓整枝，单株结 2 个果的方式；厚皮甜瓜在吊蔓栽培时通常采用单蔓整枝选留 1 个果的方式，留果节位选择在中部位置。大部分黄瓜品种以采收嫩瓜为主，一般只在瓜码过密时适当疏果。

（四）嫁接

瓜类生产中嫁接栽培应用较多，通过选用抗性强、适应性强的砧木与瓠果类蔬菜嫁接，可有效地控制土传性病虫害的发生、改善根系吸收水肥能力、增强植株的抗逆性，以及提高产量、改善品质等。值得注意的是，不同砧木种类嫁接对瓠果类果实产量及品质的影响不同，不合适的砧木可能会导致果实品质下降，如果皮变厚、甜度下降等，应注意筛选合适的砧穗组合。

六、瓠果形成的生理障碍

生产上，当环境条件不适宜或管理措施不当时，经常发生瓠果发育异常或败育等情况。

（一）化瓜

化瓜是瓠果发育过程中经常出现的问题，是指雌花开放后的初期幼果能正常膨大，但膨大到一定阶段后即停止发育，然后果实顶端逐渐萎缩，并干枯、黄化。引起化瓜的主要原因有两个：一是雌花开放后授粉受精不良或不充分，使得子房中刺激瓠果膨大的激素类物质积累很少；二是植株体内养分供应不足，难以满足瓠果膨大所需要的养分。

除黄瓜的单性结实能力较强外，其他瓠果类蔬菜的单性结实能力都很差。雌花开放后如能充分授粉受精，则将刺激子房中赤霉素类、生长素类或细胞分裂素类等生长调节物质的积累，从而有利于子房膨大形成瓠果。在环境条件不满足授粉受精条件时，可以采用外源激素处理诱导单性结实以达到坐果的目的，一般使用萘乙酸（NAA）、2,4-二氯苯氧乙酸（2,4-D）等，瓜类上使用氯吡苯脲（CPPU）较多。诱导单性结实的适宜时期为子房开花当天及花后 1d。

造成植株体内养分供应不足的原因很多，首先可能是因为环境条件不适宜，如低温、弱光、土壤瘠薄，均不利于植株体内营养物质的积累，难以为瓠果发育提供充足的养分。其次可能是栽培管理措施不当，如栽培密度过大、水肥供应不足、过度疏叶及机械伤害、留瓜数过多或留瓜节位过低等，使得植株营养生长不足，同样难以为瓠果膨大提供足够的养分而造成其败育或化瓜。

（二）畸形果

瓠果发育的形状不符合该品种应有的果实形状特征即畸形，瓠果畸形的表现有尖嘴、大肚、弯曲、偏头等多种形式。

造成瓠果发育畸形的原因较多：一是花芽发育异常，形成畸形子房并进而发育成畸形果实。二是雌花授粉受精不完全，花粉量不足或授粉不均匀，导致同一子房的不同部位内源激素分布不均，致使瓠果不同部位膨大速度不均匀而导致畸形。三是机械致畸，在支架、绑蔓、吊蔓等农事操作过程中，子房受到机械阻碍而导致瓠果发育畸形。四是结果期环境条件不适宜，如田间生长期间温度忽高忽低、光照不足，植株生长势衰弱、体内营养物质积累少，易于形成尖嘴或大肚等畸形果。五是栽培管理措施不当，不恰当的栽培管理常造成植株生长势衰弱、叶片量少等，尤其是春夏季浇水不均匀、土壤墒情变化大的情况下，植株体内养分供应不足，光合产物向果实的分配量减少，则容易造成果实畸形。生产上应根据畸形瓜产生的原因进行合理的防治。

（三）空洞果

空洞果症状主要表现为果实内沿心室开裂或出现隙缝、空洞等。空洞果多见于西瓜果实，产生的原因除与品种本身遗传特性有关外，还与温度低、氮肥施用量过多、土壤干旱等有关。在春季生产前期温度较低的情况下，瓠果内细胞老化，此后又遇温度升高过快、土壤墒情不足，致使心室内的细胞吸收养分不足、不能充分膨大或不同部位细胞膨大不均匀而造成空洞。偏施氮肥或氮肥施用量过多，致使植株营养生长过旺，养分向果实的分配量减少，也是导致瓠果空洞的因素之一。

（四）裂果

在瓠果膨大的中后期，果实出现开裂，是西瓜和甜瓜生产上常见的生理性病害之一。造成瓠果开裂的主要原因在于土壤水分供应不均匀。例如，在瓠果发育的前期，控水过度常导致果皮细胞老化，而后当土壤含水量突然增加时，则果实内细胞迅速膨大并形成较大的膨压，致使已老化的果皮难以承受而发生开裂。

（五）日灼病

以西瓜、冬瓜较为常见，多发生在果实发育的后期。此时植株叶片逐渐衰落，果实裸露在外，在高温、强光条件下，果面局部温度急剧升高，水分迅速蒸发，致使局部果皮细胞被破坏而产生日灼（烧）现象。

第三节　肉　质　根

肉质根类园艺植物是指由直根膨大而形成肉质根，以肥大的肉质根为产品，供食用或观赏用的一类园艺植物的总称。其包括十字花科（Cruciferae）的萝卜（*Raphanus sativus* L.）、芜菁（*Brassica campestris* L. ssp. *rapifera* Matzg.）、芜菁甘蓝（*Brassica napobrassica* DC.）、根芥菜（*Brassica juncea* Coss. var. *megarrhiza* Tsen et Lee）和辣根［*Armoracia rusticana*（Lam.）Gaertn.］；伞形科（Umbelliferae）的胡萝卜（*Daucus carota* L .var. *sativa* DC.）、根芹菜（*Apium graveolens* L. var. *rapaceum* DC.）和欧防风（*Pastinaca sativa* L.）；藜科（Chenopodiaceae）的根菾菜（*Beta vulgaris* L. var. *rapacea* Koch.）；菊科（Compositae）的牛蒡（*Arctium lappa* L.）和蒜叶婆罗门参（*Tragopogon porrifolius* L.）等。栽培上均用种子繁殖。

根菜类在我国栽培面积最大的是萝卜和胡萝卜，其次是根芥菜、芜菁甘蓝、芜菁等。这类蔬菜多为温带原产的二年生草本植物，少数为一年生及多年生植物。肉质根由主根发育而来，由主根及胚轴的上端等部分膨大形成，在肥大的主根中，薄壁组织细胞内贮存大量养料，可供植物越冬和次年生长之用。根菜类蔬菜的茎在营养生长期均为短缩茎，以 2/5 叶序着生“根出叶”，有叶柄。胡萝卜为羽状复叶，萝卜、芜菁和大头菜等为单叶。

根菜类的叶以叶丛状态生长，也称莲座叶，有直立、平展等类型。进入生殖生长后，顶芽抽生花茎，高 1～1.5m。

一、肉质根的类型

（一）直根形态

根菜类蔬菜的直根发生变态形成肉质直根，其在外形上分为三部分，包括根头部（顶部）、根颈部和真根部（图 6-15）。根头部为短缩的茎部，由幼苗的上胚轴发育而成，上着生芽和叶；根颈部由幼苗的下胚轴发育而成，不着生叶，一般也不着生侧根；真根部由幼苗的初生根肥大而成，上着生有侧根。十字花科和藜科的肉质根有 2 列侧根，而伞形科的有 4 列侧根。根头部、根颈部和真根部这三部分在功能上构成统一体，是贮藏养分的器官。

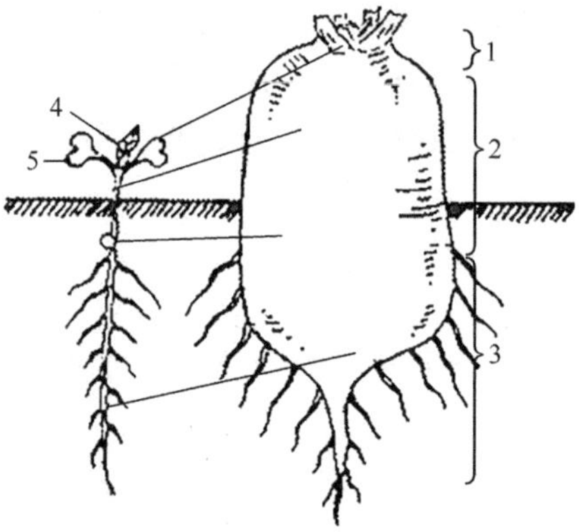

图 6-15　萝卜的肉质根

1．根头部；2．根颈部；3．真根部；4．第一片真叶；5．子叶

不同根菜类蔬菜肉质根的以上三部分组成比例不同。例如，根芥菜和芜菁甘蓝的根头部比较明显，肉质根主要是根头部和根颈部。萝卜和胡萝卜的根头部则不太明显，萝卜的肉质根主要是根颈部和真根部，胡萝卜的主要是真根部。

肉质根有圆、扁圆、圆锥、圆筒形等各种形态。根形主要受品种特性的影响，也受栽培条件影响，还与根颈部的长短有关。根的长短受真根长短的支配较大，也与胚轴部和根部所占比例有关。肉质根露出地面部分的大小及比例依赖于根菜类的种类及品种特性，也与土壤性质和播种深度有关。

（二）肉质根的解剖学特征

根菜类蔬菜肉质根可分为三种解剖学类型（图 6-16）。

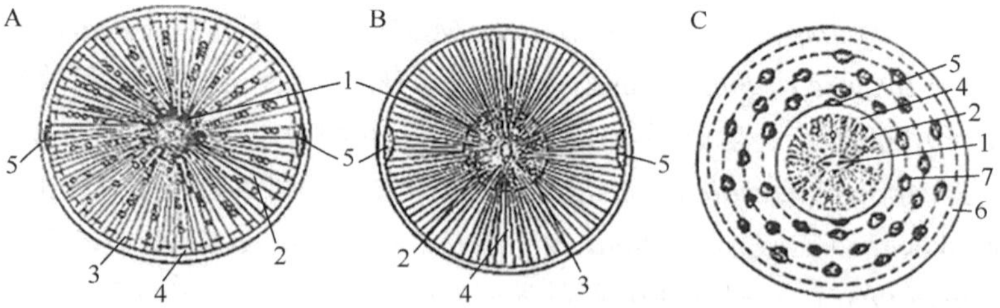

图 6-16　萝卜（A）、胡萝卜（B）、根菾菜（C）的肉质根横切面（艾捷里斯坦，1954）

1．初生木质部；2．次生木质部；3．形成层；4．次生韧皮部；5．初生韧皮部；6．周皮；7．维管束

1．萝卜类型　萝卜、大头菜、芜菁及芜菁甘蓝等十字花科根菜都属于该类型。木质部肥大是本类型的主要特点，属于木质部肥大型肉质根。成熟的肉质根组织由外到内主要为周皮层、韧皮部、形成层和木质部。韧皮部不发达，一般厚度不超过 0.5cm。食

用部分主要是次生木质部的薄壁组织。在外部形态上由下胚轴（近地上部的一端）和直根（近地下部的一端）构成。对于大头菜、芜菁甘蓝等，上胚轴也会膨大，成为食用器官的一部分。由于萝卜下胚轴在初生组织成熟以后很少伸长，因此不同品种间的形状，如长形萝卜或圆形萝卜的差别主要是由直根部分的长短所决定的。若直根部分长，肉质根偏长形；若直根部分短，肉质根偏圆形。

当萝卜第一片真叶出现时，中柱的生长引起下胚轴及直根的上部开始膨大。由于皮层及表皮细胞在中柱的初生组织完全分化以后不再分裂与膨大，因而当中柱组织膨大生长时产生向外的压力，皮层及表皮都破裂成为两个纵裂的薄片，称为“破白”或“破肚”。破白表示肉质根开始迅速膨大。肉质根最外层的保护组织是由中柱鞘所形成的周皮层。红皮萝卜的周皮层细胞含有花色素苷，青皮萝卜的周皮层细胞含有叶绿素，在周皮层以内的一部分韧皮部细胞有时也含有叶绿素。

形成层向内侧分化形成的大量的薄壁组织是萝卜及大头菜、芜菁等的主要食用部位。萝卜木质部的导管分子很不发达，每一个导管都包括几行薄壁细胞。肉质根的膨大与这些薄壁细胞的增加和膨大同步进行。成熟时，靠近形成层内侧的导管与薄壁组织隔开很远。

木质部薄壁组织的进一步增生是由于次生形成层的活动。次生形成层又产生木质部及韧皮部。这种次生形成层的活动，配合次生木质部中薄壁组织的分裂及初生形成层的活动，使直根及胚轴进一步肉质化。

相对来说，萝卜肉质根的次生韧皮部的生长量较小，韧皮部薄壁组织的分生与膨大，比木质部也小得多，直到成熟时也是薄薄的一层。

总之，萝卜肉质根的膨大有赖于三种组织的活动产生的大量薄壁组织，即初生形成层的活动，次生形成层的活动和发达程度，以及木质部薄壁细胞的分裂与膨大。不同品种、不同环境条件及栽培措施下，形成层的活动能力有差异，肉质根的大小也不同。

2. 胡萝卜类型　胡萝卜类型肉质根的内部结构和萝卜类型基本相同，但是其次生韧皮部特别发达，属于韧皮部肥大型肉质根。其主要食用部位是次生韧皮部。属于此类型的都是伞形科根菜类，如胡萝卜、根芹菜及欧防风等。

胡萝卜肉质根也是由下胚轴及直根两部分发育而成的。有四纵列的侧根，着生在根的四面。胡萝卜的肉质根也主要是形成层次生生长形成大量薄壁的次生维管组织的结果。次生维管组织的数量，在肉质根的上部比下部多。由直根发育成的部位，导管的直径较小，排列也较稀疏。除了在次生生长的初期，次生木质部形成大量的薄壁组织，把导管互相隔开。次生韧皮部也含有大量的薄壁组织，韧皮部中的筛管及伴细胞也被大量的薄壁细胞隔开。

胡萝卜的次生韧皮部特别发达，成为胡萝卜肉质根的一个主要食用部分。韧皮部不但细胞组织比较柔软，而且糖及胡萝卜素的含量较木质部高。所以一般品种的韧皮部常常比木质部的颜色深些。胡萝卜肉质根的结构还有两个特点：一是有胡萝卜素的结晶，二是有油管。

胡萝卜的侧根也是源自中柱鞘，靠近原生韧皮部附近。当侧根通过韧皮部时，侧根也形成它自己的内皮层及维管系统。如果侧根多且粗，会影响肉质根的品质。

3. 萘菜类型　萘菜类型肉质根的代表性作物为根萘菜，其肉质根的结构特点是内部具有多轮形成层，每一轮形成层能向内增生木质部，向外增生韧皮部，形成多个清晰可见的维管束环。环与环之间充满薄壁细胞，为肉质根的主要可食部分，属于环状肥大型肉质根。

菾菜类型的肉质根在解剖结构上有一个非常突出的特点，就是有多轮的形成层，形成所谓的环状结构。它膨大的肉质部分主要由直根发育而成，但下胚轴也是肉质根的一部分。其外表形态上的变异没有萝卜类型的多。

当初生组织完成时，根部只含有一层表皮、由几层薄壁组织组成的皮层，再向内是内皮层及中柱。中柱由中柱鞘包围着初生木质部及初生韧皮部。

根的不断增大，是由初生形成层及次生形成层的分裂活动导致的。次生木质部及次生韧皮部产生的同时，由这两个原始区域的形成层活动，向两侧伸展到原生木质部，最后形成初生的形成层，形成菾菜肉质根的第一个环。这里所谓的“环”，实际上是一层圆锥状的组织，包括形成层、韧皮部、木质部等。而以后所形成的环，是由次生形成层（或称补充形成层）所产生的。当初生形成层还在形成第一环时，第二环也开始形成了。

菾菜类肉质根的三次加厚是由于次生形成层的活动。最早的次生形成层可以起源于初生韧皮部的薄壁组织中，而以后的次生形成层可以由中柱鞘的薄壁组织所产生。一个膨大的肉质根通常有5～6个较宽的环，而在其外侧还有几个较狭的环。各环之间的宽度都不一样，在外侧的一环比它内侧的一环狭窄些，这表示在环状组织的形成过程中，由内侧到外侧次第形成次生形成层的活动是离心式进行的。其中有一些环是可以同时进行活动的。

应该指出，这些次生形成层不是完整的环状，而是由分散的扇状维管组织所形成。在这些放射状维管组织的行列之间，隔有薄壁组织，这些薄壁组织起源于中柱鞘，因而可以认为是中柱鞘射线。

每一层形成层，在三次木质部分子的分化以前，产生一个薄壁细胞带，而以后这些细胞的进一步生长与分裂，为木质部分子的放射状（有时为切向的）代替的结果。如果随后的次生形成层是由永久的中柱鞘带所产生，则这种带间的薄壁组织可被认为是中柱鞘过渡性增生的结果。因此，这种带间（环与环之间）的薄壁组织，由三部分组成：带外侧的木质部薄壁组织，带中间的中柱鞘薄壁组织，带内侧的韧皮部薄壁组织。这些薄壁组织的分裂与增生，形成菾菜肉质根的主要食用部分，也是糖用菾菜糖分的主要贮藏场所。

二、植株生长与肉质根形成

根用类园艺植物产品的形成经历了从种子萌动、出苗到肉质根肥大的生长过程。依生长特点变化，又可分为发芽期、幼苗期、叶片生长盛期和肉质根生长盛期。各时期既相互独立，又存在必然联系。下面以萝卜为例，介绍各个时期的生长特点。

（一）发芽期

由种子开始萌动到第一片真叶显露称为发芽期，约5d。该期植株靠种子内贮藏的养分供应发芽和子叶出土。需要较高的土壤湿度和25℃左右的温度，防止高温、干旱和暴雨。

（二）幼苗期

从真叶显露到根部"破肚"称为幼苗期，需 15～20d，具有 7 片左右的真叶。其生长特点是第一叶环展开，苗端分化莲座叶，肉质根加快纵向和横向生长，但以纵向延长为主，形成细长的外形；而后由于次生生长，根的中柱开始膨大，但表皮和初生皮层不能随之膨大，从而在下胚轴部位发生破裂，称为"破肚"。萝卜等的"破肚"现象就是肉质根加粗生长向外增加压力，造成初生皮层破裂而引起的正常性状，其在生产上常作为肉质根开始加粗生长的标志。这一时期要求适宜的光照强度和土壤湿度，防止干旱，同时注意间苗和防止过度拥挤。

（三）叶片生长盛期

叶片生长盛期又称为莲座期或肉质根生长前期。这一时期是地上叶丛和地下根系旺盛生长的时期。此期肉质根逐渐膨大，根肩逐渐粗于根顶部并显露出来，称为"露肩"。由"破肚"到"露肩"需 20～30d。这一时期第二叶环完全展开，叶面积迅速扩大，同化产物增加，根系吸收水肥的能力增强，植株的生长量比苗期大幅度增加。由于这一时期形成的叶丛呈现莲座状，因此又称为莲座期。此期肉质根伸长生长与加粗生长同时进行，但地上部生长量仍大于地下部生长量，之后进入肉质根迅速生长阶段，因此又称为肉质根生长前期。此期需要较多的水肥供应和较高的环境温度（15～20℃），以利于叶部的旺盛生长，为以后肉质根的生长盛期奠定基础。但也应避免徒长。

（四）肉质根生长盛期

从"露肩"持续到肉质根收获称为肉质根生长盛期。该时期是肉质根生长最快的时期，肉质根继续膨大，叶丛继续生长，但是地上部生长逐渐缓慢，大量同化物运输至肉质根贮藏。到此期末期，叶的质量为肉质根的 1/5～1/2。这一时期肉质根的生长量为肉质根总体积的 80%，植株吸收的氮、磷、钾量也为总量的 80%以上。吸收的矿质元素以钾最多，其次为氮，磷最少。该期需要充足的水肥供应，特别是钾肥供应。在肉质根充分生长的后期，仍要保持土壤充分湿润，以避免干旱导致的空心。此时期合适的温度为 13～18℃，以利于肉质根膨大。肉质根膨大终止后即可采收。不同根型大小的品种的肉质根开始膨大的时间相差不大，但是肉质根膨大结束的时间却相差较大。一般大型肉质根膨大持续的时间更长，终止膨大的日期更晚，通常表现为晚熟。

从萝卜的营养生长过程可以看出，茎、叶的生长和肉质根的膨大存在一定的顺序性和相关性。最初是吸收根的生长比叶的生长稍快，而后转为叶丛生长快于肉质根的生长，再到二者同步生长，最后则是肉质根生长。

萝卜肉质根的生长及物质的积累，有赖于地上部同化器官的同化作用，要获得大的肉质根，必须有良好的叶子生长，主要是莲座叶的生长。栽培中前期要促进同化器官（叶片）和吸收器官（根）的迅速生长，使植株能充分吸收水分和养分，促进叶片充分进行光合作用，制造糖分供应植株生长。当植株生长达到一定程度时，则应控制叶片的生长，延长叶片的寿命，保持较高的光合作用，将制造的养分运输到肉质根贮藏。在肉质根的生长过程中，植株根冠比（R/T）也相应地发生变化。不同类型的品种在它们膨大生长的初期，莲座叶及肉质根的重量都很小。后来莲座叶的生长量大于地下部的生长量，因而 R/T 较小。但到了肉质根开始迅速膨大以后，地下部的生长量迅速升高，而叶的生长量相对减少，因而 R/T 显著上升，到将近成熟时 R/T 都接近于 1，也就是说莲座叶的重量相当于肉质根的重量。

三、环境条件与肉质根形成

（一）温度

根菜类蔬菜生长的适宜温度因种类和生态型不同而有差异。根菜类蔬菜大都属于耐寒或半耐寒植物。例如，萝卜、芜菁、胡萝卜、根恭菜等喜冷凉气候，不耐高温。但牛蒡喜温暖湿润气候，耐寒、耐热性都比较强，可越夏生长。

萝卜在幼苗期较耐高温和低温，可耐 25℃高温，也可耐－3～－2℃的低温；莲座叶的生长温度为 5～25℃，适宜温度为 15～20℃；肉质根的生长温度为 6～20℃，适宜温度为 13～18℃，高温不利于肉质根的生长发育。

胡萝卜的耐寒及耐热能力比萝卜强。幼苗期可耐－3～－2℃的低温，也较耐高温；叶生长适宜温度为 23～25℃；肉质根膨大适宜温度以昼温 18～23℃、夜温 13～18℃、地温 18℃为宜，若温度超过 25℃，肉质根短且粗糙。

芜菁生长期的适宜温度为 15～20℃，幼苗期能耐－5℃的低温，肉质根膨大适宜温度以昼温 18℃、夜温 13℃、地温 18～23℃为宜。

牛蒡生长期的适宜温度为 20～25℃，夏季超过 30℃仍能正常生长，而且耐寒性也较强，虽然地上部在 3℃时枯死，但地下部仍能正常越冬至翌年春季萌发。

温度对肉质根的生长及形状都有一定的影响。在适宜温度范围内，温度偏高，肉质根较短；反之，肉质根较长。一般适合肉质根膨大的地温比气温要高，以 21～23℃为宜。

（二）光照

根菜类蔬菜多为需要中等强度光照的植物。肉质根的膨大依赖于地上部叶片健壮生长、光合产物大量向根部运输和积累。在适温条件下，较充足的日照（低于 50 000lx 的光照强度）有利于同化产物的形成和积累。萝卜、芜菁、胡萝卜等在秋、冬、春季晴天越多，越有利于肉质根生长和膨大。对于根菜类蔬菜（牛蒡除外），夏季的高温、强光、干旱或多雨条件均不利于其生长和肉质根形成。

在光周期方面，短日照促进肉质根的形成和膨大，长日照抑制肉质根的形成和膨大。长日照可促进地上部旺盛生长，但若全生育期均处于长日照下，则肉质根发育不良。例如，春萝卜在前期日照短、后期日照较长的条件下，肉质根生长良好；而秋冬萝卜宜前期日照强，根膨大期日照短。根菜类蔬菜为长日照植物，通过春化的植物在长日照及较高温度下会抽薹开花。因此，春播的萝卜容易发生先期抽薹现象，而秋播萝卜有利于肉质根形成。

（三）土壤和矿质营养

土层深厚、通气通畅、保水排水良好的砂壤土有利于肉质根膨大，并能提高品质。

黏重土壤仅适于直根入土较浅的品种。根层过浅、土质过实，容易导致肉质根分叉。萝卜以 pH 6～7、胡萝卜以 pH 6.0～6.5 为宜，较耐酸性土壤；牛蒡以 pH 6.5～7.5 为宜，较耐盐碱性土壤。

肥料种类及营养水平对肉质根肥大有较大影响。一般增施氮肥有利于植株生长，增加地上部及全株干物质重，但氮肥过量，地上部徒长，根冠比较小，不利于肉质根膨大。氮肥施用以硝态氮和铵态氮配合较好，单纯施用铵态氮易引起肉质根发育不良，这在萝卜和芜菁中表现得更为严重。肉质根生长盛期养分大量贮藏积累，需充足的磷、钾肥，以促进碳水化合物的运转和积累，提高产量，改善品质。土壤使用有机肥有利于改良土壤和增加肥力，但一定要充分腐熟，否则容易烧根导致肉质根形成歧根。

（四）水分

根菜类的肉质根既不耐涝，又不耐旱，生长过程中要求土壤保水能力强、排水条件好，以砂壤土为好。以土壤孔隙度 20%～30%、土壤田间持水量 75%～80%时较好。肉质根的膨大和叶丛的生长都需要充足的水分。土壤湿度适中，肉质根形状好，根形指数（横径/根长）大，根冠比大，商品率高。在干旱条件下，肉质根发育不良，肉质粗糙，辛辣味和苦味增加。土壤湿度过大，会导致肉质根缺氧变黑甚至腐烂，影响产量和质量。

四、肉质根的异常发育

（一）肉质根分叉与弯曲

肉质根分叉与弯曲是根用类园艺植物生产上常见的现象。通常每株植物只着生一个肉质根，但在直根周围有两列侧根（萝卜、甜菜、芜菁、大头菜等）或 4 列侧根（胡萝卜、欧防风等）。在正常条件下，这些侧根不会膨大，但在不适条件下即可膨大，使直根成为两条甚至三四条的分叉。分叉的结果是整个直根弯曲或畸形。

引起肉质根分叉与弯曲的原因有：种子陈秕，生活力弱，胚根发育不良；土壤耕层浅，底土硬实，或土中有石块、瓦片等杂物，阻碍肉质根膨大，产生分叉与弯曲。此外，土壤中水分过多、排水不良会损伤主根，导致侧根膨大；移栽引起根损伤；施用未腐熟的肥料，或土壤过酸、过碱会损伤主根，形成分叉根；土壤害虫会咬伤幼根先端，引起侧根膨大，造成分叉及畸形。

（二）裂根

裂根是指肉质根开裂。肉质根开裂有沿直根纵向开裂、靠近叶柄部横向开裂及在根头部呈放射状开裂等方式。一般刚开裂时，直根表面呈龟裂状，后龟裂面积逐渐增大，引起肉质的木质化。开裂处产生周皮层，周皮层木质化程度以近地上部较多。

肉质根开裂主要是由于土壤水分供应不均。一般生长初期肉质根生长不良，根组织老化早，如果后期水分、营养等条件改善，木质部细胞迅速膨大，根的内部压力增加，致使皮层及韧皮部不能相应地生长而开裂。因此在管理上须均匀供水，合理追肥，防止裂根。

（三）肉质根空心

肉质根的木质部中心部分有时会发生空洞，这种现象称为空心，又称为糠心。空心多发生于远离输导组织的大型薄壁细胞组成的组织中。在肉质根膨大盛期，因薄壁细胞迅速膨大，生长速度过快，细胞内含物相对减少，远离输导组织的薄壁细胞缺乏水分与营养物质供应而呈“饥饿”状态，细胞内开始出现气泡，同时渐渐产生细胞间隙，最后产生空洞，形成肉质根空心现象。空心导致肉质根质量差、不耐贮藏。

空心与品种、环境条件及栽培技术等均有关系。肉质根空心程度在不同品种间差异很大。一般肉质致密的小型品种，往往肉质根膨大缓慢，地上部与地下部能平衡生长，因此不易空心；肉质疏松的大型品种，肉质根膨大生长过快过早，根冠比迅速上升，易产生空心。根菜类园艺植物适宜日温较高而夜温较低的气候条件。若夜温过高，特别是生长中期，导致中途肉质根膨大停止，消耗大量同化养分而引起空心。播种过早，株行距过大，多肥，尤其是后期地上部营养生长过旺，或土壤水分供应不匀等均易引起肉质根空心。因此，生产上应注意品种选择和栽培管理。

五、肉质根生长调控与管理

（一）整地施肥

与其他园艺植物不同，根用类园艺植物产品器官既有根的基本功能，又是养分贮藏器官。因此，土壤状况直接影响其产量和品质。应选择富含有机质、质地疏松、排水良好、土层深厚的中性砂壤土或壤土。精细整地，去除石砾、瓦块及硬土层，以利于肉质根迅速膨大，并保持形状端正，外皮光洁，色泽美观，品质优良。结合深耕整地，宜重施基肥。注意厩肥必须充分腐熟，以防新鲜厩肥或施肥不匀造成分叉。

（二）起垄栽培

起垄栽培相对加深了疏松耕土层，有利于肉质根生长，降低畸形根发生率。垄的高低视栽培品种、气候条件、土壤干湿和地下水位高低等而定。若选用中小型品种，栽培区气候干燥，地下水位低，土壤干旱，则垄宜稍低。

（三）精细播种，合理密植

由于陈旧种子生活力弱，胚根根尖易破坏，播后出苗慢，肉质根叉根率高。因此，要去杂去劣，选品种纯正、粒大饱满的新种子精细播种，并合理密植，在充分利用光能和地力的前提下，防止营养面积过大，引起肉质根空心。

（四）合理浇水追肥

土壤水分是影响肉质根产量和品质的重要因素。在肉质根形成期，土壤缺水，肉质根膨大受阻，皮粗糙，易空心；土壤含水量偏高，通气不良，侧根着生处会形成不规则突起，则降低商品品质。因此，水分管理原则应为：控制肉质根形成盛期土壤含水量稳定在20%左右，保持土壤含水量适中而均匀，防止忽干忽湿。

在施足基肥的基础上，依不同生长期地上部与地下部平衡生长为调节标准，合理追施氮、磷、钾肥，防止氮肥过多而磷、钾不足引起的叶片生长过旺及肉质根生长不正常现象。

（五）植物生长调节剂处理

肉质根形成与生长过程中，常因各种因素的影响，地上部及地下部生长不平衡，发生空心现象。由于空心是一种老熟现象，因此采用植物生长调节剂处理即可延迟成熟和衰老，防止空心组织出现。例如，用 10mg/L 萘乙酸溶液连续喷洒萝卜两次，可有效降低空心程度。采用 50～100mg/L 萘乙酸及 5%蔗糖、5mg/L 硼混合施用效果更好。

第四节　花　　球

有些园艺产品是以花器官为产品器官的。在蔬菜中，有食用花蕾的，如黄花菜（*Hemerocallis citrina* Baroni）；有食用花薹的，如菜薹（*Brassica campestris* L. ssp. *chinensis* var. *utilis* Tsen et Lee）等；也有食用花球的，如花椰菜（*B. oleracea* L. var. *botrytis* L.）、青花菜（*B. oleracea* L. var. *italica* Planch.）。花椰菜又称菜花或花菜，一般花球为白色，也有黄色、绿色、紫色等颜色。青花菜又名西兰花，食用部分为带有花蕾群的嫩茎，一般花球为深绿色，故又称绿菜花。花椰菜和青花菜都属于十字花科（Cruciferae）芸薹属（*Brassica*）一二年生草本植物，染色体 $2n=2x=18$，与结球甘蓝（*B. oleracea* L. var. *capitata* L.）、抱子甘蓝（*B. oleracea* L. var. *gemmifera* Zenk.）、羽衣甘蓝（*B. oleracea* L. var. *acephala* DC.）、球茎甘蓝（*B. oleracea* L. var. *caulorapa* DC.）和芥蓝（*B. oleracea* L. var. *alboglabra* Bailey）等同属于甘蓝类的不同变种，属于一个基本染色体组，相互杂交率高。花椰菜和青花菜由结球甘蓝演化而来，演化中心在地中海东部沿岸，在国内外被广泛种植，栽培面积较大。本节主要介绍花球的形成及调控生理。

一、花球的结构特点

花球是由短缩肉质花茎系统组成的球状贮藏器官，包括短缩、肉质的主花茎和许多侧花茎（及蕾）。食用花球的蔬菜主要有花椰菜和青花菜（图 6-17）。

花椰菜（紧花型）　　花椰菜（散花型）　　青花菜

图 6-17　花椰菜和青花菜的花球形态

（一）花椰菜的花球组成

花椰菜的花球由肥嫩、肉质的主花茎和许多分球构成，每个分球由第一级侧花茎及其上各级侧花茎和苞片组成。花球中侧花茎的分化级数较多，一般具 4 级以上，初期并不具有花器官的分化，在花球形成时侧花茎的顶端一般都未分化花原基，而是许多裸露的花柄顶端（图 6-18B）。花椰菜按照花球的形态可分为紧实花球型花椰菜（紧花菜）和松散花球型花椰菜（松花菜）（图 6-17）。早期花椰菜主要类型为紧花菜，一个正品的花球应该是半球形，绒球状花枝顶端呈团粒状，质地致密，握之有重量感，而次品花球是松散的或边缘松散，绒球状花枝顶端呈绒状而非团粒状。松花菜则是花梗抽长、花球松散的类型。近年消费和种植习惯由紧花菜逐渐转变为松花菜。

青花菜　　　　　　花椰菜

图 6-18　青花菜和花椰菜最后一级侧花茎顶端形态

关佩聪等（2004）的研究表明，重量为 1132g 的花椰菜（品种‘白杨’）花球，有近 100 个分球，第 1～5 个分球重量为 454.8g，约占花球总重量的 40%；第 6～10 个分球重量为 328.2g，约占花球总重量的 29%；第 11～15 个分球重量为 130.7g，约占花球总重量的 12%，即最外的 15 个分球的重量占花球总重量的大部分（81%）。重量为 402g 的小花球有 70 余个分球，第 1～15 个分球的重量占花球总重量的大部分（75%）。第 1～5 个分球都具有 4 级以上的侧花茎，其后的分球具有的侧花茎级数越来越少，重量越来越轻，因而外球也是由外而内逐渐减轻，最外 15 个分球占花球总重量的大部分。花椰菜的大花球与小花球比较，分球数较多，分球较重，特别是其外的 15 个分球较重，这可能是在花球分化发育过程中，各级侧花茎的分化发育特别是第一级侧花茎的分化发育程度不同所致。

花椰菜植株的腋芽不活跃，在主花球采收后，腋芽萌发能力极弱，多不能抽生侧芽形成侧花球。所以，花椰菜的单位面积产量主要取决于单位面积采收的主花球数和平均花球重量。

（二）青花菜的花球组成

青花菜的绿色花球由肥嫩、肉质的主花茎，各级侧花茎及绿色花蕾组成，花球中侧花茎的分化级数较少，最多 4 级，这些花蕾都有花器官的分化，在花球形成时最后一级侧花茎上已形成花蕾（图 6-18A）。由于侧花茎原基的分化迟早不同，其分化级数由外向内逐渐减少，即最早分化的（最外的）侧花茎一般具 3 级，分化后便分化花原基，少数可分化 4 级侧花茎才分化花原基，往内只分化 2 级或 1 级的侧花茎就分化花原基，最内层（主花茎生长锥）无侧花茎原基的分化而直接分化花原基，所以，花球上的分球由外而内，其侧花茎的分化级数逐渐减少。

青花菜花球的大小和重量主要取决于其分球数目及大小。不同品种花球的构成是有差别的，不同品种的分球数目差异较大。每个分球的大小和重量则与其侧花茎的分化发育程度有关，早发生的分球，侧花茎的分化级数较多，发育较好，分球较大、较重，迟发生的分球，侧花茎的分化级数较少，发育较不充分，分球较小、较轻。因此，促进分球的侧花茎分化发育对提高花球的重量有重要作用。和花椰菜一样，促进青花菜最早分化发育的 10～15 个分球的形成，是提高产量和品质的关键。

青花菜植株的腋芽萌发能力很强，在花球形成前后就能发生侧枝，特别是主花球采收后多数腋芽可发生侧枝，其茎端又可迅速分化，形成侧花球（图 6-19）。青花菜主花球以下各叶腋间都有一个萌发能力很强的芽，当主花球采收或受伤害后，会抽出 4～6 个腋芽，长数片叶后顶端形成小花球，经过 10d 左右可采收此侧花球，采收后侧枝上腋芽又能形成次级侧花球（图 6-19）。按照腋芽活动能力的强弱，可分为主枝型和侧枝型。早熟品种多为主枝型，无腋花芽，主要采收顶端花球；中晚熟品种多为侧枝型。青花菜（品种‘东京绿’）花球采收过程前后约 50d，其中主花球采收约 20d，侧花球可延续采收 30d 左右。每株采收侧花球 3～11 个，平均 5 个。主花球重 390g 左右，侧花球重 224g，合计 614g，其中侧花球产量占 36.5%，可见促进侧花球形成是延长采收期、提高花球产量的有效途径（关佩聪等，1991）。所以，如青花菜只采收主花球，其单位面积产量构成因素与花椰菜相同；如兼收侧花球，则增加了侧花球数和平均球重两个因素。

主花球采收前　　主花球采收后

图 6-19　青花菜侧花球的发育

二、花球的形态建成

花球的形成以花序分化为前提，是花序不断分化生长并不断积累营养物质的结果。花椰菜在植株莲座叶生长期间，当主茎顶端分生组织通过阶段发育时，主茎顶端分生组织变宽、增粗，随即突起而形成花序轴花茎原基。主茎由营养苗端转变为生殖顶端，从此进入花球分化阶段。

何承坤和李家慎（1991）把花椰菜茎端发育分为5个时期，分别为叶原基分化期、花球原基分化始期、花球原基形成期、花球形成及膨大成熟期、抽薹及花器官分化期。在叶原基分化期，茎端基部较小，体积与表面积也小，生长锥四周绕着主轴直径螺旋形分化出叶原基。在花球原基分化始期，茎端原套细胞垂周分裂，原体细胞平周分裂，生长锥变平圆，并逐步加宽，体积和表面积增大，叶原基停止分化，花球原基开始分化，是植株从叶原基分化开始转向花球原基分化的过渡阶段。在花球原基形成期，茎端平圆生长锥的周围分化出第一层小突起，之后在外侧继续分化第二层以至多层小突起，这些小突起将发育成为第一级花球体。在花球形成及膨大成熟期，前期以侧花茎及其苞片分化为主，在生长锥的外侧依次在主轴上连续分化出圆球形小突起，形成第二级及其他各级侧花茎，各级侧花茎原基分化与第一级侧花茎的分化一样，以叶序的序列螺旋式分化。花椰菜一般可分化5级侧花茎及其苞片原基，有时可分化5级以上。后期各级侧花茎不断发育、肥大，组合发育成为完整的花球。在抽薹及花器官分化期，当花球达到成熟阶段，组成花球的花枝顶端继续分化形成花芽，继续生长，各级花梗伸长，花球松散，花球体瓦解，直至抽薹开花。

青花菜的花球分化形成过程与花椰菜的基本相似，但在花球建成方面略有差别。各级侧花茎和主花茎的花原基可陆续分化萼片，随后分化雌蕊、雄蕊和花瓣原基，形成花蕾体。在花球发育期，主花茎和侧花茎原基陆续发育成短缩、肉质的花茎，花蕾体发育成正常的花蕾，形成花球。花序分化后便开始形成花球。从花序分化至花球形成可分为两个阶段，第一阶段自花序开始分化至植株小花球出现，这个阶段主要是陆续分化各级侧花茎和一部分花蕾体，生长量小，一般需 20～25d。第二阶段自植株出现小花球至花球形成直到商品成熟，这一阶段主花茎和各级侧花茎迅速发育与肥大，并形成花蕾，生长量迅速增加，是花球产量和品质形成的主要时期，一般约需 20d。

三、花球形成的机制

（一）花序分化与花球形成

花椰菜与甘蓝同属于芸薹属甘蓝类蔬菜，却具有不同的花序形态。花椰菜花球的发生与 *BabCAL* 基因的突变关系密切，*BabCAL* 基因在花发育的过程中主要调节花分生组织的发生和花的决定，*BabCAL* 基因的突变会抑制花分生组织发育，这是花椰菜花球形成的遗传基础。此外，修饰基因在花球形成上起相当重要的作用，导致花球的大小和形状具有丰富的变异。

花椰菜和青花菜属于绿体春化型作物，幼苗生长至一定大小后才能感应低温，诱导花芽分化。花椰菜和青花菜在幼苗期与叶簇生长期时，有适宜的温度就可能开始花序分化，从营养生长转入生殖生长。第5片真叶展开至植株出现0.5cm的小花球（俗称“现蕾”或“现球”），为叶簇生长和花序分化期，需 40～50d。此期植株开始迅速生长，生长量较大。自播种至花序分化，植株鲜重增长占植株总生长量的 10%～15%，花序分化后至现蕾，鲜重增长占植株总生长量的 20%～25%。此期从营养生长向生殖生长过渡，生长适温为 18～22℃，若温度过高则生长受抑制、花序分化早且分化发育迅速，常常形成较小的花球，而且会形成畸形花球。

花序分化与苗龄关系密切。同一品种不同的苗龄对低温的敏感性不同，苗龄越大，越易感受低温引起花芽分化，需要的低温时间缩短。不同品种感应低温的苗龄大小也有差异，如早熟花椰菜品种（植株至显球时具22片叶），在苗茎5～6mm，有6～7片展叶时便可开始感应低温；中熟品种（至显球时具27片叶）在苗茎7～8mm，有11～12片展叶时开始感应低温；晚熟品种（至显球时具42片叶）在苗茎约10mm，有15片展叶时开始感应低温。花椰菜和青花菜诱导花序分化的温度也因品种熟性的不同而异。一般生长期长的晚熟品种要求较低的温度，早熟品种则能在较高温度下引起花芽分化，中熟品种要求温度介于两者之间。因此，不同气候的地区应选择适宜品种才能及时完成花序分化。

在生产上，应避免使植株过早花序分化，否则植株的叶片数目减少，叶面积小，光合产物积累少，影响花球的分化发育，花球产量不高。花序分化过迟会延迟花球形成，延迟采收期或降低商品率。防止提早花序分化，必须掌握适当的播种期，或播种后的幼苗生长期间保持适当的温度，防止低温特别是低夜温诱导的春化作用。有些早中熟品种在种子萌动后就可以感应低温进行花序分化，低温时间越长，提早花序分化的效果越明显。另外，即使在花序分化后，也需要创造适宜的条件使植株迅速生长，壮大营养体，以减少甚至避免提早花序分化的不良影响，使形成正常的花球。如果提早花序分化后，植株生长缓慢或生长不良，花球形成便不理想。

（二）叶片与花球形成

花椰菜定植后先是叶片和叶面积不断增加，至花球迅速发育后，叶面积扩大减缓。幼苗期成长的5枚展叶主要对幼苗的形态建成起作用，在叶簇生长期发生和成长的叶片特别是第7～22展叶及其叶面积，对叶簇形成和花球的分化发育都有重要作用（关佩聪等，2004）。青花菜（品种‘彗星’）花序分化时，子叶和1～2片真叶多已脱落，植株上保持10～11片展叶，主要功能叶为3～11片展叶，在茎端分化15～16片幼叶和叶原基，至此叶片的分化基本结束，以后主要是叶面积的扩大（关佩聪等，1991）。叶簇生长和花序分化期结束时基部3～4片真叶衰老脱落，植株上保持15～16片展叶，靠近花球的2～3片叶不能充分展开，第6～18片展叶是花球形成过程的主要功能叶，这些展叶的叶量及其光合效能与花球产量有密切关系。青花菜叶面积的发展动态与花球形成密切相关，叶面积达到最大前后正是花球形成的关键时期。因此，在叶面积达到最大和花球形成时必须加强肥水管理，促进植株制造更多的光合产物，以利于花球产量的形成。

（三）侧枝与花球形成

青花菜植株具有很强的腋芽萌发能力，在花球形成前后就能发生侧枝，之后可分化形成侧花球。而花椰菜植株的腋芽萌发能力弱，几乎不能形成侧花球。

1. 侧枝发生特性与花球形成 按照腋芽活动能力强弱，可将其分为主枝型和侧枝型。早熟品种多属于主枝型，中晚熟性品种多属于侧枝型。有些品种的腋芽可在幼苗后期开始萌发侧芽；有的品种的腋芽则活动较迟，在主花球采收前后才开始萌动，但多数品种在叶簇生长和花序分化期陆续萌动。一般主茎的腋芽是自下而上陆续萌发的。基部的腋芽如能萌动，任其生长可以长成比较强健的侧枝，但为了保持顶端生长优势，培育壮健的主茎，形成优质的主花球，一般摘除基部发生的腋芽和侧枝。中部节位腋芽成长起来的侧枝，生长较强健，靠近花球的上部节位抽生的侧枝，发生更多，生长更迅速。

青花菜在叶簇生长和花序分化期，植株的腋芽就陆续活动，侧枝抽出后，首先不断分化和生长叶片，形成一定的叶面积，然后茎端花序分化，陆续分化侧花茎和花蕾，逐渐分化发育成侧花球。如生长条件优越，每个侧枝上的花球采收后，在其基部茎节的腋芽又可萌发下一级侧枝，形成下一级的侧花球，但侧花球中侧花茎的分化级数少，发育程度较弱。

摘心可以促进侧枝生长、伸长和侧花球形成。有研究表明，在植株现蕾时摘心的侧花球产量与不摘心的主花球产量相当或更高，而且主花球中有时出现花茎中空现象，而摘心后形成的侧花球不会发生这种现象。早摘心会导致每株所形成的侧枝减少，但早摘心所形成的侧花球较重；迟摘心所形成的侧枝较多，但形成的侧花球较小。摘心后会延迟侧花球的采收期。也有关于苗期摘心后产生两个分枝，进行双蕾栽培的报道。

侧花球的多少，除与品种特性有关外，也与气候有关，春季栽培比秋季栽培的数量多。

2．侧枝数与花球形成　侧枝数对主花球和侧花球的产量与质量都有明显的影响。留少数侧枝，对植株和侧枝生长的不利影响较小。侧枝数越多，主茎和侧枝的生长越弱，主花球的个重减轻，单位面积产量降低；侧花球的个重也降低，但由于花球数量增多，其单位面积产量仍提高。去除侧枝的植株重与主花球重呈极显著的正相关，每个侧枝重与侧花球重也呈极显著的正相关。虽然所有花球都有商品价值，但从青花菜对花球商品质量的要求，兼顾单位面积产量考虑，以选留 3～5 个侧枝为宜，栽培管理水平较高可以多留，青花菜不同品种的侧枝发生特性有差别，在生产上还应结合品种特性进行考虑。

四、环境条件和栽培技术与花球形成

（一）温度

温度是影响花球形成的主要环境条件。花椰菜喜光照充足、温暖湿润的气候环境，忌炎热干旱，其正常适宜温度为（13±7）℃。叶丛生长的温度和花球发育适应的温度范围较广。花椰菜花序分化的温度范围较宽，在 10～15℃的温度内花序分化最早。若低于此温度范围则花序分化的日数增加，如在 7℃条件下为 35d，这是因为花序的发育需要一个过程，低温过低，生长反应迟钝，需要较多的日数；温度高时虽然发育良好，但低温刺激弱，也需要较多的日数才能分化花序。同样大小的苗，在较低的温度下花芽分化更早，如 13℃时只需 7d 花序就分化，17℃需要 15d，25℃需要 43d。青花菜对低温并不敏感，早熟品种 22℃以下约 21d 即可完成花芽分化，晚熟品种要求高些。青花菜诱导花序分化的温度也因品种熟性的不同而异，如早熟类型的青花菜品种，植株苗茎 3.5mm，10～22℃温度下 20d 左右就可诱导花序分化；中熟类型品种需苗茎横径达到 10mm，5～10℃

温度下 20d 可诱导花序分化；晚熟类型品种苗茎横径达到 15mm，2～5℃温度经 30d 才能诱导花序分化。

温度不但可影响花序分化的迟早，还可影响花球发育的快慢和质量，各品种花球形成温度都以 10～20℃为宜，在此范围内，温度较高，花球分化发育较快，温度较低则分化发育较慢，且形成较大的花球，产量也较高。花球形成的温度为 17～18℃，温度高达 24～25℃时花球形成停止。正常温度下，花球形状端正，约 3 周完成花球生长。受冻后的花球易于腐烂。

（二）光照

花椰菜叶簇是制造营养的器官，花球是贮藏营养的器官。花椰菜和青花菜在花序分化后，植株的叶片数不再增加，但叶片迅速生长，叶面积迅速增加，并且保持较高的光合效能，这是花球分化发育和形成的物质基础。花球的大小与营养同化器官的大小及功能有密切关系。缓苗后促进生长，保持花球形成过程中叶片具有较强的同化功能，是花椰菜丰产、优质栽培的关键。花椰菜要求中等强度光照，光照饱和点约为 1095μmol/（m^2·s），光照补偿点约为 43μmol/（m^2·s），较耐弱光。在花球形成过程中，过强的光照常使颜色变黄，品质下降。

（三）水分

青花菜和花椰菜喜欢湿润环境，对水分的需求量大，耐旱耐涝能力差，土壤适宜的相对含水量为 70%～80%，对水分要求较严格。在叶丛和花球形成过程中需要充足的水分供应，如持续干旱常导致营养体生长受抑制，容易导致提前形成小花球，降低产量和品质，在花球形成期干旱将导致花球生长缓慢，花蕾老化，发育不良。但在花球形成期如果水分过多，也会引起花球松散，花枝霉烂。

（四）土壤、矿质营养

花椰菜和青花菜要求土壤疏松、耕层深厚、有机质含量高、保水保肥能力强，适宜 pH 为 5.5～8.0，以 pH 6.0 为好。花椰菜和青花菜在花球形成期需要大量的氮、磷、钾等养分。花椰菜对氮、磷、钾的吸收动态与其生育动态基本一致，定植后 20d 内植株的生育迟缓，对氮、磷、钾的吸收量少；定植后 20～40d，根、茎和叶的生长量逐渐加大，对氮、磷、钾的吸收和积累急速增加，直至定植后 60d（即花球出现后 20d），根、茎和叶生长转慢后，氮、磷、钾的吸收和积累也开始转慢，同时积累中心和生长中心也从叶片转移到花球，氮、磷、钾积累中心的转移比生长中心的转移时间稍提早。花球分化发育期间的吸收量占总吸收量的 75%～80%。植株和根、茎、叶、花球等器官的吸收量都以氮最多，钾次之，磷最少；各器官中叶的氮、磷、钾积累量最多，其次是花球，茎再次，根最少。

每株花菜在生育周期内吸收 N 3.9～5.9g，P_2O_5 0.51～0.84g，K_2O 3.2～3.9g。对氮、磷、钾的吸收比例因生长期不同而异：幼苗期为 8.3∶1∶10.4，花开始分化时为 7.0∶1∶8.4，花球形成期为 7.3∶1∶5.4，即青花菜需要较高的氮钾比例。供氮时期对花椰菜的生育和产量有明显影响，幼苗期缺氮，植株矮生，叶量少，会提早出现花球，降低产量；

花序分化前缺氮，不但影响根和茎、叶生长，而且抑制花球的分化发育；花序分化期间缺氮，同样影响根、茎、叶和花球的发育，但比花序分化至花球形成期间缺氮的影响轻；花球分化发育期间对氮最敏感、最需要氮，这时氮不足的影响最大；整个生育期间充分供氮有最好的效果。

花椰菜和青花菜对硼、镁等元素有特殊的要求，缺硼时常引起植株生长点萎缩，茎中空或开裂，花球膨大不良，花球变褐色，味苦，品质差。缺镁时，叶子变黄。植株对硼的需要量不大，过量的硼会导致硼中毒而影响植株生长和花球的产量。在花球膨大期喷施硼肥的产量比在莲座期及之前喷施的高，施用方法以叶面喷施效果好，在施用时硼、钼配施又比单施硼或钼的效果好。

（五）播种期

播种期也是影响花球形成的重要因素。不同熟性品种花芽分化对低温的要求不一样。应根据当地市场的需要，选择适当的品种，再结合当地的气候条件，确定最佳的播期。花椰菜早熟品种从定植到采收需要 40～60d，冬性较弱；中熟品种从定植到采收需要 80～90d，冬性较强，适应性较广；晚熟品种从定植到采收需要 100～120d，耐寒性和冬性较强，幼苗需要茎粗 1.5cm 以上才能接受低温，完成春化过程。南方花椰菜分为春、秋、冬三季，春季栽培多为早熟品种，秋季花椰菜为中熟品种，冬季花椰菜为晚熟品种。花椰菜和青花菜的播种期，应满足花序适时分化，花序分化后有适宜植株生长和花球分化发育的气候条件，才可获得丰产、稳产。

（六）栽植密度

在一定栽植密度范围内，花椰菜和青花菜的单位面积产量都随着栽植密度的增加而提高，花球的个重则随着栽植密度的提高而减少。在合理密植的情况下，配合增施氮肥，可提高花椰菜和青花菜花球产量和花球个重。

五、花球形成的生理障碍

花椰菜和青花菜生产中往往由于环境条件的影响及栽培措施不当，花球品质劣变，出现小花球、青花、黄花、紫花、毛花和散花等现象，影响了花椰菜和青花菜的产量与商品价值，因此，了解劣质花球形成的原因，对提出控制措施具有重要意义。

（一）小花球

小花球又称“先期花球”或“先期现蕾”，是指植株营养体较小而过早形成花球的现象（图 6-20），其原因有：①植株幼苗期遭遇长时间的低温影响，提早诱导形成花序分化，造成叶片形成阶段未完成即进入花球形成阶段；②苗期土壤干旱、氮素不足或伤根过多，导致植株营养生长缓慢，形成“小老苗”，造成花球不能正常发育而形成小花球；③没有根据栽培季节和栽培地区气候特点选择适当熟性的品种，导致植株体还没有长大，就通过了春化阶段，形成小花球；④种子生活力低，播种后生长势弱，茎、叶生长不旺盛，通过春化阶段形成花球后，营养不良，也会形成小花球；⑤秋播时播种期过晚，温度较低，植株在苗期过早通过春化阶段而形成花球，因而造成早期结球。

图 6-20　花椰菜的小花球现象

预防措施：①选择优良品种，严格掌握品种特性，适期播种，培育壮苗，避免苗期长时间处于低温环境中；②加强肥水管理，促进营养器官的生长发育，使植株在花序分化时形成足够的叶片数、发达的根系和粗壮的茎。

（二）黄花球

黄花球是指花椰菜花球表面呈黄色或花蕾粒变黄的现象。其原因是花球膨大期间受强烈日光照射和高温影响。

预防措施：①当花球长至直径 3cm 左右时可将靠近花球的 1～2 片外叶轻轻折弯，使之覆盖在花球上，或在生长中后期摘基部老叶覆盖花球；②束叶，即将植株中心的几片叶上端用稻草等捆扎起来，以避免阳光的直接照射，但束叶不可过紧，以免影响花球的膨大。

（三）毛花球

毛花球是指花球表面呈绒毛状，由花球的顶端部位花器的花柱或花丝无规则地伸长而形成（图 6-21）。形成毛花球的主要原因是采收过迟或遇到较高气温。

预防措施：一是掌握播期，适时定植，加强肥水管理；二是及时采收。

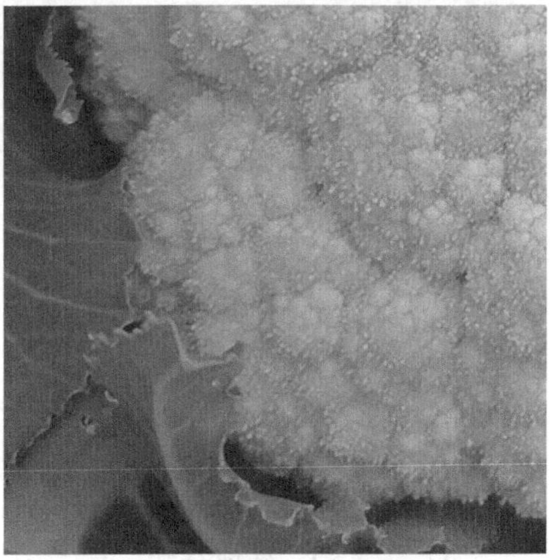

图 6-21　花椰菜的毛花球现象

（四）青花、紫花

青花是花椰菜在花球分化发育过程中叶片原基超前发育，成为绿色苞片露出花球表面，即花球上产生绿色小苞片、萼片等不正常的现象。青花主要是由于植株感应低温开始花序分化后，没有持续低温而遭遇高温，致使苞片迅速生长并绿化，或是花球膨大期间阳光直接照射花球表面，花球先由白变黄，后变青色。

紫花是在花椰菜和青花菜花球表面形成红白不匀的紫色斑驳的现象。紫花是由于花球临近成熟期骤然降温，花球内的糖苷转化为花青素，使花球变为紫色。

预防措施：适时播种，适期采收，在结球期间加强肥水管理，结球期及时束叶或折老叶遮盖花球，防止日光直射。

（五）茎中空、花球锈褐

茎中空、花球锈褐是指花球茎部中空，严重时花球内部开裂，花球出现褐色斑点并带苦味的现象。其原因可能有：氮肥施用过多；或种植密度过大；或硼、钼等微量元素缺乏。

预防措施：合理施肥，加强肥水管理，避免过量施用氮肥，多施磷肥和钾肥；应根据品种特性、季节进行合理密植。花椰菜对硼敏感，缺硼常引起茎轴空洞，严重时花球变锈褐色、味苦。可在定植前每公顷施硼砂 0.75kg 左右，或在植物生长期间叶面喷施 0.2%～0.3%的硼砂和钼酸铵。

（六）粒状花球或散球

粒状花球或散球是指花枝伸长或花球松散，导致花球表面高低不平、松散而不紧实的现象（图 6-22）。其原因有：①当花原基分化后，如果遇到低温，花球容易产生散花球；②花球形成期间温度过高，花球膨大受到抑制，而花枝生长发育迅速，伸长后即导致散球；③花球形成期间遇干旱天气，导致散球；④不及时采收，使花球发育而造成散球。

图 6-22　青花菜的散球现象

预防措施：①适期播种；②及时采收；③加强肥水管理，避免花球膨大期间干旱。花椰菜采收标准应为花球充分长大，色洁白，表面平整，边缘尚未开散；青花菜则应在花球形成，花蕾充分长大，尚未露冠时及时采收。

第五节　叶　　球

十字花科一些植物的叶在营养生长时期，由生长点——缩短茎上长出多数心叶，向内卷曲生长，相互交错重叠紧紧包裹，形成一个由叶片构成的球状结构，称为叶球。在园艺植物中，常见的形成叶球的种类包括十字花科的结球白菜［俗称大白菜（*Brassica rapa* L. ssp. *pekinensis*）］、结球甘蓝（*Brassica oleracea* L. var. *capitata* L.）、抱子甘蓝（*Brassica oleracea* L. var. *gemmifera* Zenk.）和结球芥菜（*Brassica juncea* var. *capitata* Hort），以及菊科的结球莴苣（*Lactuca sativa* L. var. *capitata* L.）、菊苣（*Cichorium intybus* L.）等。

在自然生长条件下，叶片生长通常经历 4 个发育阶段形成叶球，即幼苗期、莲座期、包心期和结球期。实际上，幼叶、莲座叶、包心叶和结球叶是形态、大小、颜色和生理功能不同的叶片类型。幼苗期，真叶和幼叶分化并生长，叶片呈倒卵圆形，叶柄较长；莲座期，植物通过伸展莲座叶，叶片微微向上向内卷拢，叶柄逐渐变短，形成莲座；随后进入包心期，分化出包心叶，形成一个叶球雏形，标志着叶球发生的开始；结球期，球叶变大变多，成簇地分布在短缩茎上，向内卷曲叠抱，直至形成紧实的叶球。幼叶、莲座叶的主要生理功能是进行光合作用和呼吸作用，叶片开展，叶色为绿色。进入包心期后，结球的心叶向内卷曲生长，相互抱合并逐渐肥厚，转变为营养贮藏器官，叶色呈白或淡黄色。球叶的卷曲程度和数量直接影响叶球的质量和产量。由于蔬菜作物种类、品种和栽培技术的不同，形成的叶球的大小、形状和紧密度也有所差异。

一、叶球的结构及类型

叶球类型是一种重要的性状。叶球形成模式包括重叠、向外卷曲、不重叠的向内卷曲和螺旋。栽培上最常见的叶球类型是重叠型，即结球叶在顶部向内卷曲，卷曲长度超过基出叶的垂直中轴。它有一个封闭的顶部，更干净的内部叶片，更高的净头比，并且易于包装和运输。相反，向外卷曲类型产生的叶子从顶部看起来是开放的。

根据叶球形态、生态特性及进化特征，可将大白菜分为 4 个变种：散叶变种（*Brassica rapa* L. var. *dissoluta* Li）、半结球变种（*Brassica rapa* L. var. *infacta* Li）、花心变种（*Brassica rapa* L. var. *laxa* Tsen et Lee）和结球变种（*Brassica rapa* L. var. *cephalata* Tsen et Lee）。其中散叶变种是原始类型，不形成叶球，以中生叶为产品；半结球变种是散叶变种受到较好栽培条件而形成的变种，顶生叶抱合成叶球，但叶球内部空虚，球顶完全开放呈半结球状态；花心变种是由半结球变种进一步进化而来，植株较矮，球叶先端向外翻转，翻卷部分呈白色或淡黄色，即“花心”；结球变种由花心变种进一步加强顶生叶的抱合，形成坚实的叶球，其又分为卵圆型、平头型、直筒型三个基本生态型，它们相互杂交的后代又产生了平头直筒型、平头卵圆型、圆筒型、花心直筒型、花心卵圆型等次级类型。所有这些变种、生态型、次级类型构成了中国结球白菜品种系统（图 6-23）。

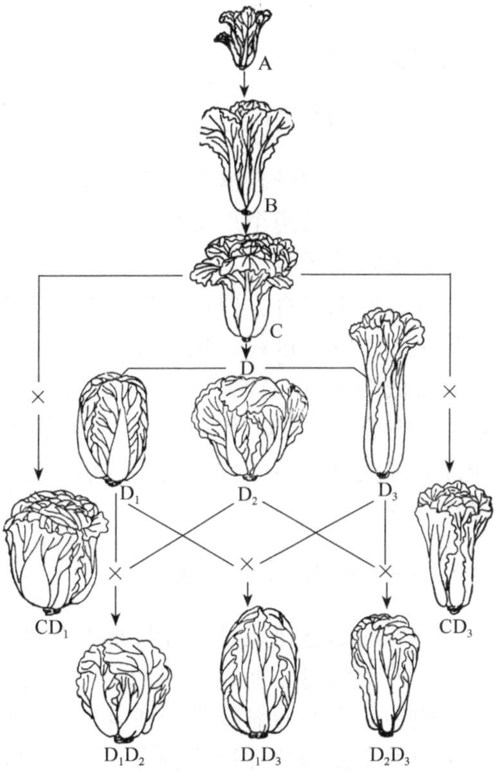

图 6-23 白菜分类和进化过程示意图（李家文，1980）

A. 散叶变种；B. 半结球变种；C. 花心变种；D. 结球变种（D_1. 卵圆型；D_2. 平头型；D_3. 直筒型）。次级类型：CD_1. 花心卵圆型；CD_3. 花心直筒型；D_1D_2. 平头卵圆型；D_1D_3. 圆筒型；D_2D_3. 平头直筒型

不同类型结球变种的抱合方式也不相同，卵圆型属于褶抱或合抱，即叶片向内卷曲

时一般不超过中心线。平头型大都是叠抱方式，叶片向内卷曲时一般超过中心线相互叠抱在一起。而直筒型大都是拧抱方式，即叶片抱合时绕中心线旋拧近 1/4 圈。由于抱合方式的不同，叶球的生长过程有以下三种形式。

（一）充实型

叶球外侧的数层叶片较大，在叶球形成初期，整个叶球就接近达到成熟时的大小，以后主要靠内部球叶的不断生长，使叶球逐渐充实。卵圆型和平头型属于此类型。

（二）膨大型

膨大型又称“连心状”，在叶球形成初期外形较小，但较充实。在以后的叶球生长过程中，外叶和内叶同时生长。一般直筒型品种多属于此类型。

（三）中间型

此种叶球的生长方式介于充实型和膨大型中间，一般卵圆型、平头型和直筒型的中间类型属于此类型。

二、叶球形成的内在机制

叶球是一种变态器官，由轮生的叶片相互抱合而成，叶片向内弯曲是叶球形成的显著特征。叶片的两个形态特征直接影响叶球形成，首先是直立叶片的形成，其次是无叶柄的圆形叶的形成。

叶片形态发育主要由植物本身具有的遗传信息和环境因素共同调控。叶球发生是一个复杂的生物学过程，也是环境因子诱导下的形态学反应。生长素在叶片内的不均衡分布、较低的温度和较大的昼夜温差、弱光、短日照及充足的碳素营养都可以促进叶球的发生和发育。一般认为，内源生长素的浓度及其不均衡分布是叶球发育的主要调节因素，光照、温度等外界条件的变化可以改变植株体内生长素的分配，从而间接地影响叶球的发育进程。

（一）叶片形态发育

叶球的形态建成是由叶片形态和叶片方向的一系列变化组成的，由莲座期的以水平叶为主转变为包心期和结球期的叶片逐渐变得直立和向内卷曲，其中结球时期叶片的相互合抱和向内卷曲靠拢是形成叶球的重要因素之一。结球期叶片形态的变化伴随着叶片中脉向内卷曲和叶片形状变宽。发育中叶的拱起得到较老莲座状叶的基部包围远端叶缘的辅助。

莲座后期中顶端分生组织分化成叶原基，结球前期，外层叶片相互抱合并迅速生长构成叶球轮廓，同时叶原基继续分化形成新叶并迅速增加叶数；结球中期，内层叶片数不再增加，但已形成的叶片迅速增大，直到一定大小后，体积不再增加即进入了结球后期。结球初期球叶的分化和结球中期球叶的扩张生长标志着莲座期的结束及叶球器官形成的开始，球叶在结球初期和结球中期及后期均呈现向上或向内卷曲生长，呈半抱合或者抱合状态，分布在叶球周围。

叶球形成是由覆盖在生长点的幼叶累积所致。形态变化和相变的协调确保了叶片曲率的形成。叶球的大小、形状、重量和紧密度及结球时间受到不同遗传基因座的控制。球叶的数量直接影响叶球重，球叶卷曲程度直接影响叶球紧实度。因此，为了成功地形成叶球，必须满足几个形态学上的先决条件：大的单叶片、茎的缓慢伸长率、短叶柄和叶片的高速生长率。

1. 叶形指数　叶形指数（leaf shape index，LSI）用叶长与叶宽的比值表示。在结球过程中，从外叶到球叶，叶形出现有规则的改变，即叶形指数由大变小，叶片由长卵圆形到宽卵圆形。当叶形指数出现明显变小时，是叶球形成的一个形态标志。但不同变种的情况有所不同，如尽管甘蓝、观赏甘蓝和羽衣甘蓝的不同叶位叶片的叶宽、总叶长、叶柄长和叶形指数均在发生变化，但甘蓝上的变化更加显著（图 6-24）。

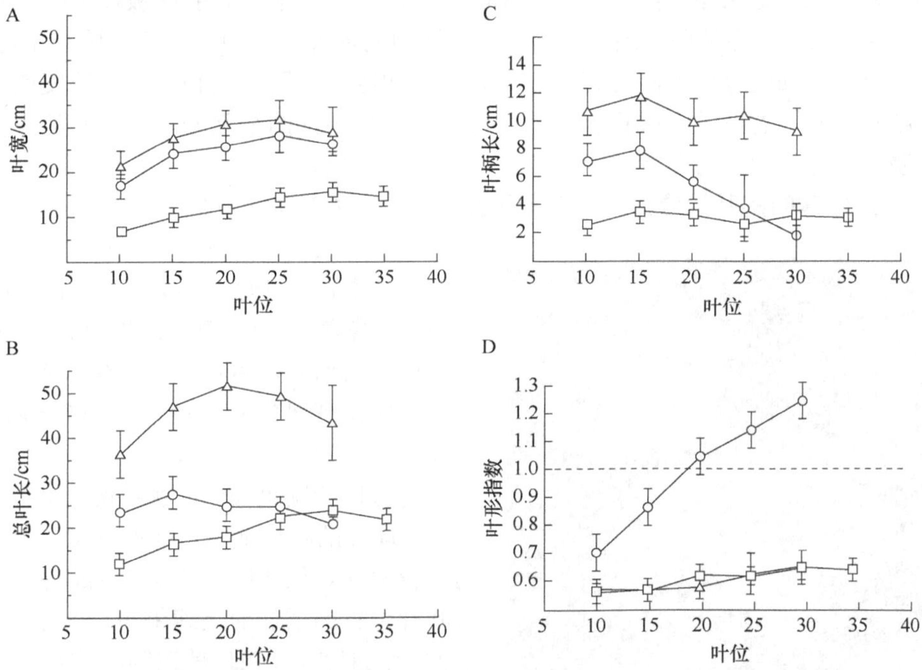

图 6-24　甘蓝（○）、观赏甘蓝（□）和羽衣甘蓝（Δ）叶宽（A）、总叶长（B）、叶柄长（C）和叶形指数（D）的发育规律（Tanaka et al.，2009）

在叶球形成过程中，不同叶位叶的叶形指数由大变小是普遍的现象，而不是必需条件，因为这种叶形的改变在不结球白菜（*Brassica campestris* L. ssp. *chinensis* Makino）中也存在。

对于平头型结球白菜而言，从外叶到球叶开始，叶形指数由大到小；但从外部球叶到内部球叶（心叶），则叶形指数由小到大，即以叶球最外的几片叶的叶形指数为最小，形成一条向下弯的曲线。而直筒种由外叶到结球开始，叶形的改变没有这样明显，但从球叶到心叶，其叶形指数由小变大，而且比长球种或卵球种的叶形指数大。

2. 叶片曲率　叶球形成是叶球类蔬菜产量形成的基础。其中，叶片形状的变化及叶片卷曲和折叠（即叶片曲率）是叶球形成的必要条件，直立叶片的发育与长宽比较低的圆拱形叶片在几何上导致叶片重叠，并最终诱导叶球形成。有研究指出，叶片生长引起的中脉空间变化（即从矩形到六边形，从圆筒状弯曲至平面）会自动诱导直立叶片的发育。由于叶柄长度随着叶片位置的增加而缩短，其原基以绕茎 3/8 旋转的方式产生，导致叶片靠近茎聚集。变宽的叶片在茎周围重叠在一起，互相包裹并保持卷曲形状，直到它们长到足以形成叶球为止。

球叶的形态主要受细胞大小、细胞形状、细胞分裂和扩张的程度与方向的影响。所有形成叶球的植物都会经历由下到内的叶片曲率过渡。叶的背-腹面是叶的相对面，在植物发育中行使着不同的功能。例如，正面主要参与光合作用，背面主要参与的是气体交换。由于叶片平展性与发育过程中叶片背-腹极性（abaxial-adaxial polarity）的分化有着很大的关系，叶片的卷曲主要受到叶片背-腹极性的影响而建立相关基因的调控，如拟南芥中 HD-zipIII 家族转录因子。球叶卷曲形态的发生可能是叶片背-腹极性调控的基因发生突变，导致极性平衡被破坏所致。同时，极性的调控过程与细胞周期活性、细胞大小、细胞分裂速度、细胞分化方向等有关。如果叶片边缘的细胞分裂和生长的速度比中间区域慢，则叶片向下卷曲发育成杯状叶片；反之，叶片中部的细胞分裂与生长的速度比叶边缘的慢，则叶片向上卷曲或边缘褶皱，发育成马鞍状。

3. 开始结球时的叶片位置　叶球形成过程中，外叶与球叶的关系是影响成熟度及产量的重要因素。一般而言，早熟品种需要较少的外叶数，即可开始形成叶球，而球叶数目也较少；晚熟品种要有较多的外叶数，才能形成叶球，而球叶数目也较多，生长期也较长。

图 6-25　甘蓝的形态结构
（Tanaka and Niikura，2006）

开始结球时的叶片位置（leaf position at which head formation started，LPH）对于叶球形成的时期特别重要。也就是说，随着叶位的增加，球叶的叶柄变短，叶形变宽，形成独特的发育模式。低 LPH 的早结球品种，叶柄随着叶片位置的增加而迅速缩短，外层叶片在较低的叶位变宽。LPH 是控制叶球形成早期的基因表达的指标（图 6-25），同时叶片重量也在发生变化（图 6-26）。因此，这种叶片发育模式是决定叶球形成早期的重要特征。

4. 茎长　茎长是影响结球的一个重要形态因子。结球期维持短缩茎以便多层叶片集合在一起。促进茎伸长（抽薹）的环境条件，如长日照和高温，会阻碍叶球形成。在耐抽薹结球莴苣没有出现之前，结球困难是夏季栽培结球莴苣的主要问题。

（二）激素

植物激素作为一种化学信号对植物的多种形态建成有重要调控作用。在叶球发育过程中，叶球形成与植物激素信号转导相关基因及叶片不同极性（背性和腹性）形成的基因高度相关。

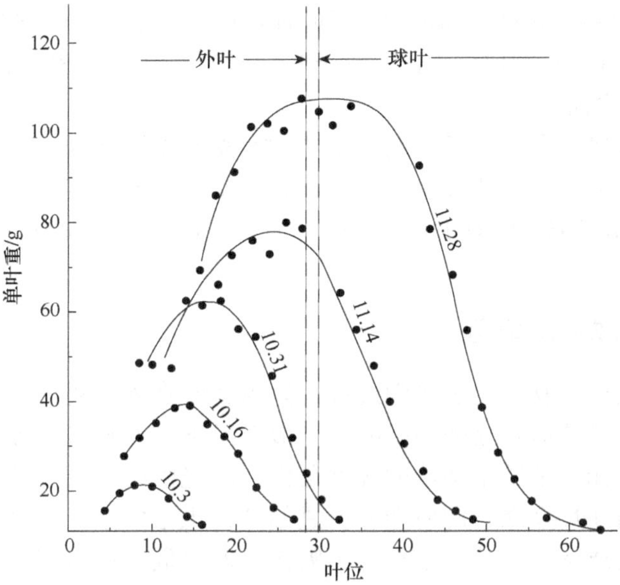

图 6-26　大白菜（‘城阳青’）不同叶位叶的生长与叶球形成的关系（李曙轩等，1986）

各曲线上的数字代表日期，如 10.3 是指 10 月 3 日

1. 生长素　其中，生长素 IAA 的极性运输对叶片背-腹极性的建立有着关键的调节作用。由于生长素的分布受到光照影响，生长素在黑暗条件下容易积累。在叶球生长后期，顶生叶被外叶遮护，叶的背部接受的光照较少，生长素浓度高，生长较腹部的快，导致叶片向内抱合卷曲生长，形成叶球。

此外，外施植物生长素 NAA，发现叶片对生长素的反应比较敏感。当将 NAA 涂在叶的外侧时，叶向内弯；而涂在叶的内侧时，叶则向外弯。弯曲的程度又因涂的位置而不同。不论是向内弯或向外弯，都是以涂在叶片顶端的效果最大，也最敏感，叶片中部的次之，而涂在中肋基部的效果最小，也最不敏感（图 6-27）。这说明叶片内外生长素分布的差异与叶片弯曲度相关。

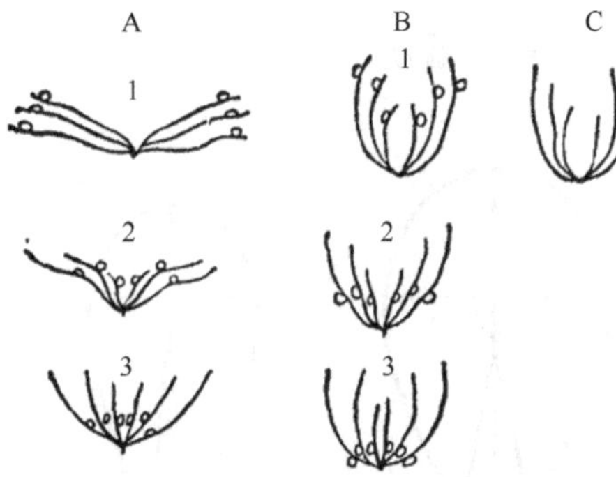

图 6-27　用 NAA 羊毛脂对大白菜叶的不同部位处理后所表现的弯曲情况（Ito and Kato，1957）

A．处理叶内侧；B．处理叶外侧；C．对照。“○”代表处理位置，1、2、3 分别为叶的顶端、中部及基部

不同部位及不同年龄的叶片，对生长素处理的反应也不同。一般是以成熟的中内部叶反应敏感，而老的外部叶及幼嫩的叶球叶反应较迟钝。这与植株结球时叶片内部的内源激素含量分布一致。同时，向结球类蔬菜中转入生长素相关基因可提高转基因植株的生长素水平，促进叶球的提前发生。而且产生的叶片更多，叶球更重。

叶片弯曲的原因，除与生长素的含量有关外，也随叶内碳水化合物含量的增加而加强；但是如果叶内氮的含量高，弯曲的程度反而减弱。

2．赤霉素　赤霉素被认为也参与了叶球形成的调节。在结球莴苣叶片喷洒 GA_3，叶片边长变小，叶片的长宽比增大，不利于叶球形成。但在甘蓝叶片上喷洒 GA_3，却利于叶片直立和向内弯曲。

叶球大小、形状、重量和紧实度及结球时间受到不同基因控制。最近几年，随着分子生物学技术的进步，叶球形成的分子机制开始被研究，有些参与叶球形成的基因或转录因子（如 BcpLH、BrTCP）被发掘，但它们在叶球形成中的确切作用仍需进一步证实。

三、影响叶球形成的环境因素

叶球的发生是一个复杂的生物学过程，除植物激素外，温度、光照、水分和矿质营养等环境条件都对结球有显著的影响。一般情况下，低温可以促进结球，而高温可以推迟结球，10～20℃是适于结球的温度范围；若光照强，则叶片平展不直立会延迟结球，光照弱，则叶片直立且向内卷曲促进结球；土壤中水分缺少时植株叶形指数变小，促使其过早地结球，但叶球较小、不紧实、产量低、质量差，水分过多则延迟结球；矿质元素对于结球的作用很大，如果缺乏则很难形成叶球。不同的矿质元素对于叶球结球的作用是不同的，其中最重要的是氮、磷、钾元素，特别是氮肥对叶球形成的作用更大。

（一）温度

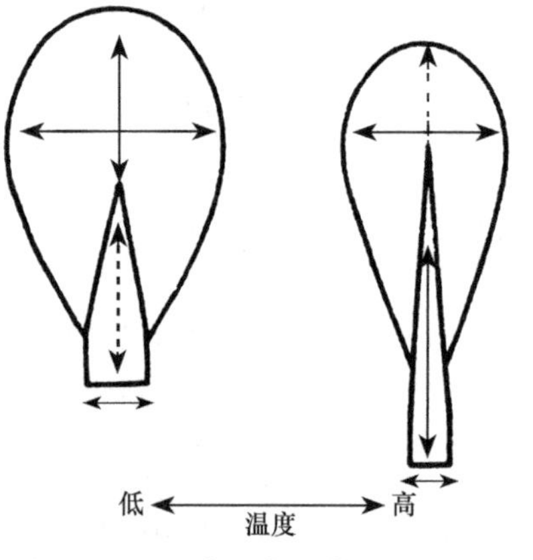

图 6-28　温度对大白菜叶片和中肋生长的影响示意图（大竹良知，1982）
实线表示生长快，虚线表示生长慢

一般而言，结球类蔬菜性喜冷凉，其生长适温范围较宽。一般在月平均气温 7～25℃的条件下能正常生长和结球。不同生长阶段叶球发育所需温度不同。叶球生长初期主要是球叶数的积累和叶片的扩张，所需温度较高，以使叶片充分展开，增加形成叶球所需的外叶数，而在生长后期需要较低的温度及较大的昼夜温差，有利于同化物质的积累，促进叶球的膨大紧实。昼、夜温度对叶形和叶球有不同的影响。昼温高，叶形变长而推迟结球，叶子发育快，寿命短；夜温低，叶形变扁，叶形指数变小，有利于结球。就单叶来看，在低温条件下，叶片宽向生长快而伸长慢；低温抑制中肋伸长，促进中肋的加宽加厚，叶形指数变小，利于结球（图 6-28）。

高温条件，尤其是高夜温，植株同化作用效率降低，呼吸消耗增加，导致基部叶片枯黄脱落，外茎延长，叶球变小，包心不紧，从而降低产量和质量。同时，低温虽能促进结球，但温度不是越低越好，温度过低不利于光合产物的形成反而推迟结球。适于大白菜结球的温度一般为 10～20℃，甘蓝为 16～18℃，而结球莴苣的结球在 10℃更有利。形成紧实硕大的叶球，整个生长期还得满足一定的低温积温要求，否则容易使叶球松散。不同熟性的品种对积温的要求不一致，早熟品种一般要求积温较少，晚熟品种要求积温较多。温度低时生长期相应较长，温度高时生长期相应较短。

（二）光照

不同的叶龄、叶的部位、叶腹面和背面的差异及叶面积，对光照的反应不同。叶片卷曲幅度与光照变化有关，光照变化越显著，叶片卷曲幅度越大。壮龄叶对光照最敏感，未成熟嫩叶和老叶则对光照反应迟钝（即使光照变弱也竖立不起来）；叶尖部分或叶背面对光照较敏感，越接近叶柄部位则对光照反应越迟钝（即便光线直照叶腹面，叶片也很难展开）；叶面积越大，对光照刺激的反应越强。

光照强度对叶形也有影响。弱光照条件下，叶片趋向于长而窄，叶形指数变大。当光照强度不断增加时，叶片变得越来越宽，叶形指数变小。例如，结球莴苣在高温强光照条件下，叶片趋向于变宽，而在高温弱光照下，叶片变长，因此弱光照不利于结球。

另外，强光照促进叶片平展，推迟结球；弱光照使叶片直立并向内卷曲生长，促进结球。强光照有利于增强叶球的同化作用，提高产量和质量。若光线不足，易使结球不整齐或结球松散。不同生育期对光照的要求不同，尤其是莲座期顶端分生组织分化成叶原基时期，需要最大限度地捕捉到光能用于叶片的生长以保证叶片背-腹极性的建立，光照不足会导致叶片扩张小，使得叶球较小甚至不产生叶球。一般中等光照较好，在叶球形成过程中，通过外叶遮挡阳光，从而降低了内叶的光照强度，特别是内叶基部的光照强度，促进了内叶向内弯曲、进一步形成叶球。

此外，光照长度也影响结球过程。结球类蔬菜大多属于长日照作物，在未经春化阶段的情况下，长日照有利于生长。短日照能促进叶片竖立起来，但短于4h的过短日照长度由于进行光合作用的时间不足而不能满足叶片生长的需要，叶片的竖立反而受到抑制。如果为促进结球而进行短日照处理时，要注意采用毫不阻碍叶片继续分化和生长的栽培方法或处理时间得当，否则反而会推迟结球的开始时间。

在同样的光照强度下，不同光质对结球类蔬菜叶片的卷曲也有不同的影响。红光相当于弱光的作用，一般红光下叶片易卷曲，利于结球；蓝紫光则相当于强光的作用，促进叶片竖立推迟结球。秋季红光多而春季蓝光多，因此秋季较适宜栽培大白菜、甘蓝、结球莴苣等形成叶球的蔬菜。

（三）水分

土壤水分状况会影响植物的光合作用、矿质元素吸收等诸多生理活动，从而影响生长发育。结球甘蓝、大白菜、结球莴苣等结球类蔬菜的根系较浅，叶片较大，蒸腾量多，适宜较湿润的栽培环境。生长期间尤其是结球期供水不足，会严重影响叶球的形成和生长，从而影响叶球产量和品质。但土壤水分过多，根的吸水作用受到阻碍，反而使叶细胞的水分不足，结球中的叶球也会出现松散现象。疏松、透气、保水、保肥的土壤利于结球。如果土壤通气性不好，土壤水分过多或过少，即使已结球的叶球也会重新松散开。一般当空气相对湿度在80%～90%、土壤湿度在70%～80%条件下，叶球生长得最好。如果土壤水分不足，再加上空气干燥，容易引起基部叶片脱落，叶球小而松散，甚至不结球，严重影响叶球的形成、产量及品质；若土壤水分过多或空气湿度较高，极易引起软腐病等病害发生。

（四）矿质营养

叶球形成需要均衡的矿质营养供应，尤其是氮、磷、钾营养。叶球形成过程中全生长期需氮、磷、钾的比例约为 3∶1∶1.5。不同生育期需要的主要矿质元素不同，在生长中前期消耗氮素较多，莲座期达到高峰；进入结球期则需较多的磷、钾。缺氮素，叶球不能正常发育，结球叶片少而空松；缺钾素，叶缘带赤褐色而干枯，叶片小而卷曲，结球松散，成为空球；缺磷素，叶缘发生干边，也会造成空松球。

氮素是构成蛋白质和叶绿素的主要成分，增施氮肥可以促进细胞分裂和植株生长，延长叶片功能期。研究表明，在水培条件下，氮的浓度在 0～50mg/L，甘蓝叶球的重量随着氮浓度的增加而增加；氮的浓度在 50～500mg/L，叶球则随浓度的增加而降低。如果外叶含氮量低于 1.3%，叶球的重量则大幅度下降，甚至不能形成叶球。结球后期氮肥过多还会引起叶球畸形，使叶球表面开裂。

磷素是核蛋白和磷脂的组成部分，多施磷肥能够加速细胞分裂，促进根系的生长发育，增强根系的吸肥能力，并调节氮钾代谢，对叶原基的分化有促进作用，可增加球叶数量；不同的生育期缺磷对结球的影响也不同，莲座期和结球前期缺磷对结球的影响最大，其他时期的影响较小。

钾素可以调节气孔开闭，促进叶片与外界物质的交换，提高光合作用，并能促进同化产物从源器官（外叶）向库器官（叶球）的运输，使叶球充实，从而提高叶球产量。钾不足时光合产物运转受阻，结球不充实。增施钾肥还可以使植株机械组织发达，提高抗逆能力。白菜、甘蓝的结球对钾的需求量很大，在水培条件下钾浓度达到 500mg/L 时，叶球的重量也不会明显下降。钾的浓度低于 1mg/L，植株叶片内钾的含量少于干重的 0.3% 时，不能形成叶球。在莲座期和结球前期对钾的要求相当严格，如此时严重缺钾，即便在结球中、后期增施钾肥，也几乎不形成叶球。

钙、镁、硫等其他矿质元素也会影响叶球形成过程。当土壤中有机肥含量大于 1.3%，速效氮磷为 80～100mg/L 或以上时，可以有效促进叶球的形成。

四、叶球形成的生理障碍

（一）干烧心

干烧心（tipburn），又称内部顶烧病、内腐病、心腐病，是结球叶菜的一种生理性病害。干烧心的典型症状是：内部正在生长的幼叶边缘坏死，而外叶生长正常。部分心叶边缘处半透明、变黄、枯萎，向内卷缩，叶肉呈干纸状。发病严重时，内部病叶腐烂，变成内部空心的扫帚状。干烧心是由不良环境条件导致的植株体内生理缺钙而引起的，在生长和贮藏期间均可能发生。发生干烧心的正在膨大的幼叶的钙含量低于外叶，而且同一叶片发生干烧心部位的叶片钙含量显著低于邻近未发生干烧心部位的钙含量。

Ca^{2+}是细胞壁的结构成分，对维持细胞壁结构的完整性非常关键，同时，它也是细胞功能的信号分子，因此缺 Ca^{2+}会导致细胞坏死。一般认为，Ca^{2+}缺乏是由植物细胞所需的 Ca^{2+}和根区提供的 Ca^{2+}之间的不平衡造成的。植物是否缺钙，既与植物本身因素有关，与外界条件如气候、土壤、肥料、播种期等也有密切的关系，是多种因素相互作用的结果。

根系吸收 Ca^{2+}的减少一方面与根区 Ca^{2+}的浓度有关，另一方面也与根系吸收 Ca^{2+}的能力差异有关。很多情况下，干烧心发生是由于根系不能有效地吸收 Ca^{2+}，尽管根区有足够的 Ca^{2+}。阻碍根系吸收 Ca^{2+}的因素较多，如土壤中存在大量氢离子或 pH 的剧烈变化会伤害根系，富营养（如施用过多的氮肥）会导致营养元素比例失调，铵态氮过多引发的毒害会限制植株根系发育。土壤温度不适合根系生长，盐渍化等会影响根系对 Ca^{2+}的吸收。此外，天气干燥时土表累积的盐分，使根区盐分浓度增大，而钙的比例减少，在水分过多时钙又被淋出根区，产生缺钙现象。NH_4^+和 K^+对根系吸收 Ca^{2+}有拮抗作用。如果土壤中存在大量的 NH_4^+和 K^+，根系就会过多地吸收它们，Ca^{2+}的吸收就会相对被抑制。

Ca^{2+}是植物细胞壁的成分，一旦固定在细胞壁就不可移动。因此，Ca^{2+}不能轻易从 Ca^{2+}充裕的组织转移到 Ca^{2+}不足的组织中，而且不同组织通常竞争根系吸收的钙。有时虽然根吸收大量的钙，但只有很少一部分 Ca^{2+}运转到叶球内部叶片中，内叶缺钙而不能由外叶转移，会造成内叶干枯。

钙的运输与分布受蒸腾的影响，因为根系吸收的钙及其他矿质元素通过蒸腾作用在木质部运输，然后供应茎和叶片生长。一般情况下，蒸腾速率越大的部位获得的钙越多。因此，任何影响植物叶片蒸腾速率的因素都会影响钙的吸收。

植物幼叶是否缺钙一方面依赖于钙的供给，同时也取决于叶片对钙的需要量。植物生长速度快，对钙的需求量大，会增加干烧心发病的风险。温度升高，植物生长速度加快，因此通常高温下干烧心的发生率提高。其他影响植物生长速度的因素也影响干烧心发生，如种植密度较低时干烧心发病率高，温室栽培的结球莴苣的干烧心发病率高于露地栽培的。降低植物生长速率的措施，如低温、弱光及低氮肥施用，或应用植物生长延缓剂 PP_{333} 等，都可能降低干烧心发病率。

中部的幼叶生长速率快，对 Ca^{2+}的需求量大，如果植物不能提供足够的 Ca^{2+}，就易发生干烧心。在植物最适的生长环境中，植物生长速率较快，更倾向发生钙缺乏，因为供给的量不能跟上植物细胞所需要的钙的增加量。

钙的运输需要水分。外叶白天蒸腾速率较高，随蒸腾流进入外叶的钙明显增多，有足够的钙供应，外叶则不易缺钙。中部的幼叶由于蒸腾速率较弱，随蒸腾流入内叶的钙较少，故内部叶容易缺钙；由于心叶、茎尖上的分生组织活跃，可以促进钙运往嫩叶和生长点，因此，即使生长点和嫩叶的蒸腾速率很低，也具有获得足够的生长所需的钙的能力，而且夜间外叶蒸腾基本停止，相对湿度升高，白天失水的心叶通过根细胞的渗透压力，重新获得水分，钙也就输向心叶，所以心叶很少发病；在贮藏期间，因没有新的钙源补充，老组织的钙也不易重新向生长点再分配，心叶代谢也较慢，再加之心叶钙含量很低，心叶也往往发病较重。

干烧心是高温地区栽培大白菜和结球莴苣会遇到的严重问题。在高夜温条件下，植物对干烧心更加敏感，特别是接近成熟收获时期时。蒸腾作用过强（高温、高光照强度或干热风条件），会加重干烧心的发生率和严重程度，而低温可推迟或防止干烧心的发生。显然，如果温度发生变化，在一段较长时间的低温之后突然出现温暖天气，或者几天高温低湿度，就会有更大的干烧心风险。

温度通常和其他因子一起影响干烧心的发生。氮肥施用量过多且高温干燥时，一方面土壤溶液浓度会增加，另一方面因为土壤中微生物活动受到抑制，部分铵态氮被根系直接吸收，相应抑制了 Ca^{2+}的吸收，引起干烧心。

此外，提高光照强度和延长光周期时间将提高干烧心发病率和发病严重程度。在相同的日辐射总量下，较长的光周期可能比高光照强度诱发更多的干烧心。

一般较高的相对湿度和干烧心发生呈正相关。同样，导致气孔关闭的炎热干燥环境会抑制蒸腾作用，进一步阻止钙从根向茎部转移，干烧心发病率较高。根细胞的渗透压也利于从根系吸收水分转移到茎、叶。尽管根压张力比蒸腾流的力要小很多，但根系渗透压在夜间吸水上起到非常重要的作用。因此，水分和盐胁迫、低温和低氧会引起根系活力下降，进而引起缺钙。因此，保持充足的土壤水分及降低夜间土壤溶液的渗透压是使水分吸收最大化的两种方法。

所以，不管是土壤本身缺乏钙素，或由于各种原因抑制了植物对钙的吸收，如土壤酸化、板结、盐渍化、离子之间的拮抗等，都会引起根系吸收钙素受阻。

土壤状况如充足的水分和肥料，利于植物生长时，会促进干烧心的发生。高氮肥，特别是高铵态氮比硝态氮更利于干烧心的发生，但干烧心发生和增加的氮肥用量之间并非呈正相关。另外，严重的干烧心发生也与不利于植物生长的土壤条件有关，如高湿之后的短暂干旱、缺水、土壤紧实板结、盐碱化等。

由于钙在植物中的移动性较差，防止干烧心的发生也就成为一个难题。生产上对叶球干烧心的防治，通常以综合防治为主。选用抗干烧心品种被认为是实用且有效的防止干烧心发病的措施。不同品种间干烧心的发病率有差异，有些品种吸收、运转钙素的能力较强，不易发生干烧心。有报道认为，发病似乎与球形指数有关，球形指数大者较抗病，但天津的‘青麻叶’也易感病。

土壤施用钙肥通常不能防止或缓解干烧心的发生，除非土壤极度缺钙。叶片喷洒钙盐（如 0.7%氯化钙溶液）通常对防止结球不紧实的叶球（如结球莴苣）的干烧心有效果，但对防止结球紧实的叶球（如甘蓝、大白菜）的干烧心症状没有效果，或有稍微的缓解作用，但喷洒次数较多（一周一次或更频繁），且在整个生长期都要喷洒。干烧心是否发生不仅取决于供应给叶片钙的多少，还与叶片的生长速度有关。

栽培上，要选择土质疏松、排水良好的地块，尽量不选地势低洼的盐碱地。适当增施石灰，防止土壤酸化，增施有机肥，使土壤的有机质含量保持在 2.5%～3%为宜，增强土壤通透性；采用小水勤浇的方式，保证均匀供水，尤其是莲座期应注意土壤湿度的变化，避免大水漫灌，雨后及时排除积水。雨水多的年份要适当中耕，并延长蹲苗天数，干旱年份则应缩短蹲苗期，并及时浇水。气温高时，包心期开始折外叶覆盖叶球，可减少白天过量的蒸腾作用。另外，要注意氮、磷、钾肥的配合施用，避免氮肥施用过多，以免影响钙素吸收；必要时增施钙肥如过磷酸钙、硝酸钙和氯化钙，追施硼肥，可促进钙的吸收，减少发病率。

（二）裂球

裂球是生长在植株上的成熟叶球叶片无规则断裂的结果。当植株叶球生理成熟后未及时采收，或结球后期遇到高温和水分过多的环境，叶球外部叶片已达到成熟，而内部叶片仍在生长扩大，且莲座叶和根系继续提供养分促使茎生长，迫使叶球内部对外部产生一种机械压力，导致叶球叶片由外向内逐渐开裂，产生裂球现象。茎生长是二年生植物的一个正常现象，即使在没有遇到足够的低温导致花芽分化时，茎仍会生长，这似乎是其周期性生长的构成部分，也为裂球的发生提供了形态基础。

叶球之所以易裂，主要是由植物品种自身的遗传特性决定的，亲本裂球性状可遗传后代。基因加性效应、非加性效应都对甘蓝的耐裂球性状起了重要作用，且是以加性效应为主的，其加性效应所占比例随着叶球在田间持续生长时间的延长而增加。至少有三对基因控制裂球，基因的作用大半是累加的，但早开裂为不完全显性，狭义遗传力估算为47%。生育期短的早熟品种更易裂球。易裂品种与耐裂品种在球叶片表面微形态和细胞组织结构上的表现呈显著差别。开裂叶球与正常的叶球表皮相比，保卫细胞四周的角质层较为平坦；细胞壁较薄，叶肉细胞较大，且形状不规则，排列疏松，细胞间隙较大，木质化程度较低，上下表皮细胞都有个别突然加大或变长，裂口一般都出现在这些加大或变长的细胞。

叶球生长发育受水分的调节，而叶球含水量受到土壤水分和空气湿度的双重影响。叶球细胞吸水过多而胀裂是叶球开裂的主要原因。在结球后期，叶球组织脆嫩，木质化程度低，一旦细胞吸水过多，叶片的柔韧性大大降低，就会造成叶球开裂。尤其是土壤水分不足时，突然降雨或灌大水更易造成叶球开裂。温度对裂球发生也有影响，气温过高过低、忽高忽低均易造成裂球，温度高比温度低更严重。施肥量、灌水次数及栽培密度也均与裂球发生存在一定的关系。在水分充足的情况下，施肥及采收期对甘蓝裂球的影响不显著，但过量或频繁施用氮肥，使代谢生长旺盛，也易发生叶球开裂现象。叶球裂球情况随着施肥量和灌水次数的增加而加重，而裂球率和裂球指数与栽培定植密度呈负相关，栽培密度越低，裂球越严重。

结球期叶球细胞内的总钙含量和 Ca^{2+}分布的空间变化共同影响叶球生理发育过程和裂球状况。从甘蓝结球开始到中后期整个过程中，易裂品种的总含钙量低于耐裂品种，并且总含钙量与裂球指数呈显著负相关。另外，易裂品种和耐裂品种球叶细胞内 Ca^{2+}运动的空间趋势基本相同，但易裂品种的细胞内 Ca^{2+}分布的空间性变化比耐裂品种的快。肥料用量，尤其是氮、钾对叶球形状及紧实度有影响，而叶球的紧实度高易引起裂球，因此叶球形成期间氮、钾肥过多会导致裂球，生育后期肥水充足的田块也易发生裂球。此外，有研究表明结球期耐裂品种的 GA_3 和 IAA 含量始终比易裂品种的高，特别是在结球后期，较高水平的 GA_3 和 IAA 有利于维持外部叶球较高的生长能力，从而增强了其承受内部叶球较强的生长应力，使裂球潜力降低。

植物的裂球受遗传、生理特性和环境等多种因素影响，因此生产上需要在植物生长各个阶段通过综合防治措施减少裂球的发生。

裂球是受遗传性影响的特性，所以选育抗裂品种是应对裂球的根本措施。要根据当地的气候条件、茬口安排及消费者习惯等选择适宜的品种栽培。一般尖头型和扁球型品种不易裂球，圆头型、平头型品种裂球较多，但也有些圆球品种表现得非常耐裂。晚熟品种相比起来较耐裂球。在春季栽培早熟品种，秋冬季栽培早、中熟品种，若定植过早，加上采收不及时，都可严重引起裂球，晚熟品种相对不易裂球。

另外，要确定适宜的播种期，使叶球成熟期避开当地的阴雨季节，并适时采收，尽量避免裂球的大面积发生。不能适时采收时，可采用割去外叶、动摇叶球、松动根系的办法，减缓叶球内部叶片的生长，或采取切根的方法和所谓“扭伤”处理，防止裂球发生。同时，结球叶菜叶片大，蒸发量大，需水量较大，在栽培期间，要多次灌水，适量灌水，以经常保持土壤湿度在 70%～80%为宜，而且水分供应应当均匀，防止土壤过干过湿。采收前 10d 左右应注意控水，使土壤水分处于充足而稳定的状态，不使表皮细胞生长停止过早，尽量避免干旱后大水漫灌造成的土壤水分急剧变化，可减少裂球。选择地势平坦、排灌方便、土质肥沃的土壤，施足基肥，增强土壤保水、保肥能力，对植株的生长有利，也可减少裂球发生率。

（三）空球

结球叶菜叶球不紧实与多种因素有关。生产上播种期不当，如播种过早，温度过高，呼吸作用旺盛，同化物质积累少，或播种过晚，生育期缩短，温度偏低，积温不够，叶球不易充实，均易形成松球或空球现象。再则，光照时数过长，叶片的生长趋于平展，不利于结球，也会形成松球。肥水不足，根系吸收肥水发生障碍，如缺乏氮素、缺氧和缺钙致使叶球生长量小，叶球发育不良；土壤中缺钾，内叶变褐或干枯，叶球内部的叶片变小而卷曲，因而使叶球松散，也易发生空球现象。由品种混杂而产生的空球，是品种不纯所致。

选用纯度高的种子、严格播种期、保证肥水供应，是克服空球的有效措施。在采种和杂交制种时，一定要严格按照隔离区的要求种植，建立高标准留种田，防止品种混杂和退化。必须通过年年选育良种，建立良种繁育体系，不断保持和提高种性，促进品种的良种化。根据结球类蔬菜的品种特性、茬口安排和地理纬度，确定适宜的播种日期，防止播种过早过晚。结合选择配套的育苗方式，以充分利用有利条件，避开不利条件，防止形成松球。在肥水管理上，既要施足底肥，又要分次追肥，并注意氮、磷、钾的施肥比例和时期。特别是在莲座期和结球期，都要有充分的肥水供给，保持土壤有充足的水分，还有利于降低温度。

第六节　鳞　茎

葱属（*Allium*）植物中的很多种类是重要的蔬菜作物，主要有大蒜、洋葱、葱、火葱、韭葱、韭菜、藠头等。洋葱和大蒜是最重要的两种葱蒜类蔬菜，洋葱是世界第四大蔬菜作物。葱蒜类蔬菜食用产品器官为叶片或鳞茎。洋葱、大蒜、藠头等是主要生产鳞茎的蔬菜。

一、鳞茎及其形成

（一）结构类型

鳞茎（bulb）是一种扁平或圆盘状的，节间极度短缩，由短缩茎盘上着生肉质的鳞叶（scale leaf）包被的变态茎。鳞茎上部叶鞘抱合成假茎，真正的茎位于鳞茎基部，极其短缩，呈圆盘状或扁圆锥状，称茎盘或盘状短缩茎，茎节间极短；茎盘上部环生多数圆筒形肉质肥厚的鳞叶（叶鞘），其叶腋间着生有腋芽，茎盘幼小时只有一个芽（主芽），鳞茎膨大生长后，鳞芽可继续生长并分叉，分裂出 2～8 个幼芽（侧芽），每个腋芽包括几片尚未伸展成叶片的闭合鳞片和生长锥，也称鳞芽；茎盘基部着生白色弦线状根，浅根性，须根系，根毛极少，分枝力弱。

鳞茎有两种基本类型：一是洋葱型，由着生于茎盘上的叶鞘基部膨大而成，但四周的鳞叶不成显著的瓣，而是整片将茎紧紧围裹，其最外的 5～6 层鳞片占鳞茎总重量的绝大部分（图 6-29），洋葱、火葱、藠头、水仙、石蒜等属于此类；二是大蒜型，由着生于鳞茎盘上的数个（或一个）肥大的由叶鞘膨大而形成的腋芽组成，一个鳞茎盘上可以有腋芽 4～8 个或多达几十个，营养物质贮藏其中，腋芽之外的膜质部分是鳞片状叶（图 6-30），大蒜、百合等属于此类鳞茎。鳞茎是营养贮藏器官，也是繁殖器官。

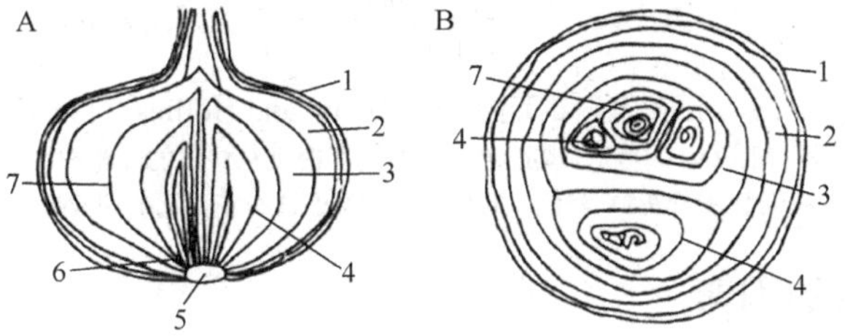

图 6-29　洋葱鳞茎的结构（李曙轩，1979）

A．纵切图；B．横切图。1．干外叶；2．肥厚叶；3．贮藏叶；4．侧芽；5．短缩茎（茎盘）；6．萌芽叶；7．主芽

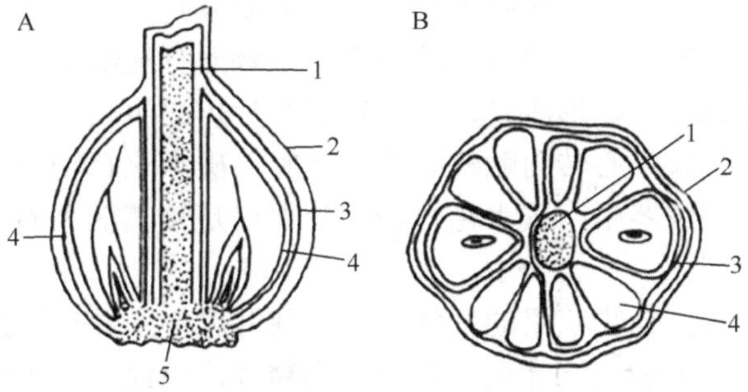

图 6-30　大蒜鳞茎的结构（李曙轩，1979）

A．纵切图；B．横切图。1．花茎；2．终止叶前叶；3．终止叶；4．蒜瓣；5．短缩茎（茎盘）

鳞茎也可分为有被鳞茎和无被鳞茎。前者鳞片阔，内层被外层完全覆盖，如大蒜和洋葱等；后者鳞片狭，呈覆瓦状排列，外面无被覆盖，如贝母、百合等。

（二）形成过程

鳞茎形成实际上是鳞茎类植物形态建立过程中的特异化发育，是植物特定基因表达的结果。鳞茎开始形成的一个明显特征是起始叶发育成无叶片的“鳞片”，可通过首次出现的“叶片比率”［叶片长（*B*）/叶鞘长（*S*）］不一致来判别（图 6-31）。通常，起始叶的 *B*/*S* 低于正常比率与外叶鞘明显膨大和之后的“鳞茎比率”（最大鳞茎直径/最小叶鞘直径）的快速增加一致。和叶片比率相比，鳞茎比率的测定是非损伤性的，因此在研究鳞茎形成中被更多地应用。但是，第一个叶片比率低于正常比率的叶片的发生并不总是和达到某一特定鳞茎比率相关。一般鳞茎比率大于 2 被认为鳞茎开始形成。

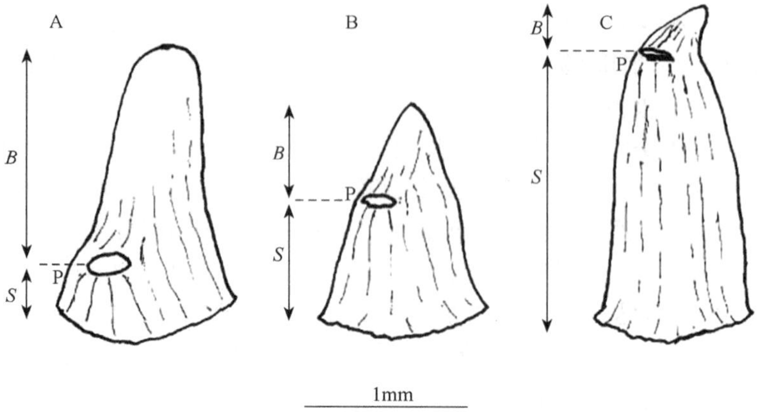

图 6-31　正在发育的起始叶（Heath and Hollies，1965）

A．叶片生长期；B．鳞茎形成早期；C．鳞茎形成期。P 是叶片生长时期从包裹的叶鞘产生下一个叶片的小孔。鳞茎形成的特征是叶片比率（*B*/*S*）降低。起始叶片的 *B*/*S* 低于正常比值即成为“鳞片”

二、影响鳞茎形成的因素

（一）同化物积累

在鳞茎形成过程中，鳞茎组织碳水化合物不断积累是最明显的变化。在鳞茎形成之前，洋葱叶片冠层快速发育时，约 3/4 的地上部干物质分配给了叶片，其余的分配给了茎基和叶鞘。当鳞茎鳞片开始形成时，已发育的叶片仍在生长，但分配给叶片的干物质会慢慢降为零，所有生长中心转向贮藏鳞片。此时，碳水化合物及含氮化合物由叶身运转到叶鞘，然后积累到鳞茎中。碳水化合物的积累仅是鳞茎膨大的物质基础。单糖逐渐转化为贮藏形式的双糖。

外界利于植株碳水化合物积累的条件均能够使叶鞘变厚并提高鳞茎比率。此外，在主茎鳞片形成前，侧茎上的起始叶也可发育成为鳞片。因此，在主茎停止新叶发生前，有很多侧茎的鳞茎比率可以不断增加。这一过程的发生受栽培环境温度的影响。

（二）遗传因素

洋葱的鳞茎形状和大小性状是数量遗传性状。鳞茎形状指数（鳞茎高 / 横径）具有中高（44%～59%）的广义遗传力，而鳞茎重量、高度、直径等的遗传力为低到中等，鳞茎高与形状指数呈负相关。同时鳞茎形状和大小也很大程度上受环境因子的影响。

洋葱中的开花和鳞茎形成受不同的 *FT*（FLOWERING LOCUS T）基因调控。春化促进开花的效果与 *AcFT2* 表达的上调相关，而两个拮抗的 FT 类基因（*AcFT1* 和 *AcFT4*）调节鳞茎的形成，其中，*AcFT1* 促进鳞茎形成，而 *AcFT4* 抑制鳞茎形成。长光照会导致 *AcFT4* 的下调和 Ac*FT1* 的上调，从而促进鳞茎形成（Lee et al.，2013）。

（三）环境条件

1．光照

（1）光周期　20 世纪 20 年代，加纳（Garner）和阿拉德（Allard）发现鳞茎形成受光周期调节。光周期长短对鳞茎形成有着决定性的作用，鳞茎的分化及膨大都依赖于长日照（long day，LD），LD 是洋葱诱导鳞茎形成的必要条件。延长光照时间，可以加速鳞茎的发育和成熟，促进叶身和叶鞘上端的营养物质下移，使鳞茎迅速膨大。依据洋葱鳞茎形成对日照长度的敏感性可将其分为短日型和长日型，短日型所需光照时间为 12～13h/d，长日型则在 13h/d 以上。通常，温带洋葱在短于 11h/d 的光照长度条件下，鳞茎难以形成。实际上，在特定的光周期下，高温条件下鳞茎形成速率更快。

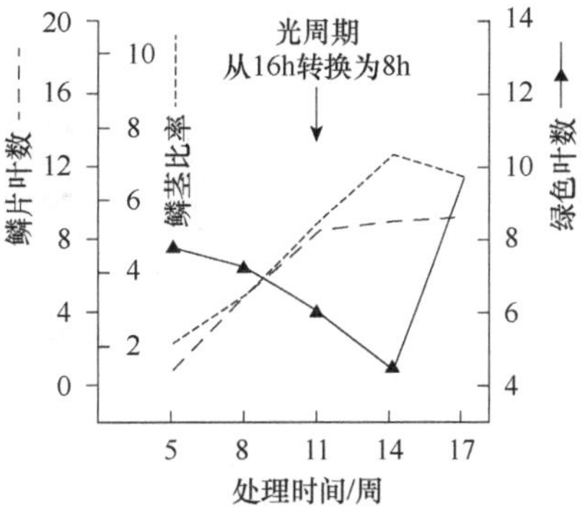

图 6-32　光周期从 16h 转换到 8h 对洋葱（品种‘Rocket’）鳞茎形成的逆转效果（Wright and Sobeih，1986）

为了使鳞茎充分膨大形成，洋葱叶片必须连续不断地处于诱导鳞茎形成的光周期条件下。如果植株转移到短日照非诱导光周期下，绿色叶片可以恢复生长（图 6-32）。

LD 对洋葱鳞茎形成的诱导作用是决定性的，且不受苗龄大小的影响。例如，刚出土的洋葱幼苗用 24h 光照处理 8d 就可以形成小鳞茎。大量证据显示，苗龄越大，植株鳞茎形成对光周期的反应越敏感。大蒜鳞茎形成也需要 LD 条件，如果日照时数不足，大蒜将继续分化新叶而不形成鳞茎。

鳞茎形成对光周期的要求不仅在不同物种间存在差异，不同品种也不同。在洋葱上已发现，不同品种间鳞茎形成对光周期反应存在很大差异。

（2）光照强度　LD 对鳞茎形成的效应因光的强弱而异。在一定的 LD 条件下，强光照比弱光照更易于形成鳞茎。光照过弱，则 LD 效果明显下降，甚至不能诱导鳞茎形成。

光照强度对于鳞茎形成的效应可能主要在于影响鳞茎的膨大和充实。碳水化合物的积累是鳞茎膨大的基础，光照越强，光合速率越大，合成的同化产物就越多，确保了鳞茎膨大对营养的需求，鳞茎形成得以加速进行。在鳞茎膨大过程中，植株根、叶干重不断降低，说明干物质不断向鳞茎部位转移。但对于鳞茎形成的诱导，即使较弱的光照，只要光照时数在临界日长以上，也可形成鳞茎。

弱光照不利于大蒜腋芽的形成和发育，会减少大蒜蒜瓣数量。

（3）光质　很多植物发育过程受光质的调控。植物光敏素的光平衡态中值与光质关系很大，通常以光通量密度（PFD）和红光/远红光（R/FR）值来衡量。在特定光周期条件下，洋葱鳞茎膨大率很大程度上依赖于光质。研究表明，在一个特定的光周期中，随着 R/FR 值降低，洋葱鳞茎膨大速率增快，加速鳞茎形成和成熟（图 6-33）。甚至在非诱导的光周期（高 R/FR 值）中，降低 R/FR 值也可诱导鳞茎形成。单独的红光或在每次远红外线照射后立即施加红光均抑制洋葱的鳞茎形成。而且，用远红光或蓝光延长光周期比红光对大蒜鳞茎形成的诱导效果更强。研究表明，诱导洋葱鳞茎形成的最有效光波长为 714nm。

当光线通过叶片冠层后，因叶片吸收红光的能力强于远红光，光线的 R/FR 值降低。也就是说，随着叶面积指数（leaf area index，LAI）的增加，R/FR 降低，因此鳞茎膨大速率也随之增加。所以，高 LAI（高密度、提早种植、遮阴等）下 R/FR 值会降低，利

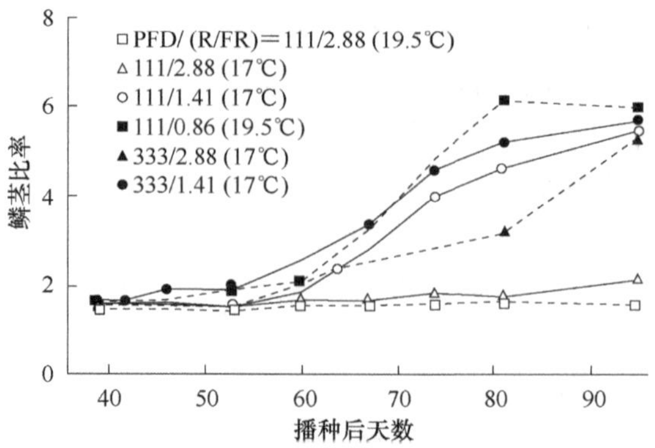

图 6-33　光通量密度［PFD，μmol/（m^2 • s）］和红光/远红光（R/FR）值对洋葱（品种为‘Keepwell’）平均鳞茎比率的影响（Mondal et al.，1986）

于鳞茎形成，而降低 LAI 的因素（如病虫害、冰雹、低密度、播期迟、除草剂、肥水不足等）可能会造成鳞茎不能形成。农业生产上，如高密度种植、播期提早、施肥等提高 LAI 的措施都促进鳞茎形成提早，加速鳞茎成熟。

光照强度、光质和其他因素与温度和日长相互作用以影响鳞茎形成反应。例如，温暖天气和晴朗日子，洋葱鳞茎需要的日长比阴凉的时候要短一些。

2. 温度　植物叶原基发育和叶片生长均受温度的影响。对葱蒜类蔬菜而言，鳞茎一旦开始形成，鳞茎的生长就会受到温度的影响。鳞茎的形成和膨大要求较高的温度，但鳞芽分化需要一定时期的低温诱导。冷藏的蒜种打破休眠早，生长迅速。延长低温处理时间，大蒜在 SD（8h/d）条件下也可以形成鳞茎，但没有在长日照下形成得快。只有既未受低温处理又生长在 SD 条件下的蒜种才不会形成鳞茎，可见鳞芽及花芽的分化都需要低温条件。鳞芽分化以后，以同化物质的输入贮存为基础，并以较高温度（15～20℃）和较长的日照时数为必要条件。鳞茎比率一般随温度升高而增加；然而，当温度接近 30℃时，鳞茎产量会下降。

鳞茎膨大的最适温度，品种间有较大差异，一般春播品种要求 20～25℃的较高温度，秋播品种要求 15～20℃的较低温度。对热带的洋葱品种而言，15℃以下的温度会推迟或阻碍鳞茎形成，但对温带品种，特别是一些早熟品种，鳞茎在 15℃左右也可以很好地发育。

大蒜鳞茎形成受到适当高温的促进。但是，对某些品种（至少是温带地区品种），如果植株没有受到低温处理（低温贮藏或田间种植），鳞茎就难以形成。一般 15℃以下的低温处理，2～4℃处理种蒜至少一个月，对大蒜鳞茎形成是必要的。低温贮藏鳞茎可以诱导大蒜植株的花芽分化，但诱导花芽分化的最适温度比诱导鳞茎形成的温度要低一些，为−2～2℃。在诱导鳞茎形成的长光照和适当高温之前，植株暴露低温时间较长，或低温贮藏蒜种的时间很长，腋芽可能会形成具有叶片的茎，然后形成自己的蒜瓣，即“复瓣蒜”。因此，鳞茎低温处理的效果不仅取决于温度，还取决于处理时间的长短。对温带抽薹的品种而言，为了生产蒜头，足够的低温及处理时间可以诱导花序形成及打破顶端优势，但处理时间不能太长，否则易形成复瓣蒜。需要注意的是，大蒜低温（2～4℃）贮藏 4 周，然后立即贮藏在 20～25℃条件下 4 周或更长，低温对大蒜鳞茎形成的效果会消失。

鳞茎贮藏温度还影响大蒜种植后的发芽速度、生长活力及发芽后植株形态。蒜瓣贮藏在 20℃以上环境中延迟发芽，发芽后植株生长慢、叶片狭窄，鳞茎形成时间较迟；贮藏在 5～10℃环境中时发芽快，发芽后植株叶片和假茎宽；贮藏在 0℃环境中会延迟发芽，但发芽后植株叶片长势旺，叶片细长，鳞茎形成时间较早。蒜瓣贮藏时间越长，上述贮藏温度的效果越明显。高温和低温对发芽的抑制作用和两种温度下蒜瓣中 ABA 含量较高有关。但如果在秋季播种，田间低温的效果将超过低温贮藏的效果，最后植株长势趋向一致。

大蒜鳞茎的形成受温度和光周期的影响。大蒜播种后立即遇到长日照和高温条件有利于快速分化贮藏叶，由于低温暴露时间不足，腋芽不能产生，主芽只形成一个蒜瓣，即“独头蒜”。植株在诱导鳞茎形成温度的环境中生长的时间越长，或种植于田间的大蒜植株遇到异常低温年份，形成“复瓣蒜”的机会越大。为了形成正常的多瓣蒜，对抽薹品种而言，贮藏叶分化前必须形成花序，这样就能打破顶端优势，允许腋芽形成，然后腋芽分化成贮藏叶进而形成蒜瓣；对不抽薹品种，贮藏叶分化前应当形成腋芽。播种后马上遇到低温和短日照条件有利于形成腋芽。腋芽一旦开始形成，升高温度和延长光照会促进贮藏叶分化，形成正常的多瓣蒜。

3. 温度和光周期的协同作用 温度和光周期是调节鳞茎形成的环境因子，同时也调节开花过程，因此在葱蒜类蔬菜中，温度和光周期对形成鳞茎有互作效应，同时鳞茎形成和花序分化也存在竞争。

温度和光周期之间对鳞茎的形成有相互促进作用。适当高温（15～20℃）和长日照是鳞茎形成的两个基本条件。只有 LD 而温度过低，或只有适当高温而日照过短，都会阻碍鳞茎形成，即使能够开始膨大，生长也很缓慢。在 LD 条件下，温度高时，大蒜鳞茎形成所需的日数较少；温度低时，鳞茎形成所需的日数较多。在适宜的光周期条件下，鳞茎提早开始形成，并且在温暖的条件下，鳞茎会更快地成熟。由于播种日期相似，温度可能是造成季节间和同一纬度地区不同地点成熟期差异的主要原因。在热带地区，控制鳞茎生长时间的是温度而不是白昼长度。对于洋葱，只要日照条件满足，对温度的要求就不是很严格。但是，如果仅满足温度条件，光照条件不足时，洋葱还是不能形成鳞茎。所以生产上，必须创造同时满足品种温光特性的栽培条件，才能促进鳞茎以最佳状态形成和发育。

在一定的范围内，低温和 LD 对大蒜鳞茎的形成有协同作用。低温可以诱导鳞茎形成，而 LD 条件及适当高温对鳞芽分化后的发育有促进作用。田间条件下，大蒜种植区域几乎不存在非常长的日长（16h/d 以上），因而低温诱导是大蒜鳞茎形成的必要条件。

不同品种的鳞茎形成对温度和光周期的反应存在差异。鳞茎的光周期要求是一个特定品种对种植区域是否适宜的主要决定因素。此外，在鳞茎形成启动之后，当日长大于特定品种的鳞茎起始阈值时，如果日平均温度高于 16℃，且夜平均温度为 16℃以上时，洋葱鳞茎则形成。如果没有达到日长要求，就会继续叶片发育，而不形成鳞茎。

光周期和温度对洋葱鳞茎形成的效果可通过公式进行量化，如生长在一定光周期和温度下的洋葱，其鳞茎膨大率可表示为

$$鳞茎膨大率 = C + A \times 光周期 + B \times 温度$$

式中，A、B 和 C 为常数。该公式表明光周期和温度对鳞茎形成的诱导作用是一个量变

过程，此过程中鳞茎刺激物质缓慢积累，而不是急剧增加。对生长于英国的秋季播种的洋葱 ‘Keepwell’ 品种和春季播种的‘Hyton’品种，其鳞茎膨大率可分别用以下公式计算：

‘Keepwell’品种鳞茎膨大率＝－0.079＋0.0043×光周期＋0.0027×温度

‘Hyton’品种鳞茎膨大率＝－0.066＋0.0032×光周期＋0.0018×温度

式中，鳞茎膨大率的单位为 d；光周期的单位为 h；温度的单位为℃。

通常，洋葱营养茎顶端分化成腋芽，然后分化成花序。在温度（20℃以上）和 LD 条件下，腋芽的发育比花序快，导致腋芽膨大形成鳞片，同时幼花茎萎缩衰败，这就是鳞茎形成和花序分化的竞争关系。因此，如果洋葱种植在利于鳞茎形成的春季或温室中时，花序就不容易形成。即使在鳞茎已形成的幼小花序也难以正常发育。

洋葱鳞茎贮藏在高温（28～30℃）条件下，如果用这些鳞茎播种在正常的生长条件下，植株鳞茎形成会推迟，抽薹会增加。洋葱花序形成气生鳞茎是一个很常见的现象，气生鳞茎的形成是由于用作播种的鳞茎先贮藏在高温下（如 28～30℃贮藏 6 周），然后种植在有足够低温诱导花序形成的条件下。如果花序分化前一直处于高温条件下，则可以完全抑制花芽发育。气生鳞茎也可在剪去小花枝的正常花序上形成。外源喷洒细胞分裂素可促进气生鳞茎的形成。

对洋葱来说，12～16℃的温度结合 16～17h 的光周期对中光性品种的花序发生是合适的。既然不同品种的鳞茎形成对温度和光周期的反应存在差异，那么鳞茎形成是否抑制花序发育也取决于温度和光周期。短日品种的花序发育比长日品种更易受到较短日照的抑制。因为鳞茎苗比种子苗长得更快，在较短日照和较低温度条件下，鳞茎苗的鳞茎形成更可能抑制花序发育。

（四）激素的调控

鳞茎的形成受各种激素的综合调控，它们主要通过抑制叶鞘细胞微管的形成，改变细胞的发育方向，从而促进细胞的侧向膨大。

研究表明，水杨酸（salicylic acid，SA）和茉莉酸（jasmonic acid，JA）对鳞茎膨大有强烈的促进效应。外源 SA 对大蒜鳞茎膨大的促进效应要以低温预处理为前提，短日条件下以 SA 喷洒经低温预处理的大蒜植株叶片，随浓度的增加，促进鳞茎膨大的效应逐渐加强。在大蒜鳞茎开始膨大时，叶片喷施茉莉酸甲酯（MeJA）可明显促进鳞茎膨大。乙烯（ethylene，ET）在鳞茎形成初期，对叶鞘细胞的膨大有诱导作用。外施乙烯利不仅可以促进洋葱在诱导光照条件下形成鳞茎，还可以促进其在非诱导光照条件下形成鳞茎。乙烯通过改变细胞壁形状和纤维素微纤丝的方向，直接刺激叶鞘细胞的侧向膨大。另外，乙烯还可通过抑制叶片生长使叶身和叶鞘长度的相对比例发生变化，有利于鳞茎形成。

此外，苄基腺嘌呤（BA）、吲哚乙酸（IAA）、玉米素核苷（ZR）等在鳞茎膨大过程中显著增多，可能也参与了鳞茎的膨大过程。

通常长光照促进植株赤霉素（gibberellin，GA）含量的提高，并进一步促进花芽分化。葱蒜类蔬菜鳞茎形成和抽薹存在竞争关系，如果低温处理早且时间长，植株通过了春化，遇到 LD 及 GA 的刺激，花芽分化就会处于优势地位，鳞片的生长会被抑制，因此，GA 被认为是抗鳞茎形成物质。

激素对鳞茎形成的调控作用是复杂的，环境条件（长日照和适当的高温）通过改变不同内源激素的相对水平从而调节鳞茎形成。

三、鳞茎形成的生理障碍

（一）洋葱鳞茎不完全膨大

洋葱鳞茎有时会出现不完全膨大现象，绿色叶片从部分膨大的鳞茎顶端长出。这种现象在鳞茎成熟期较迟的季节、栽培地区和品种上表现得更加严重。温度对鳞茎不完全膨大有重要影响，温度较低的凉爽夏季，利于休眠的腋芽的生长，鳞茎膨大受到了限制。春季种植的洋葱鳞茎膨大可能在夏末和秋季仍在进行，但此时的短光周期和低温已不适合鳞茎膨大，而叶片反而恢复生长（图 6-32）。适宜凉爽地区栽培的高产、春季品种更易出现鳞茎不完全膨大现象，其中可能与高产品种的叶片多，需要不断产生有关。

（二）大蒜二次生长（复瓣蒜）

大蒜二次生长是一种生理异常现象，又称为次生蒜、分株蒜、分权蒜、复瓣蒜等，是指大蒜初级生长植株内层或外层叶叶腋中分化的鳞芽继续分化和生长叶片而形成次生植株，甚至产生次级蒜薹和次级鳞茎的现象。二次生长的发生，使鳞茎蒜瓣数目增多，大小不一，排列错乱，以致整个蒜头分离，大大降低商品品质。

大蒜二次生长与品种遗传特性和栽培环境条件有关。蒜瓣是由叶腋的侧芽发育形成的，同时受温度、光照、养分等多方面的影响。

遗传是大蒜产生二次生长的主要因素，不同品种的二次生长发生率有差异，所以应种植适宜本地区气候条件的大蒜品种。大蒜生长过程中的温度、光照、养分、水分都会影响二次生长的发生。

实际上，二次生长的发生主要受温度的影响（表 6-2）。秋播地区出现暖冬，植株生育迅速，早春气温回升快，花芽和鳞芽分化早，分化后日照较短，如果又遇连续降温和降雨天气，温度低，鳞茎膨大受阻，此时鳞芽恢复生长，再次分化出新鳞芽和花芽，就会在以后的长日照高温条件下形成二次生长，形成复瓣蒜。

表 6-2　不同播种期的大蒜二次生长率（%）（刘世琦等，2006）

播种日期（月/日）	苏联蒜	苍山蒜	二水早
9/10	2.62±0.41dD	3.87±0.32eE	0cC
9/20	2.08±0.20eD	5.35±0.42eE	0cC
9/30	2.88±0.37dD	17.68±0.92dD	0cC
10/10	8.24±0.86cC	47.85±2.10cC	2.43±0.42cC
10/20	67.53±2.20bB	76.27±1.85bB	48.25±3.21bB
10/30	84.39±4.29aA	92.67±5. 20aA	78.64±2.80aA

注：表中同列数据后大、小写字母分别表示 P 在 0.01、0.05 水平差异显著

秋大蒜适宜在 9 月下旬～10 月上旬，春大蒜在 3 月中旬以前播种。同时，在大蒜的

整个生长期中需要加强肥水供应，但不适宜大肥大水。氮肥用量过大，返青水浇得早，二次生长率均高。要多施有机肥，配施磷钾肥，防止偏施氮肥。适当密植也有利于大蒜整齐及个体生长，可减少二次生长的发生。外源应用细胞分裂素和生长素对大蒜二次生长有一定的促进作用。

若种蒜播前 30d 在 15℃（最适 2～4℃）环境中贮藏，会促进大蒜内层和外层的二次生长，加剧二次生长的发生。当鳞茎成熟时，由于丢失了一些外叶鞘，最外边的蒜瓣暴露在外，形成“散瓣蒜”。因此，播种前 30d 将种蒜贮藏在 20℃以上温度环境中，可以有效地控制二次生长的发生。

同时，大蒜二次生长的发生与种蒜的蒜瓣大小也有关系：种瓣过大，二次生长率高。此外，蒜瓣大小与二次生长之间的关系，还因播种前蒜种贮藏条件和种植密度的不同而有所不同。

（三）独头蒜

独头蒜是指大蒜在鳞芽发育过程中不分化侧芽、不抽花茎，鳞茎仅形成一个大的蒜瓣的现象。独头蒜比一瓣蒜大，但比一头多瓣蒜的蒜头要小。因此，出现独头蒜多就会影响产量。

形成独头蒜的根本原因是植株没有充分低温处理。低温处理时间不足，花芽和腋芽不能分化，顶芽生长点上的幼叶即直接肥大形成鳞茎，形成独头蒜。因此，春季播种由于植株暴露在低温环境中不足，不能感受低温诱导而分化花芽和鳞芽，之后在长日照下则易形成独头蒜。

另外，小的种蒜或用气生鳞茎播种时，在进入花芽和鳞芽分化期前，植株生长量不够，缺乏足够的营养物质供给鳞芽的分化，不能分化腋芽，而后当植株处于适合鳞茎膨大的自然条件下时，外层叶鞘中的营养内移，贮于顶芽的最内层鳞片之中，顶芽生长点上的幼叶直接肥大形成鳞茎，从而形成独头蒜。

由于养分分配在茎盘中心的量高于边缘部分，当大蒜植株的叶片数少于 8 片时，大蒜植株制造的养分不足以供应所有的腋芽进行分化，而具有养分优势的紧靠茎盘中心的腋芽最终能够发育为独头蒜。

缺水也会引起独头蒜形成。缺水会导致在腋芽、花芽生成后无副芽产生。花芽发育稍早，养分需求大且对水分的反应比腋芽更敏感，当遇缺水情况时花芽首先干瘪死亡，所形成的独头蒜均不会抽薹。其他栽培条件，如土壤肥力不足、栽植密度过大、叶数太少、草荒严重等均会导致独头蒜的产生。当然鳞芽分化及膨大所需条件在不同品种间也是有差异的。

防止独头蒜产生的措施是生产上必须对蒜种分级，春季要适当早播，种蒜瓣不要太小，注意肥水管理及防寒、保温等。

（四）面包蒜

“面包蒜”，又称“气蒜”或“洋葱蒜”，是大蒜鳞芽不能正常发育，整个鳞茎由叶鞘基部及鳞芽的外层鳞片异常加厚且层次增多所构成，无肉质鳞片或肉质鳞片极不发达，形成类似洋葱鳞茎结构的大蒜。

温度和光周期影响“面包蒜”的产生。大蒜鳞芽分化的适宜温度是10℃左右，如果此时连续1周温度超过13℃，鳞芽分化会受到抑制。如果植株生长前期温度较高，植株提早进入鳞芽分化发育期，此时光周期较短（小于13h）或光照不足，均不利于鳞芽的发生，植株倾向于形成“面包蒜”。蒜种贮藏期间或播种后没有经历足够天数的低温，或植株生长后期遇到高温天气，长日照到来时，鳞茎得不到充分膨大而地上部已干枯，也易产生“面包蒜”。播种后马上遇到低温和短日照利于形成腋芽。腋芽形成后若遇到连续短日照和低温，腋芽可能会产生叶片，形成侧芽。侧芽形成会受到大量氮肥和外源细胞分裂素的促进。在田间，这些侧茎会使“假茎”变粗变硬，最终可能会膨大形成蒜瓣。

此外，栽培管理粗放，气生鳞茎的形成也会抑制鳞芽分化及发育，也易产生“面包蒜”。不同品种“面包蒜”的发生情况不同。

氮肥过多是“面包蒜”形成的直接原因。在大蒜种植过程中，氮肥一旦施入过量即会形成“面包蒜”，并随氮肥用量的增加，“面包蒜”现象加重。在大蒜生产中，凡是有利于大蒜对氮肥吸收的气候条件及栽培方式，都会引起大蒜不同程度地发生“面包蒜”。

生产上要避免“面包蒜”现象，首先要注意品种选择和合理引种。其次要重视使用钾肥，氮、磷、钾配比例合理及适期、适量追施氮肥。另外，采收蒜薹时要尽量保护功能叶，使更多的同化产物运送至膨大的鳞茎以利于其膨大。及时采收蒜薹，防止气生鳞茎发育。

（五）洋葱分蘖及先期抽薹

所谓洋葱分蘖及先期抽薹，就是指洋葱鳞茎还未达到食用成熟期前出现分球或抽出花薹的现象，是洋葱通过春化阶段后的表现。

洋葱鳞茎由叶片基部肥厚的叶鞘（外部）和鳞片（只有叶鞘，没有叶片，在内部）组成。中间是主芽生长点，鳞片底部有休眠的腋芽，一般不萌发。洋葱分蘖有一定的遗传性，有些品种易分蘖。如果洋葱生长在高温和短日照条件下，会促进侧茎的形成，易发生分蘖（分枝）现象。

洋葱的鳞茎形成和花芽分化存在竞争关系。先期抽薹主要是植株春化之后处于适宜花序分化和发育的温度条件下数周，但此时鳞茎虽然形成但不够大，不足以抑制花序发育。之后虽处于较长的光周期下，但由于温度较低，利于花序发育而不利于鳞茎快速膨大。在很多地方，秋季过早播种，植株通过春化的时间较早，易发生先期抽薹。

洋葱属于绿体春化作物，通过春化阶段必须具备以下条件：一是幼苗必须具有一定的营养积累后（洋葱幼苗茎基部茎粗0.8cm以上，5～6片叶或以上），才能接受低温感应通过春化阶段形成花芽而抽薹，而当洋葱幼苗叶鞘基部的茎粗小于0.5cm时，即使遇到低温条件也不能通过春化，几乎不形成花芽。二是需要一定时期的低温。低温是诱导洋葱花芽分化的主导因子，一般认为5℃左右的低温效果更为适宜。低温处理时间一般为60～70d。不同品种对低温的感受能力不同，通过春化所需天数也不尽相同。有的南方品种只需40～50d，而有些北方品种需100d以上。此外，当洋葱幼苗茎粗大于0.6cm时，幼苗绿体越大，形成花芽所需低温日数越短。同时，肥料、土壤水分、日照条件及生长点的营养水平不同，使洋葱对低温的感应情况存在一定差异。水肥充足，植株营养物质积累多时，通过春化的植株在长日照下更易发生先期抽薹。总之，洋葱分蘖及先期抽薹的主要原因是播期太早、幼苗过大，肥水管理不当等，使洋葱幼苗在越冬前生长量过大，植株体营养物质积累过多，而发生先期抽薹现象；其次是品种的遗传特性导致其对低温和日长的敏感程度不同，以及土壤环境和气候因素如缺肥、干旱、暖冬等条件，容易诱导洋葱花芽分化而发生先期抽薹。

选择耐抽薹、冬性强的品种是控制洋葱先期抽薹的重要措施。引种时应因地制宜，选择适合本地的优良品种。适期播种不仅是预防洋葱先期抽薹的关键措施，也是高产的关键所在。播种过早，幼苗生长期长，定植时幼苗过大，容易分蘖及先期抽薹；播种过晚，幼苗过小，耐寒能力低，越冬期易冻死，即使不冻死翌年产量也低。因此，生产上要根据不同品种的特性和当地的气候特点，把播种期安排在适宜范围内，既要使幼苗在冬前有足够的生长期，以获得优质壮苗，又不能使幼苗超过绿体春化所必需的临界大小。此外，秧苗分级定植，是防止先期抽薹的重要环节，应严格按照标准选留幼苗栽植，幼苗叶鞘基部茎粗过大（0.9cm 以上）、过小（0.3cm 以下）的均应淘汰。定植时适宜的壮苗标准一般是苗龄 50～60d，幼苗有 3～4 片叶，苗高 18～20cm，茎粗 0.5～0.8cm。

另外，洋葱苗期管理相当重要，培育适龄壮苗是苗期管理工作的核心。播种过稀或苗期追肥过多，营养面积过大，均会使幼苗徒长；氮肥不足，土壤干旱易使秧苗生长瘦弱，植株碳水化合物和氮的比值增高也易发生分蘖及先期抽薹。在生产上通过合理运筹肥水来控制幼苗的生长量，苗床基肥不宜过多，苗黄弱时可根外追施适量的磷酸二氢钾。育苗前期为使幼苗出土顺利、健壮生长，必须经常保持土壤湿润。育苗后期注意适当控制水分以免幼苗徒长，必要时利用植物生长激素如 0.25%乙烯利抑制其徒长。秋栽洋葱定植后的幼苗根系可基本恢复，冬季以前，不宜施肥过多，注意适当蹲苗，防止冬前幼苗生长过旺，也是防止洋葱先期抽薹的重要举措。一般在冬前应增施磷钾肥，春季增施氮肥。返青后不宜追施氮肥，氮肥过多会造成幼苗徒长，是导致分蘖及先期抽薹现象的原因之一。

此外，在生产中发现早抽薹的植株时，应及时摘除花薹，摘除后还可形成鳞茎，而采薹过晚会造成减产。处理抽薹植株时往往采用劈薹法，即用手将花薹从上到下撕成两半，以促进侧芽萌动，由侧芽长成新的植株，并形成较充实的鳞茎，只是新形成的鳞茎个体小些而已。摘蕾时间以花苞未开放时产量最高，以将花苞摘去而不破坏花薹茎比掐薹效果要好。

第七节　块　　茎

块茎是由植物地下匍匐茎短缩、膨大形成的。块茎上长有芽，具有长成新植株的潜力。形成块茎的蔬菜有马铃薯（*Solanum tuberosum*）、山药（*Dioscorea* spp.）、菊芋（*Helianthus tuberosus*）等，其中马铃薯是仅次于小麦和水稻的世界第三大农作物。

马铃薯和山药块茎主要由碳水化合物（在马铃薯中约占干重的 75%）组成，还含有蛋白质、维生素（维生素 C、维生素 B_6、维生素 B_1 等）、膳食纤维，以及钾、镁等矿质元素。马铃薯块茎中存在花青素和类胡萝卜素，薯肉的颜色取决于两种不同色素的积累量：花青素使薯肉呈红色、蓝色或紫色；类胡萝卜素水平决定薯肉呈白色、黄色或橙色。

山药块茎还含有一种特殊物质——山药皂素（约占干重的 10%）。山药皂素是黄体酮、雌激素和皮质激素类物质的合成前体，因此山药常被用作传统医药。菊芋块茎的显著特性是其碳水化合物以菊糖（果聚糖）的形式贮存，而不是淀粉。菊糖通常由 2～70 个果糖亚单位构成。此外，菊芋块茎也含有矿质元素（尤其是钙、钾离子）、维生素（维生素 C、维生素 B 等）及胡萝卜素。

块茎形成是植物的一个独特发育过程。起源于主茎基部上的匍匐茎在土壤中无光照条件下能够继续向水平方向生长，但如果暴露于充足的光照条件下，会变绿并从土壤中长出成为一个新植株。在短日照（short day，SD）诱导条件下，匍匐茎伸长停滞，亚顶端区域开始膨大形成块茎。

块茎形成受遗传因子控制，但环境因子（如光周期、温度、氮肥等）对其有重要影响。尽管马铃薯块茎形成是一种遗传现象，但不同品种（基因型）之间形成块茎所需条件的差异明显。例如，起源于南美洲高原、靠近赤道地区［该地区光照长度中等（12h）、夜温低］的野生马铃薯安第斯栽培种（*Solanum tuberosum* spp. *andigena*）块茎的形成要求绝对的短日照，当在高温、低海拔热带地区或温带长日照（long day，LD）地区种植时，块茎形成受到阻碍。与之不同的是，目前栽培的大多数马铃薯品种起源于智利地方品种（*S. tuberosum* spp. *tuberosum*），适应于夏季长日照。由于长期人为选择，目前常规栽培的马铃薯品种不受光周期的影响，能够在长日照条件下形成块茎。

一、马铃薯块茎发育的结构特征

在自然条件下，马铃薯块茎通常是由主茎基部地下腋芽形成的匍匐茎顶端膨大形成的，是茎的变态。当块茎形成开始时，匍匐茎顶端分生组织细胞分裂停止、生长停滞。此时，匍匐茎亚顶端区域髓周区的一层特殊细胞开始生长，细胞分裂方向从横向改为纵向，引起膨大。大多数细胞的分裂和膨大发生于匍匐茎亚顶端区域的皮层和髓部区域。最终，匍匐茎亚顶端区域变为一个强代谢库，蔗糖从质外体转移卸载到共质体，并开始积累大量淀粉和一些贮藏蛋白［如块茎特异蛋白（patatin）和蛋白酶抑制剂］。块茎形成一般需要 2～6 周。

块茎形成与细胞类型、形状及生长方式的改变有关，由髓、皮层和髓周区细胞数量和体积的增加引起。由于匍匐茎顶端的初始膨大，以及髓和皮层组织细胞的基向分裂，加之纵向生长受限，伴随着髓部细胞随机取向的分裂和增大，块茎会继续不断生长直至完全膨大（图 6-34）。

二、影响块茎形成的因素

（一）光周期

光周期是影响块茎形成的重要环境因子，在很大程度上决定着块茎形成过程。尽管不同品种的马铃薯块茎形成要求的临界日长和对光周期反应程度有差异，但 SD 会促进所有品种块茎的形成。一些马铃薯品种，如野生马铃薯安第斯栽培种的块茎形成要求 SD（＜12h），当植株生长在 LD（16h）下时块茎不能形成（图 6-35）。

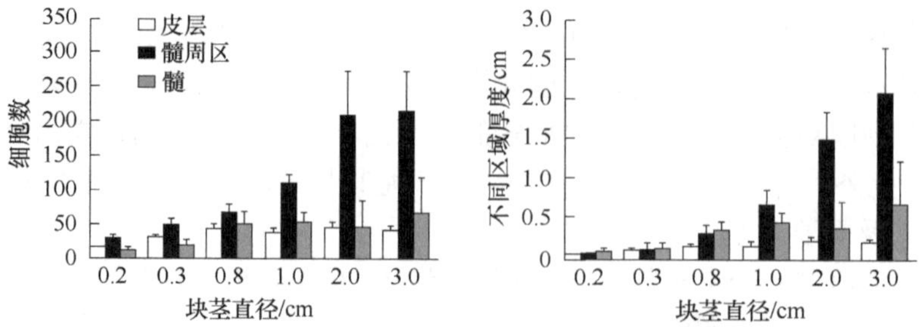

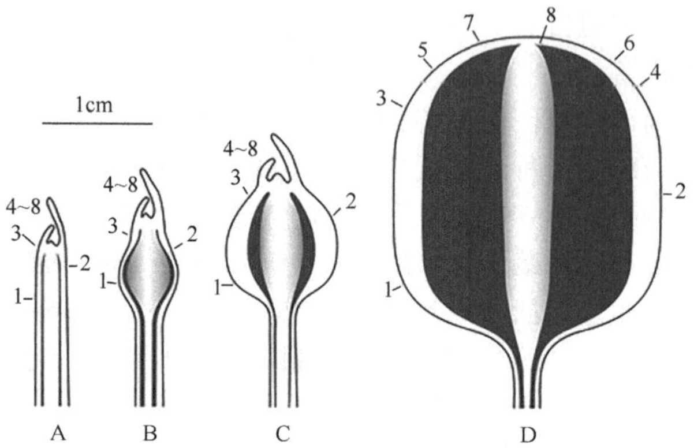

图 6-34　马铃薯块茎纵切面示意图（Xu et al.，1998）

显示匍匐茎、块茎形态及髓周区增厚（黑色区域）形态。数字表示节位。A. 0.2cm 长的匍匐茎，显示连续的维管束。B. 0.3cm 长的块茎，显示髓部生长。C. 0.8cm 长的块茎，显示髓周区开始生长。D. 2.0cm 长的块茎，显示髓周区的增厚

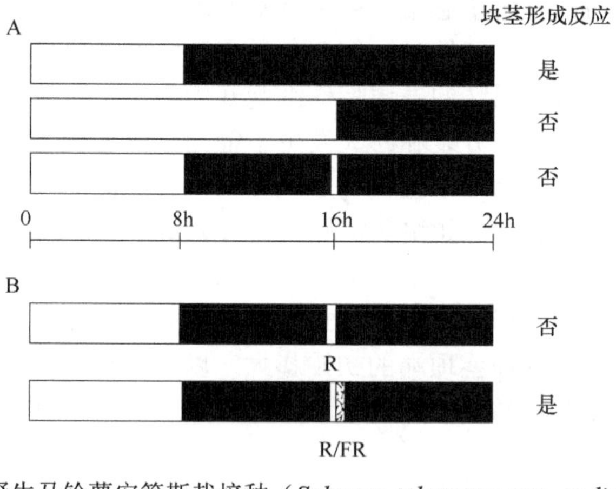

图 6-35　野生马铃薯安第斯栽培种（*Solanum tuberosum* spp. *andigena*）块茎形成对光周期和夜间断的反应

A. 块茎形成对不同光周期的反应，白色代表光照，黑色代表黑夜；B. 块茎形成对红光（R）和远红光（FR）夜间断的反应

事实上，SD 诱导野生马铃薯块茎形成依赖于长夜，而不是短日照。通过光处理间断夜长，可以干扰长夜对块茎形成的诱导作用，阻碍块茎形成，但 LD 条件下白天的暗间断对块茎形成没有诱导效果。光周期对块茎形成的调控实际上是光敏色素（phytochrome，PHY）参与的过程，因为红光间断黑夜对块茎形成的抑制作用可被随后的远红光处理部分逆转（图 6-35B）。

马铃薯叶片中存在 5 种光敏色素（PHYA、PHYB1、PHYB2、PHYE 和 PHYF），其中光敏色素 B（PHYB）在绿色叶片中稳定存在，可介导马铃薯感受光周期反应，既参与调节开花，又在调控块茎形成方面起关键作用。PHYB 对马铃薯块茎形成的调节作用较为清楚，表现为抑制块茎形成。因此，反义抑制 *PHYB* 基因，马铃薯在 SD 和 LD 条件下均可形成块茎，甚至可在连续光照条件下形成块茎，但野生型植株在 LD 条件下不能形成块茎。而过量表达 *PHYB* 基因会加剧 LD 对块茎形成的抑制作用；且野生马铃薯嫁接 *phyB* 突变体后，可在 LD 条件下形成块茎。PHYB 被认为抑制 LD 条件下的块茎形成，而不是 SD 条件下诱导块茎形成。PHYB 在 LD 条件下具有抑制块茎形成的作用，而反义 *PHYB* 基因植株在 LD 条件下也可形成块茎，表明 PHYB 对块茎形成的调控效果与促进块茎抑制物质产生或降低块茎促进物质水平有关。

实际上，PHYB 参与调节块茎形成移动信号的产生：嫁接反义 *PHYB* 马铃薯接穗到野生型砧木上，块茎可在 LD 条件下形成；但嫁接野生型接穗的马铃薯植株则不形成块茎。同样，把野生型马铃薯接穗嫁接到反义 *PHYB* 砧木上，反义 *PHYB* 砧木在 LD 条件下块茎形成被抑制（图 6-36），表明 LD 条件下野生型马铃薯叶片存在抑制块茎形成的物质，而反义 *PHYB* 植株降低了这种抑制物质的水平，块茎得以形成。因此，PHYB 更可能参与调节 LD 条件下块茎抑制物质的产生，目前认为这种块茎抑制物质至少部分和 GA 有关，因为反义 *PHYB* 基因植株表现为株高细长，节间伸长，内源 GA_1 含量高于对照植株 4～6 倍。另外，PHYB 还参与了 CONSTANS（*StCO*）活性的调节过程。

图 6-36　长日照（LD）条件下 PHYB 抑制块茎形成

反义 *PHYB* 植株接穗嫁接到野生型砧木上，可在 LD 条件下形成块茎，表明块茎形成刺激物质在叶片产生。反之，野生型接穗嫁接到反义 *PHYB* 植株砧木上，块茎在 LD 条件下不能形成，说明野生型叶片中的块茎形成信号在非诱导条件下被抑制

嫁接试验（Gregory，1956）表明光周期诱导块茎形成信号的感受部位是叶片，该信号（块茎形成刺激物质）可通过嫁接传递到匍匐茎诱导块茎的形成。当把生长于诱导条件（8h）的叶片嫁接到非诱导条件（16h）的砧木上时，砧木植株上可以形成块茎。这些砧木嫁接非诱导叶片时，不能形成块茎，证明块茎形成刺激物质可以传递。进一步研究（Chailakhyan et al.，1981）发现，烟草（*Nicotiana tabacum*）中诱导开花的物质能够诱导马铃薯块茎的形成（表 6-3）。将诱导开花的烟草叶片嫁接到马铃薯植株上，马铃薯植株在非诱导条件下可形成块茎。而把没有开花的烟草叶片嫁接到马铃薯植株上时，块茎不能形成。此外，当把通过诱导开花的向日葵叶片嫁接到菊芋砧木上时，也可以诱导菊芋块茎的形成，说明开花刺激物质和块茎形成刺激物质在木质上相似或相同。

表 6-3　不同光周期反应的烟草接穗嫁接到马铃薯砧木对块茎形成的效果（Chailakhyan et al.，1981）

烟草接穗	SD		LD	
	烟草接穗开花	马铃薯块茎形成	烟草接穗开花	马铃薯块茎形成
‘Mammoth’	+	+	−	−
‘Xanthi’	+	+	+	+
‘Sylvestris’	−	−	+	+

注：嫁接植株生长在长日照（LD）或短日照（SD）条件下。‘Mammoth’是短日照开花种类，‘Xanthi’是日中性种类，‘Sylvestris’是长日照开花种类。“＋”表示形成块茎，“－”表示未形成块茎

块茎形成往往伴随着植株的形态变化，如叶片变大、变薄，腋芽被抑制，花芽更易脱落，衰老加速。上述植株形态变化表明块茎形成刺激物质具有植物激素的特性。

除光周期外，光照强度也影响马铃薯块茎的形成。马铃薯膨大的块茎是强代谢库，在形成期间需要大量的光合产物积累。弱光照导致光合速率下降，蔗糖水平降低，因此会推迟块茎形成。此外，蔗糖还诱导块茎中表达多个基因（如 patatin、蛋白酶抑制剂 II、ADP 葡萄糖焦磷酸化酶的基因）；低水平蔗糖还会引起匍匐茎中 GA_1 水平提高。同时，强光照也可以缓解高温对块茎形成的抑制作用。

（二）温度

温度是影响块茎形成的另一个重要环境因子。不论在长日照或短日照条件下，高温（尤其是夜温高）均会抑制块茎形成。温度升高时，长日照条件下对块茎形成的抑制效果更大。试验显示，土温高也抑制块茎形成，但不会阻止地上部茎、叶中产生块茎诱导信号，当土温再降低至较冷凉温度条件时，匍匐茎生长且仍会形成块茎。同时，高温还会引起块茎的二次生长（即“热发芽”），高低温度的交替循环会形成“链式块茎”（chain tuber）。较低的温度促进块茎生长，且低温条件下日照长度对块茎形成的调节效果显得不太重要，表明温度可能是日照长度调控途径的一个共同组件，环境因素的效果汇集于某些部位。马铃薯植株不同生长发育过程对温度的要求也不同（表 6-4）。

表 6-4　马铃薯植株不同发育过程的最适温度（℃）要求（Timlin et al.，2006）

生育过程	最适温度	生育过程	最适温度
发芽（种薯）	16～20	整株光合作用	20～24
芽生长	20～25	干物质生产	20
发棵（苗期）	20～25	匍匐茎启动、生长及分枝	25
早期茎生长	24	块茎诱导	15
叶原基发育	35	块茎启动	22
叶片抽生	28	块茎早期生长	15
单个叶片生长	25	干物质向块茎分配	20
叶面积扩大	20～25	块茎膨大	14～22
茎伸长	＞25	块茎产量形成	20～24
茎生长	32	淀粉合成	21.5、25 或＞35
开花过程	30	打破休眠	28
光合叶片	24		

高温影响同化产物在植物不同器官中的分配，减少其向块茎中的分配。研究表明，块茎形成的不同阶段（块茎诱导、开始形成、膨大、块茎数量及大小）均受温度影响。高温对块茎形成的抑制作用与 GA 含量增高有关。因此施用 GA 合成抑制剂（如 CCC，PP_{333}）可以克服高温对块茎形成的抑制作用。

（三）氮素

氮素水平对马铃薯块茎形成有重要的调节作用。高氮水平会抑制块茎形成。水培试验表明，连续不断地供应 1～3mmol/L 的氮（氨态氮或硝态氮）会完全抑制块茎形成，而当植株转移到不含氮素的培养基中时，4～6d 后块茎会形成。把开始形成块茎的植株放置于高氮素供应水平条件下，块茎形成会停止，匍匐茎则重新开始生长；把这些植株重新转移到不含氮素的培养条件下，匍匐茎会再次形成块茎。这样的高、低氮素反复循环可诱导“链状块茎”形成。氮素可能不参与诱导块茎形成，而只参与抑制块茎形成。因为长日照和高温条件下即使减少氮素供应，块茎也不会形成；而且，叶片氮素供应的提高对块茎形成不表现抑制效果。

尽管高氮水平抑制块茎形成的机制目前还不清楚，但外界氮素降低可引起 GA 含量下降及 ABA 水平上升，这种激素水平的改变有利于块茎形成。同时，氮素供应水平的改变也会影响到植物组织中的 C/N 值：高氮水平促进茎、叶和根系生长，从而减少了供应块茎的碳水化合物的量，不利于块茎形成。而以糖和淀粉形式存在的高水平碳水化合物有利于光合产物外运到贮藏器官，是促进块茎形成的基础。

（四）植物激素

嫁接试验表明块茎形成物质可以传递，这种可移动性表明其具有植物激素的特性。

赤霉素（GA）、细胞分裂素（CTK）和脱落酸（ABA）等多种植物激素均在块茎形成过程中起调控作用。GA 对块茎形成具有抑制作用，主要表现为：叶片 GA 含量在 LD 条件下较高，在 SD 条件下下降；块茎形成期匍匐茎中 GA_1 迅速下降；使用 GA 合成抑制剂（PP_{333} 等）可以克服块茎形成对 SD 的严格要求。植物组织中具有生物活性的 GA 合成与马铃薯赤霉素 20 氧化酶（*Solanum tuberosum* gibberellin 20-oxidase，StGA20ox）、StGA3ox 和 StGA2ox 有关：过量表达 StGA20ox 基因可推迟 SD 条件下的块茎形成，反义抑制该基因则促进块茎形成；但 *StGA2ox* 基因在块茎形成之前的匍匐茎表达上调，使有生物活性的 GA 含量下降，利于块茎形成。

茉莉酸（JA）也可以促进块茎形成。离体条件下，极低浓度的甲基茉莉酸就可以诱导块茎形成。对细胞分裂素而言，通常利于块茎在诱导条件下形成，如细胞分裂素可提高离体条件下块茎形成速率；过表达异戊烯基转移酶（isopentenyl transferase，IPT，一种细胞分裂素合成关键酶）基因的植株块茎形成会提早。此外，细胞分裂素可调节同化物向匍匐茎分配，利于块茎形成。*StPOTH1 knox* 基因也可能通过调节 GA 和细胞分裂素的合成来诱导块茎形成。生长素对块茎形成有促进作用，表现为匍匐茎中生长素含量在块茎形成前处于高水平；生长素运输基因（*StPIN*）在匍匐茎膨大前高水平表达。ABA 对块茎形成的促进作用主要是由于其抑制 GA 的效果，如 SD 条件下 ABA 含量增高。此外，ABA 可以诱导 LD 条件下的块茎形成。

总之，植物激素对块茎形成的调控作用还取决于其他因素。

（五）CONSTANS（*StCO*）和 *StFT/StSP6A* 基因

嫁接试验证明块茎形成刺激物质是可以传递的，开花刺激物质和块茎形成刺激物质在本质上相似或相同。光周期调节开花和块茎形成包括相同的功能元件，如 PHYB、转录因子 CONSTANS（*StCO*）和开花基因 FLOWERING LOCUS T（*FT*）等都参与了开花和块茎形成过程。

叶片是感受光周期调节开花和块茎形成信号的部位。在诱导条件下，叶片产生的信号（开花刺激物质、块茎形成刺激物质）通过韧皮部运输到茎部及地下匍匐茎，进一步诱导开花或块茎形成。这种信号最近被证明是 FT 蛋白，而且在马铃薯植株表达水稻的 *FT* 同源基因 Heading date 3a（*Hd3a*）（促进水稻 LD 条件下开花）可以诱导野生型马铃薯在 LD 条件下形成块茎。进一步研究证实，马铃薯植株中促进开花和块茎形成的 *FT* 同源基因分别为 *StSP3D* 和 *StSP6A*（self-pruning，*SP*），二者均受 CO 蛋白调控。另外，两个 FT 家族成员 *StTFL1*（terminal flower，*TFL*）和 *StSP5G* 也与块茎形成有关。*StTFL1* 参与块茎诱导和发育过程，而 *StSP5G* 的功能和 *StSP6A* 相反，会抑制块茎形成。

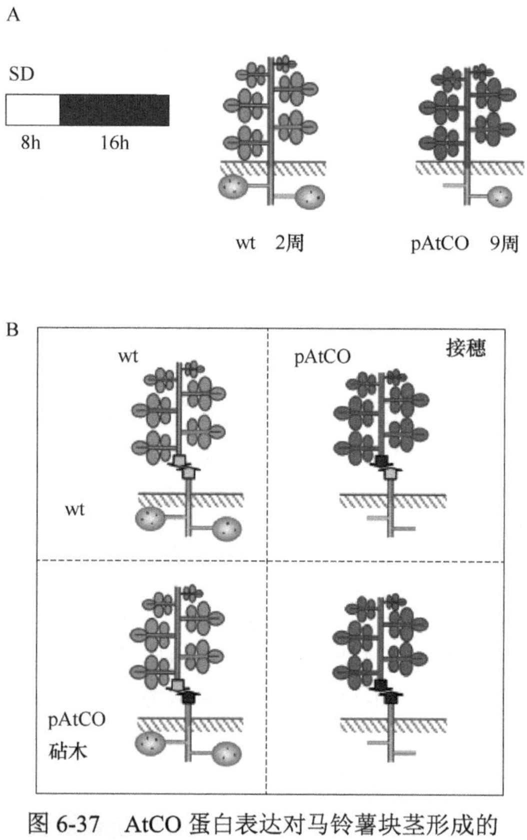

图 6-37　AtCO 蛋白表达对马铃薯块茎形成的抑制作用（仿 Navarro et al.，2011）

A. 野生型（wt）马铃薯安第斯栽培种（*Solanum tuberosum* ssp. *andigena*）在 SD 条件下 2 周形成块茎，而过量表达 pAtCO（拟南芥的 CO）的马铃薯植株形成块茎需在 9 周以上。B. 嫁接实验表明来自叶片的 pAtCO 对块茎形成有抑制作用：野生型接穗嫁接到 pAtCO 砧木上时，块茎形成类似野生型植株，而 pAtCO 接穗嫁接到野生型砧木上时，块茎形成推迟，类似 pAtCO 植株

CO 蛋白属于转录因子蛋白家族。CO 蛋白在光周期调节开花过程中起关键作用，可促进拟南芥在长日照和水稻在短日照条件下开花。目前在马铃薯植株中已发现两种 StCO 蛋白——StCOL1/StCO2，*StCO* 对块茎形成的调控效果可通过嫁接传递（图 6-37）。此外，*StCO* 还抑制叶片中 StBEL5（一种促进块茎形成的转录因子）和 StFT/StSP6A（一种高度类似 FT 的蛋白）的基因表达水平。*StCO* 与 *StFT/StSP6A* 共同调节块茎形成。StCO 和 StSP6A 介导的块茎形成模式如图 6-38 所示。

过量表达 AtCO 的马铃薯植株较矮，在 SD 条件下块茎形成大大推迟（图 6-37A）。然而，沉默表达的 StCO 植株在 LD 条件下和弱诱导条件下均可促进块茎形成。正常对照植株在 SD 条件下 2～3 周开始形成块茎，而过量表达 AtCO 的植株需 9 周以上才会形成，因此 StCO 抑制短日照条件下块茎的形成。当野生型接穗嫁接到 AtCO 砧木上时，块茎形成和野生型植株相似，而 AtCO 接穗嫁接到野生型砧木上时，块茎形成与 AtCO 植株相似（图 6-37B）。这说明叶片中 AtCO 对块茎形成信号的产生和运输有调节作用。

StSP6A 表达同时受到另一个 *FT* 同源基因——StSP5G 的抑制。在光照条件下，PHYB 间接诱导块茎抑制因子 StCO 产生，且在 LD 条件下，PHYB 可阻止 StCO 蛋白降解，使其直接诱导 StSP5G 稳定产生，最终导致 *StSP6A* 基因表达降低，块茎形成受阻。

总之，StCO 在光周期调节块茎形成过程中起重要作用，并参与调节长距离调节信号的表达。StCO 抑制块茎形成依赖于光周期的变化。SD 条件下，StCO 诱导叶片中 StBEL5 和 StSP6A 的表达，其然后运转到地下匍匐茎顶端，刺激块茎形成。

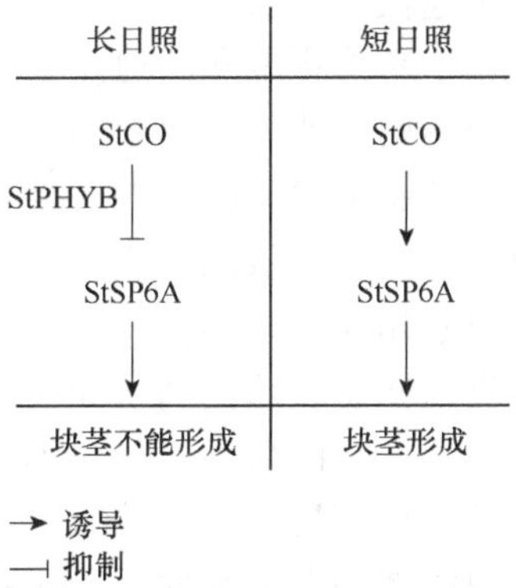

图 6-38　StSP6A 对马铃薯块茎形成的调节（Navarro et al.，2011）

LD 条件下，StCO 阻止 StSP6A 产生，PHYB 可能参与了 StCO 活性的调节。SD 条件下，StCO 抑制 StSP6A 合成的功能被关闭，叶片和匍匐茎中 *StSP6A* 基因活化，促进块茎形成

三、块茎形成的生理障碍

马铃薯的生理病害可以表现在叶片上，也可以表现在块茎上。块茎生理病害既可以发生在田间，也可以发生于贮藏期间；既可以是外在的，也可以是内生的。外在块茎生理病害会使其商品性降低，引起加工质量和耐贮性下降。块茎内在生理病害通常外观不可见，直到被切片或检查才能发现，但也导致薯块品质和商品性的显著降低。

（一）外部生理障碍

1. 二次生长　二次生长是马铃薯常见的块茎生理病害，是由环境胁迫或栽培措施不当（如气温、土温的大幅波动，水分缺乏，养分的突然改变，病虫害、冰雹落叶等）引起的。马铃薯块茎形成期间，大幅波动的生长条件下块茎生长速率会不断变化，导致形成畸形块茎，常见的畸形块茎有：块茎不规则（瓶状、哑铃状、尖头等）；或块茎“热发芽”“链式块茎”；或者形成瘤节（图 6-39）。

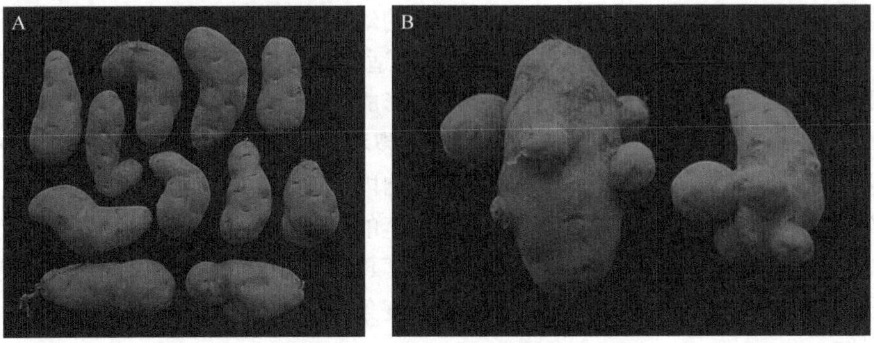

图 6-39　畸形薯（A）和瘤节块茎（B）

引起植株生长速率下降或停止的任何外界胁迫都能够限制块茎的生长，这种限制生长依赖于胁迫程度和胁迫发生的生长时期，可表现在任何部位（芽处、中间或尾部）：如尖头块茎则表明胁迫引起的生长限制发生在块茎膨大后期，尖尾（连接匍匐茎一端）则说明生长胁迫发生在早期。生长停滞发生在块茎膨大中期会形成哑铃状块茎。生长瘤节的块茎是由侧芽眼的二次生长引起的。上述块茎不良症状的发生不仅引起商品性降低，还会引起相应部位的糖积累及密度下降，导致加工品质下降。

当植株生长遇到高于30℃的温度时，地上部生长会受到促进，而块茎生长不受促进。这种生长方式的后果之一是匍匐茎趋向于保持营养生长状态。此时可能会产生“热发芽”和“链式块茎”。

植株匍匐茎继续伸长，块茎生长已经停止，但高温的环境条件会使芽眼长出匍匐茎，甚至长出地面形成新植株，这种现象称为“热发芽”。如果环境又变得利于块茎形成（如较低的温度、土壤湿润），新长出的匍匐茎又会形成块茎，这种现象多次发生时就会形成“链式块茎”（图6-40）。

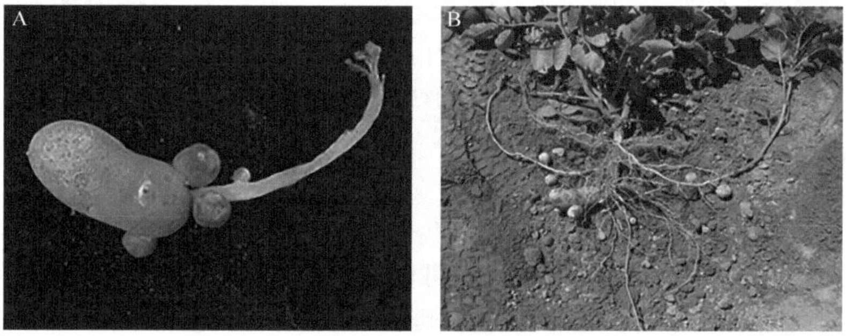

图6-40　“热发芽”（A）及“链式块茎”（B）

引起二次生长的原因较多。首先是品种原因，有些品种块茎形成对温度反应敏感，有些不大敏感。一般而言，冷凉地区的品种比热带的品种更易产生二次生长。小的块茎作种薯时更易产生二次生长。

环境条件也有重要影响，如灌溉不规则或不充分，均利于二次生长的发生。干旱，尤其在高土温条件下土壤出现中度或严重缺水对二次生长有利。此外，块茎生长期氮肥供应突然增加，或不均匀也促进二次生长。

块茎形成起始阶段尤其对环境胁迫敏感。为了预防马铃薯块茎的二次生长，选择不易二次生长的品种。培育生长均匀、长势一致的幼苗。应增施有机肥料，增强土壤的保水、保肥能力；要注意避免氮肥供应大幅波动。适时适量灌溉，维持土壤水分70%以上；播种不要太迟，以维持植株的均衡生长和块茎形成。

2. 块茎开裂　块茎开裂可表现为生长开裂和表皮开裂（图6-41）及其他表皮开裂症状。这种开裂症状或者表现为表层的或者影响内部。

生长开裂是最普通的开裂类型，通常由块茎的不规则生长引起，特别是在水分供应大幅波动的情况下更易发生。其他因素，包括病毒感染、除草剂伤害，也会引起块茎的生长开裂和块茎外观异常。生长在正常土壤湿度条件下的块茎遇到干旱条件时，块茎会产生浅裂纹。

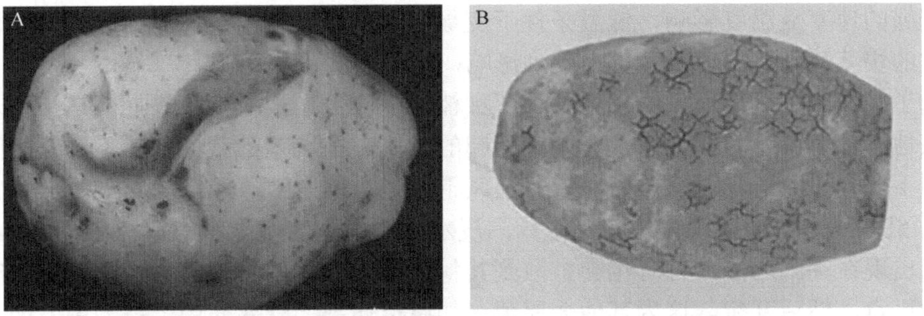

图 6-41　块茎快速生长期发生的开裂（A）及表皮开裂（B）

表皮开裂产生的基本原因目前不太清楚，但高温、土壤高有机质含量、土壤过于潮湿、过多的肥料均可加剧块茎表皮开裂。施用生长调节剂［如马来酰肼（maleic hydrazide，MH）等］的时间不恰当也会引起某些品种表皮开裂。不同品种对块茎开裂的敏感性差异很大。

为预防块茎生长开裂，要做到在植株生长的整个块茎膨大期保持均匀、充足的土壤湿度和肥料供应。但对块茎表皮开裂的预防，主要是选择抗开裂品种进行种植。

3．脱皮　脱皮现象常见于幼嫩的未完全膨大的块茎，是周皮不完全发育的结果。块茎周皮嫩，尚未充分木栓化，易于损伤。收获时或收获后的运输、贮藏或其他人为操作会造成块茎周皮的部分或全部脱落，使块茎内部的肉暴露出来。这种生理障碍主要影响鲜销马铃薯的商品性，影响其外观品质。另外，脱皮还会使块茎重量减轻，增加块茎发病机会。

为了防止马铃薯块茎脱皮，在马铃薯生育过程中应注意灌溉、施肥及割去地上部茎、叶等措施，以使收获时块茎充分成熟，周皮充分木栓化。另外，收获和运输过程中要小心，做到轻搬轻放，避免块茎之间的撞击和摩擦。

块茎生长后期氮肥过多，土壤过于潮湿均会延迟块茎成熟，增加脱皮的机会。收获前提早 2～3 周割去地上部茎秆，让块茎有足够时间长皮，也是预防和减少脱皮的措施。

4．皮孔增大　马铃薯块茎表面的皮孔通常是张开的，这样有利于空气交换。如果块茎处在淹水的土壤（生长期间）或长期潮湿条件下（贮藏期间），氧气的供应量就会下降，块茎得不到充足的氧气进行气体交换，导致皮孔变大。块茎表面增大的皮孔看起来好像白色的小凸起。这种生理障碍使块茎更易感病原菌，特别是软腐病菌，也影响其商品性。

为避免块茎皮孔增大，马铃薯生长期间，块茎不要长时间（1～2d）处于水饱和土壤条件下，特别是生长后期。要控制浇水，每次灌溉之后使土壤湿度下降至 65%～70%，这样对防治皮孔膨大非常有效。多雨天气要及时排水，避免土壤长时间积水。在贮藏期间，应加强通风，尽量避免块茎表面由于湿度过大和温差而出现露珠。

5．绿皮　马铃薯块茎变绿是长时间暴露于光下时表皮中叶绿素积累引起的。

在马铃薯生育期间，由于土层较薄，块茎裸露生长在土壤表面受到阳光的直接照射或生长在接近于土壤表面受到土壤缝隙透过的光的照射，都有可能变绿。这种变绿通常是在有限的块茎表面呈现深绿色。

块茎贮藏期或货架上长期暴露在光下也会变绿。这种绿色通常较浅且扩散到整个块茎。变绿的速率受温度影响，低温条件下变绿的速率慢，高温条件下变绿的速率快。浅色表皮的块茎特别是白色块茎更易受到影响，因为其绿色更可见。

为了减轻块茎绿皮现象的发生，种薯种植深度应恰当，块茎生长期间培土要及时，在割去地上部茎、叶时要注意及时掩埋翻起的土块。在块茎贮藏期间，不要长时间暴露于光照下，要采用遮光材料覆盖，应在通风不见光的地方贮藏。

6. 红眼 红眼表现为块茎芽眼周围浸水区域出现的明显粉红或棕色现象。红眼现象不仅出现在芽眼周围，有时也会扩散到其他地方。红眼的出现常常伴随着周皮产生软木状的斑点，然后开裂。这为其他病原菌（如腐霉病菌、软腐病菌、镰刀菌）的入侵提供了通道。

通过切去红眼部位块茎的表皮可以去除周皮上的小斑点，暴露出棕色或粉红的组织。在紫外线下，这些暴露的组织会自动发蓝色荧光，但健康组织却不能发出荧光。这种自发荧光现象是由于该区域积累了高含量的酚类化合物。表皮组织缺少木栓质时会表现为红眼现象，最后导致细胞死亡。红眼现象发生的原因还不是太清楚，但马铃薯植株生长后期（衰老和地上部死亡后）土壤的高温、高湿会促进该病害的发生。土壤紧实导致透气性不良，氧气供应不足，最后也会导致块茎周皮细胞及周皮下面的细胞死亡，产生红眼现象。

防止红眼发生首先要注意保持植株生长健壮，防止病害（尤其是黄萎病）引起的早衰植株或茎秆死亡的发生。同时，要注意防止土壤水分过多，尤其是生长后期水分过多导致的茎秆死亡。要用正确的耕地方式和轮作手段保证土壤疏松。

（二）内部生理障碍

1. 褐心和空心 块茎褐心和空心虽然从外观表现不出来，但能引起品质和商品性下降（图 6-42）。引起褐心和空心的原因比较复杂，整个块茎膨大期均可能发生。

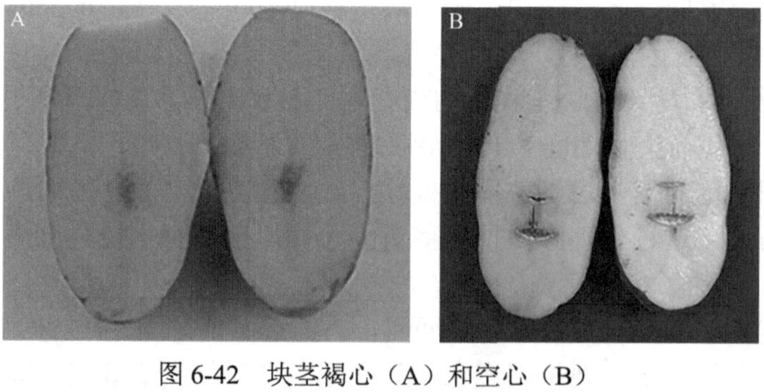

图 6-42 块茎褐心（A）和空心（B）

褐心通常表现为块茎中间（髓部）变色部分与薯肉出现可见的分离（图 6-42A）。棕色的形成是由于细胞膜破碎及细胞死亡。块茎组织中矿质营养及碳水化合物不足均会降低细胞膜的完整性。导致块茎碳水化合物和矿质营养不足的原因与块茎和地上部茎、叶的竞争，植株不能吸收和运转充足的矿质元素到块茎髓部区域有关。此外，在块茎长期的较慢生长之后的快速生长也可促进褐心的发生，特别是块茎起始和膨大早期。如果块茎出现褐心症状之后，块茎的生长速率适当且均匀，健康细胞就可在受损伤的细胞之间生长，稀释细胞及组织的褐色，块茎褐心症状可能会消失。

外界环境因素对块茎褐色的发生也有重要影响。块茎膨大早期植株生长于 13℃温度条件下 5～7d 会引起褐心的发生。块茎膨大早期土壤湿度高于 80%～85%也能提高褐心发生率。

尽管褐心并不一定导致空心，但被认为是空心的一种表现形式，也可能是空心的前提。块茎空心是在薯肉中形成不规则空洞的现象，空洞周围常被棕色或褪色的组织包围（图 6-42B）。空洞是否变大，是在块茎两端还是髓部中心形成，这些取决于空洞形成的时间。

依据形成时期的不同，块茎空心明显分为早期空心和后期空心两种类型：早期空心出现在块茎开始形成时期，形成的原因和引起褐心形成的原因相同。块茎的快速膨大导致损伤的组织产生空洞。空洞的产生也常与块茎先在低温条件下膨大较慢，然后在温度升高条件下加速膨大有关。块茎膨大初期的土壤高氮肥促进地上部生长茂盛，不仅与块茎竞争矿质营养，也会增加土壤遮阴面积使土壤温度降低，增加早期空心发生率。后期空心通常发生于块茎膨大后期，水分和矿质营养胁迫导致块茎生长停滞，之后环境条件又变得适宜，块茎又快速膨大。后期空心的发生有时和褐心有关。

通过一些栽培技术手段，如合理密度和种薯种植深度以保持植株出苗整齐，利用栽培措施，如施肥、浇水等使植株保持稳定、均衡的生长速率，可以在一定程度上降低褐心和空心发生率。块茎形成起始阶段及早期膨大发育时期，植株封行之前土壤过湿（水分含量大于 80%～85%）、氮肥过多（15kg N/667m^2），特别是在凉爽的气温条件下，均可大幅度提高褐心和空心的发生率。因此，为了减少褐心和空心发生率，块茎发育早期要施用适量的氮肥以维持块茎的正常生长速率。其他矿质营养的施用量也要适当以避免营养胁迫。此外，应当维持土壤水分在 65%～80%。

空心与品种也有一定的关系，有些品种易产生空心，有些品种则不易产生空心。选择不易产生空心的品种进行栽培也是降低褐心和空心发生率的一种有效措施。

2．内部坏死　块茎内部坏死又称内部褐斑或心坏死。症状表现为块茎维管束环内出现小褐色坏死斑点，这些斑点分布部位不同于褐心（主要集中在块茎中心的髓部），而是分散于块茎髓部之外的薯肉其他部位（图 6-43）。内部坏死症状可能在块茎形成起始阶段就发生，但通常是在块茎膨大后期和衰老期更加严重。贮藏期间（尤其是贮藏温度较高时）会加剧发病症状。

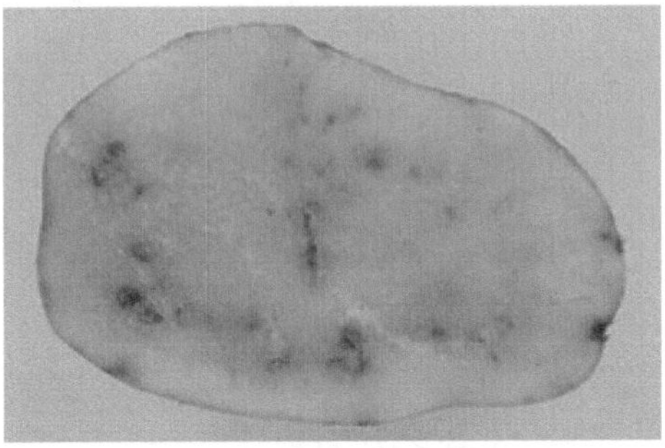

图 6-43　块茎内部坏死

块茎内部坏死的发生与钙供应不足有一定关系。土壤可利用钙不足或者植株吸收和运转钙的能力不足均可引起块茎缺钙。环境条件也影响植株和块茎组织中钙的含量。高温干燥的天气，块茎膨大期土壤温度较高、土壤湿度波动较大，均会提高内部坏死发病率和发病严重性。由于砂壤土离子交换能力较低、导热性能较好，种植于该种土壤上的植株更易形成块茎内部坏死。

内部坏死症状在不同马铃薯品种的发生率存在差异。对易发生内部坏死的品种而言，种植到收获的天数和发生率有关。随着块茎膨大和生长，如遇到温暖的土壤温度和较高气温，内部坏死的发生率会大幅度提高。

充足的土壤湿度，尤其是高温条件下的土壤湿度，对防止内部坏死现象的发生十分重要。另外，注意在形成块茎的土壤中（特别是砂壤土和缺钙土壤）施用足够的钙，协调施肥、灌溉和其他措施以维持地上部和块茎均衡生长也对减少内部坏死现象的发生有效果。及时采收，防止块茎过度长大，也可以降低内部坏死的发生率。

图 6-44　块茎黑心

3．黑心　黑心症状表现为块茎薯肉中心呈现暗黑色或蓝黑色（图 6-44）。这种病害是由于块茎内部组织供氧不足，呼吸速率下降。当氧气从块茎组织内部被排除或不能到达内部组织时，黑心会逐渐发展。黑心症既可发生于田间生长期间，也可发生于贮藏期间。

在田间生长时期，如果遇到低洼地积水，土壤长期处于水饱和状态，会导致块茎生长在厌氧条件下并降低气体交换，黑心病发生会比较普遍。黑心病块茎有时在田间并不可见，因为收获前块茎已腐烂了。

黑心病在贮藏期也可发生。通气性差的贮藏条件利于黑心病发生。较高的贮藏温度会提高块茎呼吸速率和氧的需求量，如果通风不良也会加重黑心病的发生；温度较低时，黑心病发展较为缓慢。

因此，预防黑心病的发生，在田间要注意采用正确的灌溉方式，灌溉次数要控制，田间不要积水，要采用株浇法。为了降低块茎贮藏期间黑心病的发展，块茎运输和贮藏期间要注意通风，贮藏温度不可太高。

第七章　无土栽培生理

第一节　无土栽培的类型及原理

一、无土栽培的概念与类型

（一）无土栽培的概念

无土栽培（soilless culture），又称营养液栽培，是指不用天然土壤栽培作物，而是将作物栽培在营养液或固体基质加营养液中，这种固体基质或营养液可以代替天然土壤为作物提供水分、养分、氧气和温度，使作物能够正常生长并完成其整个生命周期。营养液（nutrient solution）是无土栽培的核心，它是由植物生长发育所必需的各种营养元素的化合物，按一定的数量和比例溶解于水配制而成的（表 7-1）。

表 7-1　几种常用营养液的配方

化合物	浓度/（mg/L）					
	Hoagland 和 Arnon 通用配方	园试通用配方	山崎黄瓜配方	山崎番茄配方	山崎草莓配方	山崎莴苣配方
$Ca(NO_3)_2 \cdot 4H_2O$	945	945	826	354	236	236
KNO_3	607	809	607	404	303	404
$NH_4H_2PO_4$	115	153	115	77	57	57
$MgSO_4 \cdot 7H_2O$	493	493	483	246	123	123
NaFe · EDTA	20～40	20～40	20～40	20～40	20～40	20～40
H_3BO_3	2.86	2.86	2.86	2.86	2.86	2.86
$MnSO_4 \cdot 4H_2O$	2.13	2.13	2.13	2.13	2.13	2.13
$ZnSO_4 \cdot 7H_2O$	0.22	0.22	0.22	0.22	0.22	0.22
$CuSO_4 \cdot 5H_2O$	0.08	0.08	0.08	0.08	0.08	0.08
$(NH_4)_6Mo_7O_{24} \cdot 4H_2O$	0.02	0.02	0.02	0.02	0.02	0.02

无土栽培是一种全程可精准调控的栽培方式。从栽培基质和营养液原料的选择，到营养液配制、育苗定植、水肥管理和环境控制，每一个生产环节均可实现精准化、智能化控制。因此，无土栽培能够充分发挥作物的生产潜力，其产量可比土壤栽培成倍或几十倍地提高，并且品质更好，效益更高。以叶用莴苣（生菜）为例，在无土栽培下，其产量（$3500t/hm^2$）是土壤栽培（$1200t/hm^2$）的 2.9 倍左右，产品维生素 C 含量（96mg/kg）是土壤栽培（46mg/kg）的 2.1 倍。

（二）无土栽培的类型

依据是否使用固体基质材料，可将无土栽培分为非固体基质培和固体基质培两大类型。非固体基质培的植物根系直接生长在营养液或雾化的营养液中，包括水培和雾培两种类型；固体基质培的植物根系生长在天然或人工合成的无机或有机基质中，包括无机基质培、有机基质培和复合基质培。

水培的植物根系直接生长在营养液中，依据营养液液层深度又可以分为深液流（液层深度5～15cm）水培和营养液膜（液层深度1～5cm）水培。在深液流水培的基础上，在营养液上放置一块铺设无纺布的泡沫板（引导部分根系生长在湿润的无纺布上），衍生出了浮板毛管水培。雾培的植物根系直接生长在雾化的营养液中，依据是否有部分根系浸润在营养液中，又可分为喷雾培和半喷雾培两种类型。喷雾培的植物根系全部生长在雾化的营养液中；半喷雾培的植物根系有部分生长在雾化的营养液中，而另外一部分则浸没在种植槽下部的营养液中。无机基质培包括砾培、砂培、岩棉培、陶粒培、珍珠岩培和塑料泡沫培等；有机基质培包括椰糠培、秸秆基质培和锯木屑培等；复合基质培包括草炭-蛭石-珍珠岩培和蚯蚓粪-蛭石培等。

二、无土栽培的营养生理基础

（一）矿质营养学说与无土栽培

1840年，德国化学家尤斯图斯·冯·李比希（Justus von Liebig）出版了《化学在农业和生理学上的应用》一书，提出了植物矿质营养学说，即“土壤里的矿物质为所有绿色植物提供养料，无机物质是植物生长发育所需要的最原始、最基本的养分”。该学说后来被许多学者通过生物试验证明，并在生产实践中被充分证实。无土栽培的实质是用营养液代替了土壤，而营养液的产生是以矿质营养学说为依据的。在无土栽培技术出现之前，由于土壤成分的复杂性和不均一性，许多植物营养问题（如必需营养元素的确定、缺素症的鉴定等）很难用土壤培养的方法来研究。但是，溶液培养所用的无机盐的成分和数量都是已知且可控的，因此植物营养问题很容易通过无土栽培的方式来解决。可以说，无土栽培不仅充分证明了矿质营养学说的正确性，也充实和丰富了植物营养学内容。随着人们对植物营养问题认识的不断深入，无土栽培技术日臻完善和普及。从20世纪30年代开始，无土栽培技术逐渐从实验室研究走向生产应用。例如，1929年，美国人威廉·F.格里克（William F. Gericke）成功将无土栽培技术应用于规模化番茄生产，使之发展成为一种高产、优质、高效的农业生产技术。

（二）营养液中植物必需营养元素的生理功能及吸收形态

目前，国内外公认的植物必需营养元素至少有16种，包括碳（C）、氢（H）、氧（O）、氮（N）、磷（P）、钾（K）、钙（Ca）、镁（Mg）、硫（S）、硼（B）、铜（Cu）、铁（Fe）、锰（Mn）、锌（Zn）、钼（Mo）和氯（Cl）。C主要源自CO_2，H和O主要源自水，因此无土栽培营养液中的养分主要由除C、H、O外的其他13种植物必需营养元素组成，它们的生理功能和吸收形态如表7-2所示。

根据植物必需营养元素的生物化学作用和生理功能，可将营养液中的养分元素分为4组。

表 7-2　营养液中植物必需养分元素的生理功能和吸收形态

养分元素	生理功能	吸收形态
N	蛋白质代谢，核酸代谢，酶及辅酶氧化还原作用的成分	NO_3^-、NH_4^+
P	蛋白质代谢，核酸代谢，作为 ADP、ATP 能量的积蓄及运转	PO_4^{3-}、HPO_4^{2-}、$H_2PO_4^-$
K	调节渗透势，维持细胞活动，激活参与光合作用和呼吸作用的酶	K^+
Ca	合成新的细胞壁，维持细胞膜功能，调控茎、根生长点的发育	Ca^{2+}
Mg	激活 DNA 与 RNA 合成的酶，参与光合作用（作为叶绿素成分）	Mg^{2+}
S	蛋白质代谢，作为维生素成分的辅酶	SO_4^{2-}
B	细胞伸长，核酸合成，激素反应，膜功能和酶的活化	BO_3^{3-}、HBO_2、H_3BO_3
Cu	作为酶的组成成分，与氧化还原反应的酶（如质体蓝素）有关	Cu^{2+}
Fe	酶的活化，细胞色素氧化，促进叶绿素-蛋白质复合物的合成	Fe^{2+}、Fe^{3+}
Mn	作为酶的组成成分，参与光合作用中水的放氧反应	Mn^{2+}、Mn^{4+}
Zn	作为酶的组成成分，参与叶绿素的生物合成	Zn^{2+}
Mo	硝酸还原酶和固氮酶的组成组分，参与硝酸盐同化和氮固定	MoO_4^{2-}、Mo^{6+}、Mo^{3+}
Cl	参与光合作用和气孔调节，激活质子泵 H^+-ATP 酶	Cl^-

第一组包括 N、S 和 Cl，它们既是植物体含碳化合物的组分，又是酶促反应过程中原子团的必需元素。这三种元素在宽泛氧化还原状态上有着相似的化学性质，都可被同化为有机物，这也是植物新陈代谢的基本过程。

第二组包括 P 和 B，它们主要影响植物体能量储存和结构完整性。这两种元素以无机阴离子或酸分子的形态被植物吸收，在植物中以酯键与 C 结合形成磷酸酯、硼酸酯等，其中磷酸酯参与能量转换反应。

第三组包括 K、Ca、Mg 和 Mn，它们主要以离子形式存在于植物体中的细胞质或液泡中，以静电作用力或作为配体结合到非扩散的含碳大分子化合物上。这些离子都具有酶的活化功能，有的能调节渗透势，有的则成为酶和底物之间的桥梁。

第四组包括 Fe、Cu、Zn 和 Mo，它们都具有可逆的氧化还原状态，大多数可通过原子价的变化传递电子，在电子转移和能量转化中起重要作用。这些元素通常以螯合态的形式存在于植物体内，一般与蛋白质、叶绿素和细胞色素等大分子有关。

（三）无土栽培植物根系对水分和养分的吸收

根系是植物吸水的主要部位。无土栽培植物生长过程中需要的水分与矿质营养，基本都是通过根系吸收获取的。

1. 无土栽培植物根系对水分的吸收　根部主要通过根尖吸收水分，以根尖的根毛区最为活跃。无土栽培植物根系从根际环境吸收水分后，水分首先通过细胞壁、细胞间隙、导管等非细胞质开放性连续体系自由扩散的质外体途径和由质膜上的载体或离子通道运入细胞内部，通过内质网在细胞内移动并经胞间连丝进入相邻细胞，或暂存在液泡中的共质体途径，由根皮层组织进入木质部导管，然后经木质部导管由根系向叶片输送，最后在叶片中以气体分子形态释放到大气中。在这个过程中，蒸腾作用产生的蒸腾拉力是植物吸收和传导水分的主要动力。因此，作物的需水量与蒸腾拉力密切相关。作物对水分的需求程度一般用蒸腾系数表示。该系数是指植物在一定生长时期内的蒸腾失水量与其干物质积累量的比值，能够大体估计不同作物的水分需求量和水分利用效率。蒸腾系数小，植物合成单位质量干物质所蒸腾散失的水量就少，因此水分需求量小而水分利用效率高；反之亦然。但是，蒸腾系数受光照、温度、湿度等因素的影响，且无法准确描述作物不同生育阶段对水分的需求，因此其对无土栽培的实用性较差。此外，植物必需矿质元素必须溶于水中才能被根系吸收，因此无土栽培需同时考虑植物对水分的需求量和对各种元素的吸收量。为了反映植物吸水与吸肥之间的关系，日本的山崎肯哉于 1976 年提出了表观吸收成分组成浓度这一概念，即植物吸收一定量的水的同时会吸收一定量的各种植物营养元素。表观吸收成分组成浓度用 n/w 表示，其中 n 表示各养分元素的吸收量（mmol），w 表示水分的吸收消耗量（L）。需要注意的是，各养分元素的组成和比例是作物固有的吸收状况。虽然 w 值容易受光照、温度、湿度、栽培系统、作物生育阶段、栽培密度等因素的影响而发生变化，但是各养分元素的组成及比例是在作物正常生长限度之内的，因此 n 并不相应地变化。山崎肯哉对几种园艺植物的表观吸收成分组成浓度进行了测定（表 7-3），并在此基础上形成了不同作物的专用营养液配方（表 7-1）。

表 7-3　几种园艺植物的养分吸收组成、浓度和平均单株的吸收量（山崎肯哉，1989）

作物种类	生长季节	养分指标	矿质营养元素					吸水量/（L/株）	产量/（kg/株）	种植密度/（株/hm^2）
			N	P	K	Ca	Mg			
网纹甜瓜	3～6 月	吸收量/（g/株）	11.90	2.70	15.40	9.20	2.40	65.45	16.49	24 000
		n/w/（mmol/L）	12.99	1.33	6.03	3.51	1.53			
黄瓜	12 月～翌年 7 月	吸收量/（g/株）	31.60	5.40	40.70	24.30	8.40	173.36	12.2	21 800
		n/w/（mmol/L）	13.02	1.00	6.02	3.50	2.02			
番茄	12 月～翌年 7 月	吸收量/（g/株）	16.10	3.80	25.70	9.00	4.00	164.50	6.8	21 800
		n/w/（mmol/L）	6.99	0.75	4.01	1.37	1.01			
草莓	11 月～翌年 3 月	吸收量/（g/株）	1.30	0.30	2.00	0.80	0.20	12.64	0.429	65 000
		n/w/（mmol/L）	7.35	0.77	4.06	1.58	0.66			
甜椒	8 月～翌年 6 月	吸收量/（g/株）	20.90	4.30	39.00	9.90	3.00	165.81	12.9	7 900
		n/w/（mmol/L）	9.00	0.84	6.03	1.49	0.75			
结球莴苣	9 月～翌年 1 月	吸收量/（g/株）	2.40	0.40	4.60	1.10	0.40	29.03	0.675	74 000
		n/w/（mmol/L）	5.91	0.44	4.06	0.95	0.57			

续表

作物种类	生长季节	养分指标	矿质营养元素					吸水量/（L/株）	产量/（kg/株）	种植密度/（株/hm^2）
			N	P	K	Ca	Mg			
茄子	3月～翌年10月	吸收量/（g/株）	16.70	3.70	32.60	7.20	2.90	119.08	10	10 000
		n/*w*/（mmol/L）	10.02	1.00	7.02	1.51	1.01			
芜菁	12月～翌年2月	吸收量/（g/株）	0.25	0.03	0.50	0.10	0.03	1.26	0.126	192 000
		n/*w*/（mmol/L）	14.17	0.77	10.18	1.98	0.99			

2．无土栽培植物根系对养分的吸收　与吸收水分一样，根部主要通过根尖部位吸收养分。在无土栽培中，营养液中矿质养分主要以离子形态被根系吸收（表7-2），经过的两个关键步骤为：①吸附在根部细胞表面；②进入根内部。矿质养分离子主要通过交换作用吸附在根部细胞表面，其过程是：根系呼吸释放出CO_2，与根区的H_2O结合生成H_2CO_3；H_2CO_3逐渐解离出H^+和HCO_3^-，其中H^+与阳离子（如K^+、Ca^{2+}、Mg^{2+}等）交换，而HCO_3^-与阴离子（如NO_3^-、PO_4^{3-}、SO_4^{2-}等）交换。吸附在根部细胞表面的矿质养分离子，可以通过质外体途径和共质体途径，由根皮层组织进入木质部导管，然后向其他部位传送。

在无土栽培中，影响根系吸收养分的因素较多，如根区养分浓度、温度、光照、通气状况、介质酸碱度（pH）和离子间的相互作用等。在一定范围内，根吸收养分的速率与养分浓度呈正相关，但浓度过高时会引起离子毒害，从而降低养分吸收速率。类似地，根吸收养分的速率在一定范围内随根区温度的升高而增加，但温度过高时会引起高温胁迫，从而抑制养分吸收。光照一般通过影响植物地上部的光合作用、蒸腾强度等间接影响根系对矿质养分的吸收。需要特别注意的是，根系对养分的吸收与其呼吸作用密切相关。良好的通气环境既能为根系提供充足的O_2供应，又可促使根系呼吸产生的CO_2从根际散失。这一过程是根系进行有氧代谢和离子吸收及维持正常生长发育的保障。介质pH对根系养分吸收的影响主要包括两方面：①影响根表电荷性质和膜透性；②影响矿质营养元素的形态和有效性。介质中H^+浓度的增加会使蛋白质分子的氨基加速解离而羧基减缓解离，因此蛋白质分子主要带正电荷，故有利于根系从溶液中吸收阴离子（如NO_3^-、PO_4^{3-}、SO_4^{2-}等）；反之，介质中OH^-浓度的升高会促使蛋白质分子所带的负电荷增加，故而有利于根系吸收阳离子（如K^+、Ca^{2+}、Mg^{2+}等）。此外，在酸性条件下，K、Ca、Mg等大量元素及B、Cu等微量元素的有效性高；在碱性条件下，Zn、Fe、Mn等金属元素的有效性高。离子间相互作用对根系吸收养分的影响主要包括拮抗作用和协同作用。拮抗作用是指某种养分离子的存在能够抑制植物对另一种或多种养分离子的吸收，而协同作用则表现为对其他养分离子吸收的促进效果。例如，Ca^{2+}浓度的增加可能会抑制根系对Mg^{2+}的吸收，而对NH_4^+和K^+的吸收产生促进作用。

（四）营养液组成的原则

如前所述，营养液是无土栽培的核心。无论是水培、雾培还是固体基质培，都主要依靠营养液为作物提供其生长发育所需的水分和养分。因此，基于作物生长发育需求的营养液组成是无土栽培生产获得成功的前提。营养液组成包括溶液总盐分浓度、pH 和各矿质营养元素的离子浓度、离子比例和有效性等理化性质，主要遵循下述六大原则。

（1）营养全面　营养液必须含有目标作物生长必需的全部营养元素。园艺植物必需的营养元素至少有 16 种。除 C、H 和 O 外，其余 13 种元素（表 7-2）必须是营养液中养分的组成元素。

（2）状态可用　各营养元素在营养液中必须以根部可以吸收的形态存在（表 7-2）。大多数营养元素以无机盐形式溶解在营养液中，其可被根系利用形态为离子状态，也有一些是螯合态（如螯合 Fe）。此外，在固体基质培中，营养液也可选用一些有机化合物，如作为氮源的酰胺态氮尿素。

（3）营养均衡　各营养元素在营养液中的数量比例应符合植物生长发育的要求（表 7-3）。营养均衡的实质是生理均衡，即营养液能够在充分保证各营养元素有效性的基础上满足植物对各养分元素的平衡吸收。

（4）满足需要　营养液的总养分浓度能够满足植物生长的需求（表 7-3）。总养分浓度可用电导率表示，其应在作物正常生长的限度范围内，不会出现养分缺乏和盐分过高的问题。

（5）长期有效　营养液中的各营养元素在栽培植物的过程中长期保持其有效状态（表 7-2）。换言之，若受根区温度变化、根系吸收和离子间的相互作用等因素的影响，各营养元素的有效性不会在短时间内降低。

（6）pH 平稳　营养液的 pH 不应受植物根系对养分离子的选择性吸收引起的生理酸碱反应的剧烈影响。由于 pH 能够影响根表电荷性质及矿质营养元素的形态与有效性，营养液 pH 应在栽培植物的过程中变化平稳。

第二节　水 培 植 物

水培植物的根系直接生长在营养液中，因此营养液的矿质元素组成、电导率、酸碱度和溶解氧浓度对水培植物生理起关键性调控作用。

一、营养液矿质元素组成与植物生长发育及产品品质

鉴于植物必需养分元素的生理功能（表 7-2），营养液中的矿质元素组成对植物生长发育及产品品质有重要影响。根据植物根系吸收量的大小，可将营养液中的矿质元素分为大量元素和微量元素。其中，大量元素一般占植物体干重的 0.1%以上，包括 N、P、K、Ca、Mg、S 等；微量元素一般不超过植物体干重的 0.1%，包括 B、Cu、Fe、Mn、Zn、Mo、Cl 等。

（一）营养液矿质元素组成与植物生长发育

营养液矿质元素组成是影响水培植物生长发育的重要因素。多种矿质元素共同维持植物的正常生长发育，因此水培营养液需满足植物对各种营养元素含量、吸收形式及养分总浓度等的需求。基于营养液中矿质元素的浓度与作物生长量之间的关系，可

将矿质元素分为两大类：第一类为浓度过高时不会引起过剩症的元素，不会对作物产生浓度伤害，进而抑制作物生长，包括 P、K、Fe、Ca、Mg、S、Mo 等；第二类为浓度过高时能够引起过剩症的元素，包括 N、Mn、B、Zn、Cu、Cl 等（图 7-1）。第一类和第二类元素在一定浓度范围内均对作物生长有促进作用，作物生长量随营养液中该元素浓度的升高而增加。但是，当浓度达到一定量时，第一类元素浓度的继续上升不再对作物生长有促进作用，此时作物生长量维持在一个相对稳定的水平；反之，第二类元素浓度的再升高对作物生长产生抑制作用，此时作物生长量随营养液中该元素浓度的升高反而降低。

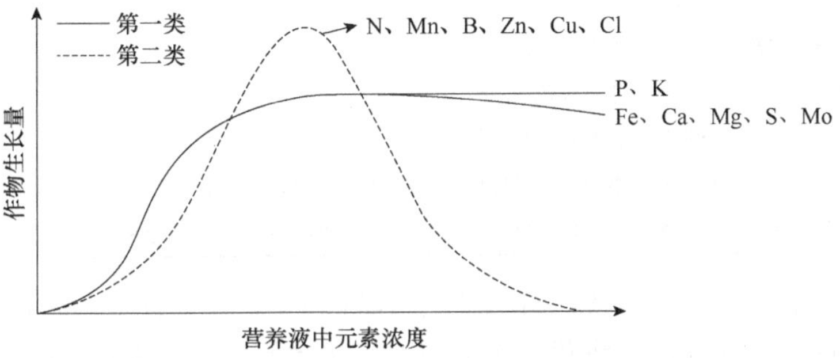

图 7-1　营养液中元素浓度对水培植物生物量的影响

在水培营养液中，大量元素 N 的适宜浓度范围非常窄，而 P、K、Ca、Mg、S 的适宜浓度范围则很宽；微量元素 Fe 的适宜浓度范围很宽，而 B、Zn、Cu 等的适宜浓度范围则非常窄。水培植物成熟叶片中微量元素的缺乏与过剩的浓度界限如表 7-4 所示。

表 7-4　水培植物成熟叶片中微量元素的缺乏与过剩的浓度界限（渡边和彦，2017）

微量元素	缺素界限/（mg/kg）	适宜范围/（mg/kg）	过剩或有害浓度/（mg/kg）
B	＜15	20～100	＞200
Cu	＜4	5～20	＞20
Fe	＜50	50～250	?
Mn	＜20	20～500	＞500
Zn	＜20	25～150	＞400
Mo	＜0.1	0.5～?	?

当水培植物营养液中的矿质元素不足或不能很好地被植物吸收时，植物叶片则会表现出相应的缺素症状（表 7-5）。例如，植株缺大量元素 N 时，其生长萎缩，叶片倾向直立，呈现淡绿或黄化状态，而在极度缺 N 时叶片出现干烧症状；缺 Mg 时，叶片边缘发白且呈现杯形折叠，而在极度缺 Mg 时叶片则死亡脱落。但是，有些元素缺乏则可能表现出相似的症状，如缺 Mn、Zn、Fe 或 K 的叶片均会呈现出发白症状。此外，水培植物的缺素症状往往是并发的，一种元素的缺乏会对植物生长产生不利影响，进而干扰植物对其他元素的吸收。

表 7-5　水培营养液缺素时植物叶片的症状

矿质元素	叶片缺素症状
N	生长萎缩，叶片倾向直立，呈现淡绿或黄化状态；极度缺 N 时叶片出现干烧症状
P	叶片小且深绿色；极度缺 P 时叶片为棕色或黑色，叶背面为青铜色
K	叶片发白；在叶尖和叶片边缘有小斑点；斑点变锈；叶尖褶皱
Ca	植物深绿色；嫩叶发白；从嫩叶尖端干枯；叶芽最终死亡
Mg	叶片边缘发白，叶片边缘无斑点，但呈现杯形折叠；极度缺 Mg 时叶片死亡脱落
S	叶片淡绿色；叶脉浅绿色
B	叶芽变色；叶芽破裂、下垂
Cu	叶脉间呈桃红色；叶片枯萎、脱落
Fe	叶片发白；没有斑点；主脉绿色
Mn	叶片发白；主脉和侧脉深绿色，呈网状
Zn	叶片发白；叶脉短小、狭窄，呈深绿色；叶面和叶片边缘有黑点
Mo	叶片淡绿、柠檬黄或橙色；除叶脉外，整个叶片布满斑点；叶背面有黏稠的分泌物

植物对养分的吸收与新生营养组织及生殖器官（花、果、种子等）的形成密切相关。根据在植物体内的移动性，可将营养液中的矿质元素分为可移动元素和不可移动元素。其中，可移动元素一般包括 N、P、K、Mg、Zn、Mo，当植物缺乏这些元素时，它们会从植物老叶部位转移到幼嫩部位供植物再次吸收利用，因此容易在老叶、下部叶表现出缺素症状；不可移动元素一般包括 Ca、B、Fe、Mn、B、Cu，当植物缺乏这些元素时，它们很难移动，因此容易在新叶、上部叶表现出缺素症状（图 7-2）。但是，上述规律并不完全适合所有作物。例如，缺 Mn 时大豆的症状表现在新叶和上部叶，而大麦则表现在老叶和下部叶；缺 Zn 时番茄的症状表现在老叶和下部叶，而玉米则表现在新叶和上部叶。

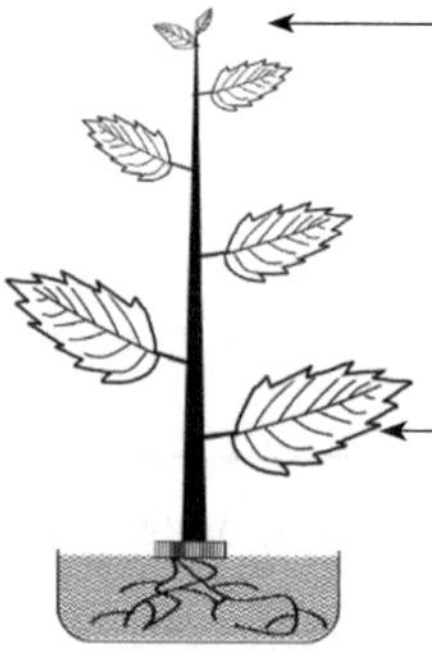

图 7-2　水培植物缺素症易产生的部位

括号中用加粗字体表示的元素，其缺乏症因作物而异，很难断言其始发部位

鉴于水培植物缺素症状的复杂性，在实际生产中，需建立一套简单易行、快速有效的缺素症诊断策略（图 7-3）。基于叶片的表观特征，能够在水培过程中对植物的缺素症状进行快速诊断。需要注意的是，不同水培植物的养分吸收规律存在差异（表 7-6）。在实际生产中，应根据不同植物的养分吸收特性，有针对性地进行营养液矿质元素组

成的调整与管理。即使是同一水培植物，其在不同生长阶段对营养液中养分的吸收也不相同。水培植物的养分吸收曲线依赖于其干物质生产曲线。不同植物的干物质累积特征如图 7-4 所示。图 7-4 中叶用莴苣、番茄和甜椒分别代表了快速、中速和慢速营养生长的三类水培植物。以快速营养生长为特征的叶用莴苣的干物质累积呈现指数增长；以中速营养生长为特征的番茄的干物质累积先呈现指数增长，后呈现线性增长；以慢速营养生长为特征的甜椒的干物质累积在前期呈现指数增长，中期呈现线性增长，后期表现出衰老趋势。

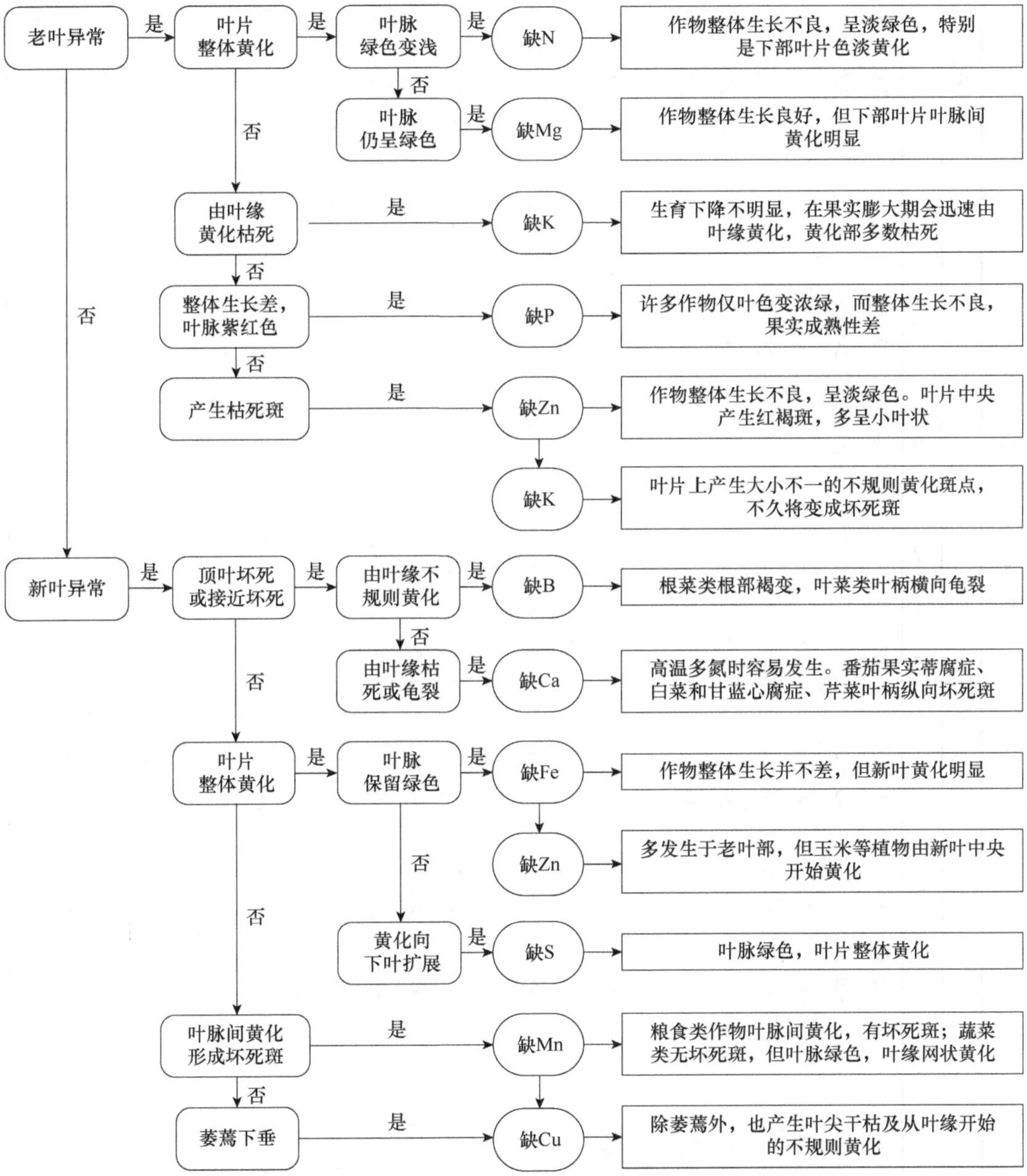

图 7-3 田间诊断植物缺素的检索图（改绘自渡边和彦，2017）

表 7-6　不同植物的养分吸收规律

作物	大量元素/（g/kg）						微量元素/（mg/kg）					
	N	P	K	Ca	Mg	S	B	Cu	Fe	Mn	Zn	Mo
菠菜	42～52	3～6	50～80	6～12	6～10	—	25～60	5～25	60～200	30～250	25～100	—
大白菜	30～40	4～7	45～75	19～60	2～7	4～8	26～100	—	40～300	25～200	—	—
大蒜	34～45	3～5	30～45	10～18	2～3	—	—	—	—	—	—	—
豆瓣菜	42～60	7～13	40～80	10～20	3～5	—	25～50	—	50～100	50～250	—	—
番茄	40～60	3～8	29～50	10～30	4～6	4～12	25～60	5～20	40～200	40～250	20～50	—
根用甜菜	35～50	3～5	30～45	25～35	3～10	—	30～80	5～15	50～200	70～200	15～30	—
胡萝卜	25～35	2～3	28～43	14～30	3～5	—	30～100	5～15	50～300	60～200	25～250	0.5～1.5
花椰菜	33～45	3～8	26～42	20～35	3～5	—	30～100	4～15	30～200	60～200	20～250	0.5～1.5
黄瓜	45～60	3～13	35～50	10～35	3～10	3～7	25～60	5～20	50～300	50～300	25～100	—
结球甘蓝	36～50	3～8	30～50	11～30	4～8	3～8	25～75	5～15	30～200	25～200	20～200	0.4～0.7
结球莴苣	38～50	5～6	66～90	15～23	5～8	—	23～50	—	50～100	25～250	—	—
芥菜	24～55	4～8	29～57	13～32	2～4	4～8	19～39	—	85～363	35～52	—	—
茎用莴苣	25～40	4～6	50～80	14～20	5～7	—	30～100	7～10	50～500	30～90	26～100	>0.1
苦瓜	45～60	3～13	39～59	14～35	3～10	4～7	25～60	—	50～300	50～300	—	—
辣椒	35～45	3～7	40～54	4～6	3～15	—	30～100	10～20	60～300	26～300	30～100	—
萝卜	30～60	3～7	40～75	30～45	5～12	2～4	30～50	6～12	50～200	25～130	20～50	—
马铃薯	35～45	3～5	40～60	5～9	3～5	2～4	20～40	5～20	30～150	20～450	20～40	—
南瓜	40～60	4～10	40～60	10～25	3～10	—	25～75	6～25	60～300	50～250	20～200	—
茄子	42～50	5～6	57～65	17～22	3～4	—	20～30	4～6	—	15～100	30～50	—
芹菜	25～35	3～5	40～70	6～30	2～5	—	30～60	5～8	30～70	100～300	20～70	—
青花菜	32～55	3～7	20～40	12～25	2～4	3～8	30～100	5～15	50～100	25～200	25～200	0.4～0.7
洋葱	50～60	4～5	40～55	15～35	3～5	5～10	30～45	5～10	60～300	50～65	25～55	—
叶用莴苣	35～45	5～8	55～62	20～28	6～8	—	25～60	—	40～100	11～250	—	—

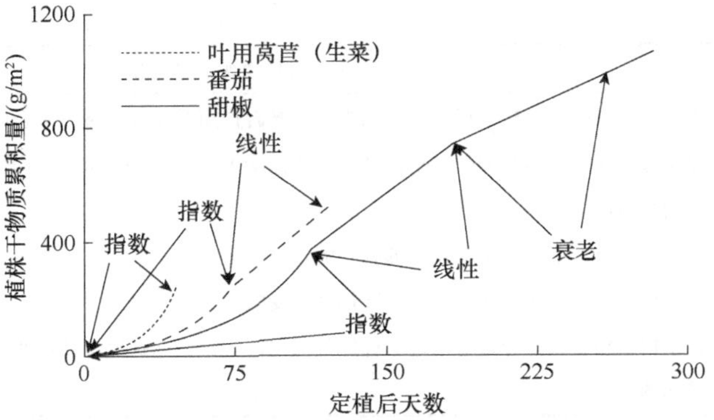

图 7-4　不同代表性水培植物的干物质累积特征

由于不同水培植物的干物质累积特征存在差异（图 7-4），它们的养分吸收规律也存在差异。产生最佳产量和产品质量的养分吸收速率是每种水培作物所特有的，并与气候条件密切相关。叶用莴苣、番茄和甜椒在不同生长阶段的 N、P、K 养分吸收速率如图 7-5 所示。显而易见，叶用莴苣的养分吸收速率呈指数曲线，其随时间的推移而急剧增加；番茄和甜椒的养分吸收速率在营养生长阶段也表现为指数曲线，但是在生殖生长阶段，特别是果实发育过程中呈线性增加趋势，后期甚至出现下降趋势。需要注意的是，在冬季低温季节，甜椒植株的养分吸收速率急剧下降，果实成熟延迟，果实的干物质积累减缓。

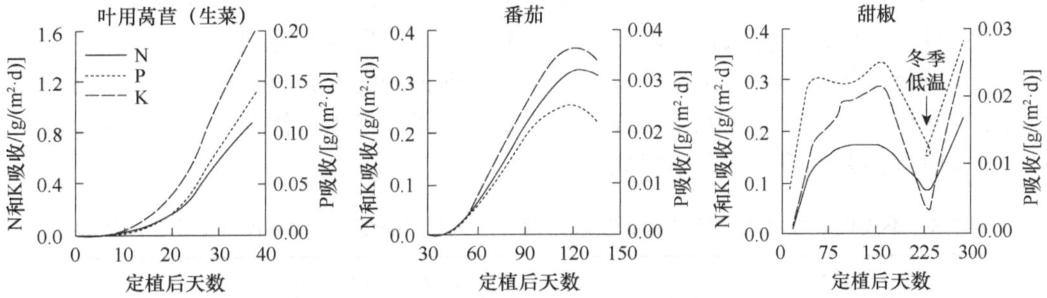

图 7-5　不同代表性水培植物的养分吸收特征（改绘自 Raviv and Lieth，2008）

营养液矿质元素组成对植物的生长发育有重要影响（表 7-7）。营养液中的矿质元素首先影响的是根系发育：缺 N 和 S 时根系小且容易老化；缺 P 时根系活力下降；缺 Ca 和 B 时根毛细胞伸长受阻；缺 Fe 时则侧根停止生长。

表 7-7　水培营养液缺素对植株发育的影响

矿质元素	缺乏症对植株发育的影响
N	根系小，株型矮化，植株老化；光合作用及核酸、蛋白质合成能力下降
P	根系活力下降，细胞分裂受阻，花朵雌蕊柱头发育受抑制，果实变小
K	蛋白质合成受阻，光合作用下降，果实代谢失衡
Ca	细胞有丝分裂受阻，光合产物运输困难，顶芽和根毛细胞生长受抑制
Mg	促进已合成叶绿素的分解，韧皮部细胞崩溃，碳水化合物输出受阻

续表

矿质元素	缺乏症对植株发育的影响
S	根系小，生长点受抑，株型矮化，植株老化；光合作用及核酸、蛋白质合成能力下降
B	新叶停止生长，根毛细胞伸长受阻，细胞不均衡膨大，茎及果实龟裂木栓化
Cu	光合作用受阻，新叶停止生长
Fe	叶绿素合成受阻，细胞有丝分裂受抑制，侧根停止生长
Mn	破坏叶绿体中的内囊体层状结构，叶绿体合成受阻
Zn	核酸、蛋白质和生长素合成受阻，茎秆伸长受限，叶片横向扩展，新叶畸形且小叶化
Mo	叶片畸形萎缩

营养液的矿质元素对植株地上部发育的影响主要体现在下述几方面：①促进叶绿素合成和光合作用，主要包括 N、K、Mg、S、Cu、Fe、Mn 和 Cl 等元素；②调节光合产物运输，主要包括 K、Ca 和 Mg 等元素；③决定核酸和蛋白质合成，主要包括 N、K、S、Zn 等元素；④影响生殖生长和果实发育，主要包括 P、K 等元素；⑤调控新叶生长、生长素合成和细胞有丝分裂等，主要包括 B、Cu、Fe、Zn 等元素。除影响植株生长发育外，营养液的矿质元素缺乏或过剩也影响果实发育。以番茄为例，几乎所有类型的畸形果，如手指型、椭圆型、多心型、顶裂型、开窗型、菊花型的形成都与营养液中养分浓度过高有关。这是因为，在高养分状态下，果实遇到低温或强光逆境极易形成集合的多心皮子房及不均匀的花柱。多心皮花器的产生是畸形果形成的最初原因，而生长点的营养过多是该花器产生的导火索。因此，为了避免水培产生畸形果，在冬季低温弱光或夏季高温强光条件下，应适度降低营养液中的养分浓度，特别是 N 的浓度。

为了维持水培植物的正常生长发育，需要根据植物的养分吸收规律，在不同的生长阶段维持相应的营养液矿质元素组成。表 7-8 列出了常见水培作物草莓、甜椒和番茄在不同生长阶段的营养液矿质元素组成。

表 7-8　不同代表性水培植物各生长阶段的营养液大量元素组成（Raviv and Lieth，2008）

生长阶段	大量元素浓度/（g/L）				
	N	P	K	Ca	Mg
设施草莓					
定植缓苗期	55～60	20～25	45～60	60～70	35～40
开花与第 1 穗果坐果	70～85	20～25	70～90	100	45
第 2 穗果坐果	80～85	25～30	80～90	100	45
第 3 穗果坐果	80～85	25～30	80～90	100	45
第 4 穗果坐果	55～60	20～25	55～60	80	35
设施甜椒（越夏茬）					
定植至始花	50～60	50～60	75～80	—	—
开花至果实膨大	80～100	80～100	100～120	—	—
果实成熟至收获	100～120	100～120	140～160	—	—
果实收获期	130～150	130～150	180～200	—	—
番茄（秋冬茬）					

续表

生长阶段	大量元素浓度/（g/L）				
	N	P	K	Ca	Mg
定植缓苗期	80～90	30～40	120～140	180～220	40～50
开花期	120～150	30～40	180～220	230～250	40～50
果实成熟至收获	180～200	30～40	230～250	180～220	40～50
果实收获期	120～150	30～40	180～220	180～220	40～50

一个需要注意的问题是，营养液的氮源（NH_4^+和NO_3^-）对植物的生长发育有显著影响。这种影响主要体现在下述两方面。

（1）通过改变根区 pH 影响植物生长　营养液氮源对水培植物根际 pH 的影响机制主要包括两个：①影响硝化/反硝化反应；②根系吸收NH_4^+或NO_3^-后释放或吸收H^+。第一个机制与植物生理无关，而第二个机制直接与植物的养分吸收密切相关。NH_4^+硝化和根系分泌H^+会降低根际 pH，进而可能会对植物的生长发育产生两种影响：一是缓解由微量元素缺乏引起的叶片黄化、小叶或簇生叶症状；二是影响植物生长及干物质形成。这两种影响可能都与“更低 pH 下微量元素的有效性更高”有关，参见本节“营养液酸碱度与植物生长发育及产品品质”部分。以菊科（Asteraceae）的澳洲米花（*Ozothamnus diosmifolius*）为例（图 7-6），当营养液氮源中的NH_4^+比例较高时，根际 pH 在长时间内维持在 7.0 以下，使得根区 Fe、Mn、Cu、Zn 等微量元素的有效性升高，进而对植物生长及其干物质形成产生促进作用。尽管如此，大多数常见的水培园艺植物适宜的 pH 为 6.0～7.0，因此营养液中过高比例的NH_4^+引起的 pH 降低会对植物生长带来负效应。

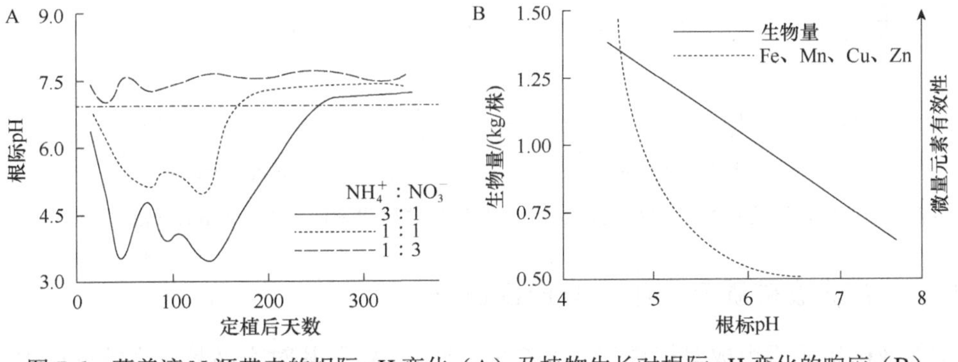

图 7-6　营养液 N 源带来的根际 pH 变化（A）及植物生长对根际 pH 变化的响应（B）

部分作图数据源自 Raviv and Lieth，2008；试验作物为澳洲米花；A 图根区氮源总浓度为 50mg/L，横虚线表示 pH 7.0

（2）调节植物阳离子-阴离子平衡和果实发育　营养液氮源对水培植物生理，特别是植物体内的阳离子-阴离子平衡有显著影响。一般而言，NH_4^+抑制植株，特别是叶片和叶柄的阳离子吸收，而NO_3^-抑制阴离子吸收。植物体中的有机酸具有调节阳离子-阴离子平衡的作用，因此营养液氮源中NH_4^+比例过高时，其对阳离子吸收的抑制作用会诱导有机酸从植物根部排出（表 7-9）。这种效应对植物生理有重要影响。

表 7-9　营养液 N 源对番茄组织阳离子和阴离子浓度的影响（Raviv and Lieth，2008）

组织	N 源	浓度/（mmol/100g DW）				
		K^+	Ca^{2+}	Mg^{2+}	SO_4^{2-}	$H_2PO_4^-$
叶	NO_3^-	58	80.5	15	11	13
	NH_4^+	29	31	12.5	17.5	15
叶柄	NO_3^-	176	63	19	6	15
	NH_4^+	90	30.5	8.5	14.5	20
茎	NO_3^-	162	43	17.5	4	13
	NH_4^+	54	25	9	7	15
根	NO_3^-	93	22	20	5	27
	NH_4^+	43	19	5.5	7.5	21

对于大多数园艺植物而言，营养液氮源中的 NH_4^+ 比例较高则意味着 NH_4^+ 毒害，特别是在高温和高盐条件下时。NH_4^+ 对番茄和辣椒营养生长、产量和果实品质如脐腐病和扁平畸形果的负面影响已被广泛证实。NH_4^+ 毒害可能是因为其能够转换成 NH_3 溶解在营养液中。即使是很低浓度（0.17mmol/L）的溶解态 NH_3，都能够轻易穿过细胞膜，进而抑制植物光合作用、呼吸作用、酶活性和根系生长。以番茄为例（图 7-7），在水培中，当营养液中溶解 NH_3 超过 0.17mmol/L 时，随着其浓度的升高，根系的相对生长量直线下降。此外，营养液中 NH_4^+ 浓度与番茄扁平畸形果率呈显著正相关关系。

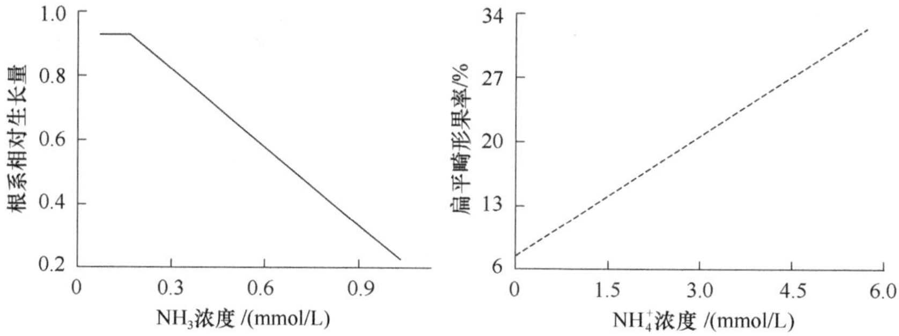

图 7-7　根区 NH_3 浓度对番茄根系生长及 NH_4^+ 对扁平畸形果率的影响（Raviv and Lieth，2008）

（二）营养液矿质元素组成与产品品质

营养液矿质元素组成对植株生长发育的影响，决定了其对产品品质也能够产生影响。营养液中矿质元素缺乏或过剩都有可能对水培作物产品品质产生影响（表 7-10）。例如，大量元素 N 缺乏时，叶类蔬菜老叶黄化，产品器官的蛋白质与维生素 C 含量可能会降低；过剩时则心叶和叶缘部萎缩黑化，产品器官的硝酸盐和亚硝酸盐含量升高。微量元素 Mn 缺乏时，果类蔬菜果实着色不良、含糖量低、味酸、品质差；过剩时则果实变小、果皮变粗。此外，不同的元素缺乏或过剩症可能会对产品品质产生相似的影响。例如，Ca 缺乏或 N 过剩，都能够引起番茄果实的蒂腐病；缺 B 或缺 Ca，均可诱发芹菜叶柄产生龟裂症状。

若水培植物产品品质出现问题，一般可以通过下述方式对营养液中矿质元素浓度的适宜程度进行判别。

（1）食叶类作物产品品质下降 全株：生长不良性黄化→同时缺多种矿质元素；枯萎→多种矿质元素同时过剩。

芯部：畸形、萎缩→缺 B 或 Ca；黄化→缺 Fe。

叶片：龟裂→缺 B 或 Ca；浓绿→N 过剩；白化→缺 Fe 或 P 过剩；叶尖黄化→缺 K；叶脉间黄化→缺 Mg；不规则大斑→缺 K；胡麻状斑点→P 过剩；老叶黄化→缺 N；老叶红化→缺 N 或 P；叶脉红化→缺 P；叶缘红化→Zn 过剩；叶脉褐变→Mn 过剩；叶缘干枯→缺 K 或 Ca，或 B 过剩。

（2）食果类作物产品品质下降 果实：畸形→N 过剩或缺 K；蒂腐→缺 Ca 或 N 过剩；坏疽条斑→缺 K；流脂→缺 B；龟裂→缺 B；表皮无光泽→P 过剩；变小→缺 P、Mn 过剩或多种元素同时过剩。

（3）食根类作物产品品质下降 根部：表面粗糙→缺 B；表面凹陷腐败成浊斑→缺 Ca；表皮异常→缺 B；切断面呈黑色→缺 B；整体变黑变褐→多种元素同时过剩。

表 7-10 营养液矿质元素对水培作物产品品质的影响

矿质元素	对产品品质的影响	
	元素缺乏	元素过剩
N	叶类蔬菜老叶黄化；产品器官的蛋白质与维生素 C 含量降低	番茄形成畸形果；甜瓜果实软化；叶类蔬菜心叶和叶缘部萎缩黑化；甘蓝叶缘干枯；硝酸盐和亚硝酸盐含量升高；铵态氮过剩则果实畸形，可溶性固形物和可溶性糖含量降低；果类蔬菜果实蒂腐
P	番茄和黄瓜果实变小，品质下降；叶类蔬菜叶缘黄化或变紫，叶脉变红，甚至干枯	叶类蔬菜纤维素含量增多，有胡麻状斑点；茄子果实老化，表皮无光泽
K	叶类蔬菜产品器官黄化、干枯，或有不规则大斑点；番茄果实中糖、有机酸、氨基酸及维生素 C 含量下降；冬季果实维管束有茶褐色坏疽及条斑，夏季果实果皮黄化；黄瓜产生细尖果、粗尾巴果、缢缩多节果、球形果	叶类蔬菜产品器官黄化、卷叶；果菜类蔬菜果皮变厚，果实糖酸比下降
Ca	果菜类蔬菜形成蒂腐果；甜瓜果实软化；叶类蔬菜心叶和叶缘部萎缩黑化，叶柄有茶褐色坏疽及条斑；根菜类产品器官表面凹陷腐败成浊斑	诱发与 Zn、B、Fe、Mn 缺乏症类似的影响
Mg	叶类蔬菜产品器官褪绿黄化呈网纹状，且叶片越老越明显；果类蔬菜碳水化合物含量下降	叶类蔬菜产品器官浓绿色；诱发与 K、Ca 缺乏症类似的影响
S	叶类蔬菜新叶黄化	不常见
B	芹菜茎秆木栓化、开裂；萝卜和芜菁心腐、根表黄化、裂根、软化、髓化等；白菜心叶萎缩黑化；果类蔬菜果实果皮变厚、果肉变褐、果个变小、分泌脂状物、内部纵向龟裂、心部软化等；果实可溶性固形物、可溶性糖含量下降	叶类蔬菜叶缘卷曲、枯死褐变或白化
Cu	叶类蔬菜新叶内卷、黄化，中部叶萎蔫下垂	叶类蔬菜老叶黄化
Fe	叶类蔬菜产品器官黄化；果类蔬菜果实品质差、商品价值低	对叶类和果类蔬菜品质的影响尚不明确；花卉全株矮化，花变小

续表

矿质元素	对产品品质的影响	
	元素缺乏	元素过剩
Mn	叶类蔬菜下部叶片叶尖黄化，严重时变褐坏死；果类蔬菜果实着色不良、含糖量低、味酸、品质差	叶类蔬菜新叶叶缘黄化；芹菜叶柄发黑变褐；果类蔬菜果实变小、果皮变粗
Zn	叶类蔬菜叶片横向扩展，呈玫瑰花状，新叶畸形及小叶化，下部叶有褐色小斑点甚至全部黄化	叶类蔬菜新叶黄化，叶缘变红
Mo	十字花科蔬菜易发生，表现为叶片畸形、萎缩	不常见

二、营养液电导率与植物生长发育及产品品质

电导率（electrical conductivity，EC）是一个能够有效表征营养液中可溶性盐分总浓度的指标，其在无土栽培中被广泛采用。通常以毫西门子/厘米（mS/cm）或微西门子/厘米（μS/cm）来表示（1mS/cm＝1000μS/cm）。通过实际测定得到某个营养液配方的EC与总盐分浓度后，就可以模拟出二者之间的线性回归方程。基于此方程，在作物生长过程中，可通过测定营养液的EC来判断营养液浓度的高低。一般而言，营养液的总盐分浓度（S）可通过下列经验公式估算：S（g/L）＝1.0×EC（mS/cm），式中的1.0是多次测定总盐分浓度与营养液电导率之间相互关系的近似值。如果要准确地了解某一营养液配方的总盐分浓度与EC之间的关系，还得经过实际测定才行。

（一）营养液电导率与植物生长发育

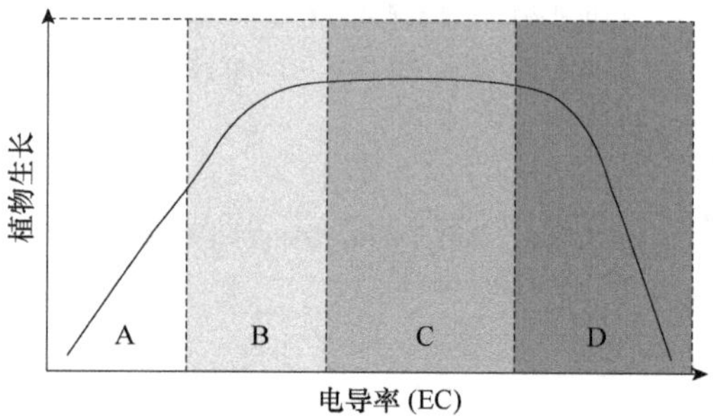

图 7-8　水培植物生长对营养液EC的响应曲线
A．快速生长阶段；B．慢速生长阶段；C．稳定生长阶段；D．衰亡阶段

营养液EC的高低直接影响水培植物的生长发育和产量。水培植物生长发育期间，营养液EC过低会导致植株生长变慢，干物质积累减缓，而EC过高则易引起渗透胁迫，从而抑制根系发育和植株生长，并降低有机物积累速率。随着营养液EC的升高，水培植物生长对营养液EC的响应可归结为4个阶段（图7-8）。

（1）快速生长阶段　在低EC范围内，EC升高促使植物快速生长。相应地，此阶段水培植物的养分吸收速率也高，养分吸收对植物生长的促进效果明显。

（2）慢速生长阶段　随着EC的增加，植物生长的增幅减缓，当EC超过某个值时，其增加不再对植物生长有促进作用。此阶段，植物的养分吸收速率较快速生长阶段有所降低，但养分吸收仍对植物生长有一定的促进作用。

（3）稳定生长阶段　经历慢速生长阶段后，在一定范围内EC的增加不再影响植物生长，其生长处于稳定水平。此时，植物对养分的吸收属于奢侈吸收，养分吸收不再对植物生长有促进作用。

（4）衰亡阶段　当EC达到一定高点后，其增加导致植物因遭受渗透胁迫而失水

明显，生长受到明显抑制。此阶段，植物吸收养分困难，生长逐渐消失直至死亡。

对于几乎所有的可以水培的植物而言，它们都有一个适宜的 EC 范围（图 7-9）。

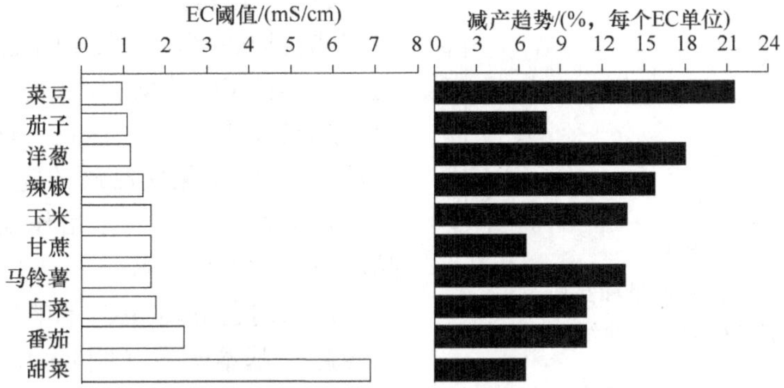

图 7-9　不同植物的 EC 阈值及减产趋势

减产趋势表示当营养液 EC 超过阈值后，每升高一个单位 EC（mS/cm）作物产量降低的百分比

营养液 EC 一旦超过其适宜范围的最高值（阈值），会使植株矮小，叶缘干枯，生长不良，根系变褐乃至枯死，导致减产趋势明显。例如，水培番茄适宜的营养液 EC 为 0～2.5mS/cm，超过阈值（2.5mS/cm）后，则每升高一个单位（mS/cm）的 EC，番茄果实产量降低约 10%。需要注意的是，大多数园艺植物对盐分比较敏感，适宜的 EC 范围较窄。国内外大量的水培研究证实，常见水培营养液的 EC 为 0.8～2.5mS/cm。

即使是同一植物，其不同生长发育时期也有相应适宜的 EC 范围。换言之，植物在生长发育过程中，其适宜的 EC 并不是恒定的，而是动态变化的。这种变化主要与植物在不同阶段的养分吸收、水分吸收和干物质累积的差异有关。图 7-10 展示了常见水培作物黄瓜、番茄、甜椒和茄子不同生长发育时期对营养液 EC 的要求。在这种营养液 EC 动态变化的条件下，植物能够维持其正常生长发育。需要注意的是，EC 表征的是营养液中所有可溶性盐分的总浓度，无法表征具体的矿质元素组成。因此，为了维持水培植物正常的生长发育，营养液 EC 的调控需建立在营养均衡的基础之上。在实际生产中，应根据作物各个生长发育时期的要求来适当调整营养液的配方与浓度。

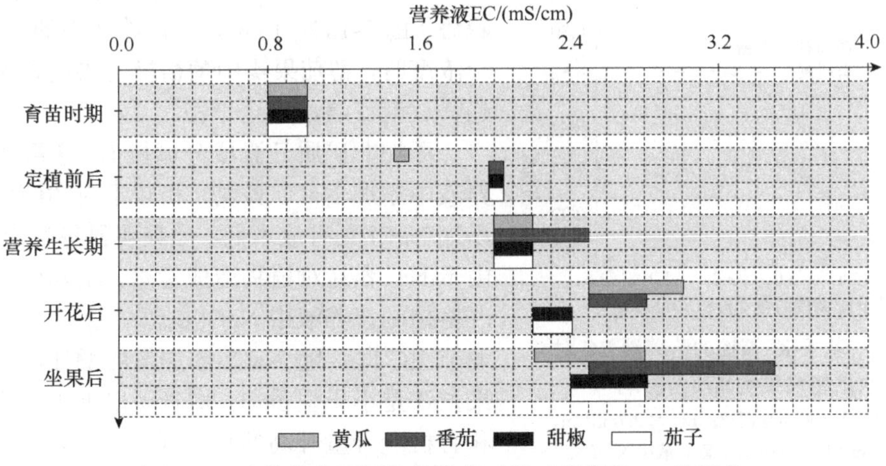

图 7-10　水培植物不同生长发育时期对营养液 EC 的要求

（二）营养液电导率与产品品质

通过管理营养液EC调控产品品质，是水培作物优质生产的主要策略之一。一般而言，随着营养液EC的增加，水培作物产品品质呈上升趋势（图7-11）。因此，理论上来说，营养液EC越高，果实品质的提升效果越好。但是，需要注意的是，水培作物产量呈现出与品质不同的响应曲线（图7-11）。

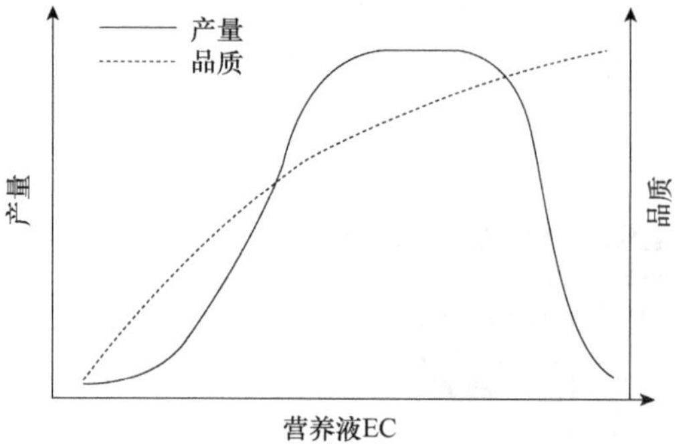

图7-11　水培作物产量和品质对营养液EC的响应曲线

产量对营养液EC的响应与作物生长的响应趋势基本一致（图7-8），即随着营养液EC的升高，产量经历快速增加、缓慢增加、平稳和降低4个阶段（图7-11）。因此，在实际生产中进行品质调控时，为了维持一定的产量，营养液EC不宜超过阈值（图7-9）太多。

针对品质调控的营养液EC管理可通过三种方式实现：①按比例整体提高营养液中各元素浓度；②提升一个或某几个元素的浓度；③添加非矿质元素成分。下面以常见的水培作物番茄为例，对上述三种营养液EC管理方式进行说明。在番茄果实中，果糖、葡萄糖和有机酸（主要是柠檬酸）的占比最高，是影响果实口感（甜度和酸度）的关键物质。当按比例整体提高各元素浓度以调节营养液EC时，随EC的增加，番茄果实中的葡萄糖与果糖及有机酸含量均呈现升高趋势，且前期的升高速率大于后期（图7-12）。

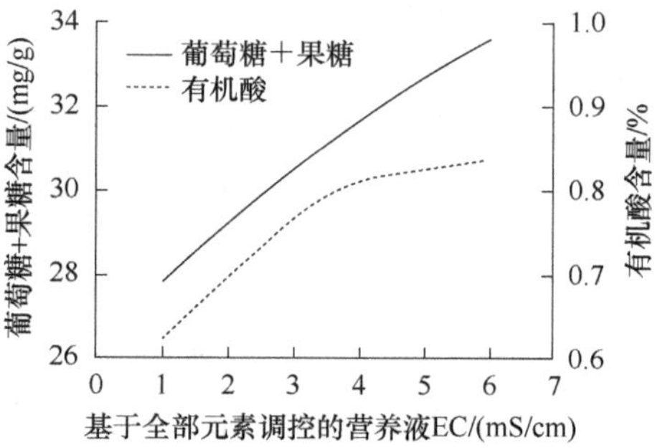

图7-12　基于全部元素调控的营养液EC对水培番茄果实品质的影响

在基于一个或某几个元素调节营养液EC方面，以K^+调控最为常见。营养液EC随K^+浓度的增加而上升，同时在一定范围内番茄果实中的葡萄糖与果糖及有机酸含量均呈现升高趋势（图7-13）。但是，当营养液中的K^+超过某一浓度时，番茄果实中葡萄糖与果糖含量的增加趋势逐渐变缓，直至平稳。

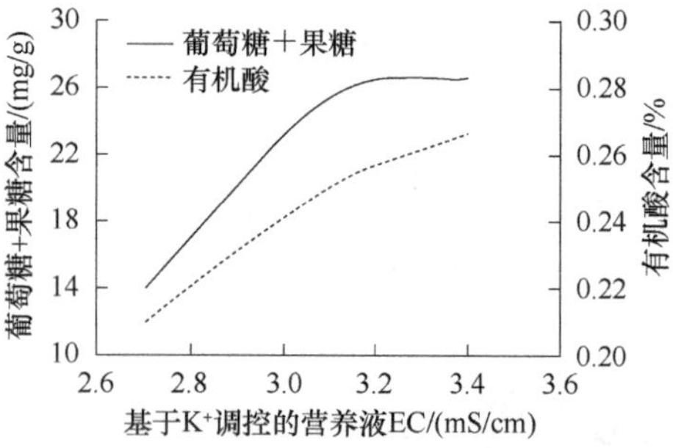

图7-13　基于K^+调控的营养液EC对水培番茄果实品质的影响

营养液EC通过K_2SO_4调控；EC为2.7mS/cm、3.1mS/cm和3.4mS/cm的营养液中K^+浓度分别为200mg/L、300mg/L和400mg/L

添加非矿质元素成分调控EC主要通过向营养液中添加NaCl实现。相较于前述两种方式，添加NaCl具有成本低、效果明显等优点。但是，由于Na^+容易对植物造成毒害，实际生产中需要严格控制营养液中NaCl的添加量。当采用NaCl调节EC时，随NaCl添加量的增加，无论是大果型还是小果型番茄，均表现出单果重降低而糖和有机酸含量升高的趋势（图7-14）。这说明，采用NaCl调节营养液EC，进行番茄高品质栽培，则可能要“牺牲”一定的产量。值得关注的是，对小果型番茄而言，采用较低浓度的 NaCl（25mmol/L），就可大幅度提高其葡萄糖、果糖和有机酸含量（图 7-14）。

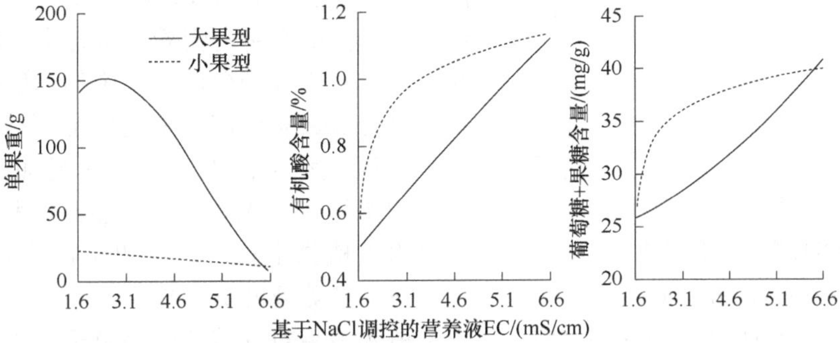

图 7-14　基于 NaCl 调控的营养液 EC 对水培番茄果实品质的影响

EC 为 1.6mS/cm、3.1mS/cm、4.6mS/cm、5.1mS/cm 和 6.6mS/cm 的营养液中 NaCl 浓度分别为 0mmol/L、25mmol/L、50mmol/L、75mmol/L 和 100mmol/L

三、营养液酸碱度与植物生长发育及产品品质

营养液酸碱度（pH）是影响植物生长发育及产品品质的关键因素，其受自身多种因素的影响，包括营养液中生理酸性盐和生理碱性盐的相对量、植物根系对营养液中阴离子和阳离子的吸收差异、植物根系代谢与分泌物、单株植物所占营养液量的大小和营养液的更换频率等。此外，营养液 pH 对植物生理的影响既有直接的，又有间接的。在直接影响方面，植物自身有一个适宜的 pH 范围，其决定着作物根系细胞质对矿质元素的透过性；在间接影响方面，pH 调控盐分的溶解度，从而通过影响矿质营养元素的有效性而间接影响根系吸收。

（一）水培营养液 pH 的影响因素

（1）营养液中生理酸性盐和生理碱性盐的相对量　若硝酸盐（如硝酸钙、硝酸钾）作为营养液的氮源，则植物根系吸收养分后置换出的 HCO_3^- 多于 H^+，营养液大多呈生理碱性；若铵盐和硫酸钾分别作为氮源和钾源，则植物根系吸收养分后置换出的 H^+ 多于 HCO_3^-，营养液易呈生理酸性。一般来说，生理碱性来得慢且变化幅度小，更容易控制。

（2）植物根系对营养液中阴离子和阳离子的吸收差异　植物根系对营养液中的阴离子和阳离子的吸收量并不相同。因此，在植物生长过程中，营养液的阴离子-阳离子平衡逐渐紊乱，导致 pH 发生变化。这种变化不仅影响了作物根系细胞质对矿质元素的透过性，而且影响了矿质元素的有效性。

（3）植物根系代谢与分泌物　作物的分泌物和根系脱落物降解均会引起营养液 pH 的变化，且随时间的推移而加深。例如，根系通过分泌 H^+ 和柠檬酸盐，会强烈影响距离根系表面 0～1.2mm 的根际环境的 pH（图 7-15）。但是，不同植物根系代谢与分泌物对营养液 pH 的影响存在差异。例如，在相同的硝酸盐培养液中，鹰嘴豆根系能够酸化根系周围的环境，而玉米根系则可以增加根际 pH。

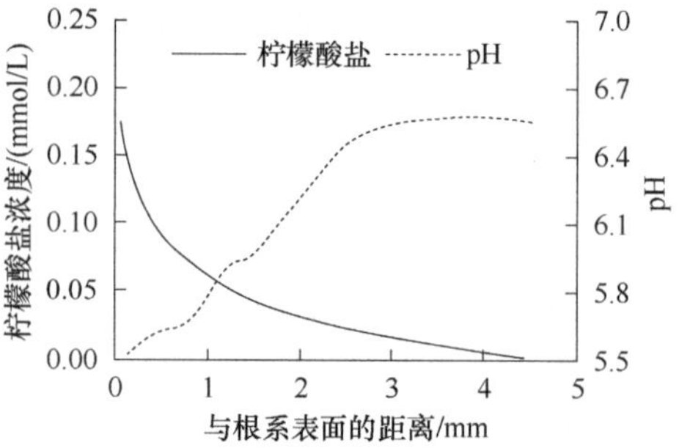

图 7-15　根区柠檬酸盐含量和 pH 的变化

（Raviv and Lieth，2008）

图中数据是在根区 NH_4^+ 占总氮 15%条件下测定的

（4）单株植物所占营养液量的大小　根系密度的增加意味着单位体积根区的氧气和养分消耗增多，使得根与根之间对氧气和养分的竞争增强。单株植物所占营养液量越小，则营养液中的溶解氧和有效养分浓度下降的速度越快。溶解氧不足会对铵氧化产生抑制作用，导致 pH 降低，使得根区液相中的铵态氮积累增加，甚至在气相中积累氨气。无论是铵态氮还是氨气的增加，均对水培植物生长、产量和品质是不利的。

（5）营养液的更换频率　在水培过程中，由于植物根系对营养液中阴离子、阳离子的吸收差异，以及植物根系代谢与分泌物的影响，营养液 pH 的变化幅度随着营养液使用时间的延长而加大，通过营养液的更换可以减轻 pH 变化的强度和延缓其变化速度。

（二）营养液 pH 与植物生长发育

由于根区 pH 决定着作物根系细胞质对矿质元素的透过性，且不同作物的生理特性和环境适应性存在差异，因此每种植物都有其适宜的 pH 范围。除有些耐酸或耐碱的植物外，如凤梨和蕹菜可在 pH＝3 条件下生长良好，对绝大多数植物而言，无论是营养液 pH 过高（＞9.0）还是过低（＜4.0），均会降低植株根系对营养元素的吸收和利用效果，严重时会对植物根系造成损伤并抑制其生长发育。以常见的水培作物黄瓜为例（图 7-16），在结瓜盛期，其根系活力和叶片光合强度均随营养液 pH 的增加，呈现出先升高后降低的趋势。此外，适宜的营养液 pH 也是决定黄瓜果实产量的关键因素（图 7-16）。因此，为了维持水培黄瓜的正常生长和果实产量，需将营养液 pH 控制在适宜的范围内。

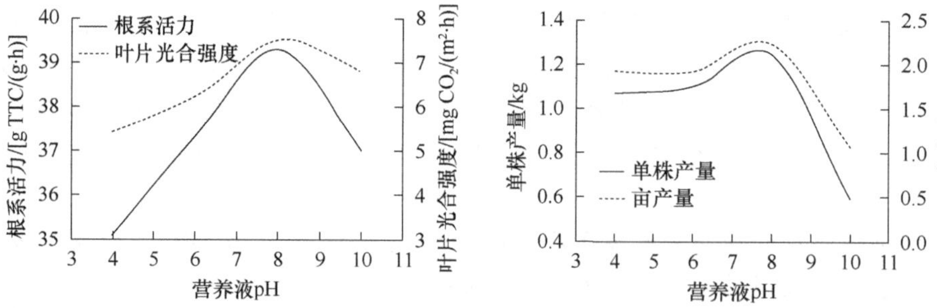

图 7-16　营养液 pH 对水培黄瓜根系活力、叶片光合强度和果实产量的影响（卜崇兴和邢禹贤，1991）

TTC. 2,3,5-氯化三苯基四氮唑

除影响生长外，营养液 pH 也影响水培植物的发育。以水培黄瓜为例，较低 pH 的营养液能够促进雌花的早发和开放，而且随 pH 升高，这种作用呈减弱趋势。在秋冬茬，pH 为 4.0 的营养液中的黄瓜雌花的始发期较 pH 6.0 的营养液提前 3d，而较 pH 10.0 的营养液提前 9d。此外，单株雌花总量也呈现出了随营养液 pH 升高而减少的趋势。因此，偏酸性营养液对黄瓜雌花的形成与开放有一定的促进作用。

不同植物适宜的 pH 如表 7-11 所示。大多数水培作物的根区最适 pH 为 5.5～6.5。

表 7-11　不同植物适宜的 pH 范围

蔬菜	pH	果树	pH	花卉	pH
冬瓜	6.0～7.5	番木瓜	6.0～6.5	百合	5.0～6.0
番茄	6.0～7.5	柑橘	6.0～6.5	雏菊	5.5～7.0
黄瓜	6.3～7.0	梨	5.5～8.5	风信子	6.5～7.5
辣椒	6.2～8.5	芒果	5.5～7.0	兰科植物	4.5～5.0
萝卜	6.5～7.0	苹果	5.4～8.0	玫瑰	6.5～7.0
茄子	6.5～7.3	葡萄	7.5～8.5	石竹	7.0～8.0
芹菜	6.0～7.5	柿	6.5～7.5	仙客来	5.5～6.5
青花菜	5.5～6.5	桃	5.5～7.0	香豌豆	6.5～7.5
西瓜	6.0～7.0	香蕉	6.0～6.5	一品红	5.5～6.0
洋葱	6.0～8.0	杏	7.0～7.5	郁金香	6.5～7.5
叶用莴苣	5.8～6.3	樱桃	6.0～7.5	月季	6.2～6.8

值得关注的是，调控营养液 pH 也是有效控制根际病害的方式之一。例如，虽然营养液 pH 较低可能会抑制植物生长，但同时也能够抑制一些常见水培致病菌的生长和繁殖，如腐霉菌和疫霉菌孢子囊的产生、萌发和菌丝生长。以水培罗勒为例，其适宜的 pH 为 5.5，在不影响其植株生长的情况下，将营养液 pH 维持在 4.0 能够有效抑制腐霉菌引起的根腐病的发生，进而有效改善植株特别是地上部的生长（Gillespie et al.，2020）。

除直接影响植物生长发育外，营养液 pH 也可通过影响营养元素的有效性来间接影响植物的养分吸收。在酸性条件下，N、P、K、S、Ca、Mg 和 Mo 的有效性低；在碱性条件下，Fe、Mn、B、Cu 和 Zn 的有效性低。不同营养液 pH 条件下，植物营养元素的有效性与其所参与的化学反应密切相关。例如，在酸性条件下，有效 Mo 易转化为溶解度很低的氧化态 Mo；在碱性条件下，有效态的 Fe^{3+}很容易与 PO_4^{3-}和 OH^-分别结合变成 $FePO_4$、$Fe(OH)_3$沉淀而失效。

需要注意的是，磷酸盐沉淀是营养液中 P 和 Ca 有效性降低的主要原因。水培营养液通常以正磷酸盐（KH_2PO_4）为磷源。正磷酸盐为易溶性化合物，在营养液中可以解离成 $H_2PO_4^-$、HPO_4^{2-}、PO_4^{3-}等不同价数的磷酸根离子。这些离子都可以与 Ca^{2+}结合，分别形成溶解度极不相同的化合物 $Ca(H_2PO_4)_2$、$CaHPO_4$、$Ca_3(PO_4)_2$，前者属易溶性化合物，在 25℃的溶解度为 15.4%，后两者属于难溶性化合物。若想不形成 $CaHPO_4$和 $Ca_3(PO_4)_2$ 沉淀，则必须保证营养液中没有足够的 HPO_4^{2-}和 PO_4^{3-}存在。在营养液中，KH_2PO_4解离成各价离子的数量受 H^+浓度的制约，与营养液 pH 密切相关。一般来说，随着营养液 pH 的增加，KH_2PO_4解离成 $H_2PO_4^-$、HPO_4^{2-}、PO_4^{3-}的概率依次增加；当 pH 达到 6.5 时，KH_2PO_4解离成 $H_2PO_4^-$和 HPO_4^{2-}的量几乎相等，这两种离子都很容易被植物吸收；当 pH 超过 12 时，几乎一半的 KH_2PO_4解离成 PO_4^{3-}。因此，一般情况下，水培植物营养液 pH 的适宜上限界定为 6.5。

水培植物必需的不同营养元素维持较高有效性的 pH 范围如表 7-12 所示。有趣的是，尽管不同作物对营养液 pH 的适应性不同，但大多数园艺植物适宜生长的 pH 范围（6.0～

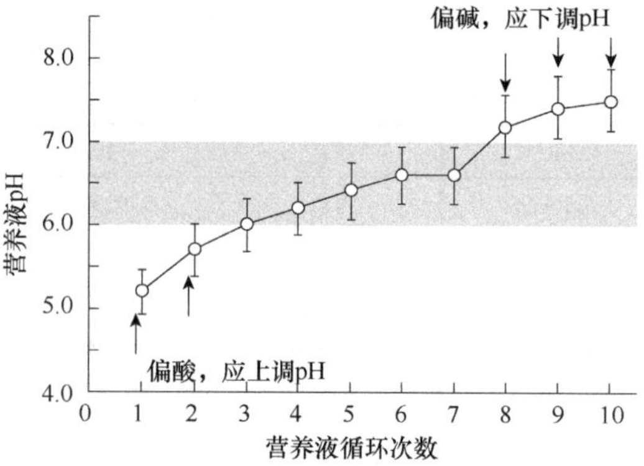

图 7-17　水培过程中营养液 pH 的变化（平均值±标准差）

7.0）恰好是植物必需的所有营养元素能够维持较高有效性的范围（表 7-11，表 7-12）。因此，在实际水培生产中，使得营养液 pH 始终维持一个相对稳定的水平显得尤为重要。例如，若在水培过程中采用日本园试通用配方进行灌溉，随着循环次数的增加，营养液 pH 会呈现出明显的上升趋势，这是因为园试配方主要采用 NO_3^- 作为氮源，植物根系吸收 NO_3^- 后置换出 HCO_3^-，营养液大多呈生理碱性（图 7-17）。因此，当营养液 pH 超过适宜范围时，应对其进行调酸。

表 7-12　水培植物必需的不同营养元素维持较高有效性的 pH 范围

必需元素	pH	必需元素	pH	必需元素	pH
N	6.0～8.0	Mg	6.7～8.5	Fe	4.0～6.0
P	6.3～7.0，8.7～10.0	S	6.0～10.0	Mn	5.0～7.0
K	6.0～10.0	B	5.0～7.0，9.1～10.0	Zn	4.8～7.5
Ca	6.7～8.5	Cu	4.8～7.5	Mo	6.7～10.0

（三）营养液 pH 与产品品质

营养液 pH 对水培植物生理及其根区养分有效性的影响，决定了其能够对产品品质产生影响。这种影响首先反映在产品器官组织的营养元素含量上。以水培罗勒为例，营养液 pH 的差异对其产品器官叶片中的大多数大量矿质营养元素（P、K、Ca、Mg、S）和半数微量矿质元素（B、Mn、Zn）都有显著影响（图 7-18）。其中，K 在叶组织的含量随营养液 pH 的升高呈线性下降趋势，而 P、Ca、Mg、S、B、Mn 和 Zn 的含量呈线性或二次型上升趋势。此外，罗勒叶片中 N、Fe、Cu 和 Mo 的含量均不受营养液 pH 的影响。

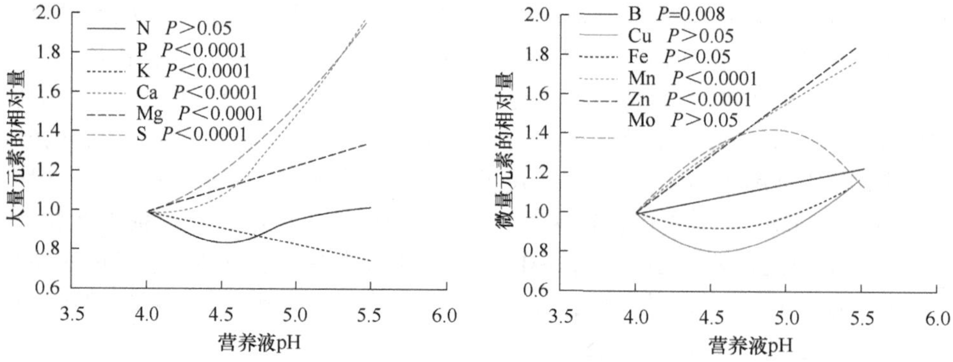

图 7-18　营养液 pH 对水培罗勒叶片矿质元素含量的影响

所有矿质元素均以各自在 pH 4.0 条件下相对应的含量作为参比；作图数据源自 Gillespie et al.，2020

上述营养液 pH 对矿质元素含量的影响，意味着其可能对产品器官中的营养物质产生影响，因为矿质营养元素是产品器官中的可溶性固形物、类胡萝卜素、维生素、蛋白质和碳水化合物等的组成成分。以水培蒲公英为例，较低 pH 的营养液对其产品器官叶片的可溶性固形物和类胡萝卜素含量均有显著的促进作用，而对硝酸盐含量有显著的抑制作用（图 7-19）。理论上来说，根际 pH 低对植物是一种非生物胁迫，高 H^+ 直接对根造成伤害或通过限制磷的有效性间接抑制根系养分吸收，而非生物胁迫源可能是次生代谢产物如类黄酮、花青素、酚类和类胡萝卜素等的激发子，进而会影响作物品质。需要注意的是，不同作物的产品品质对营养液 pH 的响应并不相同。此外，即使是同一作物，不同人群可能对其产品品质的需求也有偏好。因此，在实际生产中，应根据人们对产品品质的具体需求进行营养液 pH 管理。

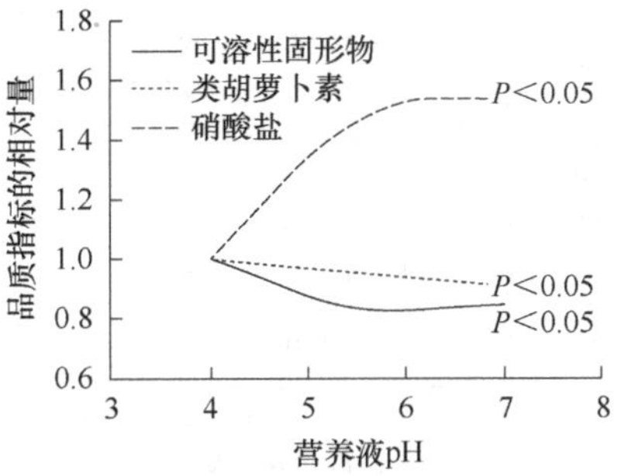

图 7-19　营养液 pH 对水培蒲公英叶片品质指标相对量的影响

所有品质指标均以各自在 pH 4.0 条件下相对应的含量作为参比；作图数据源自 Alexopoulos et al.，2021

四、营养液溶解氧浓度与植物生长发育及产品品质

植物根系在生长过程中需要不断地呼吸，与外界环境进行气体交换。根系的呼吸直接影响其生长、分化及其对矿质元素的吸收。多数情况下，植物根系通过其伸长区及以上部分进行有氧呼吸和代谢，利用氧将植物体内的有机物分解生成二氧化碳和水，并释放能量为生命活动提供动力。根系缺氧时，植株对水分和养分的吸收减少，其各种生理活动受阻，最终导致生长缓慢且产量下降。植物根系要维持其正常呼吸、生长和功能，就必须有足量的氧气供应。水培植物主要依靠营养液提供生长发育所必需的营养元素。由于常见水培的营养液液层较深，根系活动范围较小，很容易造成根区氧气供应不足。水培作物所需的氧主要有两个来源：①溶解在营养液中的氧气，称为溶解氧，这部分由生长在营养液中的根系直接吸收；②空气中的氧气，这部分依靠裸露在空气中的根系吸收。这两种来源的氧，以何者为主，主要与营养液液层深度、是否循环流动或充气，以及裸露于空气中根系的比例等因素有关，这些因素主要受水培类型的影响。目前生产中使用最广泛的水培为深液流，这种模式下植物的大部分根系生长在营养液中，因此溶解氧是深液流水培作物所需氧的主要来源。鉴于此，在深液流水培过程中，营养液中溶解氧的浓度对植物生长发育和产品品质有重要影响。

（一）营养液溶解氧浓度的影响因素

营养液中的溶解氧浓度是指在一定温度、一定大气压条件下单位体积营养液中溶解的氧气的数量，以 mg/L 或 mL/L 来表示。水培营养液中溶解氧浓度的高低，主要受两方面因素的影响：①营养液温度，通常温度越高，则营养液中饱和溶解氧气量就越少（图 7-20）；②植物根系呼吸，一般根系呼吸越旺盛，则消耗的营养液中的溶解氧就越多。例如，当温度为 32℃时营养液中的饱和溶解氧气量为 7.40mg/L，按照每克根系的呼吸耗

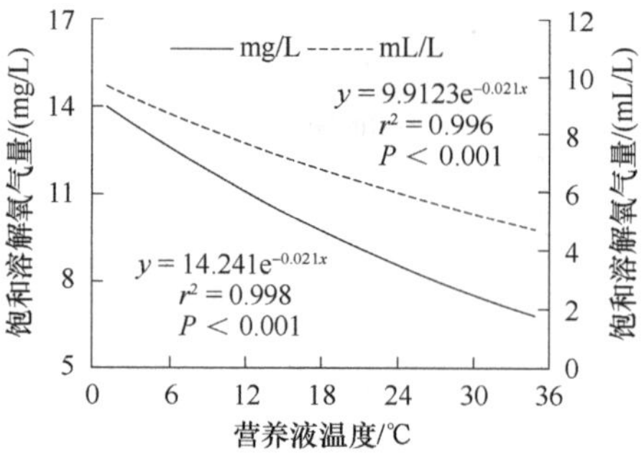

图 7-20　营养液温度与饱和溶解氧气量之间的关系
作图数据源自山崎肯哉，1989；1mg/L 约为 0.7mL/L

氧量为 0.2～0.3mg/h 计算，若根系密度为 10g/L，则根系可在 2.5～3.7h 内将营养液中的溶解氧消耗完。

需要注意的是，植物根系对营养液中溶解氧的消耗量及消耗速率与植物种类、生育阶段、天气状况及单株植物的营养液占有量密切相关。耐淹水的沼泽性植物对营养液中溶解氧浓度的要求较低，而不耐淹水的旱地作物则要求较高；同一植物在幼苗期对营养液中溶解氧浓度的消耗较少，而在成株期则消耗增多；晴天时温度高且日照强度大，植株因生长旺盛而对营养液中溶解氧的消耗多，阴天则因生长减缓而变少；单株植物的营养液占有量越大，则根系对营养液中溶解氧的消耗量就越大。此外，即使是同一天，水培植物根系对营养液中溶解氧的消耗量也不相同，一般白天较高，夜间较低。

（二）营养液溶解氧浓度与植物生长发育

水培植物对营养液溶解氧的依赖程度与其根系对淹水的耐受程度密切相关。根据根系的耐淹水能力，可将植物分为三类：①沼泽性植物，如水稻、豆瓣菜、水芹、茭白、蕹菜等，这类植物长期生长在淹水的沼泽地，体内有氧气输导组织，甚至可以向根际环境分泌氧气；②耐淹的旱地植物，如田菁、合萌、芹菜等，这类植物的根系在遭受水淹时，其结构会朝着有利于氧气吸收的方向改变，如通过适应性变化形成氧气输导组织，或通过增大根系的吸收面积来增加对水中溶解氧的吸收；③不耐淹的旱生植物，如很多的瓜类和十字花科的园艺植物，这类植物不具备前述两类植物所具有的应对淹水能力，很容易在淹水条件下遭受缺氧胁迫。鉴于目前常见的水培植物主要为园艺植物，而大多数园艺植物为不耐淹的旱生植物，因此本节后述部分重点围绕水培园艺植物展开论述营养液溶解氧浓度与植物生长发育的关系。

一般来说，水培作物根系对营养液中溶解氧的需求与其生育阶段密切相关。日本的山崎肯哉测定了水培网纹甜瓜根系在开花期、网纹期和收获期三个不同生育阶段对营养液中的溶解氧和水分的消耗量，发现二者表现出相似的趋势：网纹甜瓜根系对营养液中溶解氧和水分的消耗量在网纹期最大，在收获期次之，而在开花期最小（图 7-21）。这说明，水培植物不同生育阶段的根系对营养液中溶解氧的需求存在差异，且这种差异直接影响根系对水分的吸收。

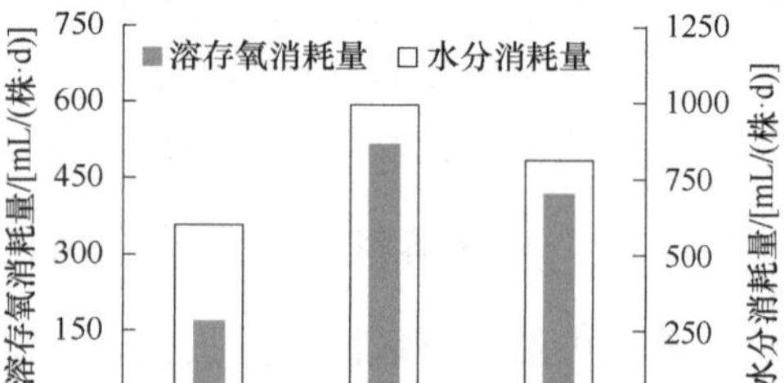

图 7-21　营养液温度与饱和溶解氧气量之间的关系
作图数据源自山崎肯哉，1989

调控营养液中溶解氧的浓度，能够明显改变水培植物的水分消耗量，进而改变其表观吸收成分组成浓度（*n/w*）。以水培甜瓜为例，营养液中溶解氧浓度高时，植株的吸水量就大，各矿质元素的 *n/w* 随着植株生长发育大多呈现增高趋势；但是溶解氧浓度低水平的营养液，栽培植株各矿质元素 *n/w* 的增幅相对较大（表 7-13）。其原因是，当营养液中溶解氧浓度低时，植株的吸水量减少了约 40%，而其养分吸收量与中、高浓度溶解氧的营养液差异不大，因此各矿质元素的 *n/w* 显著增加，N 和 K 分别增加了 1.9 倍和 1.8 倍，而 P、Ca 和 Mg 增加了约 1.4 倍。

表 7-13 营养液溶解氧浓度水平对水培甜瓜各生育阶段植株吸水量和 *n/w* 的影响（山崎肯哉，1989）

植株参数	溶解氧浓度水平	营养生长期	膨大期	成熟期	全生育期（合计或均值）
吸水量/（L/株）	低	13.5	18.3	10.0	41.8
	中	15.5	22.3	14.0	51.8
	高	15.5	23.0	18.0	57.0
n/w/（mmol/L）					
N	低	11.6	17.1	22.3	16.7
	中	11.0	14.4	15.3	13.8
	高	11.0	14.3	14.9	13.5
P	低	3.5	2.1	4.8	3.5
	中	4.4	2.6	4.9	3.8
	高	5.0	2.5	4.8	3.9
K	低	5.7	5.2	10.0	6.5
	中	6.2	4.7	5.1	5.3
	高	6.8	4.6	5.0	5.3
Ca	低	7.0	6.3	10.0	7.4
	中	7.4	6.7	7.5	7.2
	高	10.0	7.4	6.7	7.8
Mg	低	3.1	3.2	4.2	3.4
	中	3.2	3.0	3.6	3.2
	高	3.2	2.9	3.2	3.1

注：营养液溶解氧浓度的低、中、高水平分别为 3.6mL/（株·d）、4.6mL/（株·d）、5.9mL/（株·d）

表观吸收成分组成浓度表征的是植物固有的吸收状况。因此，营养液中溶解氧浓度的高低水平对某一特定水培植物表观吸收成分组成浓度的改变，意味着其从根本上改变了植物生长发育的进程。随着营养液中溶解氧浓度的升高，水培甜瓜的植株鲜重和干重均呈上升趋势（图 7-22）。这说明维持营养液中较高的溶解氧水平，是水培植株正常生长的前提。但是，在营养液溶解氧浓度较低的情况下，甜瓜果实的重量并没有减小，这可能与不同营养液溶解氧浓度下植株的养分吸收量基本保持不变有关。有趣的是，虽然营养液溶解氧浓度没有影响甜瓜果实重量，但其显著影响了甜瓜果实的发育进程。营养液中溶解氧的浓度越低，则水培甜瓜果实的成熟天数越短（图 7-22）。与溶解氧浓度高的营养液相比，溶解氧浓度低的营养液的成熟天数约缩短了 4d，表现出了明显的早熟现象。

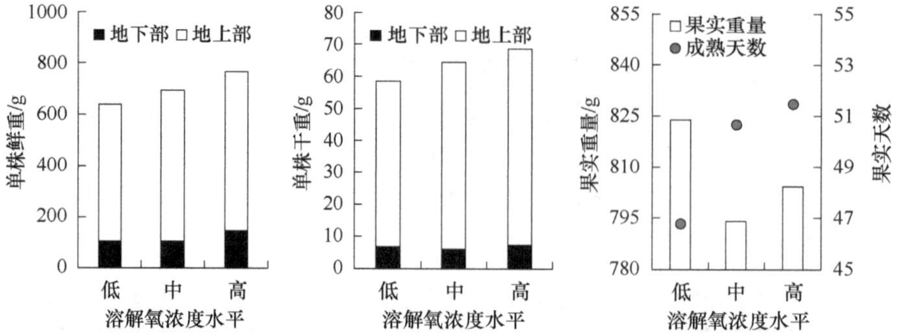

图 7-22 营养液溶解氧浓度水平对水培甜瓜产量和生育的影响

作图数据源自山崎肯哉，1989；营养液溶解氧浓度的低、中、高水平分别为 3.6mL/（株·d）、4.6mL/（株·d）、5.9mL/（株·d）

此外，不同作物的产量对营养液溶解氧浓度的响应也存在差异。例如，采用过氧化钾（1.0g/L）作为营养液的增氧途径时，甜椒和甜瓜的产量较不增氧对照分别增加了 20%和 15%，但黄瓜的产量并没有显著变化（Urrestarazu and Mazuela，2005）。尽管如此，大多数园艺植物在营养液栽培中对低氧环境敏感，因此解决好营养液中溶解氧的供应显得十分重要，甚至是水培取得成功的关键因素之一。一般将营养液中溶解氧的浓度控制在 4～5mg/L 或更高，即在 15～27℃时，维持营养液中溶解氧的浓度为约 50%的饱和溶解氧气量，就能够维持大多数园艺植物的正常生长。由于水培作物营养液中的溶解氧很容易被消耗掉，因此一般采用人工增氧的方式来提升营养液中溶解氧的含量，主要包括营养液循环流动、喷雾、添加空气混入器、间歇供液、潮汐灌溉等。

（三）营养液溶解氧浓度与产品品质

营养液溶解氧浓度对植株吸水量的影响，意味着其可能会调节水培植物的产品品质。但是，不同作物的产品品质对营养液溶解氧浓度的响应趋势不尽相同。基于目前已有的研究进展，营养液溶解氧浓度对食叶类作物产品品质的影响大于食果类作物。例如，Kim 等（2005）经研究发现增加营养液中溶解氧的浓度能够提升生菜的感官品质得分。但是，山崎肯哉（1989）检测不同营养液溶解氧浓度下水培甜瓜果实中的含糖量发现，该指标并不受营养液溶解氧浓度的显著影响。Urrestarazu 和 Mazuela（2005）经研究也发现增加营养液中的溶解氧浓度对甜瓜、甜椒和黄瓜果实中的可溶性糖含量、硬度和干物质含量均无显著影响。因此，营养液溶解氧浓度对水培植物营养生长的影响可能大于其对生殖生长的影响。

第三节 基质培植物

除水培外，基质培是最常见的无土栽培方式之一。基质培植物的根系生长在基质中，而基质起着支持锚定与固定植物根系，并为其生长提供水分、养分和缓冲不利环境因素的冲击等作用。因此，固体基质的性状对基质培作物的生理有重要影响。固体基质的性状主要包括物理、化学和生物学性状三大类，其分别对植物生长发育乃至产品品质起着不同的调控作用。

一、基质物理性状与植物生长发育及产品品质

对作物生长有较大影响的基质物理性状包括容重、总孔隙度（通气孔隙＋持水孔隙）、大小孔隙比（通气孔隙：持水孔隙）和颗粒大小等，这些性状主要影响植物根区的持水量和透气性。一般而言，基质的持水量大则透气性小，反之亦然。由于根系的正常生长既需要吸收水分，又需要进行呼吸，因此实现根区的水气协调是基质培成功的关键。

（一）基质物理性状与植物生长发育

容重是指单位体积基质的重量，它反映了基质的疏松、紧实程度。容重大，则基质紧实、持水透气性差，反之亦然。通常来说，作物可利用的基质含水量范围介于田间持水量和植物萎蔫含水量之间（图 7-23A）。基质容重变大会使得作物可利用的基质含水量范围变小，导致作物生长受阻（图 7-23B）。如果容重偏大，在基质含水量较高时，根系吸水会受到低的基质通气性的限制，而在基质含水量较低时，根系因基质紧实而难以穿透获取水分。因此，对于容重大的基质而言，作物可利用的含水量范围较窄。但是，当容重适中时，根系在基质含水量高时吸收水分的能力及在基质含水量低时穿透基质获取水分的能力都强，故而作物可利用的含水量范围宽。理想的基质容重为 0.1～0.8g/cm^3，以 0.5g/cm^3 为最优。

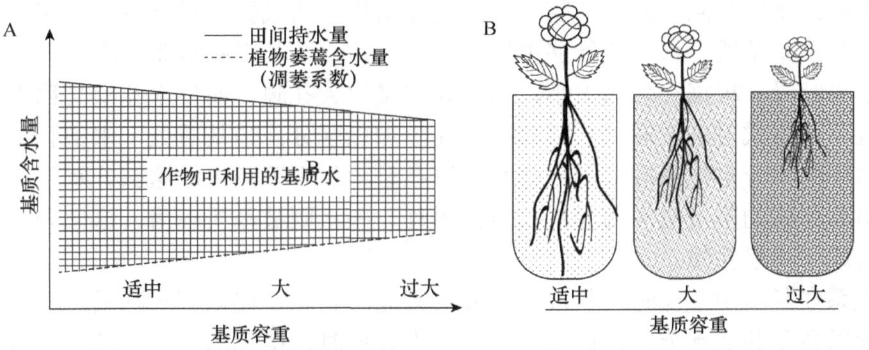

图 7-23　容重对作物可利用的基质含水量范围（A）和作物生长（B）的影响

对于一个固有基质而言，如果进行压实处理，则其容重变大而作物生长所需的含水量范围即最小水分限制变小（图 7-24）。无论压实与否，作物根系生长均与基质含水量有着密切关系，遵从下述规律。

当基质含水量过高时，其内部没有充足的氧气供植物根系呼吸，因此根系的生长受限；然而，一旦基质略微开始干燥，则基质的持水孔隙开始排水，进而充满空气，使得根系生长逐渐恢复且生长速率增大。当基质含水量减小和空气量增大变化至适宜水平，二者相互协调时，根系生长不再受到限制，此时根系生长速率达到最大值。但是，随着基质的继续干燥，根系获取水分的难度增加，同时基质进一步限制水分到根部渗透，根系生长速率持续降低，直至基质干燥到根系不能生长为止。需要注意的是，当压实基质的含水量降低至根系无法生长时，相同含水量下的未压实疏松基质中的根系仍旧能够继续生长。同样，当压实基质的含水量升高至根系无法生长时，相同含水量下的未压实疏

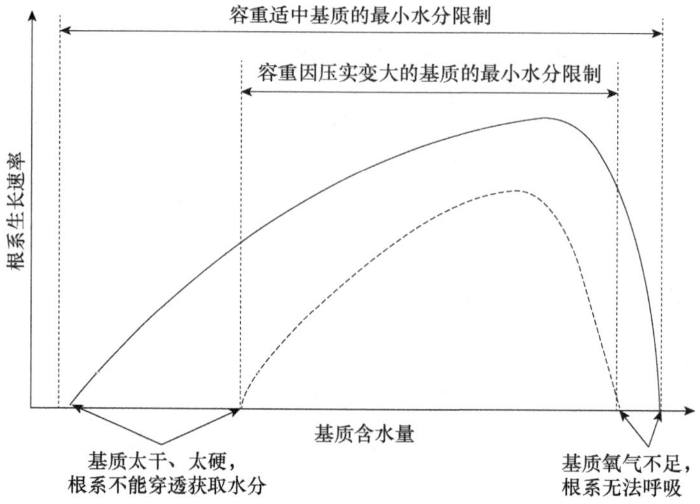

图 7-24　压实与否基质的含水量对根系生长速率的影响

"最小水分限制"表示作物生长所需的含水量范围

松基质中的根系还是能够继续生长，且其生长速率处在较高水平。此外，在相应的最适基质含水量下，压实基质中的根系生长速率明显小于未压实疏松基质。

从本质上来说，在基质密度相同的情况下，容重大小对基质的影响实则是对其孔隙状况的影响。基质孔隙由通气孔隙与持水孔隙组成，通气孔隙是指空气所能够占据的空间，持水孔隙是基质中水分所能够占据的空间。持水孔隙影响根系吸收水分，而通气孔隙影响根系呼吸。根据孔隙的大小，通气孔隙又称大孔隙，而持水孔隙又称小孔隙。一般可通过下述方式对基质通气孔隙和持水孔隙加以区分：当基质处于水饱和状态时，若允许基质中的水分自然渗漏，则一些水可以在重力作用下流失，这部分水又称重力水，它们流出后形成的基质空间为通气孔隙；另外一些水则被基质吸附，这部分水占据的基质空间构成了持水孔隙。

当根系在基质中生长时，其根尖主要沿着通气孔隙穿梭以利于呼吸，同时根毛贴近持水孔隙以便于获取水分。这说明，进行无土栽培时，植物的正常生长发育对通气孔隙与持水孔隙的总和——总孔隙度及其比例——大小孔隙比均有要求。若总孔隙度过大，则通气孔隙比例上升与持水孔隙比例下降，此时基质很容易失水，因此根系极易因基质持水量差而无法获取充足的水分供应；若总孔隙度过小，则通气孔隙比例下降与持水孔隙比例上升，此时基质很容易缺氧，因此根系极易无法正常呼吸。

总孔隙度以相当于基质体积的百分数（%）表示。一般来说，适宜作物生长的基质总孔隙度范围较宽，为 55%～95%；在这个范围内，根系可以维持较高的生长速率。理想的基质总孔隙度为 60%～70%。在适宜作物生长的基质总孔隙度范围内，随着通气孔隙度的增加，持水孔隙度呈先快速下降后缓慢下降的趋势，而总孔隙度呈先快速下降后稳定升高的趋势。此外，大小孔隙比随通气孔隙度的增加呈先缓慢升高后快速升高的趋势（图 7-25）。显然，适宜作物根系生长的基质大小孔隙比范围较宽（0.06～4.5）。然而，为了便于栽培管理，一般建议将基质的大小孔隙比控制在 0.25～0.5，在这个范围内基质持水量大，通气良好，作物能够良好地生长。

基质颗粒大小即粒径直接影响容重、总孔隙度和大小孔隙比。同种基质，基质颗粒越粗，容重越小，总孔隙度越大，大小孔隙比越大，通气性越好但持水性越差。反之，基质颗粒越细，大小孔隙比越小，持水性越好但通气性越差。为了同时满足作物根系吸水和吸收氧气的需求，基质颗粒不能太粗，也不能太细。需要注意的是，不同种类的基质，各自有适宜的粒径。一般而言，砂砾粒径以0.2～2.0mm为好，陶粒粒径以大约1cm为宜，而岩棉、草炭、椰糠等基质的粒径不宜过小，可以由不同大小粒径的同类基质混配，确保适宜的孔隙度和大小孔隙比。

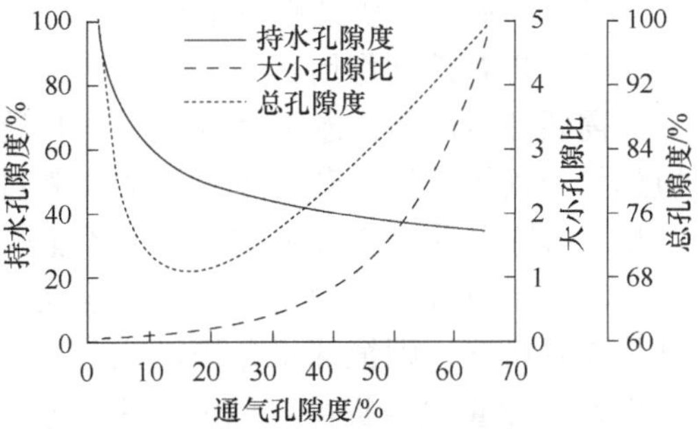

图7-25　基质通气孔隙度与持水孔隙度、大小孔隙比和总孔隙度间的关系

图中数据在适宜作物生长的基质总孔隙度范围内

与土壤栽培不同的是，基质栽培可以采用没有水分垂直渗漏的系统进行栽培，如槽培、容器栽培等，因此作物对基质物理性状的要求并不像其对土壤物理性状的要求那么严格。若水分充足，在多数基质中根系能够充分填充基质孔隙并与基质膜状水紧密接触。这种情况甚至发生在低水分胁迫下（图7-26）。但是，一旦灌溉不足，根系若受到严重水分胁迫，如高温和干旱条件下，则其皮层细胞会收缩，使得根系与基质的接触面显著减小。因此，在基质栽培中，只要控制好灌溉就能保证作物有充足的水分供应。

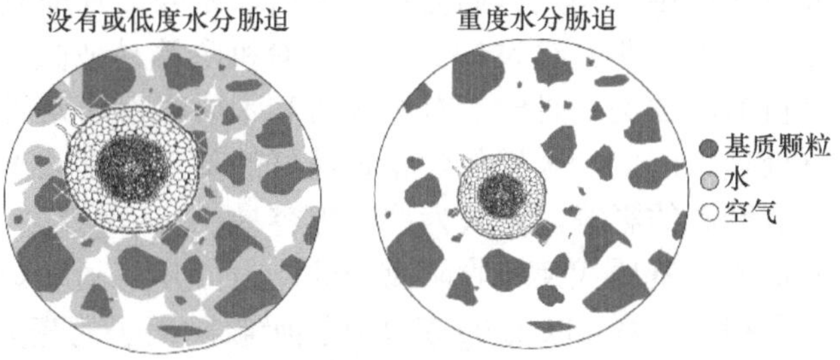

图7-26　水分胁迫程度对根系与基质接触面的影响

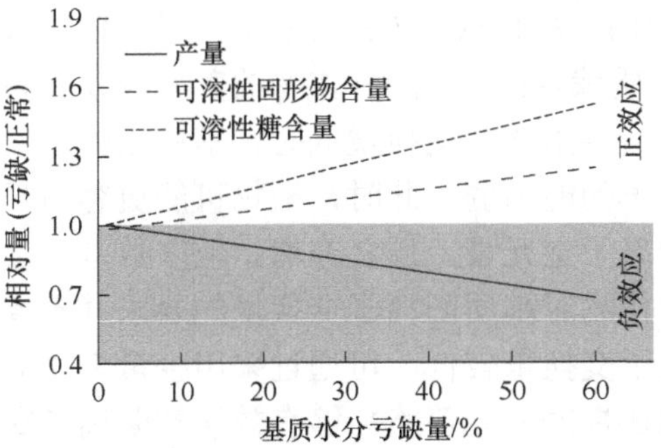

图7-27　基质水分亏缺量对番茄果实品质和产量的影响（田永强和高丽红，2021）

基质水分亏缺量用（1－亏缺/正常植株水分消耗量）×100%计算

（二）基质物理性状与产品品质

如前所述，基质物理性状主要影响植物根区的持水量和透气性。因此，通过控制基质物理性状，特别是基质含水量，就能够对基质培作物产品品质进行调控。以基质栽培番茄为例，通过降低基质含水量，造成番茄植株的适度水分亏缺，就能够生产出口感好、风味佳、营养物质含量高的番茄果实（图7-27）。基质栽培番茄的水分亏缺策略一般适合在果实成熟期应用，这样不仅对单果重的影响较小，而且能够显著提高可溶性固形物、可滴定酸和维生素C

的含量。若水分亏缺策略应用过早，如在果实膨大期，虽然能够提高可溶性固形物含量，但对单果重有抑制作用。

需要注意的是，水分亏缺是针对作物而言的，而不是针对栽培基质。若将番茄从定植到第一穗果坐果的营养生长期的灌溉量降低至正常灌溉（灌溉上、下限分别为90%、75%田间持水量）的 1/3～2/3，并不影响植株的水分消耗及果实的产量和品质，说明作物并没有水分亏缺。但是，若在番茄第一穗果开始成熟至拉秧的果实成熟期采用同样的减量灌溉策略，则植株水分消耗显著减少，出现水分亏缺，而果实可溶性糖、有机酸和维生素 C 含量显著提高。一般来说，水分亏缺量越大，果实品质的提升效果越好，但减产趋势明显（图 7-27）。因此，在实际生产中，应进行适度的水分亏缺处理。为了维持一定的产量（正常产量的 85%），植株水分亏缺的灌溉推荐量为正常灌溉的 70%。

二、基质化学性状与植物生长发育及产品品质

能够影响作物生长的基质化学性状包括化学稳定性、阳离子交换量、缓冲能力、酸碱性和电导率等，这些性状主要影响植物根区的缓冲性和养分有效性。

（一）基质化学性状与植物生长发育

化学稳定性是指基质发生化学变化的难易程度。无土栽培基质要求有较强的化学稳定性，减少其对营养液平衡的影响。由无机矿物质构成的栽培基质如砂、石砾等的化学稳定性与其组成成分有关；由植物残体如泥炭、木屑、稻壳、甘蔗渣等构成的基质，其组成复杂，包括容易在使用初期引起 N 缺乏的糖、有机酸等易被微生物分解的物质，某些能够毒害根系的有机酸、酚类、丹宁等有毒物质和木质素、腐殖质等不易分解物质，使用前必须进行堆沤处理。因此，采用化学稳定性好的基质进行无土栽培，作物的生长发育进程主要受营养液灌溉的影响，且人为控制更容易。

阳离子交换量表征的是基质代换吸收阳离子的能力，其与基质颗粒吸引电子的能力即电负性和表面积呈正相关关系，以 100g 基质代换吸收阳离子的毫克当量数表示。阳离子代换过程可保存养分，并对营养液的酸、碱反应有缓冲作用，但其对基质中营养液组成的影响很大。基质阳离子交换量主要保存阳离子态元素养分，如一价阳离子 K^+、NH_4^+ 等，二价阳离子 Ca^{2+}、Mg^{2+}、Cu^{2+}、Zn^{2+}等和三价阳离子 Fe^{3+}等；这些阳离子可以被根系通过其置换出的 H^+进行等价交换吸收。对于基质栽培而言，同种作物的养分吸收容易因基质阳离子交换量的不同而造成生长发育差异。当阳离子交换量低时，基质吸收一价阳离子的能力较强，相应地吸收二价和三价阳离子的能力弱。此时，植物可能更容易吸收一价离子态元素，而容易缺乏二价特别是三价离子态元素。反之亦然。但多数基质栽培采用没有水分垂直渗漏的系统进行栽培，因此作物对基质阳离子交换量的要求并不像其对土壤那样严格。如果所选择的栽培基质阳离子交换量较低，可通过采用少量多次的营养液管理或施肥灌水策略，将养分尽可能保留在根区，此策略能够有效缓解阳离子交换量低引起的根区养分不足问题。

除基质阳离子交换量影响根系对养分的吸收外，植物自身的阳离子交换量也影响根系对养分的吸收。由于植物根系表面有果胶的游离羟基，根的表面存在着负电荷。这些负电荷的密度，可称为作物阳离子交换量。表 7-14 为各种作物的阳离子交换量。当基质

中一价和二价阳离子共存的情况下，如果作物的阳离子交换量高则二价阳离子吸收得相对多，反之作物的阳离子交换量低时则对一价阳离子吸收得多。例如，当基质中 K 不足时，将豆科和禾本科的作物混播时，阳离子交换量低的禾本科作物的吸 K 量多，而阳离子交换量高的豆科作物则容易出现 K 缺乏症状。此外，当 Ca 含量高时，基质中 P 的溶解度也相应增加；由于阳离子交换量大的作物吸收二价阳离子的能力强，因此其对 P 的吸收提高了。

表 7-14 各种作物的阳离子交换量（山崎肯哉，1989）

作物名称	阳离子交换量/（me/100g）	作物名称	阳离子交换量/（me/100g）
三叶草	70.1	雪菜	59.2
胡萝卜	51.3	大白菜	51.0
荷兰芹	46.8	芜菁	48.1
茼蒿	70.0	芜菁	47.5
莴苣	69.6	甘蓝	45.9
黄瓜	65.8	大芥	42.8
草莓	63.9	番茄	53.0
莱豆	58.4	茄子	49.4
蚕豆	57.6	辣椒	45.1
白薯	58.3	芋头	50.2
叶用藜菜	55.6	洋葱	31.3
菠菜	53.0	葱	29.7
蕓菜	54.8	水稻	23.7
萝卜	53.6	玉米	19.2
小白菜	53.1	小麦	14.2

缓冲能力是指基质加入酸、碱物质后其本身所具有的缓和酸碱度（pH）变化的能力。缓冲能力主要由阳离子交换量及存在于基质中的弱酸及其盐类的多少而定。阳离子交换量高则缓冲能力大，反之亦然。一般而言，植物性基质都有缓冲能力；有些矿物性基质的缓冲能力很强，如蛭石，有些则无缓冲能力，如砂、砾石、岩棉等。基质酸碱性和电导率对植物生长发育的影响与前述营养液的酸碱性和电导率的影响类似，此处不再赘述。

（二）基质化学性状与产品品质

基质化学性状对作物产品品质的影响主要来自其养分、酸碱度和电导率等，这与前述营养液相应指标的影响类似，请参见本章第二节水培植物生理部分。

三、基质生物学性状与植物生长发育及产品品质

能够影响作物生长的基质生物学性状主要包括微生物，它们能够影响植物根区基质的养分循环，或与植物发生互生、共生、寄生等关系，对植物的生长发育产生多方面的影响。一般而言，基质生物学性状主要针对有机基质而言。但是，一些无机基质，如岩

棉，其土著微生物对植物的生长也起着不可低估的作用。

（一）基质生物性状与植物生长发育

有机基质是典型的具有能够调控作物生长的生物学性状的基质。草炭系基质是目前应用最为广泛的有机基质之一。基于高通量测序的研究结果表明，在门水平上，变形菌门、酸杆菌门、疣菌门、拟杆菌门和放线菌门等是草炭的优势菌群。这基本上与大部分土壤是相似的。但是，相较于土壤而言，人们并没有过多解析草炭微生物在植物生长中所起的作用。尽管如此，基于目前人们对微生物-作物互作的认识，基质微生物在作物生长中的作用可以概括为下述几点：①调控基质微生态系统的养分循环、能量流通和有机质转换等过程，并影响基质物理和化学性质，如容重、pH、养分和电导率，从而间接影响作物生长；②与植物根系发生互生、共生、寄生等关系，直接调节作物生长或协助作物抵御各类生物和非生物逆境。

基质微生物对作物生长的影响也受作物自身生理活动的调节。绝大多数基质培作物具有生长迅速、生长周期短及水分和养分消耗量大等特点，因此其根系分泌物量大。这些分泌物以有机碳为主要成分，既能够为有益微生物如荧光假单胞杆菌、菌根真菌等提供食物来源，同时也可能作为趋化性物质吸引病原菌取食根系。植物在生长过程中将其根系分泌物和植物残体释放至基质的分解系统，而分解系统通过对根系分泌物、植物残体及基质其他有机和无机物质的转化释放出养分，供根系吸收或调控基质微生物群落组成。

需要注意的是，草炭系基质虽然是目前应用最为广泛的有机基质，但是其固有微生物协助植物抵御生物逆境如病原菌入侵的能力并不强。以常见的基质培作物番茄为例，草炭系基质对番茄的枯萎病病原菌敏感，其内部微生物无法很好地协助番茄植株抵御病原菌入侵。但是，大多数以好氧堆肥为主要物料的有机基质能够抑制该病原菌。好氧堆肥是在通气条件下，由好氧菌对农林废弃物进行吸收、氧化、分解，形成可栽培作物的基质的过程。目前，科学家已经证实，以好氧堆肥作为栽培基质，不仅能够对大多数作物病原菌产生直接抑制作用（表 7-15），而且能够通过诱导植物系统抗性间接提高作物对病原菌的防御能力。

表 7-15　受堆肥抑制的作物病原生物（Raviv and Lieth，2008）

病原生物	寄主作物	堆肥物料
黄瓜尖孢镰刀菌（*Fusarium oxysporum* f. sp. *radicis-cucumerinum*）	黄瓜	温室废弃物
番茄尖孢镰刀菌（*Fusarium oxysporum* f. sp. *radicis-lycopersici*）	番茄	温室废弃物
罗勒尖孢镰刀菌（*Fusarium oxysporum* f. sp. *basilici*）	紫花罗勒	牛粪
菊花尖孢镰刀菌（*Fusarium oxysporum* f. sp. *chrysanthemi*）	小黄菊	硬木树皮
瓜类尖孢镰刀菌（*Fusarium oxysporum* f. sp. *melonis*）	甜瓜	温室废弃物、枝条
石竹类尖孢镰刀菌（*Fusarium oxysporum* f. sp. *dianthi*）	康乃馨	硬木树皮和橄榄果渣
南方根结线虫（*Meloidogyne incognita*）	番茄	城镇固体废弃物
爪哇根结线虫（*Meloidogyne javanica*）	番茄	牛粪、温室废弃物
腐霉菌（*Pythium ultimum*）	黄瓜	硬木树皮

续表

病原生物	寄主作物	堆肥物料
腐霉菌（*Pythium ultimum*）	一品红	硬木树皮
瓜果腐霉菌（*Pythium aphanidermatum*）	黄瓜	甘草、甘蔗渣
烟草疫霉菌（*Phytophthora nicotianae*）	柑橘	城镇固体废弃物
樟疫霉菌（*Phytophthora cinnamomi*）	杜鹃	硬木树皮
樟疫霉菌（*Phytophthora cinnamomi*）	东瀛珊瑚	软木和硬木树皮
柑橘生疫霉菌（*Phytophthora citricola*）	东瀛珊瑚	软木和硬木树皮
立枯丝核菌（*Rhizoctonia solani*）	一品红	硬木树皮
立枯丝核菌（*Rhizoctonia solani*）	萝卜	牛粪、葡萄榨渣
立枯丝核菌（*Rhizoctonia solani*）	黄瓜	城镇固体废弃物
小核盘菌（*Sclerotinia minor*）	结球莴苣	污泥
白绢病菌（*Sclerotium rolfsii*）	萝卜	牛粪、葡萄榨渣

除有机基质外，还有无机基质。无机基质的典型代表是岩棉，其土著微生物协助植物抵御病原菌入侵的效果也被证实。例如，荷兰科学家波斯特马（Postma）等（2000）经研究发现岩棉中的土著微生物区系对黄瓜根腐病和冠腐病有高达 52%～100%的防治效果。尽管基质微生物在调控植物生长方面的作用不可忽视，但是大多数固体基质中的微生物协助植物抵御生物和非生物逆境的能力并不高。为了克服这一问题，目前生产中普遍采用添加外源物质或接种作物益生菌的方式来改善基质的微生物性状。例如，杨天杰等（2021）的研究表明，在有机基质中添加功能菌株解淀粉芽孢杆菌，不仅能够有效防控番茄青枯病的发生，而且对番茄生长及产量都有提升效果。此外，在没有病原菌入侵的情况下，通过添加微生物菌剂来调节基质微生物性状，也有助于改善作物的生长。王君正等（2021）的试验证明在有机基质袋培黄瓜的生产过程中，向根区灌溉适宜浓度的甲基营养型芽孢杆菌和植物乳杆菌菌剂，可有效改善植株的养分吸收和干物质积累，并促进果实产量的形成。

（二）基质生物性状与产品品质

目前，直接将基质生物性状与产品品质关联的研究不多。但是，一些通过外源添加功能菌株提升基质微生物性状的研究表明，良好的基质微生物性状有助于作物获得较好的产品品质。以常见的基质培作物黄瓜为例，在根区施用甲基营养型芽孢杆菌和植物乳杆菌菌剂，能有效提高黄瓜果实中游离氨基酸、有机酸、可溶性糖、还原糖和维生素 C 含量。尽管如此，目前仍然缺乏基质微生物提升作物产品品质的直接证据。不过，可以明确的是，与食叶类、食茎秆类和食果类作物相比，基质微生物对食根类作物产品品质的影响更为直接。一个典型的例子是，当萝卜遭受 1%甲基纤维素胁迫时，其产品器官基本消失；但是，在同样的胁迫条件下，接种具有分泌生长素功能的皱纹假单胞菌（*Pseudomonas corrugate* SPB2184），萝卜仍能够正常生长，形成有效的产品器官（Lugtenberg and Kamilova，2009）。

主要参考文献

艾捷里斯坦 B H．1954．蔬菜栽培学（上册）．北京：高等教育出版社．

安福全，于龙凤．2014．黄瓜种子及幼苗特性的研究．武汉：武汉大学出版社．

别之龙，黄丹枫．2019．工厂化育苗原理与技术．2 版．北京：中国农业出版社．

卜崇兴，邢禹贤．1991．营养液不同 pH 值对黄瓜生长发育影响的研究．山东农业大学学报，22（4）：318-322．

陈火英，柳李旺．2011．种子种苗学．上海：上海交通大学出版社．

陈昆松，徐昌杰．2021．园艺学进展．北京：中国农业出版社．

程龙军，郭得平．2001．葱蒜类作物中的蒜氨酸酶．植物生理学通讯，37（5）：471-474．

程智慧．2014．园艺学概论．2 版．北京：中国农业出版社．

程智慧，陆帼一，杜胜利．1991．大蒜二次生长概念及分类探讨．园艺学报，18（4）：345-349．

丁平海，郗荣庭．1991．核桃枝接愈合过程的解剖学观察．林业科学，27（4）：5．

渡边和彦．2017．作物营养元素缺乏症与过剩症的诊断与对策．罗小勇，宋吉青译．北京：科学出版社．

范凤翠，张立峰，李志宏，等．2012．日光温室番茄根系分布对不同灌溉方式的响应．河北农业科学，16（8）：36-40．

范双喜，李光晨．2006．园艺植物栽培学．2 版．北京：中国农业大学出版社．

高丽红，别之龙．2017．无土栽培学．北京：中国农业大学出版社．

葛晓光．1992．蔬菜育苗大全．北京：中国农业出版社．

关佩聪，梁承愈．1992．青花菜花球形态建成的研究．园艺学报，（2）：147-150＋193．

关佩聪，刘厚诚，陈日远，等．2004．花椰菜生长动态与花球组成．中国蔬菜，（1）：11-14．

关佩聪，杨暹，梁承愈．1991．青花菜的生长动态与花球产量形成．中国蔬菜，（3）：1-3．

郭得平．1996．光敏素和激素对洋葱鳞茎形成的调控及其作用机制．植物生理学通讯，32（3）：228-234．

郭得平，应振土，Shah G A．1991．植物激素与马铃薯块茎形成．植物生理学通讯，（2）：130-133．

郭元元，罗海斌，曹辉庆，等．2012．土壤自然干旱胁迫对甘蔗幼苗根系保护酶系统的影响．南方农业学报，43（9）：1281-1286．

韩明玉．2015．黄土高原苹果发育调控理论与实践．北京： 中国农业出版社．

韩明玉，李永武，范崇辉，等．2008．拉枝角度对富士苹果树生理特性和果实品质的影响．园艺学报，35（9）：1345-1350．

何承坤，李家慎．1991．花椰菜花球发育的解剖学观察．福建农林学院学报，20（1）：68-72．

黄鹤丽，林电，章金强，等．2009．水分胁迫对巴西香蕉幼苗水分状况、质膜透性和根系活力的影响．基因组学与应用生物学，28（4）：740-744．

贾东坡，冯建林．2015．植物与植物生理．重庆：重庆大学出版社．

蒋先明．1996．蔬菜栽培生理学．北京：中国农业出版社．

近藤雄次．1974．果菜类嫁接栽培技术．农业与园艺，49（3）：57-82；49（4）：65-70．

李家文．1980．大白菜的分类学与杂交育种．天津农业科学，2：1-9．

李莉，李佳，高青，等．2015．昼夜温差对番茄生长发育、产量及果实品质的影响．应用生态学报，9：2700-2706．

李楠，廖康，成小龙，等．2012．‘库尔勒香梨’根系分布特征研究．果树学报，29（6）：1036-1039．

李倩倩，付佳璇，赵玉梅，等．2019．果胶降解与采后果实质地变化研究进展．中国食品学报，19（9）：298-307．

李荣坦，姚华开，刘岳飞，等．2016．低磷胁迫对番茄根系生长及根际土壤细菌多样性的影响．园艺学报，43（3）：473-484．

李曙轩．1979．蔬菜栽培生理．上海：上海科学技术出版社．

李曙轩，叶自新，胡军．1986．大白菜叶球形成与生化变化的研究．浙江农业大学学报，12（1）：11-18．

刘方园，黄远，黎煊，等．2019．愈合期不同温度和光照处理对甜瓜嫁接苗质量的影响．中国瓜菜，32（3）：18-21．

刘世琦，付镛，王冰林．2006．大蒜二次生长形成机理研究．山东农业科学，（1）：39-42．

刘晓芬，李方，殷学仁，等．2013．花青苷生物合成转录调控研究进展．园艺学报，40：2295-2306．

刘长海，周莎莎，邹养军，等．2012．干旱胁迫条件下不同抗旱性苹果砧木内源激素含量的变化．干旱地区农业研究，30（5）：94-98．

陆帼一，张和义，周存田．1984．番茄壮苗指标的初步研究．中国蔬菜，1：13-17．

马锋旺．1986．金冠苹果幼树根系修剪对水分关系、净光合强度和生长的影响．果树，（1）：56．

苗丽，李衍素，范兴强，等. 2017. 植物嫁接体接口愈合机制的研究进展. 植物生理学报，53（1）：17-28.
尼尔·布雷迪（Nyle C. Brady），雷·韦尔（Ray R. Weil）. 2019. 土壤学与生活. 14版. 李保国，徐建明译. 北京：科学出版社.
彭良志，王成秋，何绍兰，等. 2000. 海拔高度和气象因子对脐橙果实品质的影响. 中国南方果树，4：3-4.
齐红岩，郝敬虹，王昊翔. 2008. 薄皮甜瓜花芽分化期叶片矿质元素含量和C/N的分析. 沈阳农业大学学报，39（5）：530-533.
饶宝蓉，杜中军，罗海燕，等. 2010. 不同基因型香蕉对钾高效吸收的根系形态学和生理学特征. 热带作物学报，31（9）：1480.
山崎肯哉. 1989. 营养液栽培大全. 刘步洲，刘宜生，安志信，等译. 北京：北京农业大学出版社.
束怀瑞，罗新书，吴光林. 1993. 果树栽培生理学. 北京：中国农业出版社.
司亚平，何伟明. 1999. 蔬菜穴盘育苗技术. 北京：中国农业出版社.
孙敏红，卢晓鹏，曹雄军，等. 2015. 不同氮素形态对枳橙幼苗根系生长及氮素吸收动力学特性的影响. 林业科学，51（12）：113-120.
孙齐宇，黄远，徐胜勇，等. 2020. 不同规格穴盘对西瓜种苗质量的影响. 中国瓜菜，33（11）：22-25.
泰兹（Taiz L.），奇格尔（Zeiger E.）. 2015. 植物生理学. 5版. 宋纯鹏，王学路，周云，等译. 北京：科学出版社.
田永强，高丽红. 2021. 设施番茄高品质栽培理论与技术：理论与实践. 中国蔬菜，（2）：30-40.
王红飞，尚庆茂. 2017. 蔬菜徒长苗的形态及生理特征研究进展. 中国蔬菜，7：22-28.
王君正，张琪，高子星，等. 2021. 两种微生物菌剂对有机基质袋培秋黄瓜产量、品质及根际环境的影响. 中国农业科学，54（14）：3077-3087.
王璐，戴思兰，金雪花，等. 2014. 植物花青素苷转运机制的研究进展. 生物工程学报，30：848-863.
王莎莎，栾雨婷，徐昌杰. 2018. 柑橘β-柠乌素积累及其调控研究进展. 果树学报，35：760-768.
魏国芹，曹辉，孙玉刚，等. 2017. 硫化氢对淹水平邑甜茶根系形态构型、叶片活性氧和光合特性的影响. 应用生态学报，28（10）：3267-3273.
魏守辉，肖雪梅，钟源，等. 2020. 日光温室不同时段补光对番茄果实品质及挥发性物质影响. 农业工程学报，36：196-204.
吴磊，柳洪入，陈妙金，等. 2015. 避雨栽培对桃果实挥发性物质形成的影响. 园艺学报，（3）：535-544.
郗荣庭. 2009. 果树栽培学总论. 北京：中国农业出版社.
谢露露，崔青青，董春娟，等. 2020. 植物嫁接愈合分子机制研究进展. 植物学报，55（5）：634-643.
徐鹤林，李景富. 2007. 中国番茄. 北京：中国农业出版社.
徐兴友，柴全喜. 2009. 植物科学基础. 石家庄：河北科学技术出版社.
许真，徐蝉，郭得平. 2008. 光周期调节马铃薯块茎形成的分子机制. 细胞生物学杂志，30（6）：731-736.
许真，严永哲，卢钢，等. 2007. 葱属蔬菜植物风味前体物质的合成途径及调节机制. 细胞生物学杂志，29（4）：508-512.
许真，郑丽文，张洋，等. 2022. 马铃薯块茎形成的调控网络. 植物生理学报，58（1）：109-118.
闫淼，徐真，徐蝉，等. 2010. 大蒜功能成分研究进展. 食品科学，5：312-318.
严小龙. 2007. 根系生物学. 北京：科学出版社.
杨洪强，束怀瑞. 2007. 苹果根系研究. 北京：科学出版社.
杨启良，张富仓，刘小刚，等. 2012. 控制性分根区交替滴灌对苹果幼树形态特征与根系水分传导的影响. 应用生态学报，23（5）：1233-1239.
杨天杰，王玉鑫，王佳宁，等. 2021. 不同基质生物有机肥防控番茄土传青枯病及促生效果研究. 土壤，53（5）：961-968.
叶能干，季强彪，廖海民. 2002. 种子植物幼苗形态学. 贵阳：贵州科技出版社.
斋藤. 1983. 蔬菜园艺学. 东京：农山渔村文化协会.
张东，张宝娟，李文强，等. 2016. 渭北黄土高原苹果不同砧穗组合幼树根系发育和分布的特征. 园艺学报，43（4）：623-632.
张劲松，孟平，尹昌君. 2002. 果农复合系统中果树根系空间分布特征. 林业科学，38（4）：30-33.
张上隆，陈昆松. 2007. 果实品质形成与调控的分子生理. 北京：中国农业出版社.
张懿，张大兵，刘曼. 2015. 植物体内糖分子的长距离运输及其分子机制. 植物学报，50（1）：107-121.
张玉星. 2011. 果树栽培学总论. 4版. 北京：中国农业出版社.
张振贤. 2003. 蔬菜栽培学. 北京：中国农业大学出版社.
张振贤，程智慧. 2008. 高级蔬菜生理学. 北京：中国农业大学出版社.
张志刚，董春娟，尚庆茂. 2017. 蔬菜幼苗化学调控技术研究进展. 中国蔬菜，（9）：22-25.
章镇，王秀峰. 2003. 园艺学总论. 北京：中国农业出版社.
郑淼，郭毅，王丽敏. 2020. 干旱胁迫对红宝石海棠根系形态及生理特性的影响. 中国农业科技导报，22（3）：24.
中国农业科学院蔬菜花卉研究所. 2009. 中国蔬菜栽培学. 2版. 北京：中国农业出版社.

周青，王纪忠，陈新红．2010．持续低温对黄瓜幼苗形态和生理特性的影响．北方园艺，16：1-3．
周云龙．1999．植物生物学．北京：高等教育出版社．
Aharoni A, Giri A P, Verstappen F W, et al. 2004. Gain and loss of fruit flavor compounds produced by wild and cultivated strawberry species. The Plant Cell, 16: 3110-3131.
Alexopoulos A A, Marandos E, Assimakopoulou A, et al. 2021. Effect of nutrient solution pH on the growth, yield and quality of *Taraxacum officinale* and *Reichardia picroides* in a floating hydroponic system. Agronomy, 11(6): 1118.
Allan A C, Espley R V. 2018. MYBs drive novel consumer traits in fruits and vegetables. Trends in Plant Science, 23: 693-705.
An J P, Zhang X W, Liu Y J, et al. 2021. ABI5 regulates ABA-induced anthocyanin biosynthesis by modulating the MYB1-bHLH3 complex in apple. Journal of Experimental Botany, 72: 1460-1472.
Baenasa N, Belovićb M, Ilicb N, et al. 2019. Industrial use of pepper (*Capsicum annum* L.) derived products: Technological benefits and biological advantages. Food Chemistry, 274: 872-885.
Brummell D A, Harpster M H. 2001. Cell wall metabolism in fruit softening and quality and its manipulation in transgenic plants. Plant Molecular Biology, 47(1-2): 311-340.
Cao X, Xie K, Duan W, et al. 2019. Peach carboxylesterase PpCXE1 is associated with catabolism of volatile esters. Journal of Agricultural and Food Chemistry, 67: 5189-5196.
Chailakhyan M K, Yanina L I, Devedjian A G, et al. 1981. Photoperiodism and tuberization in grafts of tobacco on potato plants. Dokl. Akad. Nauk. SSSR, 257: 1276-1280.
Chen T, Qin G, Tian S. 2020. Regulatory network of fruit ripening: current understanding and future challenges. New Phytologist, 228(4): 1219-1226.
Cherian S, Figueroa C R, Nair H. 2014. 'Movers and shakers' in the regulation of fruit ripening: a cross-dissection of climacteric versus non-climacteric fruit. Journal of Experimental of Botany, 65(17): 4705-4722.
Dala-Paula B M, Plotto A, Ba J, et al. 2019. Effect of huanglongbing or greening disease on orange juice quality, a review. Frontiers in Plant Science, 9: 1976.
Dudareva N, Klempien A, Muhlemann J K, et al. 2013. Biosynthesis, function and metabolic engineering of plant volatile organic compounds. New Phytologist, 198: 16-32.
Estrada B, Pomar F, Díaz J, et al. 1999. Pungency level in fruits of the Padrón pepper with different water supply. Scientia Horticulturae, 81: 385-396.
Etienne A, Genard M, Lobit P, et al. 2013. What controls fleshy fruit acidity? A review of malate and citrate accumulation in fruit cells. Journal of Experimental Botany, 64: 1451-1469.
Falchi R, Vendramin E, Zanon L, et al. 2013. Three distinct mutational mechanisms acting on a single gene underpin the origin of yellow flesh in peach. The Plant Journal, 762: 175-187.
Fenn M A, Giovannoni J J. 2021. Phytohormones in fruit development and maturation. The Plant Journal, 105(2): 446-458.
Ferree D C, Schupp J R. 2003. Pruning and training physiology. *In*: Barden J A, Neilsen G H. Apples: Botany, Production and Uses. New York: CABI Publishing: 319-344.
Gambetta J M, Bastian S E, Cozzolino D, et al. 2014. Factors influencing the aroma composition of Chardonnay wines. Journal of Agricultural and Food Chemistry, 62: 6512-6534.
Garner L C, Bjorkman T. 1996. Mechanical conditioning for controlling excessive elongation in tomato transplants: sensitivity to dose, frequency and timing of brushing. Journal of the American Society for Horticultural Science, 121(5): 894-900.
Gillespie D P, Kubota C, Miller S A. 2020. Effects of low pH of hydroponic nutrient solution on plant growth, nutrient uptake, and root rot disease incidence of basil (*Ocimum basilicum* L.). HortScience, 55(8): 1251-1258.
Goff S A, Klee H J. 2006. Plant volatile compounds: sensory cues for health and nutritional value? Science, 311: 815-819.
Goren R, Huberman M, Goldschmidt E E. 2004. Girdling: physiological and horticultural aspects. Horticultural Reviews, 30: 1-36.
Gregory L E. 1956. Some factors for tuberization in the potato. Annals of Botany, 41: 281-288.
Guo L X, Shi C Y, Liu X, et al. 2016. Citrate accumulation-related gene expression and/or enzyme activity analysis combined with metabolomics provide a novel insight for an orange mutant. Scientific Reports, 6: 29343.
Han Y, Dang R, Li J, et al. 2015. SUCROSE NONFERMENTING1-RELATED PROTEIN KINASE2. 6, an ortholog of OPEN STOMATA1, is a negative regulator of strawberry fruit development and ripening. Plant Physiology, 167(3): 915-930.
Heath O V S, Hollies M A. 1965. Studies in the physiology of the onion plantⅥ. A sensitive morphological test for bulbing and its use in detecting bulb development in sterile culture. Journal of Experimental Botany, 16(1): 128-144.
Henry-Kirk R A, Plunkett B, Hall M, et al. 2018. Solar UV light regulates flavonoid metabolism in apple (*Malus×domestica*). Plant

Cell and Environment, 41(3): 675-688.

Hopkins W G, Hüner N P A. 2012. Introduction to Plant Physiology. 4th ed. Hoboken: John Wiley & Sons Inc.

Huang J, Zhang C, Zhao X. 2016. The jujube genome provides insights into genome evolution and the domestication of sweetness/acidity taste in fruit trees. PLoS Genetics, 12(12): 1-20.

Huang X Y, Wang C K, Zhao Y W, et al. 2021. Mechanisms and regulation of organic acid accumulation in plant vacuoles. Horticulture Research, 8: 227.

Hussain S B, Shi C Y, Guo L X, et al. 2017. Recent advances in the regulation of citric acid metabolism in citrus fruit. Critical Reviews in Plant Sciences, 36: 241-256.

Ito H, Kato T. 1957. Studies on the head formation of Chinese cabbage: histological and physiological studies of head formation. Journal of Japan Society for Horticultural Sciences, 26(3): 154-162.

Ji Y, Xu M, Wang A. 2021. Recent advance in regulation of climacteric fruit ripening: hormone, transcription factor and epigenetic modification. Frontiers of Agricultural Science and Engineering, 8(2): 314-334.

Jia H, Araki A, Okamoto D. 2005. Influence of fruit bagging on aroma volatiles and skin coloration of 'Hakuho' peach (*Prunus persica* Batsch). Postharvest Biology and Technology, 35: 61-68.

Kano Y, Goto H. 2003. Relationship between the occurrence of bitter fruit in cucumber (*Cucumis sativus* L.) and the contents of total nitrogen, amino acid nitrogen, protein and HMG-CoA reductase activity. Scientia Horticulturae, 98: 1-8.

Kano Y, Yamabe M, Ishimoto K. 1997. The occurrence of bitter cucumber (*Cucumis sativus* L. cv. Kagafutokyuri) in relation to pruning, fruit size, plant age, leaf nitrogen content and rootstock. Journal of Japan Society of Horticultural Sciences, 66: 321-329.

Kano Y, Yamabe M, Isimoto K, et al. 1999. The occurrence of bitterness in the leaf and fruit of cucumber (*Cucumis sativus* L. cv. Kagafutokyuri) in relation to their nitrogen levels. Journal of Japan Society of Horticultural Sciences, 68: 391-396.

Karagiannis E, Michailidis M, Tanou G, et al. 2020. Decoding altitude-activated regulatory mechanisms occurring during apple peel ripening. Horticulture Research, 7: 120.

Karlova R, Chapman N, David K, et al. 2014. Transcriptional control of fleshy fruit development and ripening. Journal of Experimental Botany, 65(16): 4527-4541.

Kim J G, Luo Y, Tao Y, et al. 2005. Effect of initial oxygen concentration and film oxygen transmission rate on the quality of fresh-cut romaine lettuce. Journal of the Science of Food and Agriculture, 85(10): 1622-1630.

Koch K E. 1984. The path of photosynthate translocation into citrus fruit. Plant, Cell & Environment, 7(9): 647-653.

Koch K E, Avigne W T. 1990. Postphloem, nonvascular transfer in citrus: kinetics, metabolism, and sugar gradients. Plant Physiol, 93(4): 1405-1416.

Lee R, Baldwin S, Kenel F, et al. 2013. FLOWERING LOCUS T genes control onion bulb formation and flowering. Nature Communications, 4: 2884.

Li S J, Yin X R, Wang W L, et al. 2017b. Citrus CitNAC62 cooperates with CitWRKY1 to participate in citric acid degradation via up-regulation of *CitAco3*. Journal of Experimental Botany, 68: 3419-3426.

Li X, Xu Y, Shen S, et al. 2017a. Transcription factor CitERF71 activates the terpene synthase gene *CitTPS16* involved in the synthesis of *E*-geraniol in sweet orange fruit. Journal of Experimental Botany, 68: 4929-4938.

Liu B, Zhao S, Li P, et al. 2021. Plant buffering against the high-light stress-induced accumulation of *CsGA2ox8* transcripts via alternative splicing to finely tune gibberellin levels and maintain hypocotyl elongation. Horticulture Research, 8: 2.

Liu H, Cao X, Liu X, et al. 2017. UV-B irradiation differentially regulates terpene synthases and terpene content of peach. Plant, Cell & Environment, 40: 2261-2275.

Liu T, Song S, Yuan Y B, et al. 2015. Improved peach peel color development by fruit bagging. Enhanced expression of anthocyanin biosynthetic and regulatory genes using white non-woven polypropylene as replacement for yellow paper. Scientia Horticulturae, 184: 142-148.

Lu P J, Wang C Y, Yin T T, et al. 2017. Cytological and molecular characterization of carotenoid accumulation in normal and high-lycopene mutant oranges. Scientific Reports, 7: 761.

Lu P J, Wang R Q, Zhu C Q, et al. 2019. Microscopic analyses of fruit cell plastid development in loquat (*Eriobotrya japonica*) during fruit ripening. Molecules, 24: 448.

Luan Y T, Fu X M, Lu P J, et al. 2020b. Molecular mechanisms determining the differential accumulation of carotenoids in different plant species and varieties. Critical Reviews in Plant Sciences, 39: 125-139.

Luan Y T, Wang S S, Wang R Q, et al. 2020a. Accumulation of red apocarotenoid β-citraurin in peel of a spontaneous mutant of huyou (*Citrus changshanensis*) and the effects of storage temperature and ethylene application. Food Chemistry, 309: 125705.

Luckwill L C. 1974. A new look at the process of fruit bud formation in apple. Proceedings of the XIX International Horticultural congress. Warsaw, 3: 237-245.

Lugtenberg B, Kamilova F. 2009. Plant-growth-promoting rhizobacteria. Annual Review of Microbiology, 63: 541-556.

Ma L B, Li X, Zhao Z W, et al. 2021. Light-response Bric-A-Brack/Tramtrack/Broad proteins mediate cryptochrome 2 degradation in response to low ambient temperature. The Plant Cell, 33: 3610-3620.

Martin A, Troadec C, Boualem A, et al. 2009. A transposon-induced epigenetic change leads to sex determination in melon. Nature, 461(7267): 1135-1138.

Mitalo O W, Asiche W O, Kasahara Y, et al. 2019. Comparative analysis of fruit ripening and associated genes in two kiwifruit cultivars ('Sanuki Gold' and 'Hayward') at various storage temperatures. Postharvest Biology and Technology, 147: 20-28.

Mondal M F, Brewster J L, Morris G E L, et al. 1986. Bulb development in onion (*Allium cepa* L.) Ⅱ. The influence of red: far-red spectral ratio and of photon flux density. Annals of Botany, 58(2): 197-206.

Moore R, Walker D B. 1981. Studies on vegetative compalibility-incompalibility in higher plants Ⅰ. A structural study of compatible autograft in *Sedum telephiodes*. American Journal of Botany, 5: 768-820.

Morgan M J, Osorio S, Gehl B, et al. 2013. Metabolic engineering of tomato fruit organic acid content guided by biochemical analysis of an introgression line. Plant Physiology, 161: 397-407.

Navarro C, Abelenda J A, Cruz-Oró E, et al. 2011. Control of flowering and storage organ formation in potato by FLOWERING LOCUS T. Nature, 478: 119-122.

Naves E R, Silva L Á, Sulpice R, et al. 2019. Capsaicinoids: Pungency beyond capsicum. Trends in Plant Science, 24: 109-120.

Ni J B, Premathilak A T, Gao Y H, et al. 2021. Ethylene-activated PpERF105 induces the expression of the repressor-type R2R3-MYB gene *PpMYB140* to inhibit anthocyanin biosynthesis in red pear fruit. The Plant Journal, 105: 167-181.

Nishijima T, Fukino N. 2005. Geometrical analysis of development of erect leaves as a factor in head formation of *Brassica rapa* L. : (Ⅰ). Geometrical change of growing leaves in head cultivars. Scientia Horticulturae, 104(4): 407-419.

Noodén L D, Thimann K V. 1963. Evidence for a requirement for protein synthesis for auxin-induced cell enlargement. Proceedings of the National Academy of Sciences of the United States of America, 50(2): 194-200.

Pandhair V, Sharma S. 2008. Accumulation of capsaicin in seed, pericarp and placenta of *Capsicum annuum* L fruit. Journal of Plant Biochemistry and Biotechnology, 17: 23-27.

Peng B, Yu M L, Zhang B B, et al. 2020. Differences in PpAAT1 activity in high and low-aroma peach varieties affect γ-decalactone production. Plant Physiology, 182: 2065-2080.

Plotto A, Bai J, Baldwin E. 2017. Fruits. *In*: Buettner A. Springer Handbook of Odor. Berlin: Springer, Cham. : 27-28.

Postma J, Willemsen-de Klein M J, van Elsas J D. 2000. Effect of the indigenous microflora on the development of root and crown rot caused by *Pythium aphanidermatum* in cucumber grown on rockwool. Phytopathology, 90(2): 125-133.

Quinet M, Angosto T, Yuste-Lisbona F J, et al. 2019. Tomato fruit development and metabolism. Frontiers in Plant Science, 10: 1554.

Raab T, López-Ráez J A, Klein D, et al. 2006. FaQR, required for the biosynthesis of the strawberry flavor compound 4-hydroxy-2, 5-dimethyl-3 (2*H*)-furanone, encodes an enone oxidoreductase. The Plant Cell, 18: 1023-1037.

Randle W M, Lancaster J E, Shaw M L, et al. 1995. Quantifying onion flavor compounds responding to sulfur fertility-sulfur increases levels of alk(en)yl cysteine sulfoxides and biosynthetic intermediates. Journal of American Society for Horticultural Science, 120: 1075-1081.

Raviv M, Lieth J H. 2008. Soilless Culture: Theory and Practice. Amsterdam: Elsevier.

Roth K. 2010. Die Skala des Wilbur Lincoln Scoville. Manche mögen's scharf. Chem. Unserer Zeit, 44(2): 138-151.

Rubatzky V E, Yamaguchi M. 1997. World Vegetables. Principle, Production and Nutritive Values. 2nd ed. Boston MA, USA: Springer-Science＋Business Media, B. V.

Schwieterman M L, Colquhoun T A, Jaworski E A, et al. 2014. Strawberry flavor: diverse chemical compositions, a seasonal influence, and effects on sensory perception. PLoS One, 9: e88446.

Sharon-Asa L, Shalit M, Frydman A, et al. 2003. Citrus fruit flavor and aroma biosynthesis: isolation, functional characterization, and developmental regulation of Cstps1, a key gene in the production of the sesquiterpene aroma compound valencene. The Plant Journal, 36: 664-674.

Stark J C, Thornton M, Nolte P. 2020. Potato Production Systems. Gewerbestrasse: Springer Nature Switzerland AG.

Strazzer P, Spelt C E, Li S J, et al. 2019. Hyperacidification of *Citrus* fruits by a vacuolar proton-pumping P-ATPase complex. Nature Communication, 10: 744.

Sun L, Zhang X, Dong L, et al. 2021. The triterpenoids of the bitter gourd (*Momordica charantia*) and their pharmacological activities: A review. Journal of Food Composition Analysis, 96: 103726.

Sweetman C, Deluc L G, Cramer G R, et al. 2009. Regulation of malate metabolism in grape berry and other developing fruits. Phytochemistry, 70: 1329-1344.

Tanaka N, Niikura S. 2006. Genetic analysis of the developmental characteristics related to the earliness of head formation in cabbage (*Brassica oleracea* L.). Breeding Science, 56(2): 147-153.

Tanaka N, Niikura S, Takeda K. 2009. Inheritance of cabbage head formation in crosses of cabbage × ornamental cabbage and cabbage× kale. Plant Breeding, 128(5): 471-477.

Tanaka Y, Hosokawa M, Miwa T, et al. 2010. Novel loss-of-function putative aminotransferase alleles cause biosynthesis of capsinoids, nonpungent capsaicinoid analogues, in mildly pungent Chili peppers (*Capsicum chinense*). Journal of Agriculture and Food Chemistry, 58: 11762-11767.

Tanaka Y, Nakashima F, Kirii E, et al. 2017. Difference in capsaicinoid biosynthesis gene expression in the pericarp reveals elevation of capsaicinoid contents in chili peppers (*Capsicum chinense*). Plant Cell Reports, 36: 267-279.

Thomas H, Howarth C J. 2000. Five ways to stay green. Journal of Experimental Botany, 51: 329-337.

Timlin D, Lutfor Rahman S M, Baker J, et al. 2006. Whole plant photosynthesis development and carbon partitioning in potato as a function of temperature. Agronomy Journal, 98: 1195-1203.

Tissot N, Ulm R. 2020. Cryptochrome-mediated blue-light signalling modulates UVR8 photoreceptor activity and contributes to UV-B tolerance in *Arabidopsis*. Nature Communications, 11: 1323.

Uarrota V G, Maraschin M, Bairros Â F M, et al. 2021. Factors affecting the capsaicinoid profile of hot peppers and biological activity of their non-pungent analogs (capsinoids) present in sweet peppers. Critical Review of Food Science and Nutrition, 61(4): 649-665.

Ulrich D, Dunemann F. 2012. Towards the development of molecular markers for apple volatiles. Flavour and Fragrance Journal, 27: 286-289.

Urrestarazu M, Mazuela P C. 2005. Effect of slow-release oxygen supply by fertigation on horticultural crops under soilless culture. Scientia Horticulturae, 106: 484-490.

USDA. 2018. USDA nutrient database for standard reference. https: //data. nal. usda. gov[2022-10-25].

Velíšek J, Cejpek K. 2011. Pigments of higher fungi —a review. Czech Journal of Food Sciences, 29: 87-102.

Wang W H, Wang P W, Li X J, et al. 2021. The transcription factor SlHY5 regulates the ripening of tomato fruit at both the transcriptional and translational levels. Horticulture Research, 8: 83.

Wang Y C, Sun J J, Wang N, et al. 2019. MdMYBL2 helps regulate cytokinin-induced anthocyanin biosynthesis in red-fleshed apple (*Malus sieversii* f. *niedzwetzkyana*) callus. Functional Plant Biology, 46: 187-196.

Wei C, Liu H, Cao X, et al. 2021. Synthesis of flavour-related linalool is regulated by PpbHLH1 and associated with changes in DNA methylation during peach fruit ripening. Plant Biotechnology Journal, 19: 2082-2096.

Wien H C, Stutzel H. 2020. The Physiology of Vegetable Crops. 2nd ed. Wallingford, UK: CAB International.

Williams L E, Lemoine R, Sauer N. 2000. Sugar transporters in higher plants—a diversity of roles and complex regulation. Trends Plant Sci, 5: 283-290.

Wright C J, Sobeih W Y. 1986. The photoperiodic regulation of bulbing in onions (*Allium cepa* L.). Ⅰ. Effects of irradiance. Journal of Horticultural Science, 61(3): 331-335.

Wu Y, Li B, Li X, et al. 2022. Regulatory effect of root restriction on aroma quality of Red Alexandria grape. Food Chemistry, 372: 131118.

Wu Y, Zhang S, Zhang H, et al. 2021. QTL mapping and candidate gene identification of swollen root formation in turnip. International Journal of Molecular Sciences, 22(2): 653.

Xi W, Zhang Q, Lu X, et al. 2014. Improvement of flavour quality and consumer acceptance during postharvest ripening in greenhouse peaches by carbon dioxide enrichment. Food Chemistry, 164: 219-227.

Xie Z, Fan J, Charles M T, et al. 2016. Preharvest ultraviolet-C irradiation: Influence on physicochemical parameters associated with strawberry fruit quality. Plant Physiology Biochemistry, 108: 337-343.

Xu X, Vreugdenhil D, van Lammeren A. 1998. Cell division and cell enlargement during potato tuber formation. Journal Experimental Botany, 49: 573-582.

Xu Y, Zhu X, Chen Y, et al. 2013. Expression profiling of genes involved in ascorbate biosynthesis and recycling during fleshy root development in radish. Plant Physiol Biochemistry, 70: 269-277.

Yamaki S. 2010. Metabolism and accumulation of sugars translocated to fruit and their regulation. J Jap Soc Hortic Sci, 79(1): 1-15.

Yang Y, Cuenca J, Wang N, et al. 2020. A key 'foxy' aroma gene is regulated by homology-induced promoter indels in the iconic juice grape 'Concord'. Horticulture Research, 7: 1-12.

Ye J, Wang X, Hu T X, et al. 2017. An InDel in the promoter of Al-ACTIVATED MALATE TRANSPORTER9 selected during tomato domestication determines fruit malate contents and aluminum tolerance. The Plant Cell, 29: 2249-2268.

Yoshimoto N, Saito K. 2019. S-alk(en)ylcysteine sulfoxides in the genus *Allium*: proposed biosynthesis, chemical conversion, and bioactivities. Journal of Experimental Botany, 16: 4123-4137.

Yuan Y, Mei L, Wu M, et al. 2018. SlARF10, an auxin response factor, is involved in chlorophyll and sugar accumulation during tomato fruit development. Journal of Experimental of Botany, 69(22): 5507-5518.

Zhang B, Shen J Y, Wei W W, et al. 2010. Expression of genes associated with aroma formation derived from the fatty acid pathway during peach fruit ripening. Journal of Agricultural and Food Chemistry, 58: 6157-6165.

Zhang H, Li W, Wang H, et al. 2016. Transcriptome profiling of light-regulated anthocyanin biosynthesis in the pericarp of litchi. Frontiers in Plant Science, 7: 963.

Zhang J, Guo S, Ji G, et al. 2020a. A unique chromosome translocation disrupting ClWIP1 leads to gynoecy in watermelon. The Plant Journal, 101: 265-277.

Zhang Q, Han M, Song C, et al. 2015. Optimizing planting density for production of high-quality apple nursery stock in China. New Zealand Journal of Crop and Horticultural Science, 439(1): 7-17.

Zhang Q Y, Gu K D, Cheng L L, et al. 2020b. BTB-TAZ domain protein MdBT2 modulates malate accumulation and vacuolar acidification in response to nitrate. Plant Physiology, 183: 750-764.

Zhang Y, Jiang L, Li Y, et al. 2018. Effect of red and blue light on anthocyanin accumulation and differential gene expression in strawberry (*Fragaria* × *ananassa*). Molecules, 23(4): 820.

Zheng B B, Zhao L, Jiang X H, et al. 2021. Assessment of organic acid accumulation and its related genes in peach. Food Chemistry, 334: 127567.

Zhou Y, Ma Y, Zeng J, et al. 2016. Convergence and divergence of bitterness biosynthesis and regulation in Cucurbitaceae. Nature Plants, 2: 16183.

Zhu Y C, Zhang B, Allan A C, et al. 2020. DNA demethylation is involved in the regulation of temperature-dependent anthocyanin accumulation in peach. The Plant Journal, 102: 965-976.

Zorrilla-Fontanesi Y, Rambla J L, Cabeza A, et al. 2012. Genetic analysis of strawberry fruit aroma and identification of *O*-methyltransferase *FaOMT* as the locus controlling natural variation in mesifurane content. Plant Physiology, 159: 851-870.